東工大の物理
20ヵ年［第4版］

岡西利尚 編著

は じ め に

　本書は東京工業大学の物理の入試問題について，2002 年度から 2021 年度までの前期日程 20 年分の問題・解答・解説を収録した問題集です。同じ難関校過去問シリーズの「東工大の英語」「東工大の数学」「東工大の化学」と並んで，この「東工大の物理」も，受験生の皆さんの力強い味方になるものと思います。

　本書は，東工大の物理を解答するために必要な，物理の本質的な理解と思考力を養うことを目標に，過去の赤本の解説を基に編集し直したものです。全問題を「力学」「熱力学」「波動」「電磁気」「原子」の 5 分野に大別し，さらに共通する単元・題材を軸に細かく分類したものを，年代順に掲載することにより，物理の学習に系統立てて取り組めるよう工夫しています。また，物理を学習するうえで重要な問題には「テーマ」を設けて，その問題を通して学ぶべき基礎事項や物理法則の詳しい説明を入れています。さらに，解答・解説中には「別解」や物理的背景を理解するための「参考」，問題で問われている内容からさらに踏み込んだ内容について触れた「発展」を加えて，問題を解く手助けとなるようにしています。

　東工大の物理の入試問題には，難易度が高い問題が多く出題されていますが，よく練られており，物理の理解度をみる良問が多数出題されています。そのような問題を出題の意図を考えながら丁寧に時間をかけて解き，分析することによって，物理の理解をより深めることができます。

　本書を通じた正当な学習によって，東工大の物理を解答するために必要な力が必ず養成できるものと確信しています。さらには，東工大以外の大学受験を考えている皆さんの実力養成にも役立つことでしょう。もし，本書で問題を解いていて苦手な分野・単元を発見したときには，教科書や同じ教学社から出版されている「体系物理」などを利用して，その分野・単元の基礎を確認し，復習に取り組むことも併せておすすめします。

　昔から「学問に王道はなし」といいます。目標を達成するためには，正しく学び，基礎を疎かにせず，日々こつこつと研鑽を積み重ねるしかありません。逆にその積み重ねは必ず実るということも間違いないでしょう。本書を利用して見事本懐を遂げられることを心から念じております。

岡西　利尚

目次

東工大の物理　傾向と対策 ···5

第1章　力　学　　11

1．仕事とエネルギー ·· 15
2．力積と運動量 ·· 39
3．衝突 ·· 55
4．単振動 ·· 66
5．円運動・万有引力 ·· 87

第2章　熱力学　　143

1．気体の分子運動論 ·· 147
2．浮力 ·· 152
3．気体の状態変化 ·· 162

第3章　波　動　　221

1．音波 ·· 224
2．波の干渉・光波 ·· 239

第4章　電磁気　　293

1．コンデンサー ·· 296
2．直流回路 ·· 343
3．荷電粒子の運動 ·· 349
4．電流と磁界・電磁誘導 ·· 374

第5章　原　子　　441

1．原子 ·· 444
2．原子核 ·· 450

付録1　物理でよく登場する（変数分離型）微分方程式とその解 ··················· 456
付録2　物理でよく登場する微分公式とその応用 ······························ 458
付録3　ベクトルの積 ·· 461
年度別出題リスト ···463

東工大の物理　傾向と対策

🔍 傾向　①東工大物理の特徴

■ 読解力・思考力

標準問題集に載っているような，公式を覚えるだけで解ける問題は少ない。設定を少しずつ複雑にしていき，物理的現象を正確に理解できているかどうかなど，思考力を問う問題が多く出題されている。

また，波動の分野では電波の干渉，光の音波による反射，電磁気の分野では，非慣性系から見た電磁場の強さなど，かなり高度な内容を問題にしているものもある。これらは，問題文中に詳しく書かれている説明の読解力や，物理的思考力を試す問題である。

さらに，力学と電磁気の融合問題，電磁気と熱力学の融合問題，波動と熱力学の融合問題など，分析能力を問う問題なども出題されている。

ただし，全設問が難しいわけではなく，段階を踏んで難易度が上がるように作られている。また，難易度が高い問題でも，物理の本質を突くような問題になっているので，物理を基本からしっかりと学習・理解していれば臆することはない。

■ 導出・論述・描図

解答の導出過程を書くのが原則である。また，証明・論述問題，グラフを描く問題も出題されることがよくある。本書では，導出過程を求められている設問には導マークを付して示したので，本番を想定した問題演習の際に参考にしてほしい。

🔍 傾向　②東工大物理の近年

■ 出題形式

例年，出題数は大問 3 題であるが，例外的に 4 題出題された年度もあった。また，大問が 2 つに分かれており，異なる分野との融合問題になっていることもあった。

多くは設問に答える形で解答に至るまでの導出過程を記述させる形式であるが，空所補充という形で解答のみを記述させる形式の場合も少しだがある。

試験時間は物理 1 科目で 120 分となっている。

6 東工大の物理 傾向と対策

■ 出題内容
◆出題範囲
　2005 年度以前は高校物理の 5 分野（力学，熱力学，波動，電磁気，原子）のすべてが出題範囲となっていたが，2006 年度から 2014 年度までは，原子分野を除く 4 分野が出題範囲であった。2015 年度からは，「物理基礎」「物理」の全範囲，つまり高校物理の 5 分野のすべてが出題範囲となった。

◆頻出項目
　力学と電磁気の 2 分野からは，毎年出題されている。4 分野が出題範囲であった時代は，熱力学・波動の 2 分野からは片方または両方（融合問題）が毎年出題されていた。2014 年度は全大問が 2 つの分野を絡めた出題であったことも注目される。

　力学では円運動，単振動，単振動ではない周期的な運動，摩擦力に関する問題がよく出題されている。また，運動量保存則と力学的エネルギー保存則を応用する問題は，ほとんど毎年のように出題されているので，十分理解を深めておきたい。

　電磁気では磁気現象に関する難問が目につく。電磁誘導の法則を基にした問題，荷電粒子にはたらくローレンツ力に関する問題などが見られる。また電場に関する分野では，コンデンサーのエネルギーと外力の仕事に関する問題が頻繁に出題されている。

　波動の分野では光の干渉などが多く出題されている。

　熱力学に関する分野では，オーソドックスな，状態方程式，気体の状態変化などが多く見られる。断熱変化に関する問題も出題されている。気球にはたらく浮力と気体の状態変化を扱った問題も出題されたことがある。

◆問題内容
　出題される問題は，描図問題や論述問題を含めて，物理の実力が的確に試される内容である。計算は，文字式の計算が主であるが，数値計算も一部に含まれていることがある。相当の計算力が要求されており，数学の力も必要である。また，近似計算を要する問題も頻繁に出題されているので，ぜひ近似計算の方法に慣れておきたい。計算問題に関連してグラフを描かせたりする描図問題も多い。

　問題集などでは見たことのないような設定の出題も多いので，戸惑わないように本書を活用して準備しておく必要があるだろう。

■ 難易度
　はじめに基本的・標準的な設問があり，その後に徐々に難易度が高くなっていく問題が多い。かなり程度の高い問題が中心であり，基礎となる知識・考え方をしっかり把握した上で，思考力・計算力をつけておく必要があるだろう。また，描図・論述問題なども出題されており，総合的な力も必要である。

対策 ①全体的な対策

□ 本質的な理解に努める

　難しい問題であっても，基本的・標準的な設問から誘導して考えさせるようになっていることが多く，発展的な目新しい問題の場合は本文中に説明が十分に書かれているので，本文を丁寧に読む習慣を身につける必要がある。また，物理の本質的な理解を問う設問も多いので，背景となっている物理的事項を考察する習慣を身につけることが必要である。

　論述問題では特に基本的な用語などを正しく用いる必要がある。まず，公式を導く過程や物理量の定義などに注意しながら，教科書程度の事項は最低限きちんと理解して，物理的なイメージを養っておくことが大切である。物理法則などはその内容を言葉で説明できるように，深く理解するように心がけたい。

□ 読解力と思考力を養う

　かなり高度な内容を問題にしている場合，必ず本文中で十分な説明，導出が書かれているので，その文章をしっかりと読む訓練をしないといけない。日頃から文章を急いで読むのではなく，丁寧に読み，今まで学習したことと対比させながら，1つ1つ内容を理解しよう。また，状況が複雑な設定の問題では，物理の本質を基に状況の切り分けを行えばよい。

　物理的な思考力が試されているといえるので，日頃から科学的にものを考える習慣を身につけなければならない。身近な物理的現象を理詰めで考えるようにしよう。

対策 ②平素の取り組み

□ 記述・論述対策

　導出過程を書かせるのが，東工大物理の特徴である。導出過程は，途中の計算を書くというよりも，どの根拠に基づき，どのような式が成立するのかを書くものである。本書の解答はそのことを念頭において作成しているが，本書を利用して物理の学習を行ってもらう目的もあるので，やや丁寧に解答を書いている。実際はもう少しコンパクトにまとめることもできるだろう。また，実際の解答欄のサイズは，書くべき内容に応じて調整がなされているが，大問1つにB4判大の解答用紙1枚であるため，各設問の解答欄に十分なスペースがない場合もある。そのときは必要最小限の事項を記述すればよい。

　論述問題は，慣れていなければ書きにくく，時間もかかるので，日頃から考察理由を簡潔な文章に書き表すようにすればよい。また，平素から物理用語を正しく使うように心がけてほしい。理解があやふやならば，教科書で必ず確認しておくこと。過去

8 東工大の物理 傾向と対策

間などの論述問題を実際に解いて，文章化する練習をしておこう。

□ 数学的な力を養う

かなりの計算力が要求される。特に波動の波の式では，三角関数の和・積の公式などは十分に使いこなせないといけないので，日頃から練習しておこう。

また，正確に計算するために，常に次元を意識した検算の習慣もつけるとよいだろう。等式で結ばれる，あるいは和・差をとれる2つの物理量の次元は必ず等しいので，日頃の計算でも物理量の次元を意識しておくこと。

近似計算も，ある程度慣れていないと近似式の使い方に戸惑ってしまうので，教科書の計算例（単振り子，ヤングの実験，ニュートンリングなど）や本書の過去問などを利用して，近似式の使い方に十分慣れておく必要がある。

□ 描図に慣れる

グラフを描いたり作図をしたりする問題も，慣れていないと案外難しいものである。物理量間の関係を，式で表すだけではなく，グラフにするという練習をしっかりやっておこう。また，物理量がどのような関数になっているのか，その推移についてグラフで考えるということを日頃の学習で実践しておくとよい。

□ 時間配分の訓練は徐々に積めばよい

例年，試験時間は単独120分となっている。つまり，理科2科目を同一時間枠で解くのではなく，物理だけで120分である。

大問数は基本的に3題（2008年度は4題）であり，問題の難易度・分量，導出過程の記述などから考えて適切な時間であると思われるが，十分すぎる時間とまではいえない。

日頃はまず，時間を意識せずにじっくりと丁寧に問題を解く練習を心がけてほしい。急ぐあまり問題を丁寧に読まず，自分の思い込みで雑に解く習慣は決してつけてはいけない。

その上で本番が近づいてから，時間配分を意識しながら解答を作成する練習をすればよい。

✎ **対策** ③問題の研究

出題内容は，分野ごとにやや揺らぎがあるが，各分野とも満遍なく学習し，苦手分野を克服しておかなければならない。

また，分野をまたいだ融合問題が多いのも東工大物理の特徴なので，さまざまな物理的視点で物事を見ることができるように問題を分析してほしい。

東工大の物理　傾向と対策　9

　過去に出題された問題は，物理を学習する上で非常に教育的な問題も多数あり，設問の解答だけでなく，背景となる物理的事項の考察をすることが有益なので，じっくりと時間をかけて考えてほしい。特に重要な分野を下記に示す。

◆　力学

　保存則の適用，単振動，摩擦力

◆　熱力学

　断熱変化などの気体の状態変化

◆　波動

　波の式，干渉

◆　電磁気

　コンデンサーの基礎理論，電磁誘導，電磁場内の荷電粒子の運動

◆　原子

　光電効果，物質波の干渉

🖋 **対策**　④分野ごとの学習における本書の利用法

　東工大の物理は難度の高い問題が多いので，1回目は解答時間にとらわれず，じっくりと考えて解いてほしい。そのようにすることで，丁寧に考察する習慣が身につくはずである。その上で不正解であった問題は十分に分析し，各自の弱点を補ってほしい。次に解くときは，解答時間に留意し解き直すとよい。

　問題を解く順番についてであるが，各単元の節における問題は，年度の新しいものから順に掲載されているので，掲載順に解くことで年度ごとの移り変わりを見ることができる。また，物理が得意な諸君は，各分野からランダムに問題を選択し解いてもよいだろう。しかし，苦手な諸君や本書を用いて特定の分野を集中的に勉強することを考えている諸君は，問題の関連性と難易度の順に解くほうが効果が得られると思うので，おすすめの学習順を以下の表にまとめておく。表に取り上げていない問題は，どの順に解いてもかまわない。

問題の関連性と難易度から見たおすすめの学習順

章	節	問題番号	年　　　度
第1章 力学	4．単振動	9	2007 年度〔1〕
		11	2002 年度〔3〕
		8	2009 年度〔1〕
		10	2003 年度〔1〕
	5．円運動・万有引力	18	2005 年度〔1〕
		17	2006 年度〔3〕
		16	2012 年度〔1〕
		14	2016 年度〔1〕
第2章 熱力学	3．気体の状態変化	23	2021 年度〔3〕
		31	2006 年度〔2〕
		32	2003 年度〔3〕
		26	2017 年度〔3〕〔B〕
		28	2010 年度〔3〕
		25	2019 年度〔3〕
		29	2008 年度〔2〕
		30	2007 年度〔2〕
		24	2020 年度〔3〕
第3章 波動	2．波の干渉・光波	36	2015 年度〔3〕
		40	2007 年度〔3〕
		39	2008 年度〔1〕
		37	2013 年度〔3〕
		35	2018 年度〔3〕
		38	2011 年度〔3〕
		41	2006 年度〔1〕
第4章 電磁気	1．コンデンサー	42	2021 年度〔2〕
		47	2002 年度〔1〕
		46	2004 年度〔2〕
		45	2009 年度〔2〕
		44	2012 年度〔2〕
	4．電流と磁界・電磁誘導	55	2015 年度〔2〕
		59	2005 年度〔2〕
		60	2003 年度〔2〕
		53	2017 年度〔2〕
		56	2013 年度〔2〕
		52	2018 年度〔2〕
		57	2011 年度〔2〕
		54	2016 年度〔2〕
		58	2010 年度〔2〕

第1章 力 学

第1章　力　学

節	番号	内　　容	年　度
仕事とエネルギー	1	滑らかな斜面と曲面をもつ台上をすべる物体と台の運動，単振り子，慣性力	2020年度〔1〕
	2	重力と浮力がはたらく円柱の運動	2017年度〔1〕
	3	ばねにつながれた物体の摩擦のある面上での運動	2008年度〔4〕
力積と運動量	4	糸でつながれた3つの小球の束縛運動	2021年度〔1〕
	5	ひもで結ばれた2物体の運動	2013年度〔1〕
衝　突	6	2つの振り子の衝突	2011年度〔1〕
	7	水平面に置かれた台と小球の衝突	2010年度〔1〕
単振動	8	ばねで連結された2物体の運動	2009年度〔1〕
	9	等速で動くベルト上のばねにつながれた物体の運動	2007年度〔1〕
	10	ゴムひもでつながれた2物体の運動	2003年度〔1〕
	11	2本のゴムひもによる振動	2002年度〔3〕
円運動・万有引力	12	地球内部での万有引力，万有引力と摩擦力を受けて運動する小物体	2019年度〔1〕
	13	滑らかな水平面上に置かれた物体とその物体の中に置かれた小球の運動	2018年度〔1〕
	14	円運動するおもりと糸で結ばれた立方体の運動	2016年度〔1〕
	15	おもりを取り付けた回転子の運動	2015年度〔1〕
	16	円弧型のレール上での運動	2012年度〔1〕
	17	加速度運動をする斜面上と曲面上での運動	2006年度〔3〕
	18	鉛直面内での円運動	2005年度〔1〕
	19	3つの天体間にはたらく力と遠心力	2004年度〔1〕

✎ 対策　①頻出項目

□　摩擦力

　摩擦のある斜面上での運動がよく出題されている。運動方程式を解くだけでなく，通過条件や，非保存力による仕事と力学的エネルギーの変化量の関係に注目しながら考察する。また，摩擦の生じるベルト上での運動でベルトに対して静止する条件の考察や，摩擦力を受けた等速円運動などが出題されている。静止摩擦力を受けて運動するときは，常にすべり出す条件に注意しなければならない。

第1章 力 学 **13**

□ 2体系の運動

2体系の問題では，運動量保存則やエネルギー保存則を用いることが不可欠である。ひもで結ばれた2物体の運動では，ひもが張った瞬間に撃力がはたらき，運動量と力学的エネルギーが保存するので弾性衝突と同じように扱うことができる。2つの振り子による衝突，ばねで連結された2物体の運動も同様である。また，2体系の運動では，重心から見た個々の物体の運動についても十分に理解する必要がある。

□ 単振動

頻出項目である。ただし，単純な単振動の問題ではなく，単振動の一部と等速度運動を周期的に繰り返す摩擦力の生じるベルト上での振動や，等速度運動をする重心を中心とした単振動など，他のテーマとの融合問題である。そのため問題の難易度は高い。また，問題を解くアプローチも，保存則を利用したり，運動方程式を解いたりしなければならず，多角的な視点が必要となる。そのときの運動を把握するためには，位置と時間のグラフ，速度と時間のグラフなども考察することが重要である。

□ 円運動

円運動の問題では，中心方向の力と接線方向の力に注目する必要がある。中心方向の力は速度の向きを常に変えるために必要な力であり，接線方向の力は仕事をするので，円運動の速さを変える原因になっていることを理解する必要がある。また，運動を観測する立場が慣性系か非慣性系かを明確にして，運動方程式を立てなければならない。接線方向の運動方程式は一般に解くことができないので，代わりに力学的エネルギー保存則を利用することになる。また，張力や垂直抗力を受けて円運動を行っているときは，ひもがたるむ条件，面から浮き上がる条件に注意しなければならない。

✎ 対策 ②解答の基礎として重要な項目

□ ニュートンの運動の法則

当たり前すぎて，項目としてあげるにははばかられるが，重要なので書いておくことにする。まず，作用・反作用の法則をしっかりと意識して力を考察しているであろうか。特に，摩擦力で力の向きを間違える場合は，作用・反作用の法則に注意を払ってほしい。次に，力とは何かをしっかりと考えてほしい。力は速度を変える原因であり，力によって加速度が生まれる（速度が変わる）ということも意識してもらいたい。例えば，等速円運動はつり合いではなく，速度の向きが変わる加速度運動であり，また，そのときはたらく向心力は仕事をしないという点にも注意してほしい。

14 第1章 力　学

□　仕事とエネルギー

　仕事をする力が保存力か非保存力かを常に考えなければならない。非保存力が仕事をすると力学的エネルギーは保存しない。ただし，力学的エネルギーが保存しなくても，非保存力のする仕事を明確に計算することが可能ならば，エネルギーと仕事の関係を用いることができる。その点を見逃してはいけない。

□　運動量と力積

　運動量の和は，考えている物体系以外からの力積があれば（無視できなければ）保存しない。ただし，運動量はベクトル量なので，ある特定の方向だけ運動量が保存することもあるため，外力の向きに注意が必要である。

✎ 対策　③注意の必要な項目

　単振動や円運動など頻出の項目は十分に学習しておかなければならないが，力のモーメント，万有引力なども，出題される可能性は十分にある。しっかりと復習しておきたい。

1 仕事とエネルギー

1 滑らかな斜面と曲面をもつ台上をすべる物体と台の運動，単振り子，慣性力
(2020年度 第1問)

　図のように，2つの斜面AB(床に対する傾斜角θ)，EF(長さL，床に対する傾斜角θ)と水平な面CD(長さℓ)を，2つの円弧面BC(中心点G，半径R)，DE(中心点G′，半径R)でなめらかにつなげた台P(質量M)が水平な床の上に置かれている。この台P上に置かれた大きさの無視できる物体Q(質量m)が，面に沿って摩擦なしに運動する。ただし，斜面ABの長さはLより長く，物体Qは台Pの端点Fに達したときには，台Pから離れることができるとする。また，台P，物体Qはいずれも図の奥行き方向には移動しないものとする。水平方向にx軸を，鉛直方向にy軸をとり，それぞれ図の右向き，上向きを正とする。空気抵抗は無視できるとし，重力加速度の大きさをgとして，以下の問に答えよ。

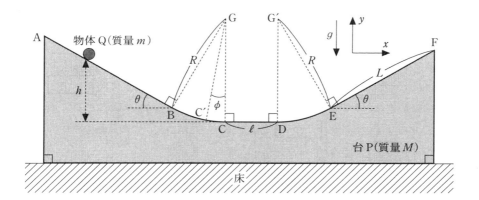

〔A〕 台Pが床に固定されている場合を考える。

(a) 斜面AB上で面CDに対して高さhの場所に物体Qを置いて初速度なしに放した。物体Qが初めて点Dに達したときの物体Qの床に対する速

16 第1章 力 学

度の x 成分を求めよ。🈷

(b) 問(a)において，h がある値 h_0 より大きいとき，物体 Q は端点 F に達して台 P から離れるが，h が h_0 より小さいとき，物体 Q は台 P から離れない。このような h_0 を m，M，g，ℓ，L，R，θ のうち必要なものを用いて表せ。🈷

(c) 問(a)において，h が h_0 より大きいとき，物体 Q は端点 F に達した後，台 P から離れる。物体 Q が端点 F を離れてから最高点に達するまでの時間を，m，M，g，h，h_0，θ のうち必要なものを用いて表せ。🈷

(d) 円弧面 BC 上の点 C′ に物体 Q を置いて初速度なしに放したところ，物体 Q は面 CD 上を移動し，円弧面 DE 上の点に達した後，そこから滑り降りて再び点 C′ に戻る周期運動を行った。この運動の周期について述べた次の文章において，空欄(ア)〜(エ)に当てはまる数式を答えよ。ただし，線分 C′G が線分 CG となす角 ϕ は十分に小さく，物体 Q の円弧面上の運動は単振動と見なせるものとし，必要なら $\sin\phi \fallingdotseq \phi$，$\cos\phi \fallingdotseq 1 - \dfrac{\phi^2}{2}$ の近似式を用いてよい。

　　物体 Q が点 C′ から初めて点 C に達するまでの時間は $\boxed{\quad (ア) \quad}$ である。また，点 C に達したときの物体 Q の速さは ϕ に比例した式 $\boxed{\quad (イ) \quad}$ で表すことができる。このことから，物体 Q が点 C から初めて点 D に達するまでの時間は $\boxed{\quad (ウ) \quad}$ と表せる。したがって，この運動の周期は $\boxed{\quad (エ) \quad}$ である。

〔B〕 台 P が床から離れることなく摩擦なしに x 方向に移動できる場合を考える。

(e) 台 P が床に対して静止しているとき，斜面 AB 上で面 CD に対して高さ h の場所に物体 Q を置いて初速度なしに放した。物体 Q が初めて点 D に

達したときの物体Qおよび台Pの床に対する速度のx成分v_1, V_1をそれぞれ求めよ。📖

(f) 問(e)において，hがある値h_1より大きいとき，物体Qは端点Fに達して台Pから離れるが，hがh_1より小さいとき，物体Qは台Pから離れない。このようなh_1をm, M, g, ℓ, L, R, θのうち必要なものを用いて表せ。📖

(g) 問(e)において，hがh_1より大きいとき，物体Qは端点Fに達した後，台Pから離れる。この瞬間の台Pの床に対する速度のx成分V_2について述べた次の文章において，空欄(オ), (カ)に当てはまる数式を答えよ。ただし，(カ)はm, M, g, h, h_1, θを用いて答えること。

物体Qが台Pから離れる瞬間における物体Qの床に対する速度のx成分およびy成分をそれぞれv_x, v_yとすると，物体Qが斜面EF上を運動していたことから，v_x, v_y, V_2の間には斜面EFの傾斜角θで決まる関係式$v_y = \boxed{\quad \text{(オ)} \quad}$が成り立つ。この式と，力学的エネルギー保存則および運動量保存則を連立して解くと，$V_2 = \boxed{\quad \text{(カ)} \quad}$と表される。

〔C〕 物体Qの置かれた台Pが常にx方向に加速度$a(a > 0)$の等加速度運動を行うように，台Pに適切な外力Tを加える場合を考える。台Pは，床から離れることなく摩擦なしにx軸の正の向きに運動するものとする。

(h) 円弧面BC上にある物体Qが，点B，Cを越えることなく台Pから見て単振動と見なせる十分に振幅の小さな周期運動を行った。この運動の周期を求めよ。📖

(i) 次に，斜面AB上に物体Qが置かれた状況を考える。台Pを床に対して距離sだけ移動させている間，物体Qは斜面AB上で運動していた。この間に外力Tが行った仕事の大きさをm, M, g, s, θ, aを用いて表せ。📖

18 第1章 力 学

解 答

〔A〕(a) 点Dに達したときの物体Qの床に対する速度のx成分をv_Dとする。力学的エネルギー保存則より

$$\frac{1}{2}m\cdot 0^2 + mgh = \frac{1}{2}mv_D^2 + mg\cdot 0 \quad \therefore\quad v_D = \sqrt{2gh} \quad\cdots\cdots(\text{答})$$

(b) $h = h_0$ のとき端点Fで速さが0となる。力学的エネルギー保存則より

$$\frac{1}{2}m\cdot 0^2 + mgh_0 = \frac{1}{2}m\cdot 0^2 + mg\{R(1-\cos\theta) + L\sin\theta\}$$

$$\therefore\quad h_0 = R(1-\cos\theta) + L\sin\theta \quad\cdots\cdots(\text{答})$$

(c) 端点Fに達したときの速さをv_Fとする。力学的エネルギー保存則より

$$\frac{1}{2}m\cdot 0^2 + mgh = \frac{1}{2}mv_F^2 + mgh_0 \quad \therefore\quad v_F = \sqrt{2g(h-h_0)}$$

端点Fを離れてから最高点に達するまでの時間をt_1とする。端点Fでの速度のy成分は$v_F\sin\theta$なので

$$0 = v_F\sin\theta + (-g)t_1$$

$$\therefore\quad t_1 = \frac{v_F\sin\theta}{g} = \frac{\sqrt{2g(h-h_0)}\sin\theta}{g} = \sqrt{\frac{2(h-h_0)}{g}}\cdot\sin\theta \quad\cdots\cdots(\text{答})$$

(d) (ア)$\dfrac{\pi}{2}\sqrt{\dfrac{R}{g}}$ (イ)$\phi\sqrt{gR}$ (ウ)$\dfrac{l}{\phi\sqrt{gR}}$ (エ)$2\pi\sqrt{\dfrac{R}{g}} + \dfrac{2l}{\phi\sqrt{gR}}$

〔B〕(e) 水平方向の運動量保存則より

$$m\cdot 0 + M\cdot 0 = mv_1 + MV_1$$

力学的エネルギー保存則より

$$\frac{1}{2}m\cdot 0^2 + mgh + \frac{1}{2}M\cdot 0^2 = \frac{1}{2}mv_1^2 + mg\cdot 0 + \frac{1}{2}MV_1^2$$

以上2式より

$$mgh = \frac{1}{2}mv_1^2 + \frac{1}{2}M\left(-\frac{m}{M}v_1\right)^2 \quad \therefore\quad \frac{1}{2}mv_1^2\left(1 + \frac{m}{M}\right) = mgh$$

$v_1\ (>0)$, V_1 についてまとめると

$$v_1 = \sqrt{\frac{M}{m+M}2gh} \quad\cdots\cdots(\text{答})$$

$$V_1 = -\frac{m}{M}v_1 = -\frac{m}{M}\sqrt{\frac{M}{m+M}2gh} \quad\cdots\cdots(\text{答})$$

(f) $h = h_1$ のとき端点Fで物体Qは台Pに対して静止するので，台Pと物体Qの速度は等しくなる。そのときの台Pの床に対する速度をV'とする。

水平方向の運動量保存則より

$$m\cdot 0 + M\cdot 0 = mV' + MV' \quad \therefore\quad V' = 0$$

力学的エネルギー保存則より

$$\frac{1}{2}m\cdot 0^2 + mgh_1 + \frac{1}{2}M\cdot 0^2$$

$$= \frac{1}{2}mV'^2 + mg\{R(1-\cos\theta)+L\sin\theta\} + \frac{1}{2}MV'^2$$

以上 2 式より

$$h_1 = R(1-\cos\theta) + L\sin\theta \quad \cdots\cdots(\text{答})$$

(g) (オ) $(v_x - V_2)\tan\theta$

(カ) $-m\sqrt{\dfrac{2g(h-h_1)}{(m+M)\{M+(m+M)\tan^2\theta\}}}$

〔C〕(h) 台Pから見て物体Qの運動は単振り子となる。見かけの重力加速度の大きさは $\sqrt{g^2+a^2}$ となるので，単振り子運動の周期は

$$2\pi\sqrt{\frac{R}{\sqrt{g^2+a^2}}} \quad \cdots\cdots(\text{答})$$

(i) 台Pと物体Qの間で及ぼし合う垂直抗力の大きさを N とする。台Pから見た物体Qの斜面に対して垂直な方向の力のつり合いの式は

$$0 = N + (-mg\cos\theta) + (-ma\sin\theta)$$

$$\therefore \quad N = mg\cos\theta + ma\sin\theta$$

台Pの x 軸方向の運動方程式は

$$Ma = T + (-N\sin\theta)$$

$$\therefore \quad T = Ma + (mg\cos\theta + ma\sin\theta)\sin\theta$$

外力 T による仕事は，Ts となるので

$$Ts = \{(M + m\sin^2\theta)a + mg\sin\theta\cos\theta\}s \quad \cdots\cdots(\text{答})$$

解　説

　滑らかな斜面と曲面をもつ台上をすべる物体と台の運動に関する問題である。様々な状況設定をして多岐にわたる内容を問うている。標準的な難易度の問題であり，確実に得点したい。

　〔A〕は，固定されている台上をすべる物体の運動に関する問題であり，力学的エネルギー保存則，単振り子の基本事項が問われた。〔B〕は，台と物体が互いに力を及ぼし合いながら動く典型問題である。力学的エネルギー保存則と運動量保存則を用いる。台から物体が飛び出すときの速度の向きは，相対速度を用いなければならない。〔C〕は，台が一定の加速度で運動しているときの問題である。慣性力が生じるとき，見かけの重力を考えるところがポイントである。

〔A〕▶(a)　台Pは床に固定されており，物体Qにはたらく垂直抗力は物体Qに仕事をせず，重力のみが仕事をする。よって，物体Qの力学的エネルギーは保存する。

20 第1章 力 学

▶(b) 問題文の条件より，h が h_0 と等しいとき物体Qは端点Fで速度が 0 となり，このときも物体Qの力学的エネルギーは保存する。このとき，初速度 0 ですべり出す点と端点Fの水平面CDに対する高さは等しい。

▶(c) (b)より，端点Fの水平面CDに対する高さは h_0 と表すことができる。斜面の傾斜角が θ なので，端点Fから飛び出すときの速度の向きは仰角 θ となる。物体Qの運動は放物運動となり，最高点では速度の y 成分が 0 となる。

▶(d) (ア) 円弧面上の運動は単振動（の一部の運動）とみなせる。点 C′ は速さが 0 の点であり，点Cは単振動の振動中心となる点である。よって，点 C′ から点Cに達するまでの時間は単振動の周期の $\dfrac{1}{4}$ 倍の時間である。また，単振り子は，近似的に単振動とみなすことができ，半径 R の単振り子の周期は $2\pi\sqrt{\dfrac{R}{g}}$ なので

$$\frac{1}{4} \times 2\pi\sqrt{\frac{R}{g}} = \frac{\pi}{2}\sqrt{\frac{R}{g}}$$

(イ) 点Cに達したときの物体Qの速さを v_{C} とする。力学的エネルギー保存則より

$$\frac{1}{2}m \cdot 0^2 + mgR(1 - \cos\phi) = \frac{1}{2}mv_{\mathrm{C}}^2 + mg \cdot 0$$

$$\therefore \quad v_{\mathrm{C}} = \sqrt{2gR(1 - \cos\phi)} \fallingdotseq \sqrt{2gR\frac{\phi^2}{2}} = \phi\sqrt{gR}$$

別解 振動中心を通過するときの速さは，振幅と角振動数の積となり，振幅は近似的に $R\sin\phi \fallingdotseq R\phi$ となるので

$$R\phi \times \sqrt{\frac{g}{R}} = \phi\sqrt{gR}$$

(ウ) 点Cから点Dまでは等速度運動なので，通過時間は $\dfrac{l}{\phi\sqrt{gR}}$ となる。

(エ) この運動の周期は，水平面CDを 2 回通過し，円弧面上の運動は単振り子（単振動）の 1 周期分の運動となるので

$$2\pi\sqrt{\frac{R}{g}} + \frac{2l}{\phi\sqrt{gR}}$$

〔B〕▶(e) 台Pと物体Qを 1 つの系と考えたとき，水平方向には外力が作用しないので，水平方向の運動量は保存する。さらに，始状態の運動量の和が 0 なので，台Pと物体Qの重心の速度は 0 となり，重心は動かない。また，台Pと物体Qは互いに及ぼし合う垂直抗力を介して仕事をする。しかし，互いに及ぼし合う垂直抗力の仕事の和は 0 となるので，台Pと物体Qの力学的エネルギーの和は保存する。

1 仕事とエネルギー

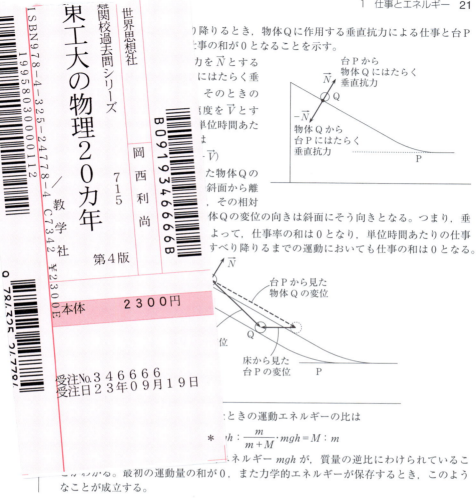

り降りるとき，物体Qに作用する垂直抗力による仕事と台P
事の和が0となることを示す。

力を $\vec{N}$ とする
にはたらく垂
そのときの
度を $\vec{V}$ とす
単位時間あた
 $\vec{V}$)
た物体Qの
斜面から離
，その相対
体Qの変位の向きは斜面にそう向きとなる。つまり，垂
よって，仕事率の和は0となり，単位時間あたりの仕事
すべり降りるまでの運動においても仕事の和は0となる。

ときの運動エネルギーの比は

$$mgh : \frac{m}{m+M} \cdot mgh = M : m$$

ネルギー mgh が，質量の逆比にわけられているこ
。最初の運動量の和が0，また力学的エネルギーが保存するとき，このよう
なことが成立する。

このとき，台Pが物体Qから受ける垂直抗力の x 成分の向きを考慮して，台Pの速度
は $V<0$ となる。よって，物体Qの速度は $v>0$ となる。
▶(f)　$h = h_1$ のとき，物体Qは端点Fから飛び出さない。このとき台Pに対する物体
Qの相対速度は0であり，床に対する台Pと物体Qの速度は等しくなる。
▶(g)　(オ)　物体Qが台Pから離れる瞬間の台Pに対する物体Qの相対速度の x 成分は
$v_x - V_2$，y 成分は v_y となる。斜面の傾斜角が θ なので，台Pから見て物体Qは仰角 θ
で飛び出す。よって

$$\tan \theta = \frac{v_y}{v_x - V_2} \quad \therefore \quad v_y = (v_x - V_2) \tan \theta \quad \cdots\cdots ①$$

(カ)　力学的エネルギー保存則より

$$\frac{1}{2}m \cdot 0^2 + mgh + \frac{1}{2}M \cdot 0^2 = \frac{1}{2}m(v_x^2 + v_y^2) + mgh_1 + \frac{1}{2}MV_2^2 \quad \cdots\cdots ②$$

水平方向の運動量保存則より

$$m \cdot 0 + M \cdot 0 = mv_x + MV_2 \quad \cdots\cdots ③$$

③と①より

$$v_y = \left(-\frac{M}{m}V_2 - V_2\right)\tan\theta$$

上式と②, ③より

$$mg(h-h_1) = \frac{1}{2}m\left\{\left(-\frac{M}{m}V_2\right)^2 + \left(-\frac{M}{m}-1\right)^2 V_2^2\tan^2\theta\right\} + \frac{1}{2}MV_2^2$$

$$= \frac{1}{2}mV_2^2\left\{\left(\frac{M}{m}\right)^2 + \left(\frac{M}{m}+1\right)^2\tan^2\theta\right\} + \frac{1}{2}MV_2^2$$

$$2g(h-h_1) = \left[\left\{\left(\frac{M}{m}\right)^2 + \left(\frac{M}{m}+1\right)^2\tan^2\theta\right\} + \frac{M}{m}\right]V_2^2$$

$$= \left\{\left(\frac{M}{m}\right)^2 + \frac{M}{m} + \left(\frac{M}{m}+1\right)^2\tan^2\theta\right\}V_2^2$$

$$2m^2g(h-h_1) = \{M(m+M) + (m+M)^2\tan^2\theta\}V_2^2$$

③より, $V_2 < 0$ となるので

$$V_2 = -m\sqrt{\frac{2g(h-h_1)}{(m+M)\{M+(m+M)\tan^2\theta\}}}$$

〔C〕▶(h) 台Pから見ると, 物体Qには重力, 垂直抗力, 台Pの加速度とは逆向きの慣性力がはたらく。重力と慣性力の合力は見かけの重力なので, その大きさは

$$\sqrt{(mg)^2 + (ma)^2} = m\sqrt{g^2 + a^2}$$

よって, 見かけの重力加速度の大きさは $\sqrt{g^2+a^2}$ となる。このとき, 台Pから受ける垂直抗力と見かけの重力がつり合う位置が, 単振り子の振動中心となる。

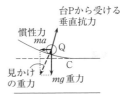

▶(i) 物体Qは斜面 AB にそって運動するので, 台Pから見た物体Qの斜面 AB に対して垂直な方向の力はつり合っている。また, 床から見た台Pの水平方向にはたらく力は, 外力 T と物体Qから受ける垂直抗力の水平成分であり, 運動方程式から外力の大きさが求まる。外力の大きさは一定なので, その仕事は Ts となる。

テーマ

右図のように長さ l のひもに質量 m のおもりをつけ振り子とする。振り子運動の接線方向の運動方程式は，接線方向の加速度を a_θ とすると

$$ma_\theta = -mg\sin\theta \quad (g：重力加速度)$$

振れ角 θ が微小のとき，接線方向の運動は右図の x 軸の方向（水平方向）とほぼ同じとみなせる。よって，水平方向の加速度 a_x は $a_x \fallingdotseq a_\theta$ といえるので，運動方程式は

$$ma_x = -mg\sin\theta$$
$$\fallingdotseq -mg\frac{x}{l}$$
$$\therefore \quad a_x = \frac{d^2x}{dt^2} = -\frac{g}{l}x \quad \cdots\cdots ①$$

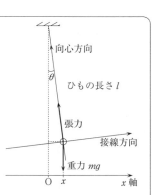

となり，単振動と同型の方程式が得られる。よって，振動の周期 T は

$$T = 2\pi\sqrt{\frac{l}{g}}$$

参考 振れ角 θ が微小のとき，$\sin\theta \fallingdotseq \theta$ と近似できる。また，接線方向の加速度 a_θ は，角速度を $\omega\left(=\dfrac{d\theta}{dt}\right)$ とすると

$$a_\theta = \frac{d(l\omega)}{dt} = l\frac{d\omega}{dt} = l\frac{d^2\theta}{dt^2}$$

となり，接線方向の運動方程式は

$$m\left(l\frac{d^2\theta}{dt^2}\right) = -mg\theta \quad \therefore \quad \frac{d^2\theta}{dt^2} = -\frac{g}{l}\theta$$

となり，単振動と同型の微分方程式（①式の x を θ で置き換えた式）が得られる。よって，振動の周期 T は

$$T = 2\pi\sqrt{\frac{l}{g}}$$

2 重力と浮力がはたらく円柱の運動

(2017年度 第1問)

円筒状の容器に満たした密度 ρ の液体があり，その中での円柱の運動を考える。この円柱は底面積 S，高さ L，密度 $\frac{2}{3}\rho$ である。以下では，円柱の底面は常に液面と平行であるとし，円柱が容器にぶつかることはないとする。また，円柱が動く際の液体の抵抗は無視する。液体中で円柱が運動するときも液面は常に水平であるとし，浮力についてはアルキメデスの原理が常に成り立つとする。周囲の空気による浮力や空気抵抗は無視する。重力加速度を g とする。

〔A〕 円柱を液体中に入れたところ，この円柱は図1のように浮かんで静止した。容器の底面積は S に比べて十分大きく，円柱が運動することによる液面の変化は L に比べて無視できるものとする。

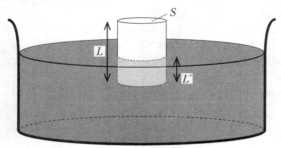

図1

(a) 円柱のうち液面下にある部分の高さ L' を求めよ。なお，図は模式図であり，L' の長さは正確ではない。

(b) 円柱を鉛直上向きに少し持ち上げてから手を離したところ，この円柱は鉛直方向に単振動をした。円柱に関する運動方程式をたてることにより，その周期 T を求め，ρ, S, L, g のうち必要なものを用いて表せ。ただし，単振動の間に円柱が液体から離れることはないとする。

〔B〕 設問〔A〕と同様に底面積の十分大きな容器を考え，円柱 $\left(\text{底面積 } S, \text{高さ } L,\right.$ 密度 $\left.\frac{2}{3}\rho\right)$ を，密度 ρ の液体中に入れる。円柱の底面が液面に平行なまま，その下面が液面より $\frac{5}{3}L$ だけ下の位置になるまで手で沈める（図2(i)）。そして円柱から

静かに手を放す。以下の問に答えよ。なお，ここでは設問〔A〕と同様，容器の底面積は S に比べて十分大きく，円柱が運動する間の液面の変化は L に比べて無視できるものとする。

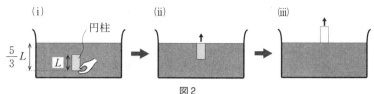

図2

(c) 円柱全体が完全に液体中にある間の円柱の運動の加速度を求めよ。ただし，上向きを正の向きとする。

(d) 円柱の上面が液面に到達したとき（図2(ii)）の円柱の速さを求めよ。

(e) 円柱の上面が液面に到達した後も円柱は上昇を続け，やがて円柱の下面が液面に到達した（図2(iii)）。そのときの円柱の速さを求めよ。

〔C〕 次に設問〔A〕〔B〕での設定から容器の底面積のみ変更し，図3のように容器の底面積が $2S$ であるとする。この場合は，円柱 $\left(\text{底面積 } S, \text{高さ } L, \text{密度 } \dfrac{2}{3}\rho\right)$ が上昇・下降するときの液面の変化も考慮する必要がある。以下の問に答えよ。

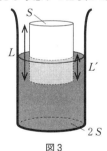

図3

(f) まず，円柱をつり合いの位置に静止させたところ，液面下にある部分の高さは設問〔A〕と同様に L' となった。次にこの円柱の上面の中心に質量が無視できる糸をつけて，円柱をつり合いの位置から鉛直にゆっくりと持ち上げていく。円柱がつり合いの位置から x だけ上昇したときの糸の張力の大きさを，x, ρ, S, L, g のうち必要なものを用いて表せ。ただし，$0 \leq x \leq \dfrac{1}{2}L'$ とする。

(g) 円柱の上昇とともに液面が低下するので，つり合いの位置からちょうど $\dfrac{1}{2}L'$ だけ持ち上げると円柱の下面が液面に一致する。この間に外部からした仕事 W を ρ, S, L, g のうち必要なものを用いて表せ。

26　第1章　力　学

(h)　問(g)において，円柱がもつ重力による位置エネルギーの変化 ΔE_1 を，ρ, S, L, g のうち必要なものを用いて表せ。増加する場合を正とする。📖

(i)　問(g)において，液体がもつ重力による位置エネルギーの変化 ΔE_2 を，ρ, S, L, g のうち必要なものを用いて表せ。増加する場合を正とする。📖

[A](a)　$L' = \dfrac{2}{3}L$

(b)　鉛直上向きを正とし，円柱の静止状態から x 変位したときの加速度を a とする。円柱に関する運動方程式は

$$\dfrac{2}{3}\rho SLa = \rho S(L'-x)g - \dfrac{2}{3}\rho SLg$$
$$= -\rho Sg \cdot x$$

$$\therefore\ a = -\dfrac{3g}{2L}x$$

よって，円柱の角振動数 ω は，$\omega = \sqrt{\dfrac{3g}{2L}}$ となる。周期 T は

$$T = \dfrac{2\pi}{\omega} = 2\pi\sqrt{\dfrac{2L}{3g}}\ \ \cdots\cdots\text{(答)}$$

[B](c)　$\dfrac{1}{2}g$　　(d)　$\sqrt{\dfrac{2}{3}gL}$

(e)　円柱の上面が液面上に出てからの運動は，[A]より，図1のときを振動の中心とし，角振動数が ω の単振動である。図2(ii)のときの振動中心からの変位は $-\dfrac{1}{3}L$ であり，図2(iii)のときの変位は $\dfrac{2}{3}L$ である。図2(ii)のときの速さを v，図2(iii)のときの速さを v' とすると，力学的エネルギー保存則より

$$\dfrac{1}{2}\left(\dfrac{2}{3}\rho SL\right)v^2 + \dfrac{1}{2}\rho Sg\left(-\dfrac{1}{3}L\right)^2 = \dfrac{1}{2}\left(\dfrac{2}{3}\rho SL\right)v'^2 + \dfrac{1}{2}\rho Sg\left(\dfrac{2}{3}L\right)^2$$

$$\therefore\ v' = \sqrt{\dfrac{1}{6}gL}\ \ \cdots\cdots\text{(答)}$$

別解1　$x = -\dfrac{1}{3}L$ から $x = \dfrac{2}{3}L$ に移動する間の浮力による仕事 W_1 は，右図の網かけ部分の面積であり

$$W_1 = \dfrac{1}{2}\rho SLg\left\{\dfrac{2}{3}L - \left(-\dfrac{1}{3}L\right)\right\}$$
$$= \dfrac{1}{2}\rho SgL^2$$

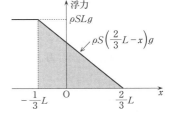

また，重力による仕事 W_2 は

$$W_2 = -\dfrac{2}{3}\rho SLg\left\{\dfrac{2}{3}L - \left(-\dfrac{1}{3}L\right)\right\}$$
$$= -\dfrac{2}{3}\rho SgL^2$$

図2(ii)のときの速さをv，図2(iii)のときの速さをv'とすると，運動エネルギーと仕事の関係より

$$\frac{1}{2}\left(\frac{2}{3}\rho SL\right)v'^2 - \frac{1}{2}\left(\frac{2}{3}\rho SL\right)v^2 = W_1 + W_2 = -\frac{1}{6}\rho SgL^2$$

$$\therefore\quad v' = \sqrt{\frac{1}{6}gL}$$

別解2 $x = -L$ から $x = \frac{2}{3}L$ に移動する間の合力による仕事 W_3 は，右図の網かけ部分の積分値であり

$$W_3 = \frac{1}{2} \times \frac{1}{3}\rho SLg\left(\frac{2}{3}L + L\right)$$
$$\qquad + \frac{1}{2}\left(-\frac{2}{3}\rho SLg\right) \times \frac{2}{3}L$$
$$\quad = \frac{1}{18}\rho SL^2 g$$

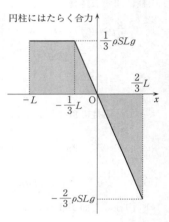

運動エネルギーと仕事の関係より

$$\frac{1}{2}\left(\frac{2}{3}\rho SL\right)v'^2 - 0 = W_3 = \frac{1}{18}\rho SL^2 g$$

$$\therefore\quad v' = \sqrt{\frac{1}{6}gL}$$

〔注〕 横軸より下の部分は，負値となる。

〔C〕(f) 円柱が x 上昇するとき，液面は x 下がるので，円柱が液体の中に沈んでいる体積は $S\left(\frac{2}{3}L - 2x\right)$ となる。このときの糸の張力の大きさを F とすると，力のつり合いの式は

$$0 = F + \rho S\left(\frac{2}{3}L - 2x\right)g - \frac{2}{3}\rho SLg$$

$$\therefore\quad F = 2\rho Sgx \quad \cdots\cdots(答)$$

(g) 外部から加えた力 $F\,(= 2\rho Sgx)$ は変位 x に比例するので，力 F と変位 x のグラフの面積（右図の網かけ部分）から力 F がした仕事が求まる。よって，円柱を $\frac{1}{2}L'\left(=\frac{1}{3}L\right)$ 持ち上げるときに外部からした仕事 W は

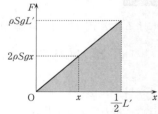

$$W = \frac{1}{2}\rho SgL' \times \frac{1}{2}L' = \frac{1}{4}\rho SgL'^2 = \frac{1}{9}\rho SgL^2 \quad \cdots\cdots(答)$$

(h) 円柱は $\frac{1}{2}L'\left(=\frac{1}{3}L\right)$ だけ上昇するので，重力の位置エネルギーの変化 ΔE_1 は

$$\Delta E_1 = \frac{2}{3}\rho SLg \times \frac{1}{3}L$$

$$= \frac{2}{9}\rho SgL^2 \quad \cdots\cdots (\text{答})$$

(i) 外部からした仕事 W と位置エネルギーの変化の和 $\Delta E_1 + \Delta E_2$ は等しいので

$$W = \Delta E_1 + \Delta E_2$$

$$\therefore \quad \Delta E_2 = \frac{1}{9}\rho SgL^2 - \frac{2}{9}\rho SgL^2$$

$$= -\frac{1}{9}\rho SgL^2 \quad \cdots\cdots (\text{答})$$

解 説

〔B〕は，円柱が液体中から飛び出すまでの運動に関する問題である。円柱の上面が液面に達するまでは等加速度運動であり，それ以降の運動は単振動（の一部の運動）となる。円柱が液面から飛び出すまでの時間は求めることができないので，そのときの速さは単振動をしているときの力学的エネルギー保存則を用いて求めることになる。ただし，重力と浮力の合力（復元力）に対する位置エネルギーを考える。または，重力と浮力による仕事，あるいはそれらの合力による仕事から運動エネルギーの変化量を考えてもよい。

〔C〕では容器の底面積が小さいので，円柱の上昇にともない液面の高さが変化する。その状況での円柱を持ち上げるための力は，持ち上げた高さに依存し，その力による仕事とエネルギー保存則に関する問題である。

〔A〕▶(a) 液体の密度は ρ，液体中に沈んでいる部分の体積は SL' なので，円柱にはたらく浮力の大きさは $\rho SL'g$ である。また，円柱の密度は $\frac{2}{3}\rho$ なので，重力の大きさは $\frac{2}{3}\rho SLg$ である。よって，円柱にはたらく力のつり合いは

$$0 = \rho SL'g - \frac{2}{3}\rho SLg \quad \therefore \quad L' = \frac{2}{3}L$$

▶(b) 物体の加速度 a が変位 x に比例し，その向きが変位と逆向きのとき，その物体は単振動をする。そのとき，角振動数を ω とすると，$a = -\omega^2 x$ となる。

〔B〕▶(c) 液体中に沈んでいる部分の体積 SL が一定なので，円柱にはたらく浮力は一定となる。そのときの加速度を a' とすると，運動方程式は

$$\frac{2}{3}\rho SLa' = \rho SLg - \frac{2}{3}\rho SLg \quad \therefore \quad a' = \frac{1}{2}g$$

よって，等加速度運動となる。

▶(d) 円柱の上面が液面に到達するまで，円柱は $\frac{2}{3}L$ 上昇する。到達したときの速さを v とすると

$$v^2 - 0^2 = 2a' \cdot \frac{2}{3}L$$

$$\therefore \quad v = \sqrt{\frac{4a'L}{3}} = \sqrt{\frac{2}{3}gL}$$

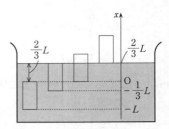

▶(e) 円柱が単振動（の一部の運動）を行っているときの運動方程式は，〔A〕(b)より

$$\frac{2}{3}\rho SLa = \rho S(L'-x)g - \frac{2}{3}\rho SLg$$

$$= -\rho Sg \cdot x$$

つまり，浮力と重力の合力 $-\rho Sg \cdot x$ が復元力となる。この復元力に対する位置エネルギーは，変位が x のとき $\frac{1}{2}\rho Sgx^2$ となる。$x = -\frac{1}{3}L$ と $x = \frac{2}{3}L$ に対して，力学的エネルギー保存則を適用すると

$$\frac{1}{2}\left(\frac{2}{3}\rho SL\right)v^2 + \frac{1}{2}\rho Sg\left(-\frac{1}{3}L\right)^2 = \frac{1}{2}\left(\frac{2}{3}\rho SL\right)v'^2 + \frac{1}{2}\rho Sg\left(\frac{2}{3}L\right)^2$$

となる。

〔C〕▶(f) 円柱が x 上昇するとき，下図の網点（▒）部分の液体の体積 Sx と，図の斜線部分の液体がなくなった体積 $(2S-S)x$ は等しい。つまり，円柱が x 上昇するとき液面は x 下降する。よって，円柱が液体の中に沈んでいる体積は $S\left(\frac{2}{3}L - 2x\right)$ となる。このときの糸の張力の大きさを F とすると，力のつり合いの式は

$$0 = F + \rho S\left(\frac{2}{3}L - 2x\right)g - \frac{2}{3}\rho SLg \quad \therefore \quad F = 2\rho Sgx$$

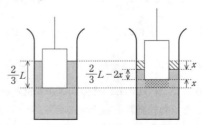

▶(g) 円柱を $\frac{1}{2}L'\left(=\frac{1}{3}L\right)$ 持ち上げるときに外部からした仕事 W は，積分を用いて次のように求めることもできる。

$$W = \int_0^{\frac{1}{2}L'} F dx = \int_0^{\frac{1}{2}L'} 2\rho Sgx dx = \frac{1}{4}\rho SgL'^2 = \frac{1}{9}\rho SgL^2$$

▶(h) 重力の位置エネルギーの変化量は，重力の大きさ $\frac{2}{3}\rho SLg$ と上昇距離 $\frac{1}{3}L$ の積となる。

▶(i) 円柱の下面が液面と一致するまで持ち上げたとき，円柱の変位は $\frac{1}{2}L'\left(=\frac{1}{3}L\right)$ であり，液面の変位は $-\frac{1}{2}L'\left(=-\frac{1}{3}L\right)$ である。よって，下図の斜線部分の体積 $\frac{1}{3}SL$ の液体が，図の網点（▒）部分に移動したとみなすことができる。この液体の変位は $-\frac{1}{3}L$ なので，重力の位置エネルギーの変化 ΔE_2 は

$$\Delta E_2 = \rho\left(\frac{1}{3}SL\right)g\cdot\left(-\frac{1}{3}L\right) = -\frac{1}{9}\rho SgL^2$$

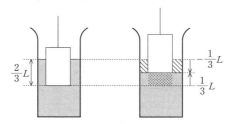

> **テーマ**
>
> 「運動エネルギーの変化量は，そのとき物体に作用する力による仕事に等しい」
> この関係は，力学的エネルギー保存則が成立しない場合であっても用いることができる。
> また，物体に作用する力が変化するときであっても，「力-変位」のグラフの積分値から仕事を求めることができる。ただし，力と変位が逆向きのときは，仕事は負となることに注意。

32　第1章　力 学

3　ばねにつながれた物体の摩擦のある面上での運動

(2008年度　第4問)

　図のように，水平面上に質量 m の物体Aを置き，ばね定数 k のばねをつなぐ。ばねが自然長となる物体Aの位置を原点Oとし，水平方向に x 軸をとり，右向きを正の向きとする。原点Oから点P（位置 $x=l$）までの区間は摩擦のある領域であり，それ以外の領域は摩擦がないものとする。点Pの右側に質量 m の物体Bを置く。物体Aおよび物体Bの OP 間における静止摩擦係数を μ，動摩擦係数を μ' とする。重力加速度を g として以下の問いに答えよ。ただし，物体AとBの大きさは無視できるものとする。

〔A〕　はじめに物体Aを原点Oに静止させておく。物体Bに原点Oに向かう速度を与え，摩擦のある領域を通過させたところ，物体BはAに衝突し，その後1つの物体ABとなって運動した。はじめに物体Bに与えた運動エネルギーを E とする。

(a)　衝突直前の物体Bの運動エネルギー E' を，E，μ'，m，g，l を用いて表せ。🖉

(b)　衝突直後の物体 AB の運動エネルギーを，E，μ'，m，g，l を用いて表せ。ただし物体BとAの衝突は瞬間的に起こり，その際，摩擦力の影響は無視できるものとする。🖉

　設問〔A〕において，物体Bにはじめに与える運動エネルギー E を変化させて，物体AとBの運動を調べる。ただし以下の問いでは，μ，μ'，l，k，m，g は $\mu=2\mu'$ および $kl=3\mu'mg$ を満たすものとする。

〔B〕　ある運動エネルギー E をはじめに物体Bに与えたところ，物体AとBは，衝突して一体となった後，再び原点Oに戻り，OP 間のある位置 x で速度が0になった。

(c)　速度が0になる位置 x を，E，k，l を用いて表せ。🖉

(d)　速度が0になった後，一体となった物体 AB はどのような運動をするか，理由をつけて答えよ。

〔C〕 設問〔B〕で与えた運動エネルギーより大きい運動エネルギー E をはじめに物体Bに与えたところ，一体となった物体ABはPの右側に飛び出し，Pから再び摩擦のある領域に入った後，OP間のある位置 x で速度0となった。
   (e) 位置 x を，E，k，l で表せ。

〔D〕 問い(e)の答 x を0とするような，物体Bに与える運動エネルギー E を E_1 とする。
   (f) 物体A（一体となった後は物体AB）が最終的に静止する位置 x を，E の関数とみなし，$0 \leq E \leq E_1$ における関数のグラフの概略を描け。

〔解答欄〕

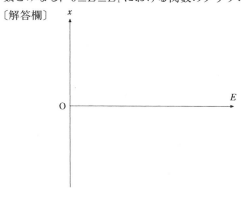

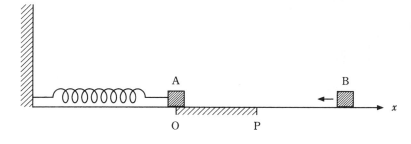

34　第1章　力　学

解　答

〔A〕(a)　仕事とエネルギーの関係より

$$E' - E = -\mu' mgl$$

∴　$E' = E - \mu' mgl$　……(答)

(b)　AとのB衝突直前のBの速さを v とすると

$$\frac{1}{2}mv^2 = E' = E - \mu' mgl \qquad ∴ \quad v = \sqrt{\frac{2E}{m} - 2\mu' gl}$$

また，一体となった直後の両物体の速さを v' とすると，運動量保存則より

$$mv = 2mv' \qquad ∴ \quad v' = \frac{1}{2}v = \frac{1}{2}\sqrt{\frac{2E}{m} - 2\mu' gl}$$

よって，衝突直後の物体 AB の運動エネルギーを E_{AB} とすると

$$E_{AB} = \frac{1}{2}(2m)v'^2 = \frac{1}{2}(E - \mu' mgl) \quad ……(答)$$

〔B〕(c)　再び原点Oに戻ってきたときの運動エネルギーは E_{AB} のままである。再び原点Oを通過してから止まるまでの運動に対して，摩擦力による仕事と力学的エネルギーの変化量は等しいので

$$\frac{1}{2}kx^2 - E_{AB} = -\mu'(2m)gx$$

(b)の結果を用いて，x についてまとめると

$$kx^2 + 4\mu' mgx - (E - \mu' mgl) = 0$$

$E_{AB} = \frac{1}{2}(E - \mu' mgl) > 0$，$x > 0$ を考慮し，x について解くと

$$x = \frac{-2\mu' mg + \sqrt{4(\mu' mg)^2 + k(E - \mu' mgl)}}{k}$$

これに $kl = 3\mu' mg$ の関係を用いると

$$x = -\frac{2}{3}l + l\sqrt{\frac{E}{kl^2} + \frac{1}{9}} \quad ……(答)$$

ただし，$x \le l$ より　　$\frac{1}{3}kl^2 < E \le \frac{8}{3}kl^2$　……①

別解　力学的エネルギーを考える代わりに，弾性力と摩擦力による仕事と運動エネルギーの変化量は等しいので

$$0 - E_{AB} = -\mu'(2mg)x + \left(-\frac{1}{2}kx^2\right)$$

としてもよい。

(d)　水平面から受ける最大摩擦力 F は

$$F = 2\mu mg$$

1 仕事とエネルギー **35**

これに $\mu = 2\mu'$, $kl = 3\mu'mg$ の関係を用いると

$$F = 4\mu'mg = \frac{4}{3}kl$$

となる。物体が静止する条件は

$$kx \leq F = \frac{4}{3}kl$$

である。x は OP 間のある位置なので，$0 \leq x \leq l$ となり，物体は**静止を続ける**。

〔C〕(e) 摩擦のある面上を動いた距離は $l + (l-x) = 2l-x$ となる。(c)と同様，摩擦力による仕事と力学的エネルギーの変化量は等しいので

$$\frac{1}{2}kx^2 - E_{AB} = -2\mu'mg(2l-x)$$

(b)の結果を用いて，x についてまとめると

$$kx^2 - 4\mu'mgx - (E - 9\mu'mgl) = 0$$

これを x について解き，$kl = 3\mu'mg$ の関係を用いると

$$x = \frac{2\mu'mg \pm \sqrt{4(\mu'mg)^2 + k(E - 9\mu'mgl)}}{k}$$

$$= \frac{2}{3}l \pm l\sqrt{\frac{E}{kl^2} - \frac{23}{9}}$$

$E > \frac{8}{3}kl^2$, $0 \leq x < l$ なので

$$x = \frac{2}{3}l - l\sqrt{\frac{E}{kl^2} - \frac{23}{9}} \quad \cdots\cdots（答）$$

ただし，$x \geq 0$ より　　$\frac{8}{3}kl^2 < E \leq 3kl^2$ $\quad\cdots\cdots$②

〔D〕(f) $E' > 0$ でなければ衝突は起こらない。(a)より

$$E' = E - \mu'mgl > 0 \qquad \therefore \quad E > \mu'mgl = \frac{1}{3}kl^2$$

となるので，$0 \leq E \leq \frac{1}{3}kl^2$ においては，物体Aの位置は

$$x = 0$$

また，$\frac{1}{3}kl^2 < E \leq \frac{8}{3}kl^2$（①式）においては，(c)より，物体 AB の位置は

$$x = -\frac{2}{3}l + l\sqrt{\frac{E}{kl^2} + \frac{1}{9}}$$

$\frac{8}{3}kl^2 < E \leq 3kl^2$（②式）においては，(e)より，物体 AB の位置は

$$x = \frac{2}{3}l - l\sqrt{\frac{E}{kl^2} - \frac{23}{9}}$$

よって，求めるグラフは下図のようになる。

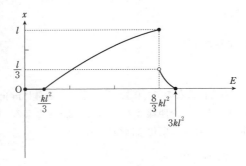

解　説

　ばねにつながれた物体と同じ質量をもつ物体を衝突させ，物体の最初のエネルギーの大小により，摩擦のある面上のどこで止まるかを考える問題である。運動を，主にエネルギーの観点から考察しているので，仕事とエネルギーの関係が重要になる。
〔A〕▶(a)　はたらく力がする仕事の分だけ運動エネルギーが変化する。ここで仕事をする力は，動摩擦力だけであるが，動摩擦力がする仕事は常に負になるので，エネルギーは減少している。
〔B〕▶(c)　物体Bが物体Aと衝突して一体となった後，物体AとBは角振動数 $\omega = \sqrt{\dfrac{k}{2m}}$ の単振動の一部の運動をし，衝突直後と同じ速さで原点Oに戻ってくる。

　参考　摩擦のある面上を運動するときの運動方程式を考えてみよう。
　物体が x 軸の正方向に運動しているとき，物体の加速度を a_p とすると
$$2ma_p = -kx - \mu' \cdot 2mg$$
$$\therefore\ a_p = -\frac{k}{2m}\left(x + \frac{2\mu'mg}{k}\right) = -\frac{k}{2m}\left(x + \frac{2}{3}l\right)$$
以上より，物体は $x = -\dfrac{2}{3}l$ を振動中心とし，角振動数 $\omega = \sqrt{\dfrac{k}{2m}}$ の単振動の一部の運動をする。
　また，物体が x 軸の負方向に運動しているときは動摩擦力の向きが逆になり，運動方程式は，物体の加速度を a_n とすると
$$2ma_n = -kx + \mu' \cdot 2mg$$
$$\therefore\ a_n = -\frac{k}{2m}\left(x - \frac{2\mu'mg}{k}\right) = -\frac{k}{2m}\left(x - \frac{2}{3}l\right)$$
以上より，物体は $x = \dfrac{2}{3}l$ を振動中心とし，角振動数 $\omega = \sqrt{\dfrac{k}{2m}}$ の単振動の一部の運動をする。
　このように，摩擦がある面上でのばねの振動は，角振動数が変わらず，振動中心が運動方向により変わる振動をする。

〔C〕▶(e)　Pを右向きに通過した後は摩擦力がはたらかないので，$\omega=\sqrt{\dfrac{k}{2m}}$ の単振動の一部の運動をし，Pを右向きに通過したときと同じ速さでPに戻り，再び摩擦のある領域に入る。

〔D〕▶(f)　$\dfrac{1}{3}kl^2<E\leq\dfrac{8}{3}kl^2$，$\dfrac{8}{3}kl^2<E\leq3kl^2$ のどちらの領域においても，無理関数（独立変数を z，従属変数を y として $y=\sqrt{z}$）のグラフになる。
$\dfrac{1}{3}kl^2<E\leq\dfrac{8}{3}kl^2$ においては，E の増加に伴い x も増加するので $y=+\sqrt{z}$ のタイプのグラフ，$\dfrac{8}{3}kl^2<E\leq3kl^2$ においては，E の増加に伴い x は減少するので $y=-\sqrt{z}$ のタイプのグラフになる。

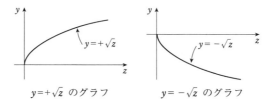

$y=+\sqrt{z}$ のグラフ　　$y=-\sqrt{z}$ のグラフ

ただし，頂点は原点ではなく，(c)の場合は
$$x=\sqrt{\dfrac{1}{k}\left(E+\dfrac{kl^2}{9}\right)}-\dfrac{2}{3}l$$
より，$E=-\dfrac{kl^2}{9}$，$x=-\dfrac{2}{3}l$ が頂点となり，(e)の場合は
$$x=-\sqrt{\dfrac{1}{k}\left(E-\dfrac{23}{9}kl^2\right)}+\dfrac{2}{3}l$$
より，$E=\dfrac{23}{9}kl^2$，$x=\dfrac{2}{3}l$ が頂点となる。

グラフは $E=\dfrac{8}{3}kl^2$ において不連続になっている。物体がPを右に過ぎるまでは，ばねと摩擦の両方が運動を妨げている。それに対し，物体がPを右に過ぎて摩擦のない領域に入り，再び同じ速さで摩擦のある領域に戻ってくると，摩擦は運動を妨げるが，ばねは運動を助ける方向に力を加えている。よって，$x=l$ の付近では止まらずにグラフは不連続となる。このことは，〔B〕の【参考】で調べたように，運動の方向によって振動中心がずれることにもあらわれている。

38 第1章 力 学

テーマ

　エネルギーと仕事の関係は重要なので，以下にまとめておく。

　例えば，質量 m の物体が速さ v_0 で運動しているとき，物体に作用する力から仕事 W を受け，その後の速さが v になったとすると

$$\frac{1}{2}mv^2 - \frac{1}{2}mv_0{}^2 = W$$

という関係が成り立つ。これは，「物体に作用する力による仕事が運動エネルギーの変化量と等しい」ということを表している。このときの仕事 W は，摩擦力（非保存力）であっても構わない。

　また，物体に作用する力は，保存力と非保存力に分類することができ，保存力による仕事 W_c は，変化前の位置エネルギー U_0 と変化後の位置エネルギー U を用いて

$$W_c = -(U - U_0)$$

と表すことができる（符号に注意）。

非保存力による仕事を W_n とすると

$$W = W_c + W_n$$

となる。

よって，上記の仕事と運動エネルギーの関係は

$$\frac{1}{2}mv^2 + U - \left(\frac{1}{2}mv_0{}^2 + U_0\right) = W_n$$

と書き直すことができる。これは，「非保存力のする仕事が力学的エネルギーの変化量と等しい」ということを表している。

　これら2つの関係式は，よく似ているので気をつけてほしい。また，これらの関係式はいかなる場合であっても成り立つので，とても重要な関係である。

2　力積と運動量

4　糸でつながれた3つの小球の束縛運動
(2021年度　第1問)

水平な床の面に座標軸 x, y をとり，その上で大きさが無視できる質量 m の3つの小球A，B，Cを，長さ L の2本の糸でB—A—Cの順につないだものをすべらせる実験を行う。糸は伸び縮みせず，その質量は無視でき，床と小球の間に摩擦はないものとする。また，床は十分広く，運動の途中で小球が床の端に達することはない。

〔A〕　小球Aを原点に，小球Bと小球Cを y 軸上の $y=L$ と $y=-L$ の位置に，それぞれ静止させる。時刻 $t=0$ において，図1のように，小球Aにのみ x 軸の正の向きに速さ V_0 を与えて運動を開始させた。その後の小球の運動を観察したところ，運動開始直後は小球Bと小球Cの速度は0であり，その後小球Bと小球Cは近づいていき，やがて x 軸上のある点で衝突した。運動の開始から衝突までの間，糸がたるむことはなく，小球Aから見ると，小球Bと小球Cは小球Aを中心とする円運動をした。以下の問に答えよ。

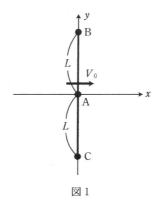

図1

(a) 小球Bと小球Cが衝突する直前における，小球Bの速度のx成分V_xをV_0を用いて表せ。

(b) 小球Bと小球Cが衝突する直前における，小球Bの速度のy成分V_yをV_0を用いて表せ。

(c) 運動開始直後における，小球Bにつながれた糸の張力の大きさTをV_0, m, Lを用いて表せ。

(d) 小球Bと小球Cが衝突する直前における，小球Bにつながれた糸の張力の大きさT'をV_0, m, Lを用いて表せ。

〔B〕 図2に示すように，小球Aを原点に，小球Bと小球Cをそれぞれ座標$(-L\cos\theta, L\sin\theta)$と$(-L\cos\theta, -L\sin\theta)$($0° \leq \theta < 90°$)の点に配置し，静止させる。時刻$t \geq 0$において，小球Aに$x$軸の正の向きに一定の大きさ$F$の力を加える。以下のように，$\theta$の値を変えて実験1と実験2を行い，小球A，B，Cの運動を記録した。いずれの場合にも糸がたるむことはなかった。

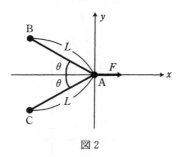

図2

実験1：$\theta = 0°$となるように，すなわち小球Bと小球Cが接するように，小球を配置し静止させる。そして$t \geq 0$において小球Aにx軸の正の向きに一定の大きさFの力を加えたところ，小球Bと小球Cは接したまま，3つの小球はx軸の正の向きに同じ加速度で等加速度運動した。その加速度の大きさはa_1であった。

実験 2：θ をある値 θ_2 ($0° < \theta_2 < 90°$) にとり，$t \geqq 0$ において小球 A に x 軸の正の向きに一定の大きさ F の力を加えたところ，小球 B と小球 C は時刻 t_2 においてはじめて衝突した。衝突直前の小球 B と小球 C の速度ベクトルのなす角は $60°$ であった。

図 3 は実験 1 と実験 2 における小球 A の x 座標の時間変化を $0 \leqq t \leqq t_2$ においてグラフにしたものである。ただし，グラフは概形である。

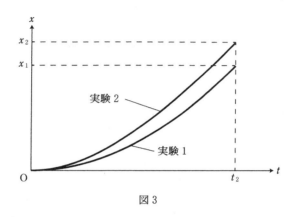

図 3

これらの実験における小球の運動に関する，以下の問に答えよ。

(e) 実験 1 における小球 A の加速度の大きさ a_1 を m と F を用いて表せ。

(f) 時刻 t_2 における実験 1 の小球 A の速さを v とする。実験 2 の小球 B の衝突直前における速さ w を v を用いて表せ。

(g) 時刻 t_2 における実験 1 と実験 2 の小球 A の x 座標をそれぞれ x_1 および x_2 とする。比 $\dfrac{x_2}{x_1}$ を求めよ。

(h) 実験 2 の $0 < t < t_2$ における小球 A の加速度の大きさ a_2 のグラフの概形として最も適当なものを図 4 の(ア)〜(シ)のうちから選び，記号で答えよ。

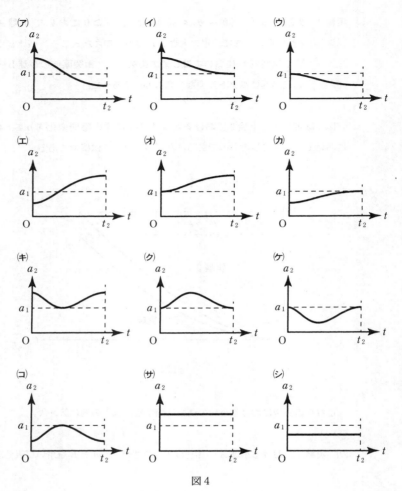

図4

2 力積と運動量 43

解答

〔A〕(a) 小球Bと小球Cが衝突する直前，小球Bと小球Cの速度のx成分V_xは小球Aの速度と等しい。3つの小球のx軸方向の運動量保存則より

$$mV_0 + m\cdot 0 + m\cdot 0 = 3mV_x \qquad \therefore \quad V_x = \frac{1}{3}V_0 \quad \cdots\cdots(答)$$

(b) y軸方向の運動量保存則より，小球Cの速度のy成分は$-V_y$となる。力学的エネルギー保存則より

$$\frac{1}{2}mV_0^2 + \frac{1}{2}m\cdot 0^2 + \frac{1}{2}m\cdot 0^2$$

$$= \frac{1}{2}mV_x^2 + \frac{1}{2}m(V_x^2 + V_y^2) + \frac{1}{2}m\{V_x^2 + (-V_y)^2\}$$

$$\therefore \quad V_0^2 = 3V_x^2 + 2V_y^2$$

(a)の結果を用いると

$$V_y^2 = \frac{V_0^2 - 3\left(\frac{1}{3}V_0\right)^2}{2} = \frac{1}{3}V_0^2$$

$V_y < 0$なので $\quad V_y = -\dfrac{1}{\sqrt{3}}V_0 \quad \cdots\cdots(答)$

(c) 小球Aの運動開始直後，小球Aから見て小球Bは円運動をしている。そのときの小球Bの接線方向の速度の大きさはV_0であり，向心方向の運動方程式は

$$m\frac{V_0^2}{L} = T \qquad \therefore \quad T = \frac{mV_0^2}{L} \quad \cdots\cdots(答)$$

(d) 衝突直前の小球Aの加速度をaとすると，運動方程式は

$$ma = (-T') + (-T') \qquad \therefore \quad a = -\frac{2T'}{m}$$

そのときの小球Bの接線方向の速度の大きさは$|V_y|$であり，小球Aから見た小球Bの向心方向の運動方程式は

$$m\frac{V_y^2}{L} = T' + (-ma) = T' + 2T'$$

$$\therefore \quad T' = \frac{1}{3}m\frac{\frac{1}{3}V_0^2}{L} = \frac{mV_0^2}{9L} \quad \cdots\cdots(答)$$

〔B〕(e) 小球Bと小球Cにつながれた糸の張力の大きさを共にT_1とする。小球Aの運動方程式は

$$ma_1 = F - T_1 - T_1$$

一方，小球Bと小球Cの運動方程式は，共に

$$ma_1 = T_1$$

44 第1章 力 学

以上2式より

$$a_1 = \frac{F}{3m} \quad \cdots\cdots (\text{答})$$

(f) 実験1の時刻 t_2 における小球Aの速さ v は，運動量と力積の関係より

$$mv + mv + mv = Ft_2 \quad \therefore \quad Ft_2 = 3mv$$

一方，実験2では，衝突直前の小球Bと小球Cの速度ベクトルのなす角が60°なので，x 軸となす角は30°となる。小球Bと小球Cのそのときの速さが w なので，小球Bの速度は $(w\cos30°, -w\sin30°)$，小球Cの速度は $(w\cos30°, w\sin30°)$ となる。小球Aから見た小球Bと小球Cの相対速度は y 成分のみをもつので，小球Aの速度は $(w\cos30°, 0)$ となる。3つの小球の x 軸方向の運動量と力積の関係より

$$m(w\cos30°) + m(w\cos30°) + m(w\cos30°) = Ft_2$$

$$\therefore \quad Ft_2 = 3mw\cos30°$$

以上2式より

$$w\cos30° = v \quad \therefore \quad w = \frac{2}{\sqrt{3}}v \quad \cdots\cdots (\text{答})$$

(g) 実験1における運動エネルギーと仕事の関係より

$$\frac{1}{2}mv^2 + \frac{1}{2}mv^2 + \frac{1}{2}mv^2 = Fx_1 \quad \therefore \quad Fx_1 = \frac{3}{2}mv^2$$

実験2における運動エネルギーと仕事の関係より

$$\frac{1}{2}m\left(\frac{\sqrt{3}}{2}w\right)^2 + \frac{1}{2}mw^2 + \frac{1}{2}mw^2 = Fx_2 \quad \therefore \quad Fx_2 = \frac{11}{8}mw^2$$

以上2式より

$$\frac{x_2}{x_1} = \frac{\frac{11}{8}mw^2}{\frac{3}{2}mv^2} = \frac{11w^2}{12v^2} = \frac{11 \cdot \frac{4}{3}v^2}{12v^2} = \frac{11}{9} \quad \cdots\cdots (\text{答})$$

(h)—(ア)

解 説

　滑らかな水平面上に糸でつながれた3つの小球を置き，〔A〕では小球Aに初速度のみを与え，その後に小球Aに力を加えないときの運動を考える。また，〔B〕では小球Aに初速度を与えず，小球Aに一定の力を加え続けるときの運動を考える。

　〔A〕3つの小球を1つの系と考えたとき，運動量保存則，力学的エネルギー保存則が成立することに気づかなければいけない。また，小球Aから見た小球B（小球C）の運動が円運動となるが，向心加速度を求めるときの速さは，相対速度であることに注意が必要である。円運動の運動方程式を考えるとき，慣性力も忘れてはいけない。

　〔B〕この場合も3つの小球を1つの系と考えることは〔A〕と同じである。ただし，力がはたらき続けるので，その力による力積により系の運動量が増加する。また，そ

の力による仕事により系の力学的エネルギーも増加する。この2点に気がつくかどうかがポイントであり，難度の高い問題である。

〔A〕▶(a)　小球Aから見た小球B（または小球C）の運動は，小球Aから小球B（または小球C）までの距離が常に一定なので円運動となる。衝突直前の小球Aから見た小球Bと小球Cの速度は，円運動の接線方向であるy軸方向を向く。よって，x軸方向の相対速度が0となるので，速度のx成分は3つの小球とも同じとなる。また，3つの小球と糸を1つの系と考えた場合，x軸方向，y軸方向には外力の作用がないので，運動量の和は保存する。

▶(b)　3つの小球が運動するとき，互いにはたらく張力がした仕事の和は0となるので，力学的エネルギー保存則が成立する。

参考　小球にはたらく張力の仕事の和が0となることを確認する。

右図の位置に小球Aと小球Bがあるとき，小球Aが糸から受ける張力を$\vec{T}$とする。糸の両端にはたらく力の大きさは等しく，その向きは逆向きとなるので，小球Bにはたらく張力は$-\vec{T}$となる。また，そのときの小球Aの速度を$\vec{v}_A$，小球Bの速度を$\vec{v}_B$とする。これら2つの張力が単位時間あたりにする仕事（仕事率）の和は

$$\vec{T} \cdot \vec{v}_A + (-\vec{T}) \cdot \vec{v}_B = -\vec{T} \cdot (\vec{v}_B - \vec{v}_A)$$

ここで，$\vec{v}_B - \vec{v}_A$は小球Aから見た小球Bの相対速度である。小球Aから見た小球Bの運動は円運動となるので，その相対速度の向きは円運動の接線方向となり，張力$\vec{T}$の向きと垂直になる。よって，仕事率の和は0となり，単位時間あたりの仕事の和が0なら，小球Bと小球Cが衝突するまでの運動においても仕事の和は0となる。

また，小球Aと小球Cの間ではたらく張力の仕事についても同様に計算することができる。

衝突直前の静止系に対する小球Bの速度は$(V_x,\ V_y)$であり，小球Cの速度は$(V_x,\ -V_y)$である。

▶(c)・(d)　張力を求めるためには運動方程式を解く必要がある。小球Aから見た小球Bの運動は円運動なので，向心方向の運動方程式を立てるが，小球Aはx軸方向に加速度運動しているので小球Aから見た小球Bの運動方程式には慣性力があらわれる。ただし，運動開始直後では，小球Aにはx軸方向の力がはたらかず，小球Aの加速度は0となるので，小球Bにはたらく慣性力も0となる。また，小球Aから見た小球Bの速度は$(-V_0,\ 0)$なので，向心加速度の大きさは$\dfrac{V_0{}^2}{L}$となる。

一方，衝突直前では，小球Aは加速度運動をしており，小球Aから見た小球Bの運動方程式には慣性力があらわれる。また，小球Aから見た小球Bの速度は$(0,\ V_y)$なので，向心加速度の大きさは$\dfrac{V_y{}^2}{L}$となる。

[B] ▶(e) 3つの小球を一体とみなした運動方程式を考えてもよい。

▶(f) 時刻 t_2 における小球Bと小球Cの速度は x 軸対称となる。衝突直前，小球Aから見た小球Bの円運動の速度は y 軸方向を向いている。よって，静止系から見た3つの小球の速度の x 成分はすべて同じ値となる。3つの小球と糸を1つの系と考えたとき，水平面内で作用する外力は F のみである。よって，この外力による力積と3つの小球の運動量の和の変化量は常に等しくなる。

▶(g) それぞれの小球にはたらく張力がした仕事の和は 0 となり，外力 F がした仕事がこの系に加えた仕事となる。よって，実験1でも実験2でも，運動エネルギーの変化量は，外力 F がした仕事と等しくなる。

▶(h) 小球Bと小球Cにつながれた糸の張力の大きさを共に T とする。時刻 0 における小球Aの運動方程式は

$$ma_2 = F + (-2T\cos\theta)$$

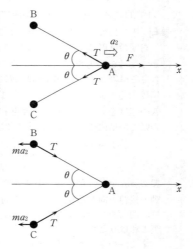

小球Aから小球Bの運動を見た場合，大きさ ma_2 の慣性力が x 軸の負の向きに生じる。また，小球Aから見た小球Bの相対速度が 0 なので，小球Aに対する小球Bの向心方向の運動方程式は

$$m\frac{0^2}{L} = T + (-ma_2\cos\theta)$$

以上 2 式より，$a_1 = \dfrac{F}{3m}$，$0° < \theta < 90°$ を考慮すると

$$ma_2 = F - 2(ma_2\cos\theta)\cos\theta$$

$$\therefore \quad a_2 = \frac{F}{(1+2\cos^2\theta)m} > a_1$$

一方，時刻 t_2 において小球Bにつながれた糸の張力の大きさを T' とする。この時刻における小球Aの運動方程式は

$$ma_2 = F + (-2T')$$

小球Aから小球Bの運動を見た場合，小球Bの接線方向の速度の大きさは $\dfrac{w}{2}$ なので，小球Aに対する小球Bの向心方向の運動方程式は

$$m\frac{\left(\dfrac{w}{2}\right)^2}{L} = T' + (-ma_2)$$

以上 2 式より

$$ma_2 = F - 2\left(ma_2 + \frac{mw^2}{4L}\right) \quad \therefore \quad a_2 = \frac{F}{3m} - \frac{w^2}{6L} < a_1$$

これに適するグラフは(ア)である。

5 ひもで結ばれた2物体の運動

(2013年度 第1問)

〔A〕 図1のように水平でなめらかな平面があり，その上の直線上を同じ質量 m の2つの物体AとBが，伸び縮みしない質量の無視できる長さ ℓ のひもで結ばれたまま，摩擦を受けずに運動している。以下では，図の右方向を速度の正の向きにとる。

時刻 $t=0$ において，図1のように物体Aは物体Bの右方向に距離 $\dfrac{\ell}{2}$ だけ離れた位置にあり，ひもはたるんだまま，物体AとBはそれぞれ速度 v_A, v_B ($v_A>v_B>0$) で運動している。物体間の距離が ℓ になるとひもがたるみなく張り，物体AとBには撃力がはたらく。その直後，物体AとBは近づき始め，やがて衝突する。ひもが張ったときの衝撃によってエネルギーが失われることはなく，ひもが張る前後で物体Aと物体Bの力学的エネルギーの和，および運動量の和が保存している。なお，ひもがたるんでいるときには，ひもは物体AとBの運動を妨げることはないとする。また，物体AとBの衝突は完全弾性衝突であるとする。空気抵抗は無視できるものとして，以下の問に答えよ。

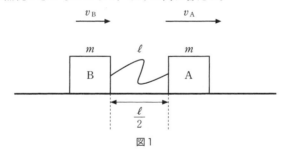

図1

(a) 初めてひもが張った直後の物体A，Bの速度をそれぞれ $v_A{}'$, $v_B{}'$ とする。ひもが張る前後のエネルギー保存の式，および運動量保存の式を記せ。また，$v_A{}'$, $v_B{}'$ を求めよ。

(b) $t=0$ から初めてひもが張るまでの時間 T_0 を求めよ。また，$t=0$ から2回目にひもが張るまでの物体Bの速度を，時間の関数として解答欄に実線で書き込め。ただし，初めてひもが張る時刻 $t=T_0$ と速度 v_A, v_B を表す位置は解答欄に示されている。

〔解答欄〕 速度

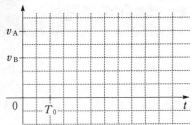

〔B〕 図2のように水平面となす角が $\theta \left(0<\theta<\dfrac{\pi}{2}\right)$ の斜面があり，その上の直線上を同じ質量 m の2つの物体AとBが，伸び縮みしない質量の無視できる長さ ℓ のひもで結ばれたまま運動している。ただし，2つの物体は紙面内を運動し，斜面から離れることはない。物体Aの下面はなめらかで斜面との間に摩擦はないが，物体Bの下面は粗く，物体Bと斜面との間の動摩擦係数は μ' である。物体Bにはたらく動摩擦力は重力の斜面下向き成分に比べて小さく，物体は斜面上で静止することはない。以下では，斜面下方を速度の正の向きにとる。

時刻 $t=0$ において物体Aは物体Bより距離 $\dfrac{\ell}{2}$ だけ下方にあり，物体AとBの速度は等しく，v_0 (>0) であった。重力加速度の大きさを g とし，空気抵抗は無視できるものとして，以下の問に答えよ。

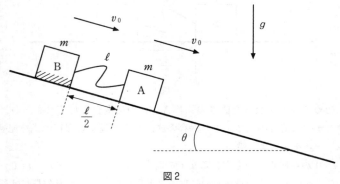

図2

(c) $t=0$ から初めてひもが張るまでの時間 T_1 を求めよ。

(d) 初めてひもが張った直後の，物体Bから見た物体Aの相対速度 $\varDelta v$ を求めよ。ただし，ひもが張ったときの衝撃によってエネルギーが失われることはなく，ひもが張る前後で物体Aと物体Bの力学的エネルギーの和，および運動量の和が保存している。なお，ひもが張る瞬間において，物体にはたらく重力と摩擦

力の影響は無視する。

(e) 問(d)でひもが張った時刻から，物体A，Bが近づき，初めて距離が $\frac{\ell}{2}$ になるまでの時間 T_2 を求めよ。また，距離が $\frac{\ell}{2}$ になったときの物体Bから見た物体Aの相対速度 ΔV を求めよ。

(f) $t=0$ から3回目にひもが張るまでの物体A，Bの速度を，時間の関数として解答欄に書き込め。物体Aの速度のグラフを実線，物体Bの速度のグラフを破線で書くこと。ただし，$t=0$ から $t=T_1$ までのグラフは解答欄に書き込まれている。

〔解答欄〕 速度

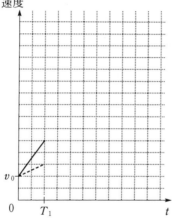

解 答

〔A〕(a) 力学的エネルギー保存則より
$$\frac{1}{2}mv_A^2 + \frac{1}{2}mv_B^2 = \frac{1}{2}mv_A'^2 + \frac{1}{2}mv_B'^2 \quad \cdots\cdots(答)$$
整理すると
$$v_A^2 + v_B^2 = v_A'^2 + v_B'^2 \quad \cdots\cdots ①$$
運動量保存則より
$$mv_A + mv_B = mv_A' + mv_B' \quad \cdots\cdots(答)$$
整理すると
$$v_A + v_B = v_A' + v_B' \quad \cdots\cdots ②$$
①式に②式を代入して
$$v_A^2 + v_B^2 = v_A'^2 + (v_A + v_B - v_A')^2 = 2v_A'^2 - 2v_A'(v_A + v_B) + (v_A + v_B)^2$$
$$v_A'^2 - v_A'(v_A + v_B) + v_A v_B = 0$$
$$(v_A' - v_A)(v_A' - v_B) = 0$$
ひもが張った直後は $v_A' \neq v_A$ であるから $\quad v_A' = v_B \quad \cdots\cdots(答)$
②式より $\quad v_B' = v_A \quad \cdots\cdots(答)$

(b) $T_0 = \dfrac{\ell}{2(v_A - v_B)}$

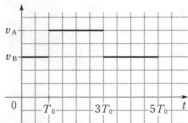

〔B〕(c) 斜面下方を正の向きにとった物体A,Bの加速度をそれぞれ a_A, a_B とすると,物体Aの運動方程式は
$$ma_A = mg\sin\theta$$
∴ $a_A = g\sin\theta$
物体Bの運動方程式は
$$ma_B = mg\sin\theta - \mu' mg\cos\theta$$
∴ $a_B = g\sin\theta - \mu' g\cos\theta$
物体Bから見た物体Aの相対加速度を a_{BA} とすると

$$a_{BA} = a_A - a_B$$
$$= g\sin\theta - (g\sin\theta - \mu'g\cos\theta)$$
$$= \mu'g\cos\theta$$

$t=0$ において，物体Bから見た物体Aの相対速度は 0 であり，物体Aと物体Bの距離は $\dfrac{\ell}{2}$ である。また，ひもの長さが ℓ なので，$t=0$ から初めてひもが張る $t=T_1$ までの間に，2 物体間の距離は $\dfrac{\ell}{2}$ だけ遠ざかる。よって

$$\frac{\ell}{2} = \frac{1}{2}a_{BA}T_1{}^2$$

$$\therefore \quad T_1 = \sqrt{\frac{\ell}{a_{BA}}} = \sqrt{\frac{\ell}{\mu'g\cos\theta}} \quad \cdots\cdots (答)$$

(d) 初めてひもが張る直前における，物体Bから見た物体Aの相対速度 v_{BA} は

$$v_{BA} = a_{BA}T_1$$
$$= \mu'g\cos\theta\sqrt{\frac{\ell}{\mu'g\cos\theta}}$$
$$= \sqrt{\mu'g\ell\cos\theta}$$

初めてひもが張った直後の物体Bから見た物体Aの相対速度 $\varDelta v$ は，(a)と同様に，ひもが張った後は互いの速度が交換するので，相対速度は符号が逆転し

$$\varDelta v = -v_{BA} = -\sqrt{\mu'g\ell\cos\theta} \quad \cdots\cdots (答)$$

(e) 時間 T_2 の間に，物体Bから見て物体Aは $\dfrac{\ell}{2}$ だけ近づくので

$$-\frac{\ell}{2} = \varDelta v\,T_2 + \frac{1}{2}a_{BA}T_2{}^2$$

(d)の結果を用いると

$$-\frac{\ell}{2} = -\sqrt{\mu'g\ell\cos\theta}\,T_2 + \frac{1}{2}\Big(\mu'g\cos\theta\Big)T_2{}^2$$

T_2 についてまとめると

$$T_2{}^2 - 2\sqrt{\frac{\ell}{\mu'g\cos\theta}}\,T_2 + \frac{\ell}{\mu'g\cos\theta} = 0$$

$$\Big(T_2 - \sqrt{\frac{\ell}{\mu'g\cos\theta}}\Big)^2 = 0$$

$$\therefore \quad T_2 = \sqrt{\frac{\ell}{\mu'g\cos\theta}} \quad \cdots\cdots (答)$$

このときの物体Bから見た物体Aの相対速度 $\varDelta V$ は

$$\varDelta V = \varDelta v + a_{BA}T_2$$

$$= -\sqrt{\mu' g \ell \cos\theta} + \mu' g \cos\theta \sqrt{\frac{\ell}{\mu' g \cos\theta}}$$
$$= 0 \quad \cdots\cdots(答)$$

(f) 速度

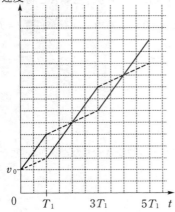

解説

　ひもで結ばれた2物体の運動に関する問題である。ひもが張った瞬間に2物体に撃力がはたらくが，力学的エネルギーと運動量が保存することから（完全）弾性衝突と同じように扱うことができる。後半では，相対運動が等加速度直線運動となるが，相対運動においても通常の運動と同様の距離・速度・加速度の間の関係式が成り立つことを用いる。

〔A〕▶(a) 力学的エネルギー保存則と運動量保存則から，ひもが張った直後の物体の速度が求められる。この問題では2つの物体の質量が等しいので，互いの速度が交換する。

▶(b) $t=0$ から初めてひもが張るまでの間，物体Bから見た物体Aの相対速度を v_{BA} とおくと

$$v_{BA} = v_A - v_B$$

2物体間の距離が $\dfrac{\ell}{2}$ だけ遠ざかるのに時間 T_0 だけかかるので

$$\frac{\ell}{2} = T_0 v_{BA}$$

$$T_0 = \frac{\dfrac{\ell}{2}}{v_{BA}} = \frac{\ell}{2(v_A - v_B)}$$

〔グラフの描き方〕(a)より，ひもが張った後は互いの速度が交換するので，相対速度

は符号が逆転して $-v_{BA}$ となる。ひもが張ってから衝突するまでの間に2物体間の距離が ℓ だけ近づくので、時間は $2T_0$ だけかかる。

衝突は（完全）弾性衝突なので、衝突後は互いの速度が交換し、相対速度は符号が逆転して v_{BA} となる。衝突から2回目にひもが張るまでの間に2物体間の距離が ℓ だけ遠ざかるので、時間は $2T_0$ だけかかる。

[B]▶(c) 物体Bから見た物体Aの相対的な運動を考えれば途中の計算が簡略化できる。相対的な運動を考える場合でも、通常の運動と同様に距離・速度・加速度の間の関係式が成り立つことを用いる。

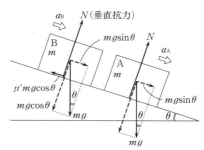

▶(d) ひもが張った瞬間の撃力による運動の変化は瞬間的に起こるため、重力や摩擦力の影響は無視できる。さらに、物体が水平面上にあるか、斜面上にあるかにも依存しない。

▶(e) 物体Bから見た物体Aの相対的な運動を考える。物体Aの加速度は一定であり、物体Bから物体Aは初速度0で離れていき、時間 T_1 の後にひもが張る。ひもが張った直後に相対速度は逆転し、その後、時間 T_2 の後に最初と同じ位置に達している。よって、$T_1=T_2$ や $\Delta V=0$ は明らかである。

▶(f) 物体Aと物体Bは、ひもが張る瞬間に互いの速度が交換することを除けば等加速度運動をしている。また、(e)の互いの距離が $\dfrac{\ell}{2}$ になった状態は2物体の速度が等しいため、初速度は異なるものの、(c)の初期状態と同様に考えられる。以上のことから、時間 T_1 ごとに、ひもが張る、速度が等しくなるを繰り返し、$t=5T_1$ において3回目にひもが張る。

54 第1章 力 学

テーマ

　衝突の問題では，2物体の運動を別々に考えるのではなく，重心運動と相対運動に分けて考えることで，衝突が影響するのは相対運動だけであることが明らかとなる。このように，現象に対して本質的な運動を抽出して考えると，物理的な意味合いがわかりやすくなるだけでなく，計算も簡略化できる。以下，重心運動と相対運動をまとめておく。

　質量 m_1，質量 m_2 の2つの物体が，静止系から見て，速さ v_1，v_2 で運動していたとする。それら2物体の運動エネルギーの和 K は，重心の速さ V を用いて

$$K=\frac{1}{2}m_1v_1{}^2+\frac{1}{2}m_2v_2{}^2=\frac{1}{2}(m_1+m_2)V^2+\frac{1}{2}\frac{m_1m_2}{m_1+m_2}(v_1-v_2)^2$$

と表すことができる。ただし，重心の速度は $V=\dfrac{m_1v_1+m_2v_2}{m_1+m_2}$ である。

　上式より，運動量が保存するならば，右辺第1項の重心の運動エネルギーは保存することが容易にわかる。よって，衝突などで運動量は保存するが，エネルギーは保存しないときは，右辺第2項の相対運動の運動エネルギーの一部，または，全部が失われることになる。

　つまり，はね返り係数が e である衝突の場合，衝突後の相対運動の運動エネルギーは

$$\frac{1}{2}\frac{m_1m_2}{m_1+m_2}e^2(v_1-v_2)^2$$

となり，衝突前の e^2 倍となることが容易にわかる。

3 衝 突

6 2つの振り子の衝突

(2011年度 第1問)

図1のように伸び縮みしない軽い糸におもりとして小さな玉をつけた振り子を2つ用意し，2つのおもりがそれぞれの最下点において同じ高さで左右に接触するように配置する。左側を振り子1，右側を振り子2とする。振り子1，振り子2のおもりをそれぞれおもり1，おもり2とし，重力加速度をgとする。

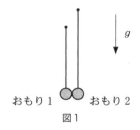
図1

2つのおもりは図の紙面内でのみ運動する。2つの振り子はおもりが衝突する以外，互いに干渉しない。振り子の振れは十分小さく，振り子の等時性が成り立つとする。空気抵抗は無視する。

〔A〕 まず，2つの振り子の糸の長さがどちらもLである場合（図2(i)）を考える。おもり1，おもり2の質量をそれぞれm_1，m_2，2つのおもりの間のはね返り係数をe（$0<e<1$）とする。

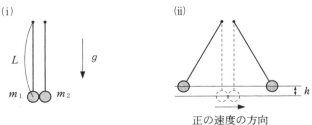
図2

両方のおもりを糸がたるまないように左右に引き離し，最下点からそれぞれ同じ高さhだけ持ちあげ（図2(ii)）静かに放すと，2つのおもりは最下点におい

て衝突を繰り返した。
- (a) おもりを放してから最初に衝突するまでの時間 t_0 を求めよ。
- (b) 1度目の衝突の直前のおもり1の速さ v を求めよ。
- (c) 1度目の衝突の直後のおもり1とおもり2それぞれの速度 v_1' と v_2' を求めよ。ただし速度は図2(ii)に示すように右向きを正，左向きを負とする。解答には v を用いてよい。
- (d) 4度目の衝突の直後のおもり1とおもり2それぞれの速度 v_1'' と v_2'' を求めよ。正負については(c)と同様に定義する。解答には v を用いてよい。

〔B〕 次に，振り子1の糸の長さは〔A〕と同じ L のままに保ち，振り子2はその周期が振り子1の2倍になるように糸を長さ $4L$ のものに取り替えた（図3(i)）。さらに，2つのおもりを互いに弾性衝突（$e=1$）するものに取り替えた。おもり1とおもり2の質量を M_1，M_2 とおく。おもり2が最下点で静止している状態で，おもり1だけを糸がたるまないように左側に動かして最下点からある高さまで持ちあげ（図3(ii)），時刻 $t=0$ に静かに放した。2つのおもりはその後，最下点のみで何回か衝突し，$t=10t_0$ において初めて元の状態（$t=0$ に運動を開始した時の状態）に戻った。ただし t_0 は(a)で求めた時間である。

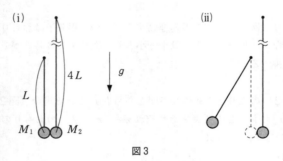

図3

- (e) 時刻 $t=0$ におもり1を放してから，$t=10t_0$ において2つのおもりが元の状態に戻るまでの間に，2つのおもりが衝突した時刻を全て挙げよ。解答には t_0 を用いてよい。
- (f) おもりの質量の比 $\dfrac{M_1}{M_2}$ を求めよ。

3 衝突 57

解 答

〔A〕(a) $t_0 = \dfrac{\pi}{2}\sqrt{\dfrac{L}{g}}$

(b) 力学的エネルギー保存則より

$$m_1 gh = \frac{1}{2}m_1 v^2 \qquad \therefore \quad v = \sqrt{2gh} \quad \cdots\cdots(答)$$

(c) 1度目の衝突の直前のおもり2の速度は，おもり1と大きさが等しく逆向きなので，$-v$ である。運動量保存則より

$$m_1 v + m_2(-v) = m_1 v_1' + m_2 v_2'$$

はね返り係数の式より

$$e = -\frac{v_2' - v_1'}{(-v) - v} \qquad \therefore \quad v_2' = v_1' + 2ev$$

以上2式より

$$v_1' = \frac{(m_1 - m_2)v - m_2 \cdot 2ev}{m_1 + m_2} = \frac{m_1 - (1+2e)m_2}{m_1 + m_2}v$$

$$v_2' = \frac{m_1 - (1+2e)m_2}{m_1 + m_2}v + 2ev = \frac{(1+2e)m_1 - m_2}{m_1 + m_2}v$$

よって

$$v_1' = \frac{m_1 - (1+2e)m_2}{m_1 + m_2}v, \quad v_2' = \frac{(1+2e)m_1 - m_2}{m_1 + m_2}v \quad \cdots\cdots(答)$$

(d) おもり1とおもり2は等しい周期の振り子運動をするので，$\dfrac{1}{2}$ 周期ごとに最下点で衝突する。衝突から次の衝突までの運動の間に，それぞれのおもりの速度は大きさが等しく逆向きに変化する。よって，2つのおもりの運動量の和は衝突のたびに，大きさが等しく向きは逆転する。運動量の和の関係は

$$m_1 v_1'' + m_2 v_2'' = (-1)^{4-1}(m_1 v - m_2 v)$$

$$\therefore \quad m_1 v_1'' + m_2 v_2'' = (-m_1 + m_2)v$$

おもり1とおもり2の相対速度の大きさは，衝突のたびに e 倍となるので，はね返り係数の式より

$$e^4 = -\frac{v_2'' - v_1''}{(-v) - v} \qquad \therefore \quad v_2'' = v_1'' + 2e^4 v$$

以上2式より

$$v_1'' = \frac{(-m_1 + m_2)v - m_2 \cdot 2e^4 v}{m_1 + m_2} = \frac{-m_1 + (1 - 2e^4)m_2}{m_1 + m_2}v$$

$$v_2'' = \frac{-m_1 + (1 - 2e^4)m_2}{m_1 + m_2}v + 2e^4 v = \frac{(-1 + 2e^4)m_1 + m_2}{m_1 + m_2}v$$

58　第1章　力　学

よって

$$v_1'' = \frac{-m_1 + (1-2e^4)\,m_2}{m_1 + m_2}v, \quad v_2'' = \frac{(-1+2e^4)\,m_1 + m_2}{m_1 + m_2}v \quad \cdots\cdots(\text{答})$$

〔B〕(e)　$t = t_0,\ 5t_0,\ 9t_0$

(f)　1度目の衝突の直前のおもり1の速度を V，直後のおもり1の速度を V_1，おもり2の速度を V_2 とおく。運動量保存則より

$$M_1V = M_1V_1 + M_2V_2$$

はね返り係数の式より

$$1 = -\frac{V_2 - V_1}{0 - V}$$

以上2式より

$$V_1 = \frac{M_1 - M_2}{M_1 + M_2}V, \quad V_2 = \frac{2M_1}{M_1 + M_2}V \quad \cdots\cdots①$$

時刻 $t = 5t_0$ における2度目の衝突の直前のおもり1の速度は，1度目の衝突から1周期後なので V_1 であり，おもり2の速度は $\frac{1}{2}$ 周期後なので $-V_2$ である。時刻 $t = 10t_0$ において2つのおもりが元の状態に戻ることから，時刻 $t = 0$ から $10t_0$ までのおもりの運動と，時刻 $t = 10t_0$ から 0 まで時間を逆行するときのおもりの運動が等しくなることを用いると，時刻 $t = 5t_0$ における衝突の前後で，それぞれのおもりの速度は大きさが等しく逆向きとなることがわかる。よって，時刻 $t = 5t_0$ における衝突前後で2つのおもりの運動量は大きさが等しく逆向きとなる。運動量保存則より

$$M_1V_1 + M_2(-V_2) = M_1(-V_1) + M_2V_2$$

$$M_1V_1 - M_2V_2 = 0$$

これに①式を代入すると

$$M_1\frac{M_1 - M_2}{M_1 + M_2}V - M_2\frac{2M_1}{M_1 + M_2}V = 0$$

$$\therefore \quad \frac{M_1}{M_2} = 3 \quad \cdots\cdots(\text{答})$$

解　説

　振り子の周期は糸の長さのみで決まる（振り子の等時性）ため，2つの振り子の糸の長さをそろえることで，それぞれのおもりの速度にかかわらず，常に最下点で衝突するようにできる。衝突の前後で，2つのおもりの運動量の和は保存されるが，相対速度の大きさは衝突ごとに e 倍になる。また，続く2回の衝突の間における $\frac{1}{2}$ 周期の振り子運動では，それぞれのおもりの速度の向きが逆転するため，運動量の和と相対速度は大きさが等しく逆向きとなる。

後半は，糸の長さが4倍で周期が2倍となった振り子を組み合わせた問題である。時刻 $t=10t_0$ で元の状態に戻ることから，時刻 $t=0$ から $10t_0$ までの運動と，時刻 $t=10t_0$ から 0 まで時間を逆行するときの運動は等しい。これは，力学法則が時間反転に対して対称性をもつためである。

〔A〕▶(a)　t_0 は単振り子の $\frac{1}{4}$ 周期分の時間なので

$$t_0 = \frac{1}{4} \times 2\pi\sqrt{\frac{L}{g}} = \frac{\pi}{2}\sqrt{\frac{L}{g}}$$

▶(c)　衝突の問題では，運動量保存則とはね返り係数の式を用いる。

▶(d)　それぞれのおもりについて，衝突ごとの速度を毎回計算して求めるのは大変である。衝突ごとの速度の変化に対する法則を見出し，衝突の問題で用いる運動量保存則とはね返り係数の式を変形して適用することを考えるとよいだろう。

〔B〕▶(e)　おもり2の糸の長さはおもり1の糸の長さの4倍なので，単振り子の周期は2倍となる。時刻 $t=0$ におもり1を放すと，時刻 $t=t_0$ におもり1は最下点に達し，おもり2と衝突する。その後，おもり2は $\frac{1}{2}$ 周期後，つまり，$4t_0$ 後の時刻 $t=5t_0$ に最下点に戻ってくる。ここで，時刻 $t=10t_0$ において2つのおもりが元の状態に戻ることから，時刻 $t=0$ から $10t_0$ までのおもりの運動と，時刻 $t=10t_0$ から 0 まで時間を逆行するときのおもりの運動が等しくなることを用いると，時刻 $t=5t_0$ における衝突の前後で，それぞれのおもりの速度は大きさが等しく逆向きとなることがわかる。よって，時刻 $t=5t_0$ においても2つのおもりが衝突する。以上より，おもりの衝突した時刻は，$t=t_0,\ 5t_0,\ 9t_0$ となる。

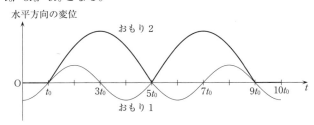

▶(f)　時刻 $t=5t_0$ において，衝突における運動量保存則と，時間に関する運動の対称性から，運動量の和が0となることがわかる。

7 水平面に置かれた台と小球の衝突

(2010年度 第1問)

密度が一様で等辺の長さが L である直角二等辺三角柱の形状をした2つの物体AとBがある。図に示すように、等辺の1つを下にして、2つの物体を z 軸上で接するようになめらかな水平面上に置く。接する線分の中点を原点Oとし、物体に沿って x 軸を、鉛直上向きに y 軸をとる。物体Aを水平面に固定し、物体Aの斜面の中点Pから斜面に垂直に速さ v_0 で小球を投げ出したところ、小球は物体Aに衝突することなく、物体Bの斜面上の点Qに、斜面に垂直に衝突した。小球と物体Bとの衝突は弾性衝突であり、小球は xy 平面内を運動する。小球の質量を m、物体Bの質量を M、重力加速度の大きさを g として、物体Bを水平面に固定した場合と固定しない場合について、以下の問いに答えよ。

〔A〕 物体Bを水平面に固定した場合について考える。このとき、小球は物体Bの斜面上の点Qに衝突した後、点Pに衝突した。
  (a) 点Qの x 座標と y 座標を L を用いて表せ。また、v_0 を g と L を用いて表せ。
  (b) 小球が点Qで物体Bと衝突してから、物体Aに衝突するまでに到達し得る最高点の水平面からの高さ H を L を用いて表せ。

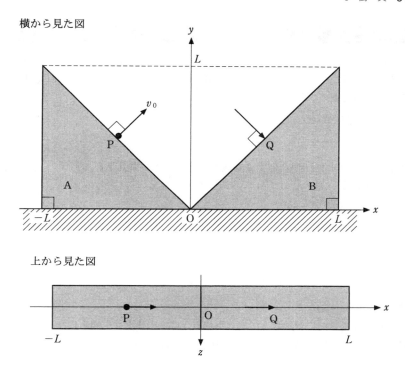

横から見た図

上から見た図

〔B〕 物体Bを水平面に固定せず，物体Bが水平面上を x 軸の正の向きに自由に運動できる場合について考える。このとき，物体Bの斜面上の点Qに衝突した小球は，その後，2つの物体に衝突せずに原点Oに落下した。

(c) 小球が物体Bと衝突してから原点Oに落下するまでに，小球が到達し得る最高点の水平面からの高さ H' を H を用いて表せ。

(d) 小球が物体Bと衝突した直後の，小球の速度の x 成分 v と，物体Bの速度 V を，m，M および v_0 を用いて表せ。

(e) 小球が点Pから点Qまで運動するのに要する時間を T とするとき，小球が点Qに衝突してから原点Oに落下するまでに要する時間 T' を T を用いて表せ。

(f) 物体Bの質量と小球の質量の比 M/m を有効数字2桁で求めよ。

62　第1章　力　学

解　答

〔A〕(a)　斜方投射された小球の軌跡は放物線となる。点Pと同様に点Qでの速度の向きが斜面に垂直であることより，放物線の軸はy軸と一致し，点Pと点Qはy軸に関して線対称である。

よって，点Qの座標は

$$x=\frac{L}{2},\ y=\frac{L}{2}\quad\cdots\cdots(\text{答})$$

点Pから投げ出されて点Qまで到達するのにかかる時間をtとする。$x,\ y$成分の変位を表す式は

$$\begin{cases} L=\dfrac{v_0}{\sqrt{2}}t \\[2mm] 0=\dfrac{v_0}{\sqrt{2}}t-\dfrac{1}{2}gt^2 \end{cases}$$

$$\therefore\quad t=\sqrt{\frac{2L}{g}},\ v_0=\sqrt{gL}\quad\cdots\cdots①$$

よって　$v_0=\sqrt{gL}\quad\cdots\cdots(\text{答})$

(b)　衝突は弾性的に行われるので，小球の点Qでの速度は逆向きになる。よって，小球は点Qまでと同じ経路を逆向きに運動する。点Qから最高点に到達するまでにかかる時間は$\dfrac{t}{2}$なので

$$H=\frac{L}{2}+\frac{1}{2}g\left(\frac{t}{2}\right)^2=\frac{L}{2}+\frac{1}{2}g\left(\frac{1}{2}\sqrt{\frac{2L}{g}}\right)^2$$

$$=\frac{3}{4}L\quad\cdots\cdots(\text{答})$$

〔B〕(c)　小球には斜面に垂直な方向の力積のみがはたらくので，衝突直後の速度は斜面に垂直な向きとなる。よって，y成分をuとすると，x成分は$-u$となる。衝突から原点Oまで到達するのにかかる時間をt'とすると，$x,\ y$成分の変位を表す式は

$$\begin{cases} -\dfrac{L}{2}=-ut' \\[2mm] -\dfrac{L}{2}=ut'-\dfrac{1}{2}gt'^2 \end{cases}$$

$$\therefore\quad t'=\sqrt{\frac{2L}{g}},\ u=\frac{\sqrt{2gL}}{4}\quad\cdots\cdots②$$

また，点Qから最高点まで到達するのにかかる時間をt''とすると

$$0=u-gt''\qquad\therefore\quad t''=\frac{u}{g}=\frac{1}{4}\sqrt{\frac{2L}{g}}$$

よって，最高点の高さ H' は

$$H' = \frac{L}{2} + ut'' - \frac{1}{2}gt''^2 = \frac{L}{2} + \frac{\sqrt{2gL}}{4} \cdot \frac{1}{4}\sqrt{\frac{2L}{g}} - \frac{1}{2}g\left(\frac{1}{4}\sqrt{\frac{2L}{g}}\right)^2$$

$$= \frac{9}{16}L = \frac{3}{4}H \quad \cdots\cdots(\text{答})$$

(d) 小球と物体Bを1つの系と考えたとき，x 方向には外力が作用しないので，x 方向についての運動量は保存する。よって

$$m\frac{v_0}{\sqrt{2}} = mv + MV$$

また，小球と物体Bは弾性的に衝突するので，斜面に垂直な方向に対してはね返り係数の式を用いると

$$1 = -\frac{\sqrt{2}\,v - \frac{1}{\sqrt{2}}V}{v_0 - 0} \qquad \therefore \quad V = \sqrt{2}\,v_0 + 2v$$

ただし，小球の x 方向の速度成分が v のとき，斜面に垂直な方向の速度は $\sqrt{2}\,v$ となる。

以上2式より

$$(m+2M)\,v + \sqrt{2}\,Mv_0 = \frac{1}{\sqrt{2}}mv_0$$

$$\therefore \quad \left.\begin{array}{l} v = \dfrac{m-2M}{\sqrt{2}\,(m+2M)}\,v_0 \\[3mm] V = \dfrac{2\sqrt{2}\,m}{m+2M}\,v_0 \end{array}\right\} \quad \cdots\cdots(\text{答})$$

別解 （運動量保存の式までは〔解答〕に同じ）

また，小球と物体Bは弾性的に衝突するので，力学的エネルギー保存則より

$$\frac{1}{2}mv_0{}^2 = \frac{1}{2}m\,(\sqrt{2}\,v)^2 + \frac{1}{2}MV^2$$

以上の2式から V を消去し，v について解くと

$$\frac{1}{2}mv_0{}^2 = mv^2 + \frac{1}{2}M\left\{\frac{m}{M}\left(\frac{v_0}{\sqrt{2}} - v\right)\right\}^2$$

$$\frac{1}{2}mv_0{}^2 = mv^2 + \frac{m^2}{2M}\left(\frac{v_0{}^2}{2} - \sqrt{2}\,v_0v + v^2\right)$$

$$(m+2M)\,v^2 - \sqrt{2}\,mv_0v + \left(\frac{m}{2} - M\right)v_0{}^2 = 0$$

ゆえに

$$v = \frac{\sqrt{2}\,mv_0 \pm \sqrt{2m^2v_0{}^2 - 4\,(m+2M)\left(\dfrac{m}{2} - M\right)v_0{}^2}}{2\,(m+2M)}$$

$$= \frac{m \pm 2M}{\sqrt{2}\,(m+2M)} v_0$$

$v \neq \dfrac{v_0}{\sqrt{2}}$ より

$$v = \frac{m - 2M}{\sqrt{2}\,(m+2M)} v_0$$

また

$$V = \frac{m}{M}\left(\frac{v_0}{\sqrt{2}} - v\right) = \frac{2\sqrt{2}\,m}{m+2M} v_0$$

(e) ①式より $T = t = \sqrt{\dfrac{2L}{g}}$, ②式より $T' = t' = \sqrt{\dfrac{2L}{g}}$ なので

$T' = T$ ……(答)

(f) ①, ②式より

$$v = -u = -\frac{\sqrt{2gL}}{4} = -\frac{1}{2\sqrt{2}} v_0$$

(d)の結果より

$$v = \frac{m - 2M}{\sqrt{2}\,(m+2M)} v_0$$

以上2式より

$$\frac{m - 2M}{\sqrt{2}\,(m+2M)} v_0 = -\frac{1}{2\sqrt{2}} v_0$$

$\therefore \dfrac{M}{m} = \dfrac{3}{2} = 1.5$ ……(答)

解 説

　小球と物体の弾性衝突の問題である。運動量保存則と力学的エネルギー保存則を用いて求める。衝突時における外力による力積を考えると，x 方向のみで運動量保存則が成り立つことを理解しよう。

　本問の結果から，台が水平面上を動くという拘束条件がついている場合でも，はね返り係数の式が成り立つのが確認できる。

▶〔A〕 放物線の対称性を用いる。符号が反対で大きさが等しい傾きとなる点は，軸に関して線対称な位置にある点に限る。よって，放物線の軸と y 軸が一致することがわかる。

▶〔B〕 小球が斜面に対して垂直に衝突するので，斜面と小球の間には垂直抗力しかはたらかない。よって，小球と斜面の間で及ぼす力積は斜面に垂直な方向となる。

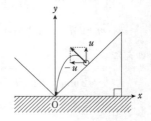

小球から受ける台にはたらく力積の x 成分は台の運動量を増加させるが，y 成分は床からの外力による力積と打ち消し合い，台に y 方向の運動量を与えない。x 方向では小球と台以外からの力による力積がないので，x 方向のみで運動量保存則が成り立つ。弾性衝突とは，力学的エネルギーが保存される衝突のことである。

テーマ

質量 m の物体が速度 $\vec{v_0}$ で運動しているとき，力積 $\vec{I}$ を受け，速度が $\vec{v}$ になったとする。このとき

$$m\vec{v} - m\vec{v_0} = \vec{I}$$

という関係が常に成り立つ。

この関係を 2 物体の系に応用する。質量 m の物体 1 の運動量と力積の関係は，物体 2 から受ける力積を $\vec{I_2}$，物体 2 以外から受ける力積を $\vec{I'}$ とすると

$$m\vec{v} - m\vec{v_0} = \vec{I_2} + \vec{I'}$$

また，質量 M の物体 2 の運動量と力積の関係は，物体 1 から受ける力積を $\vec{I_1}$，物体 1 以外から受ける力積を $\vec{I''}$ とすると

$$M\vec{V} - M\vec{V_0} = \vec{I_1} + \vec{I''}$$

ただし，$\vec{V_0}$ は変化前の速度，$\vec{V}$ は変化後の速度とする。

2 物体間で及ぼし合う力は，作用・反作用の法則から，同じ大きさで逆向きなので，互いに及ぼし合う力の力積の和 $\vec{I_1} + \vec{I_2}$ は $\vec{0}$ となる。そのことを考慮して和をとると

$$\left(m\vec{v} + M\vec{V}\right) - \left(m\vec{v_0} + M\vec{V_0}\right) = \vec{I'} + \vec{I''}$$

上式の右辺，つまり，外力（考えている物体系以外からの力）による力積が $\vec{0}$ になるときが，運動量が保存するときである。ただし，外力による力積が小さく無視できる場合も運動量は保存する。

4 単振動

8 ばねで連結された2物体の運動
(2009年度 第1問)

　質量が m である2つの小さな物体AとBを，自然長 L，ばね定数 k の重さが無視できるばねの両端につける。それを，物体Aが鉛直な壁に接するように，水平な床の上に置く。図に示すように，物体Bに力を加えてばねを自然長から長さ l だけゆっくり縮め，瞬時に力を除く。物体Aが壁から離れた後，ばねの中点Pから見て，物体Aと物体Bはそれぞれ単振動する。物体の運動に関する以下の問いに答えよ。ただし，床と壁は平らでなめらかである。

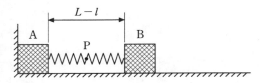

(a) 物体Aが壁から離れるときの，物体Bの速さ v_0 を求めよ。
(b) 物体Aが壁から離れた直後の，ばねの中点Pの速さ v_P を v_0 を用いて表せ。
(c) 物体Aが壁から離れる時刻を $t=0$ とし，その後，ばねの長さがはじめて自然長 L になる時刻を $t=t_1$ とする。t_1 を求めよ。
(d) 時刻 $t=t_1$ の後，ばねの長さが次に自然長 L になる時刻を $t=t_2$ とする。時刻 $t=(t_1+t_2)/2$ におけるばねの長さ L_S を L と l を用いて表せ。
(e) 時刻 $t=t_2$ における物体Aの速さ v_A を求めよ。
(f) 時刻 $t=t_2$ に，物体Bに水平方向の撃力を加えたところ，ばねの中点Pが静止した。撃力とは極めて短い時間に物体に作用する力である。撃力の力積の大きさ I を v_0 を用いて表せ。

4 単振動 67

解 答

(a) ばねの縮みが a のとき，物体Aが壁から受ける力を N とする。物体Aのつり合いの式は

$$0 = N + (-ka)$$

物体Aが壁から離れるとき，$N = 0$ となるので，そのとき $a = 0$ となる。

したがって，物体Bに対して力学的エネルギー保存則を適用すると

$$\frac{1}{2}kl^2 = \frac{1}{2}mv_0{}^2 \quad \therefore \quad v_0 = l\sqrt{\frac{k}{m}} \quad \cdots\cdots(\text{答})$$

(b) ばねの中点Pは物体A，Bの重心だから，v_P は重心の速度を表す。

壁から離れた直後の物体Aの速さは 0，物体Bの速さは v_0 だから

$$v_P = \frac{m\cdot 0 + mv_0}{2m} = \frac{1}{2}v_0 \quad \cdots\cdots(\text{答})$$

(c) 点Pを原点，右向きを正とし，点Pとともに水平に移動する座標を考える。

物体A，Bは点Pに対して対称的な運動をするので，物体Bの位置を x としたとき，物体Aの位置は $-x$ となる。

よって，物体Bの運動方程式は加速度を α として

$$m\alpha = -k(2x - L) = -2k\left(x - \frac{L}{2}\right)$$

$$\therefore \quad \alpha = -\frac{2k}{m}\left(x - \frac{L}{2}\right)$$

となる。これより，物体Bは $x = \dfrac{L}{2}$ を中心とし，角振動数 $\omega = \sqrt{\dfrac{2k}{m}}$ の単振動をする。

また，その単振動の周期 T は，$T = \dfrac{2\pi}{\omega} = 2\pi\sqrt{\dfrac{m}{2k}}$ である。

$t = 0$ のときのばねは自然長であり，その後はじめて自然長に戻る時刻 t_1 は半周期後である。したがって

$$t_1 = \frac{T}{2} = \pi\sqrt{\frac{m}{2k}} \quad \cdots\cdots(\text{答})$$

(d) $t = 0$ のとき，重心Pに対する物体Bの速度は $v_0 - v_P = \dfrac{1}{2}v_0$ である。このときの物体Bの位置は振動中心なので，単振動の振幅を A とすると

$$\frac{1}{2}v_0 = \omega A \quad \therefore \quad A = \frac{v_0}{2\omega} = \frac{1}{2}\cdot l\sqrt{\frac{k}{m}}\cdot\sqrt{\frac{m}{2k}} = \frac{1}{2\sqrt{2}}l$$

よって，時刻 t における物体Bの位置 x は

$$x = \frac{L}{2} + A\sin\omega t = \frac{L}{2} + \frac{1}{2\sqrt{2}}l\sin\left(2\pi\frac{t}{T}\right) \quad \cdots\cdots①$$

68 第1章 力 学

となる。

時刻 t_2 は物体Aが壁から離れてから1周期後なので，時刻 $t = \dfrac{t_1 + t_2}{2} = \dfrac{1}{2}\left(\dfrac{T}{2} + T\right)$

$= \dfrac{3}{4}T$ となる。

①式より，$t = \dfrac{3}{4}T$ のときばねの長さは最も短くなり，ばねの長さ L_S は

$$L_S = L - 2 \cdot \frac{1}{2\sqrt{2}}l = L - \frac{l}{\sqrt{2}} \quad \cdots\cdots (答)$$

別解 時刻 t_2 は物体Aが壁から離れてから1周期後なので，時刻 $t = \dfrac{t_1 + t_2}{2}$ では，ば

ねの長さは最も短くなる。

このとき，物体A，Bは中点Pに対して静止するので，物体A，Bともに大きさが v_P に等しい右向きの速さをもつ。壁から離れた瞬間の力学的エネルギーと時刻 t における力学的エネルギーは等しいので

$$\frac{1}{2}m\left(\frac{v_0}{2}\right)^2 \times 2 + \frac{1}{2}k(L - L_S)^2 = \frac{1}{2}mv_0{}^2$$

$$\therefore \quad L_S = L - v_0\sqrt{\frac{m}{2k}}$$

これに(a)の結果を代入して

$$L_S = L - \frac{l}{\sqrt{2}}$$

(e) 時刻 t_2 は1周期後なので，重心に対する物体Bの速度は $\dfrac{v_0}{2}$ であり，重心に対する物体Aの速度は $-\dfrac{v_0}{2}$ である。よって，水平な床に対する物体Aの速さ v_A は

$$v_A = v_P + \left(-\frac{v_0}{2}\right) = \mathbf{0} \quad \cdots\cdots (答)$$

別解 時刻 t_2 は1周期後なので，$t = 0$ における物体Aの速さに等しい。

よって　　$v_A = 0$

(f) 時刻 t_2 においては物体Aの速さは0，物体Bの速さは v_0 である。
撃力を加えたら中点Pが静止したことから，物体Bの速さは0になることがわかる。
運動量の変化は力積に等しいので

$$|m \cdot 0 - mv_0| = I$$

ゆえに，力積の大きさは　　$I = \boldsymbol{mv_0} \quad \cdots\cdots (答)$

解 説

ばねの両端に2つの物体をつけたときの振動は，単振動の代表的な例のひとつである。

壁から離れた後は2物体に水平方向の外力ははたらかないので，この方向の運動量は保存され，重心は等速直線運動をする。また，重心から見ると2物体は対称性を保ちながら単振動をするが，その周期 T は $2\pi\sqrt{\dfrac{m}{k}}$ にはならないことに注意する。ばね以外からの力のする仕事は0なので力学的エネルギーも保存される。

▶(a) 物体が壁や床から離れるとき，物体が接している壁や床からの抗力が0になる。

▶(b) 物体系全体で運動量が保存されるので

　　　（全運動量）＝（Aの運動量）＋（Bの運動量）＝（全質量）×（重心速度）

が成り立つ。

▶(c) 物体Aと物体Bの質量が等しいため，物体Bの位置が x であるとき，物体Aの位置は $-x$ となる。よって，そのときのばねの長さは $2x$ であり，物体Bがばねから受ける力 F は，伸びていても，縮んでいても $F = -k(2x-L)$ となる。

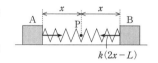

〔注〕 伸びている（$2x>L$）とき，$F<0$ であり，弾性力が左を向いていることになる。また，縮んでいる（$2x<L$）とき，$F>0$ であり，弾性力が右を向いていることになる。伸びているときの様子を描くと上図のようになる。

　このことから，物体Bの運動方程式は

$$ma = -k(2x-L) \quad \therefore \quad a = -\dfrac{2k}{m}\left(x-\dfrac{L}{2}\right)$$

となり，この方程式は質量 m の物体がばね定数 $2k$ のばねにつながれたものとみることができる。

　ここまではばねの全長から弾性力を考え，物体Bの運動方程式を導いたが，以下では，重心Pから見た立場で物体Bにはたらく弾性力（ばね定数）を考える。重心Pから物体Bを見るので，ばねの長さはPB間の距離とみなければならず，自然長の長さが半分になったばねに物体Bがつながれているとみなさなければならない。そのばね定数を k' とすると，自然長が $\dfrac{L}{2}$ となるので物体Bがばねから受ける力は，$-k'\left(x-\dfrac{L}{2}\right)$ と表せる。弾性力 F はどの座標系から見ても同じでなければならないので

$$F = -k(2x-L) = -k'\left(x-\dfrac{L}{2}\right) \quad \therefore \quad k' = 2k$$

よって，重心Pから見たときのばね定数は $2k$ となる。

▶(d) 運動方程式より，振動中心が $\dfrac{L}{2}$，角振動数が $\omega = \sqrt{\dfrac{2k}{m}}$ と求まったが，振幅は運動方程式からは求まらない。

振幅は，振動中心を通過するときの速さから求まる。$t=0$ における物体Bの位置が振動中心であり，その位置を通過するときの重心から見た速さが $\frac{1}{2}v_0$ なので，振幅 A は

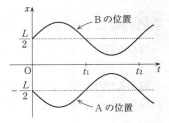

$$A = \frac{v_0}{2\omega} = \frac{l}{2\sqrt{2}}$$

となる。よって，時刻 t における位置 x は

$$x = \frac{L}{2} + \frac{l}{2\sqrt{2}} \sin\sqrt{\frac{2k}{m}}\, t$$

と表され，そのグラフは図のようになる。物体Aの位置を表すグラフも t 軸に対称な曲線として得られる。

テーマ

質量 m_1 と質量 m_2 の物体がそれぞれ座標 x_1, x_2 の位置にあるとき，重心の座標 x_g は

$$x_g = \frac{m_1 x_1 + m_2 x_2}{m_1 + m_2}$$

と表される。この式の両辺を時間で微分すると重心の速度 v_g が得られ

$$v_g = \frac{dx_g}{dt} = \frac{m_1 v_1 + m_2 v_2}{m_1 + m_2}$$

となる。ここで，2つの物体の質量が等しいとすると

$$x_g = \frac{1}{2}(x_1 + x_2), \quad v_g = \frac{1}{2}(v_1 + v_2)$$

となる。

また，重心から見た質量 m_1 の物体の位置 X_1 と速度 V_1 は

$$X_1 = x_1 - x_g = x_1 - \frac{m_1 x_1 + m_2 x_2}{m_1 + m_2} = \frac{m_2}{m_1 + m_2}(x_1 - x_2)$$

$$V_1 = \frac{m_2}{m_1 + m_2}(v_1 - v_2)$$

重心から見た質量 m_2 の物体の位置 X_2 と速度 V_2 は

$$X_2 = x_2 - x_g = x_2 - \frac{m_1 x_1 + m_2 x_2}{m_1 + m_2} = -\frac{m_1}{m_1 + m_2}(x_1 - x_2)$$

$$V_2 = -\frac{m_1}{m_1 + m_2}(v_1 - v_2)$$

また，質量が等しいときは

$$X_1 = \frac{1}{2}(x_1 - x_2), \quad X_2 = -\frac{1}{2}(x_1 - x_2) = -X_1$$

$$V_1 = \frac{1}{2}(v_1 - v_2), \quad V_2 = -\frac{1}{2}(v_1 - v_2) = -V_1$$

となり，重心に対して対称な運動をすることがわかる。

9 等速で動くベルト上のばねにつながれた物体の運動

(2007 年度　第 1 問)

ばねと摩擦の力によって生じる振動現象に関連した以下の問いに答えよ。

〔A〕 図1のように，水平方向に一定の速度 V でゆっくりと動くベルトコンベヤーの上に，質量 m の箱が置かれている。天井には梁（はり）があり，箱は，この梁とばね定数 k の水平なばねでつながれている。ばねが自然の長さのときの箱の位置を原点として，水平方向右側が正になるように座標軸 x をとる。ただし，この箱の底面はベルトから離れることがない。また，箱とベルトの間の静止摩擦係数を μ，動摩擦係数を μ' とし，重力加速度を g とする。

(a) 時刻 $t=0$ において箱は原点にあり，ベルトに付着して速度 V で移動している。その後，ある時刻に箱はベルトから滑り出した。この滑り出した時刻における箱の座標 x_1 とばねの持つ弾性エネルギー E_1 を求めよ。

(b) 滑っているときの箱の運動は，ある座標 x_0 を中心とした周期が T_1 の単振動の運動方程式によって表される。ただし，1周期分の振動をする前に，箱は速度がベルトの速度 V と同じになった時点で，静止摩擦力によって再びベルトに付着することになる。箱の加速度を a として，この滑っている状態における箱の運動方程式を書け。また，上記の x_0 と T_1 を求めよ。

(c) 前問において，箱がベルトに再び付着する座標 x_1' を求めよ。

(d) この後，箱はベルトに付着したまま速度 V で座標 x_1 まで移動し，そこで滑りはじめ，座標 x_1' でベルトに再び付着するという振る舞いを繰り返す。$\mu=2\mu'$ を満たす場合について，μ を用いてこの繰り返しの周期 T を表せ。ただし，箱が滑っている間の時間は，箱がベルトに付着して移動している時間に比べて無視できるほど短いものとする。

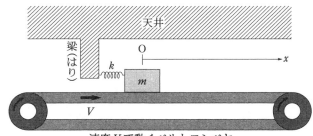

速度 V で動くベルトコンベヤー

図1

〔B〕 今度は，前問〔A〕と同じ箱が2つあり，図2のように，天井の2つの梁とばね定数 k_1, k_2 のばねでそれぞれつながれている。さらに，この2つの箱どうしは，ばね定数 k_0 のばねによってつながれている。ベルトは一定の速度 V でゆっくりと動いている。以下の問いでは，$k_1 > k_2$，および $\mu = 2\mu'$ の条件を満たす場合を考える。ただし，2つの箱をつなぐばねは梁に接触することはない。

(e) ある時刻で，2つの箱はベルトに付着しており，3つのばねは自然の長さであった。その後，左右どちらかの箱が最初に滑り出し，再びベルトに付着した。この間，もう一方の箱がベルトに付着したままであるとき，ばね定数 k_0 が満たすべき条件を k_1, k_2 を用いて表せ。ただし，箱が滑り出してから付着するまでの時間は短く，その間のベルトの動きは無視できるものとする。

(f) 図2の設定で2つの箱の運動を観察し続けたとき，どのような動きが見られるか。箱どうしをつなぐばねが，他のばねに比べて非常に弱い場合と非常に強い場合について予想されることを90文字以内で答えよ。

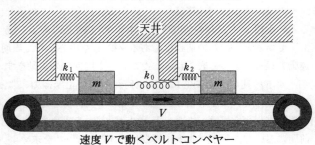

速度 V で動くベルトコンベヤー

図2

4 単振動 73

解 答

〔A〕(a) 箱がベルトに対して滑り出す瞬間に箱にはたらく摩擦力は最大静止摩擦力になる。よって，このときの座標 x_1 は，箱にはたらく力のつり合いの式から

$$0 = \mu mg - kx_1 \qquad \therefore \quad x_1 = \frac{\mu mg}{k} \quad \cdots\cdots (答)$$

また，ばねに蓄えられた弾性エネルギー E_1 は

$$E_1 = \frac{1}{2} kx_1{}^2 = \frac{1}{2} k \left(\frac{\mu mg}{k} \right)^2 = \frac{(\mu mg)^2}{2k} \quad \cdots\cdots (答)$$

(b) 運動方程式：$ma = -kx + \mu'mg$

$$x_0 = \frac{\mu'mg}{k} \qquad T_1 = 2\pi \sqrt{\frac{m}{k}}$$

(c) 箱は x_0 を振動中心とした単振動をする。箱が再び右向きに V の速度になるのは x_0 に対して x_1 の対称点を右向きに通過する瞬間で，このときベルトに対する箱の速度は 0 となるので，箱はベルトに付着する。よって

$$x_1' = x_0 - (x_1 - x_0) = 2x_0 - x_1 = \frac{(2\mu' - \mu)\,mg}{k} \quad \cdots\cdots (答)$$

(d) $\mu = 2\mu'$ を満たす場合，$x_1' = 0$ となる。x_1 の位置から x_1' の位置まで滑っている間の時間は無視できるので，繰り返しの周期 T は x_1' の位置で付着してから再び x_1 の位置に達するまでの時間に等しい。この間，箱はベルトと同じ速度 V で等速運動をするから

$$T = \frac{x_1}{V} = \frac{\mu mg}{kV} \quad \cdots\cdots (答)$$

〔B〕(e) 左の箱の最初の位置を原点とし，右向きを正に座標をとる。

$k_1 > k_2$ の条件より，左の箱が最初に動き出す。この瞬間の左の箱の座標を X_1 とすると，(a)と同様に

$$X_1 = \frac{\mu mg}{k_1}$$

箱が左向きに滑っているときの運動方程式は，加速度を A，箱の位置を X とすると，箱が滑っているときのベルトの動きは無視できるので，k_0 のばねの伸びは $X_1 - X$ となるから

$$mA = -k_1 X + k_0(X_1 - X) + \mu'mg = -(k_1 + k_0)\left(X - \frac{k_0 X_1 + \mu'mg}{k_1 + k_0} \right)$$

よって，箱は $X_0 = \dfrac{k_0 X_1 + \mu'mg}{k_1 + k_0}$ を中心とした単振動をすることがわかる。

箱がベルトに付着する位置 X_1' は(c)と同様に考えられるので，$\mu = 2\mu'$ を用いて

74　第1章　力　学

$$X_1' = 2X_0 - X_1 = \frac{k_0 \mu mg}{k_1(k_1 + k_0)}$$

箱が X_1' の位置にあるときに k_0 のばねの伸びは最大になり，その伸びは $X_1 - X_1'$ と表される。右の箱が動かない条件は 2 つのばねから受ける力の和が最大静止摩擦力を超えないことであるから

$$k_2 X_1 + k_0(X_1 - X_1') \leq \mu mg$$

が成り立ち，X_1，X_1' の値を代入して整理すると

$$k_0 \leq \frac{k_1(k_1 - k_2)}{k_2} \quad \cdots\cdots (答)$$

(f)　箱どうしをつなぐばねが非常に弱い場合，それぞれの箱は〔A〕と同様の周期運動を独立に行う。非常に強い場合は，伸縮しない棒でつながれたように，2 つの箱はほぼ一体となって周期運動を行う。(90字以内)

> **解　説**

　動摩擦力とばねからの復元力を受けながらの運動も，ばねからの復元力だけを受ける単振動と同様に考えればよい。ただし，運動する向きによって動摩擦力の向きが変わるので，運動する向きに応じて運動方程式を個々に考える必要がある。運動方程式を解いた結果，動く向きにかかわらず角振動数は同じになるが，振動中心は運動の向きによって変わる。ここでは単振動そのものが中心に扱われているわけではなく，2つの箱の運動がイメージでき，運動方程式や力のつり合いの式が正しく表現できるかどうかが問われている。

〔A〕▶(b)　動摩擦力は，ベルトに対する箱の相対速度の向きと逆向きにはたらく。一般的には，摩擦がある面上での往復運動を考える場合，運動する向きによって動摩擦力の符号が変わることに注意する。ここではベルトに付着するまでは箱はベルトに対して常に左向きに動いているので，運動方程式では動摩擦力が正になっている。運動方程式の右辺を k でくくると

$$ma = -k\left(x - \frac{\mu' mg}{k}\right) \quad \cdots\cdots① \qquad \therefore \quad a = -\frac{k}{m}\left(x - \frac{\mu' mg}{k}\right)$$

となるので，角振動数 ω は，$\omega = \sqrt{\dfrac{k}{m}}$ であり，単振動の周期 T_1 は

$$T_1 = \frac{2\pi}{\omega} = 2\pi\sqrt{\frac{m}{k}}$$

> **参考**　ここで，①式に対して，座標 $\dfrac{\mu' mg}{k}$ からの変位を y とすると
>
> $$y = x - \frac{\mu' mg}{k} \quad \cdots\cdots②$$
>
> となり，①式を書き改めると

$$ma = -ky \quad \cdots\cdots ③$$

となる。ここで，a は位置 x の時間に関する 2 階微分だが，②式の x から y への置き換えは座標の原点を $\dfrac{\mu'mg}{k}$ だけ正の方向に移動することを意味するので，位置 y の時間に関する 2 階微分も a に等しいことがわかる。具体的には，②式より

$$x = y + \dfrac{\mu'mg}{k}$$

なので

$$a = \dfrac{d^2x}{dt^2} = \dfrac{d^2}{dt^2}\left(y + \dfrac{\mu'mg}{k}\right) = \dfrac{d^2y}{dt^2}$$

よって，いずれの座標系でも加速度は同じであり，①式と③式は，等価な運動方程式であることがわかる。

　復元力以外に一定の大きさの力（保存力でなくてもよい）がはたらくとき，振動中心が座標の原点からずれた単振動となるが，座標の原点を振動中心にすると③式のような運動方程式に書き換えることもできる。

▶(d) 滑り出してからベルトに付着するまでの運動を静止した観測者から見ると，滑り出した瞬間は V に等しい右向きの速度をもち，その後減速し，いったん速度が 0 となった後，左向きの運動となる。左向きの運動は，加速の後減速し，再び速度が 0 となり，その後運動の向きが右向きに変わる。右向きの運動では，速さが 0 から加速を始め，ベルトに対する速度が 0 となったときにベルトに付着する。つまり，ベ

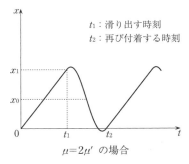

ルトに付着するその瞬間も滑り始めたときと同じ右向きの速度 V をもつ。箱の位置を時間の関数としてグラフにすると上図のようになる。ただし，箱が滑っている間の時間は，箱がベルトに付着して移動している時間に比べて無視できるほど短いものとする，と問題文に書かれているため，図の t_1 から t_2 までの時間はもっと短いが，グラフに表すため誇張して（間隔を広げて）描いてある。

〔B〕▶(f) ばねが非常に強い場合の極限は，2 つの箱を伸び縮みしない質量の無視できる棒でつながれたものとして考えられる。左の箱の最初の位置を原点とし，右向きを正に座標をとる。左の箱の位置を x とすると，k_1，k_2 両方のばねの伸びも x になる。加速度も両者ともに等しくなるので，ともに a とし，棒から受ける力の大きさを R とすると，それぞれの箱の運動方程式は（ベルトに対して左向きに運動しているとき）

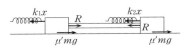

左の箱：$ma = -k_1 x + R + \mu'mg$

76　第1章　力　学

　　　右の箱：$ma = -k_2 x - R + \mu' mg$

この2式の辺々を加えると

　　　$2ma = -(k_1 + k_2)x + 2\mu' mg$

　　$\therefore \quad a = -\dfrac{k_1 + k_2}{2m}\left(x - \dfrac{2\mu' mg}{k_1 + k_2}\right)$

これは，ばね定数 $k_1 + k_2$ のばねに質量 $2m$ の物体をつけた場合の単振動になる。付着してから再び滑り出すときの位置は，(e)で求めた X_1 に等しい。

テーマ

　　質量 m の物体の運動方程式が以下の式で表されるとき，その物体は単振動をする。

　　　$ma = -kx + F \quad (k>0,\ F=一定) \qquad \therefore \quad a = -\dfrac{k}{m}\left(x - \dfrac{F}{k}\right)$ ……Ⓐ

ただし，x は物体の位置であり，$a\left(=\dfrac{d^2x}{dt^2}\right)$ は位置 x における物体の加速度を表す。

　　この運動方程式の解は，角振動数を ω，振動中心の位置を x_c，振幅を A，$t=0$ の位相（初期位相）を δ として

　　　$x = x_c + A\sin(\omega t + \delta)$

と表される。このとき，この物体の速度 v は

　　　$v = \dfrac{dx}{dt} = \omega A\cos(\omega t + \delta)$

となる。よって，速さの最大値 v_{max} は，角振動数 ω と振幅 A を用いて，$v_{max} = \omega A$ と表される。また，加速度 a は

　　　$a = \dfrac{dv}{dt} = \dfrac{d^2x}{dt^2} = -\omega^2 A\sin(\omega t + \delta) = -\omega^2(x - x_c)$

となり，加速度 a の式から，角振動数 ω と振動中心の位置 x_c が得られることがわかる。Ⓐ式の場合であれば，$\omega = \sqrt{\dfrac{k}{m}}$，$x_c = \dfrac{F}{k}$ となる。

10 ゴムひもでつながれた2物体の運動

(2003年度　第1問)

図のように，水平な地面に固定された滑らかで直線状のレールの上に台車2台（台車1，台車2）が置かれ，それぞれにA君，B君が乗っている。A君と台車1の質量の和は，B君と台車2の質量の和と等しく，Mである。ここでは簡単のため，A君，B君の身体の大きさ，および，2台の台車の大きさはすべて無視し，点とみなせるものとする。また，台車1と台車2の間は質量が無視できるゴムひもでつながれている。このゴムひもは自然長がLで，復元力の比例係数（ばね定数）がkである。図のようにレールに沿ってx軸をとる。最初，台車1は座標$x=0$に，台車2は座標$x=d$に共に静止していた。以下，台車の速度を答える問題では**符号を含めて**答えること。また，重力加速度はgとし，空気の抵抗は無視するものとする。

〔A〕　まず，ゴムひもはたるんでいて台車の運動に影響しないとする。

(a)　A君が，地面に置いてあった質量mの，大きさの無視できるボールをそっと拾い上げ，それをB君に向かって投げた。ボールは地面に静止している人から見て速さv_0，仰角θ_0で飛び出した。このボールをB君はノーバウンドで受け取ることができた。このとき，距離dをv_0，θ_0，gを用いて表せ。🖊

(b)　A君がボールを投げた直後の台車1の速度v_1，B君がボールを受け取った直後の台車2の速度v_2をそれぞれv_0，θ_0，M，mを用いて表せ。🖊

〔B〕　B君は，この後，台車2の運動に影響を与えないようにボールをそっと捨てた。ここで，全体（A君，B君，および2台の台車）を一つの物体とみなしたとき，重心は常に台車1と台車2の中点にあり，この重心の速度v_gは$v_g = \dfrac{1}{2}(v_1 + v_2)$で表される。重心から見ると，台車1，台車2はそれぞれ同じ速さで反対方向に動いているように見える。

(c)　ひきつづき，ゴムひもがたるんでいるとき，重心に対する台車1の相対速度v_1'を求めよ。ここでは，求めるべき量を，導出過程においてはまずv_1，v_2を用いて表し，最終的にはv_0，θ_0，M，mを用いて表すこと。🖊

〔C〕　その後，2台の台車間の距離がLに達し，ゴムひもはピンと張って伸びはじめる。以下の問では，求めるべき量を，導出過程においてはまずv_1'，M，k，Lを用いて表し，最終的にはv_0，θ_0，M，m，k，Lを用いて表すこと。（ただしすべての記号を用いるとは限らない。）

(d) ゴムひもの最大の伸び l を求めよ。🈐

(e) 最大に伸びた後,ゴムひもは縮みはじめ,やがて台車1と台車2はぶつかる。最大に伸びたときから自然長にもどるまでの時間 t_1,および自然長に戻ってから,台車どうしがぶつかるまでの時間 t_2 を求めよ。🈐

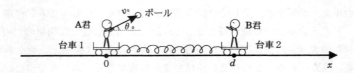

解 答

〔A〕(a)　A君がボールを投げてからB君が受け取るまでの時間を t とする。最高点に達するまでの時間は $\dfrac{t}{2}$ で，最高点では速度の鉛直成分が0になることから

$$0 = v_0 \sin\theta_0 - g\left(\frac{t}{2}\right) \qquad \therefore \quad t = \frac{2v_0 \sin\theta_0}{g}$$

水平方向には $v_0 \cos\theta_0$ で等速度運動をするので，水平距離 d は

$$d = (v_0 \cos\theta_0)\, t = v_0 \cos\theta_0 \times \frac{2v_0 \sin\theta_0}{g} = \frac{v_0{}^2 \sin 2\theta_0}{g} \quad \cdots\cdots (\text{答})$$

(b)　ボールを投げるとき，ボールと台車1とA君を1つの系と考える。水平方向には外部からの力積がはたらかないので，この系（ボールと台車1とA君）の運動量の水平成分は保存される。最初は全体が静止していたので

$$0 = m v_0 \cos\theta_0 + M v_1 \qquad \therefore \quad v_1 = -\frac{m}{M} v_0 \cos\theta_0 \quad \cdots\cdots (\text{答})$$

ボールを受け取るとき，ボールと台車2とB君を1つの系と考える。水平方向には外部からの力積がはたらかないので，この系（ボールと台車2とB君）の運動量の水平成分は保存される。また，放物運動の場合，速度の水平成分は変化しないので，B君がボールを受け取る直前のボールの速度の水平成分も $v_0 \cos\theta_0$ となり

$$m v_0 \cos\theta_0 = (M+m) v_2 \qquad \therefore \quad v_2 = +\frac{m}{M+m} v_0 \cos\theta_0 \quad \cdots\cdots (\text{答})$$

〔B〕(c)　重心に対する台車1の相対速度は

$$v_1{}' = v_1 - v_g = \frac{1}{2}(v_1 - v_2)$$

と表されるので，v_1, v_2 を代入して

$$v_1{}' = \frac{1}{2}\left(-\frac{m}{M} v_0 \cos\theta_0 - \frac{m}{M+m} v_0 \cos\theta_0\right) = -\frac{m(2M+m)}{2M(M+m)} v_0 \cos\theta_0 \quad \cdots\cdots (\text{答})$$

〔C〕(d)　重心から見ると，2台の台車は互いに逆向きに同じ速さで運動する。ゴムひもの伸びが最大になったとき，重心から見た2台の台車の速さは一瞬0になるので，重心から見た力学的エネルギー保存則は

$$\frac{1}{2} M v_1{}'^2 + \frac{1}{2} M v_1{}'^2 = \frac{1}{2} k l^2 \qquad \therefore \quad l = \sqrt{\frac{2M}{k}}\,|v_1{}'|$$

これに(c)の結果を代入すると

$$l = \sqrt{\frac{2M}{k}}\,\frac{m(2M+m)}{2M(M+m)} v_0 \cos\theta_0 \quad \cdots\cdots (\text{答})$$

(e)　重心から見ると，ゴムひもの中心は動かないので，半分の長さになったゴムひもに質量 M の物体がついて単振動しているのと同じ振動をする。ゴムひもの長さを半

80 第1章 力 学

分にするとばね定数は $2k$ となるから，この振動の周期を T とすると

$$T = 2\pi\sqrt{\frac{M}{2k}}$$

よって

$$t_1 = \frac{T}{4} = \frac{\pi}{2}\sqrt{\frac{M}{2k}} \quad \cdots\cdots(答)$$

自然長に戻ってからはゴムひもはたるんでしまうので，台車は重心に対して $|v_1'|$ の速さで等速運動をする。衝突するまでに台車が重心に対して動く距離は $\dfrac{L}{2}$ だから

$$t_2 = \frac{\dfrac{L}{2}}{|v_1'|} = \frac{L}{2|v_1'|} = \frac{M(M+m)L}{m(2M+m)v_0\cos\theta_0} \quad \cdots\cdots(答)$$

解 説

〔A〕では放物運動の基本的知識と水平方向の運動量が保存されることを用いて解答を導く。〔B〕では相対速度に関する基本的理解が問われている。〔C〕では力学的エネルギー保存則と，単振動の知識が問われているが，この単振動ではゴムひものばね定数が $2k$ になるということが解答のポイントになる。また，ゴムひもとばねの違いは，ゴムひもが自然長より短くなった場合はたるんでしまい，力をおよぼさなくなるということである。

▶〔C〕 ゴムひもが自然長より伸びているときの2台の台車の運動方程式を考える。重心とともに運動する座標系（重心の位置を座標原点とする）から見た台車1と台車2の座標をそれぞれ X_1, X_2 とし，台車1の加速度を a_1，台車2の加速度を a_2 とする。そのとき，$X_2 - X_1$ は台車1から見た台車2の位置であり，$(X_2 - X_1) - L$ はゴムひもの伸びを表す。よって，ゴムひもの引く力の水平成分は $k\{(X_2 - X_1) - L\}$ と表せ，運動方程式は

$$Ma_1 = k\{(X_2 - X_1) - L\}$$
$$Ma_2 = -k\{(X_2 - X_1) - L\}$$

となる。質量が同じ2物体は重心に対して対称に運動することより，$X_2 = -X_1$ である。この関係を用いて運動方程式を書き改めると

$$Ma_1 = k\{(-X_1 - X_1) - L\}$$
$$= -2k\left(X_1 + \frac{L}{2}\right)$$
$$\therefore \quad a_1 = -\frac{2k}{M}\left(X_1 + \frac{L}{2}\right)$$

つまり，台車1は重心から左へ $\dfrac{L}{2}$ 離れた点を中心として，角振動数 $\omega = \sqrt{\dfrac{2k}{M}}$ の単振

動をする。

一方，この2式の辺々を引くことより，台車1から見た台車2の相対運動の運動方程式が得られ

$$M(a_2 - a_1) = -2k\{(X_2 - X_1) - L\}$$

$$\therefore \quad a_2 - a_1 = -\frac{2k}{M}\{(X_2 - X_1) - L\}$$

ここで，$a_2 - a_1$ は台車1から見た台車2の加速度であり，すなわち，台車2は，台車1から見て角振動数 $\omega = \sqrt{\dfrac{2k}{M}}$，振動中心は $X_2 - X_1 = L$（つまり，間隔が自然長と同じ）である単振動をすることがわかる。

テーマ

　ばね定数が k のばねを直列につなぐと，同じ力に対してばねの伸びが2倍になるので，ばね定数は $\dfrac{k}{2}$ になる。これを逆に考えると，ばね定数が k のばねを2等分したときは，それぞれのばねのばね定数は $2k$ となる。

　重心から見た運動を考えるときは，重心の位置でばねを切断したとみなさなければならない。

　さらに一般化し，ばねを $a:b$ に内分したときのばね定数について考える。元のばね定数を k，$a:b$ に分けられたときのばね定数をそれぞれ k_a（ばねA），k_b（ばねB）とする。

　まず，切断したばねを直列につなぎ，力 F を加え自然長から $\Delta x\left(=\dfrac{F}{k}\right)$ 伸ばす。ばねは均一なので，ばねAとばねBの伸びはばねの長さの比率となり，ばねAの伸びは $\dfrac{a}{a+b}\Delta x$，ばねBの伸びは $\dfrac{b}{a+b}\Delta x$ となる。直列に接続した点ではたらく力は，作用・反作用の法則より等しく，また，その力の大きさは両端に加えた力 F と等しいので

$$k_a\frac{a}{a+b}\Delta x = k_b\frac{b}{a+b}\Delta x = F$$

よって

$$k_a = \frac{a+b}{a}\cdot\frac{F}{\Delta x} = \frac{a+b}{a}k, \quad k_b = \frac{a+b}{b}\cdot\frac{F}{\Delta x} = \frac{a+b}{b}k$$

となる。

11 2本のゴムひもによる振動

(2002年度 第3問)

質量 m の小球の両側に自然長が ℓ_1 のゴムひも1と ℓ_2 のゴムひも2の一端をつなぎ，図のようにこの小球を水平に置かれた長さ L の真っ直ぐなレールの上に置く。2本のゴムひもの他端は，レールの両端に固定された支柱につないだ。このときいずれのゴムひもも自然長よりも伸びていた。ゴムひもを自然長から $\Delta\ell$ 引き伸ばすと $\Delta\ell$ に比例する復元力が働く。復元力の比例定数は，ゴムひも1では k，ゴムひも2では $3k$ である。図のようにつりあいの位置を x 軸の原点とし，ゴムひも2のある右方向を x 軸の正の向きとして小球の位置を x で表すものとする。なお，小球は，レールの上を摩擦なく運動するものとし，たるんだゴムひもにより運動が妨げられることはないものとする。また，ゴムひもの質量は無視できるものとする。

〔A〕小球が原点にある場合について考える。
(a) ゴムひも1と2のそれぞれの自然長からの伸び $\Delta\ell_1$ と $\Delta\ell_2$ を求めよ。

〔B〕小球を x まで変位させたとき小球が2本のゴムひもから受ける合力 F を考える。なお，力 F の符号は，x 軸の向きと同様に右向きを正とする。
(b) F と x の関係を表すグラフを $-5\Delta\ell_2 \leq x \leq 5\Delta\ell_2$ の領域について示せ。なお，この範囲の変位では，小球は支柱にぶつからないものとする。また，答案用紙のグラフでは，変位と力の単位をそれぞれ $\Delta\ell_2$，$k\Delta\ell_2$ として表していることに注意せよ。また，特徴的な点の座標については，その数値をグラフ中に記入せよ。

〔解答欄〕

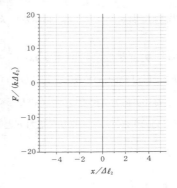

〔C〕小球を x_0 $(0 < x_0 \leq \Delta\ell_2)$ で静かに放した場合の小球の運動を考える。

(c) 小球の加速度を a として小球に対する運動方程式を導き，運動の周期 T を求めよ。なお，加速度 a の符号は，x 軸の向きと同様に右向きを正とする。

〔D〕 小球を $x=3\varDelta\ell_2$ で静かに放した場合の小球の運動について以下の問いに答えよ。なお，以下の問いでは，必要な場合には，$\varDelta\ell_2$ を用いて解答せよ。

(d) 小球が x 軸の負の領域にある場合に，変位の絶対値が最大となる小球の座標 x_1 を求めよ。

(e) 以上の考察にもとづいて次の文章中の①から⑦の □ に当てはまる適当な式，または，数値を解答欄に記入せよ。

　　小球は $x \geq$ ① の領域では，$x=$ ② を中心とする振幅 ③ で周期 $T=$ ④ の単振動の一部となる運動をする。また，$x \leq$ ① の領域では，$x=$ ⑤ を中心とする振幅 ⑥ ，周期 $T=$ ⑦ の単振動の一部となる運動をする。全体として両者が，$x=$ ① で滑らかに接続されたものとなる。

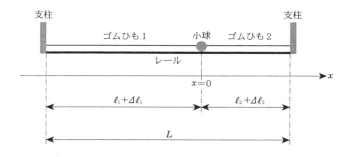

解 答

〔A〕(a) 支柱間の距離 L は 2 本のゴムひもの長さの和に等しいので

$$\ell_1 + \Delta\ell_1 + \ell_2 + \Delta\ell_2 = L$$

また，力のつりあいより

$$0 = -k\Delta\ell_1 + 3k\Delta\ell_2$$

以上 2 式より，$\Delta\ell_1$，$\Delta\ell_2$ を求めると

$$\left.\begin{array}{l}\Delta\ell_1 = \dfrac{3}{4}\{L-(\ell_1+\ell_2)\} \\ \Delta\ell_2 = \dfrac{1}{4}\{L-(\ell_1+\ell_2)\}\end{array}\right\} \quad \cdots\cdots(答)$$

〔B〕(b) (ア) $-5\Delta\ell_2 \leqq x \leqq -3\Delta\ell_2$ のとき，ゴムひも 1 はたるみ，ゴムひも 2 は $\Delta\ell_2 - x$ 伸びるので，小球が受ける力 F は

$$F = 3k(\Delta\ell_2 - x) = -3k(x - \Delta\ell_2)$$

$$\therefore \quad \frac{F}{k\Delta\ell_2} = -3\left(\frac{x}{\Delta\ell_2} - 1\right)$$

(イ) $-3\Delta\ell_2 \leqq x \leqq \Delta\ell_2$ のとき，ゴムひも 1 は $x + \Delta\ell_1$ 伸び，ゴムひも 2 は $\Delta\ell_2 - x$ 伸びるので

$$F = -k(x+\Delta\ell_1) + 3k(\Delta\ell_2 - x) = -4kx$$

$$\therefore \quad \frac{F}{k\Delta\ell_2} = -4\frac{x}{\Delta\ell_2}$$

(ウ) $\Delta\ell_2 \leqq x \leqq 5\Delta\ell_2$ のとき，ゴムひも 1 は $x + \Delta\ell_1$ 伸び，ゴムひも 2 はたるむので

$$F = -k(x+\Delta\ell_1) = -k(x+3\Delta\ell_2)$$

$$\therefore \quad \frac{F}{k\Delta\ell_2} = -\left(\frac{x}{\Delta\ell_2} + 3\right)$$

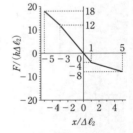

(ア)～(ウ)より，グラフは右のようになる。

〔C〕(c) $0 < x_0 \leqq \Delta\ell_2$ のとき，小球に働く力は(b)より $-4kx$ となるので，運動方程式は

$$m\alpha = -4kx \quad \cdots\cdots(答)$$

よって，加速度 α は

$$\alpha = -\frac{4k}{m}x$$

となり，振動中心が $x=0$，角振動数 $\omega = \sqrt{\dfrac{4k}{m}}$ の単振動をする。よって，周期 T は

$$T = \frac{2\pi}{\omega} = \pi\sqrt{\frac{m}{k}} \quad \cdots\cdots(答)$$

〔D〕(d) $x=3\Delta\ell_2$ で放したときのゴムひも 1 は $6\Delta\ell_2$ 伸びており，ゴムひも 2 はたるんでいる。$-3\Delta\ell_2 \leq x_1 < 0$ の範囲で小球が静止したとすると，そのときゴムひも 1 は $x_1+3\Delta\ell_2$ 伸びており，ゴムひも 2 は $\Delta\ell_2-x_1$ 伸びている。力学的エネルギー保存則より

$$\frac{1}{2}k(6\Delta\ell_2)^2 = \frac{1}{2}k(x_1+3\Delta\ell_2)^2 + \frac{1}{2}\cdot 3k(\Delta\ell_2-x_1)^2$$

∴ $x_1{}^2 = 6(\Delta\ell_2)^2$

となり，$x_1 < 0$ であるから

$x_1 = -\sqrt{6}\,\Delta\ell_2$ ……(答)

これは最初の条件 $-3\Delta\ell_2 \leq x_1 < 0$ を満たしている。

(e) ① $\Delta\ell_2$ ② $-3\Delta\ell_2$ ③ $6\Delta\ell_2$ ④ $2\pi\sqrt{\dfrac{m}{k}}$ ⑤ 0 ⑥ $\sqrt{6}\,\Delta\ell_2$ ⑦ $\pi\sqrt{\dfrac{m}{k}}$

解 説

小球の両側にゴムひもをつけた場合の振動に関する問題である。ゴムひもが及ぼす力は自然長からの伸びに比例するが，ばねと違ってゴムひもの場合は，自然長より短くなるとたるんでしまって力を及ぼすことができないという点を考慮する必要がある。

〔B〕▶(b) ゴムひもの伸びについては次のように考えるとわかりやすい。一般に，2 点間の距離は，その 2 点の座標の差の絶対値で表すことができる。下図よりゴムひも 1 の伸びは，$x-(-\Delta\ell_1) = x+\Delta\ell_1$ となり，ゴムひも 2 の伸びは $\Delta\ell_2-x$ となる。また，$x < -\Delta\ell_1 = -3\Delta\ell_2$ の範囲では，ゴムひも 1 はたるんで力を及ぼさなくなり，$x > \Delta\ell_2$ の範囲では，ゴムひも 2 がたるんで力を及ぼさなくなる。

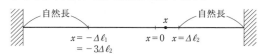

〔C〕▶(c) つりあいの位置 x_c，角振動数 ω，振幅 A，初期位相 δ で単振動をしている物体の位置 x は $x = x_c + A\sin(\omega t + \delta)$ と表される。これを時間 t で 2 回微分して加速度 α を求めると，$\alpha = -\omega^2 A\sin(\omega t + \delta)$ となり，これを x を用いて書き換えると，$\alpha = -\omega^2(x-x_c)$ となる。すなわち，運動方程式から加速度 α を求めたときに，右辺の x の係数が $-\omega^2$ に等しいことがわかる。

〔D〕▶(d) 力学的エネルギー保存則を適用すればよいのであるが，小球の x 座標が $x < -3\Delta\ell_2$ となると，ゴムひも 1 はたるんで弾性エネルギーは蓄えられない。ここでは $x \geq -3\Delta\ell_2$ と仮定し，両方のゴムひもに弾性エネルギーが蓄えられるものとして力学的エネルギー保存則を用いた。その結果，得られた答えが上の仮定を満足しているので，そのまま正答としてよい。もし得られた答えが $x < -3\Delta\ell_2$ となってしまった場合には，ゴムひも 2 にのみ弾性エネルギーが蓄えられるものとして力学的エネル

86　第1章　力　学

ギー保存則を適用し直さなければならない。

▶(e)　小球は，$x \geqq \Delta \ell_2$ の領域ではゴムひも2はたるんでしまうので，その領域ではゴムひも1の自然長すなわち $x = -3\Delta \ell_2$ を中心とする単振動の一部となる運動をする。この振動の x の最大値は $3\Delta \ell_2$ であるから，ゴムひも1は自然長より $3\Delta \ell_2 + 3\Delta \ell_2 = 6\Delta \ell_2$ だけ伸びているので，振幅は $6\Delta \ell_2$ となる。また，周期はゴムひも1の復元力の比例定数が k であるから，$T = 2\pi \sqrt{\dfrac{m}{k}}$ となる。$x \leqq \Delta \ell_2$ の領域では両方のゴムひもの力が作用し，(c)・(d)における考察からわかるとおり，$x = 0$ を中心とした振幅 $\sqrt{6}\,\Delta \ell_2$，周期 $T = \pi \sqrt{\dfrac{m}{k}}$ の単振動の一部となる運動をすることがわかる。

テーマ

　弾性力の仕事と位置エネルギーについて考える。

　簡単化のため，水平面上で物体がばねから弾性力のみを受けて運動しているとする。また，その位置は，自然長の位置を座標原点Oとし，ばねが伸びる方向を正とした座標 x で考える。

　ばね定数を k としたばねから物体が受ける弾性力は，伸びていても縮んでいても常に $-kx$ である。その力は位置とともに変化するので，位置 x_1 から x_2 に移動する間に物体がばねから受ける仕事 W は

$$W = \int_{x_1}^{x_2} (-kx)\, dx = -\left(\frac{1}{2}kx_2{}^2 - \frac{1}{2}kx_1{}^2\right)$$

となる。このとき，x_1，x_2 の正負，大小によらず常に上式となる。

　〔注〕　仕事は，正負まで考えなければならないので，正確には面積（大きさ）ではなく，積分値である。

　　例えば，ばねが伸びる $x_1 < x_2$ のときは，$W < 0$ となる。これは，弾性力の向きと変位の向きが逆であることを表している。

　これを始状態における位置エネルギー（弾性エネルギー）U_1，終状態における位置エネルギー U_2 を用いて表すと，$W = -(U_2 - U_1) = U_1 - U_2$ となり，変化前から変化後の値を引いたものとなる。つまり，位置エネルギーの変化量（変化後から変化前を引いた値）が，弾性力がする仕事ではない。正負が逆であることに注意すること。

5　円運動・万有引力

12　地球内部での万有引力，万有引力と摩擦力を受けて運動する小物体

(2019 年度　第 1 問)

〔A〕　図 1 のように，地球上の点 A と点 B を直線状につなぐ細いトンネルを掘った。地球を，半径 R，一様な密度 ρ の球とし，トンネルを掘ったことによる質量の変化は無視できるものとする。地球の質量に比べて十分に小さい質量 m の小物体 P の，直線 AB 上の運動を考える。直線 AB と重なるように x 軸をとる。AB の中点を原点 O とし，点 A から点 B に向かう向きを正とする。地球の中心 O′ から原点 O までの距離を d（$0<d<R$）とする。

　小物体 P に働く万有引力は，O′ を中心とした半径 O′P（地球の中心 O′ から小物体 P までの距離）の球内の地球の質量が O′ に集まったとして，それと小物体 P との間に働く万有引力に等しく，半径 O′P の球外の地球の質量とは無関係であることが知られている。

　万有引力定数を G とし，地球の自転や公転，空気抵抗，小物体とトンネルの間の摩擦は無視できるものとする。

(a)　トンネル内の小物体 P の位置が x のときの，小物体 P に働く万有引力の大きさを求めよ。また，この万有引力の x 成分を求めよ。📘

(b)　小物体 P を点 A で静かに放したところ，運動の向きを変えることなく，点 B に到達した。かかった時間を求めよ。📘

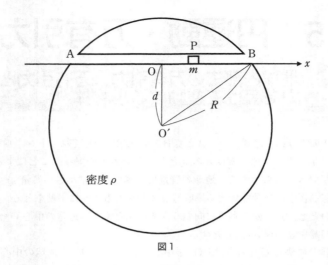

図1

次に，図2のように，原点Oに小物体Pと同じ質量 m の小物体Qが置かれている場合を考える。小物体Qにも，小物体Pと同様な万有引力が働く。小物体Pと小物体Qが衝突する際の反発係数は e $(0<e<1)$ とする。また，衝突はごく短い時間で起きるものとする。

(c) 小物体Pを点Aで静かに放した。1回目の衝突直前の小物体Pの速度 v_P を求めよ。

(d) 1回目の衝突直後の小物体PとQの速度 v_P', v_Q' を，v_P と e を用いて表せ。

(e) 1回目の衝突後，小物体PとQは，それぞれ $x=X_P$, X_Q で原点Oに向かって折り返した。X_P, X_Q を R, d, e を用いて表せ。v_P, v_P', v_Q' を用いてはいけない。

(f) 2回目の衝突が起きた点の x 座標を求めよ。また，1回目の衝突が起きてから2回目の衝突が起きるまでにかかった時間は，問(b)の答の何倍かを答えよ。

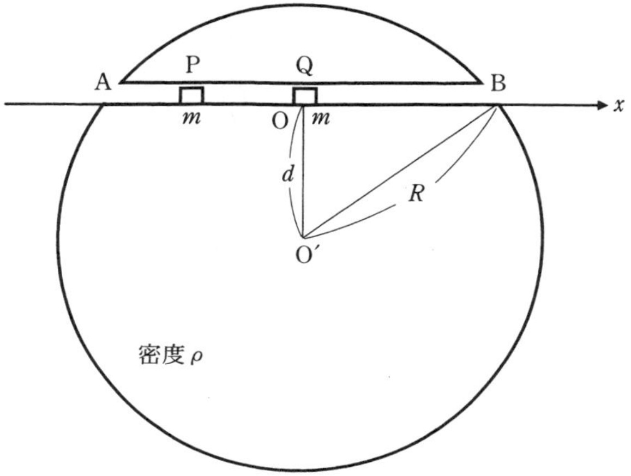

5 円運動・万有引力　89

図2

〔B〕　設問〔A〕と同様に，**図3**のように地球上の点Aと点Bを直線状につなぐ細いトンネルを掘り，小物体Pの，直線AB上の運動を考える。ただし，今度は，小物体Pとトンネルの底面の間には摩擦力が働き，その摩擦力の大きさは垂直抗力の大きさ N に比例するものとする。トンネルの断面は十分に小さい正方形で，底面は OO′ に垂直である。垂直抗力は地球の中心に近い方の底面からのみ受ける。

(g)　トンネル内の小物体Pの位置が x のときの，小物体Pに働く垂直抗力の大きさ N を求めよ。🈁

(h)　小物体Pを点Aで静かに放したところ，小物体Pは動き出し，運動の向きを変えることなく，原点Oを通過して $x = \dfrac{\sqrt{R^2 - d^2}}{2}$ の所で止まり，そのまま静止し続けた。動摩擦係数 μ' を R, d を用いて表せ。また，静止摩擦係数 μ が満たすべき不等式を R, d を用いて表せ。なお，摩擦力に影響を与えるような小物体P内部の振動などは起こらないものとする。🈁

〔μ の不等式の解答欄〕　（　　　　　　$\leqq \mu <$　　　　　　）

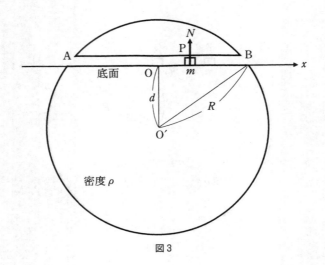

図3

解 答

〔A〕(a) 半径 $\sqrt{x^2+d^2}$ の球内の地球の質量 M' は

$$M' = \frac{4}{3}\pi\rho\,(x^2+d^2)^{\frac{3}{2}}$$

万有引力の大きさ F は

$$F = G\frac{M'm}{x^2+d^2} = \frac{4}{3}\pi G\rho m\sqrt{x^2+d^2} \quad \cdots\cdots(\text{答})$$

一方，x 成分 F_x は

$$F_x = -F\frac{x}{\sqrt{x^2+d^2}} = -\frac{4}{3}\pi G\rho mx \quad \cdots\cdots(\text{答})$$

(b) 小物体Pの位置が x のときの加速度を a とする。運動方程式は

$$ma = -\frac{4}{3}\pi G\rho mx \qquad \therefore \quad a = -\frac{4}{3}\pi G\rho x$$

小物体Pは，角振動数を ω として，$\omega = \sqrt{\frac{4}{3}\pi G\rho}$，振動中心が $x=0$ の単振動をする。

点Aから点Bまでは，半周期の時間で到達するので

$$\frac{1}{2}\cdot\frac{2\pi}{\omega} = \frac{\pi}{\sqrt{\frac{4}{3}\pi G\rho}} = \frac{1}{2}\sqrt{\frac{3\pi}{G\rho}} \quad \cdots\cdots(\text{答})$$

(c) 単振動の振幅が $\sqrt{R^2-d^2}$ なので，振動中心を通過するときの速さ v_P は

$$v_P = \omega\sqrt{R^2-d^2} = 2\sqrt{\frac{\pi G\rho}{3}(R^2-d^2)} \quad \cdots\cdots(\text{答})$$

(d) 運動量保存則より

$$mv_P = mv_P' + mv_Q'$$

また，反発係数が e なので

$$e = -\frac{v_P'-v_Q'}{v_P-0} \qquad \therefore \quad v_Q' = v_P' + ev_P$$

以上2式より

$$v_P' = \frac{1}{2}(1-e)\,v_P, \quad v_Q' = \frac{1}{2}(1+e)\,v_P \quad \cdots\cdots(\text{答})$$

(e) 衝突後の小物体Pの単振動の振幅は X_P，角振動数は ω なので，衝突直後の速さ v_P' は

$$v_P' = \omega X_P$$

$$\therefore \quad X_P = \frac{\frac{1}{2}(1-e)\,v_P}{\omega} = \frac{1}{2}(1-e)\sqrt{R^2-d^2} \quad \cdots\cdots(\text{答})$$

92　第1章　力　学

同様に，衝突後の小物体Qの単振動の振幅は X_Q，角振動数は ω なので，衝突直後の速さ v_Q' は

$$v_Q' = \omega X_Q$$

$$\therefore \quad X_Q = \frac{\dfrac{1}{2}(1+e)\,v_P}{\omega} = \frac{1}{2}(1+e)\sqrt{R^2-d^2} \quad \cdots\cdots（答）$$

(f)　衝突後の小物体PとQの振動の周期は等しいので，$x=0$ に戻るまでの時間は等しく，その時間は単振動の半周期の時間である。よって，x 座標は 0，時間は問(b)の答の 1 倍である。　……（答）

〔B〕(g)　x 軸に垂直な方向の力のつり合いより

$$N = F\frac{d}{\sqrt{x^2+d^2}} = \frac{4}{3}\pi G\rho md \quad \cdots\cdots（答）$$

(h)　小物体Pの位置が x のときの加速度を a' とする。x 軸方向の運動方程式は

$$ma' = -\frac{4}{3}\pi G\rho mx - \mu'\frac{4}{3}\pi G\rho md \quad \therefore \quad a' = -\frac{4}{3}\pi G\rho\,(x+\mu'd)$$

よって，角振動数は ω，振動中心の位置が $x=-\mu'd$ となる単振動（の一部の運動）となる。振動の両端と中心の位置関係より

$$-\mu'd = \frac{-\sqrt{R^2-d^2}+\dfrac{\sqrt{R^2-d^2}}{2}}{2} \qquad \therefore \quad \mu' = \frac{\sqrt{R^2-d^2}}{4d} \quad \cdots\cdots（答）$$

また，小物体Pが右端で静止したときの万有引力の x 成分の大きさは，最大摩擦力より小さいので

$$\frac{4}{3}\pi G\rho m\frac{\sqrt{R^2-d^2}}{2} \leqq \mu\frac{4}{3}\pi G\rho md \quad \therefore \quad \frac{\sqrt{R^2-d^2}}{2d} \leqq \mu$$

同様に，小物体Pを点Aで静かに放したときの万有引力の x 成分の大きさは，最大摩擦力より大きいことより

$$\frac{4}{3}\pi G\rho m\sqrt{R^2-d^2} > \mu\frac{4}{3}\pi G\rho md \quad \therefore \quad \frac{\sqrt{R^2-d^2}}{d} > \mu$$

以上より

$$\frac{\sqrt{R^2-d^2}}{2d} \leqq \mu < \frac{\sqrt{R^2-d^2}}{d} \quad \cdots\cdots（答）$$

解　説

　〔A〕は，地球を貫くトンネル内で単振動する小物体の運動に関する問題である。小物体にはたらく万有引力をうまく求められるかがポイントである。トンネルに沿う方向の運動方程式を解くことから，物体の運動が単振動であるということを求められれば，後は典型的な単振動の問題として処理することができる。2物体の衝突後の運動

も振動中心の位置，角振動数が共に等しい単振動となるので，振動の周期は等しくなる。〔B〕は，〔A〕と同様にトンネル内の運動を扱うが，今度は万有引力以外に摩擦力が生じるところがポイントである。垂直抗力は，重力の x 軸に垂直な成分とのつり合いから求まる。x 軸方向の運動は，運動方程式を解くことから単振動（の一部の運動）であることが求まるが，振動中心が O ではないことに注意。また，動摩擦力は運動の両端の点の距離から求まるが，静止摩擦力の満たす関係式は速度 0 の点での万有引力の x 成分の大きさから求まる。

〔A〕▶(a) 小物体 P と地球の中心 O' との距離 O'P は $\sqrt{x^2+d^2}$ となる。地球内部で受ける万有引力は，問題文に説明されているように半径 O'P の球内（下図の網かけ部分）の質量 M' が点 O' に集まったと考え，球外の質量は無視すればよい。

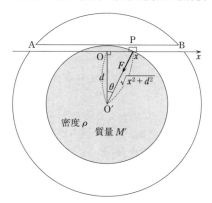

また，∠PO'O を θ として，万有引力の x 成分 F_x は

$$F_x = -F\sin\theta = -G\frac{M'm}{x^2+d^2}\cdot\frac{x}{\sqrt{x^2+d^2}}$$

となる。ただし，x が負の値をとるときは θ も負の値をとるとする。

▶(b) 小物体 P にはたらく x 軸方向の力が，変位 x に比例し，変位と逆向きとなることより，小物体 P は $x=0$ を中心とした単振動をする。そのときの角振動数 ω は，運動方程式から得られる。また，初速 0 で点 A から動き出し，$x=0$ が振動中心となるので，単振動の両端の位置は点 A と点 B となり，点 A から点 B までの移動時間は半周期の $\frac{1}{2}\times\frac{2\pi}{\omega}$ となる。

▶(c) 衝突前の点 O での速さ v_P は振動中心での速さなので，角振動数と振幅の積となる。

参考1　万有引力による復元力の大きさは $\frac{4}{3}\pi G\rho m\cdot x$ となるので，ばね定数が $\frac{4}{3}\pi G\rho m$ のばねにつながれた単振動と同様に考えられる。よって，位置 x における点 O を基準点と

した万有引力による位置エネルギー U は，定義に基づき計算すると

$$U = \int_0^x \frac{4}{3}\pi G\rho m x' dx' = \left[\frac{1}{2}\left(\frac{4}{3}\pi G\rho m\right)x'^2\right]_0^x$$

$$= \frac{1}{2}\left(\frac{4}{3}\pi G\rho m\right)x^2 \quad (0 \leq x \leq \sqrt{R^2 - d^2} ; 地表まで)$$

となる。力学的エネルギー保存則より

$$\frac{1}{2}\left(\frac{4}{3}\pi G\rho m\right)(R^2 - d^2) = \frac{1}{2}mv_P^2 \quad \therefore \quad v_P = 2\sqrt{\frac{\pi G\rho}{3}(R^2 - d^2)}$$

参考2 原点Oを基準とした，地球の中心 O' から r 離れた点S（外部）における位置エネルギー U は

$$U = \frac{1}{2}\left(\frac{4}{3}\pi G\rho m\right)(R^2 - d^2) + \int_R^r G\frac{Mm}{r'^2}dr'$$

$$= \underbrace{\frac{1}{2}\left(\frac{4}{3}\pi G\rho m\right)(R^2 - d^2)}_{地表面の位置エネルギー} + \underbrace{G\frac{Mm}{R} - G\frac{Mm}{r}}_{地表面に対する点Sの位置エネルギー}$$

となり，無限遠点を基準とした位置エネルギーの式とは異なることになる。

▶(d) 衝突の瞬間，x 軸方向には外力による力積が作用しないので，小物体PとQの運動量の和は保存する。

▶(e) 衝突後も万有引力の x 成分によって運動するので，小物体PとQは角振動数が ω，振動中心が $x=0$ の単振動をする。また，速さが0となる点が $x=X_P$ と $x=X_Q$ なので，小物体PとQの振幅はそれぞれ X_P と X_Q になる。さらに，衝突直後の速さ v_P' と v_Q' は，衝突後の単振動の振動中心を通過するときの速さなので，角振動数と振幅の積で表される。

▶(f) 小物体PとQの角振動数が等しいので，振動の周期は等しくなり，再び振動中心に戻る時刻は等しくなる。よって，再び衝突する位置は $x=0$ となる。

〔B〕▶(g) 小物体Pが x 軸の正の向きに運動しているとき，はたらく力は下図のようになる。重力 F の x 軸に垂直な方向の成分は

$$F\cos\theta = F\frac{d}{\sqrt{x^2 + d^2}}$$

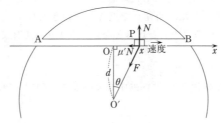

▶(h) x 軸方向の運動方程式より，小物体Pは単振動の一部（片道）の運動を行うことがわかる。振動中心の位置は，加速度が0となる位置，または，復元力が0となる

位置である。よって，振動中心の位置を x_c としたとき，加速度は $a = -\omega^2(x-x_c)$ と表せる。角振動数は摩擦がないときと同じであり，振動中心の位置は，$x_c = -\mu'd$ となる。

一方，点Aと小物体Pが止まる点の中点は，振動中心である。$x = \dfrac{\sqrt{R^2-d^2}}{2}$ での万有引力の x 成分の大きさは，最大摩擦力より小さいので，小物体Pはその点で止まることになる。逆に，点Aで静かに放して小物体Pが動き出すのは，点Aにおける万有引力の x 成分が最大摩擦力より大きいからである。これらのことより，静止摩擦係数が満たす関係式が得られる。

テーマ

位置エネルギーを正しく理解しておくために，保存力，位置エネルギーの定義を確認しておく。

物体を移動させたとき，力のする仕事が途中の経路によらず，始点と終点の位置で定まる場合，その力を保存力という。具体的には，地表面での重力，万有引力，弾性力，静電気力が保存力の例である。

「物体を基準点からある点Pまで保存力に逆らう力を加えゆっくりと移動させたときの保存力に逆らう力がする仕事」を点Pでの保存力による位置エネルギーという。

または，「物体をある点Pから基準点まで移動させたときの保存力がする仕事」と言い換えることもできる。

一般的には，基準点は保存力が 0 となる点が選ばれるので，弾性力による位置エネルギーの基準点は自然長の位置となり，万有引力による位置エネルギーの基準点は無限遠点となる。ところが，地表面における重力は，その値が 0 となる点がないので，位置エネルギーの基準点（基準面）はどこに選んでもよいことになる。

地球の内部まで含めて万有引力による位置エネルギーを考えた場合，その基準点の取り方は

- 地球の中心
- 無限遠点

の2通りがあり，基準点が変わると基準点から移動させたときの仕事の値は変わるので，位置エネルギーの値は等しくならない。

13 滑らかな水平面上に置かれた物体とその物体の中に置かれた小球の運動 (2018年度 第1問)

〔A〕 図1のように，水平な床の上で，穴のあいた物体P（質量 M）と，大きさの無視できる小球Q（質量 m）を用いた実験を行う。物体Pの断面は中央に半径 R の円形の穴のあいた正方形であり，物体Pの重心は図の正方形および穴の中心と一致している。物体Pと床の間に摩擦はない。また，穴の内面はなめらかであり，小球Qを摩擦なく滑らせることができる。図のように水平方向右向きを正として x 軸をとり，時刻 $t=0$ における物体Pの重心の x 座標を $x=0$ とする。

時刻 $t=0$ に物体Pを静止させ，その穴の左端に小球Qを接触させて初速度0で放したところ，物体Pと小球Qは運動を始めた。その後，小球Qは穴の最下点を通過し，時刻 $t=t_r$ において穴の右端に達した。物体Pの重心および小球Qは常に紙面内を運動する。また，物体Pは回転しないものとする。物体Pの重心の x 座標を x_P，小球Qの x 座標を x_Q，物体Pと小球Qをあわせた全体の重心の x 座標を x_G，重力加速度を g として，以下の問に答えよ。

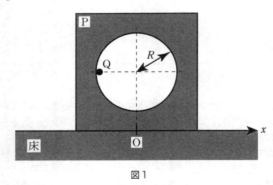

図1

(a) x_G を，x_P，x_Q，m，M を用いて表せ。

(b) $0 \leq t \leq t_r$ における運動について，以下の空欄にあてはまる適切な数値または数式を答えよ。ただし，下記の Δt は速度の変化が無視できるくらい十分短い時間とする。

Δt あたりの x_P と x_Q の変化は，物体Pの速度の x 成分を V，小球Qの速度の x 成分を v とすると，それぞれ $\Delta x_P = \boxed{\text{(ア)}}$，$\Delta x_Q = \boxed{\text{(イ)}}$ である。また，時刻 $t=0$ において物体Pと小球Qが静止していることと，水平方向の外力が働かないことより，V と v の間には常に $\boxed{\text{(ウ)}}$ という関係式が成り立つ。したがって，Δt あたりの x_G の変化は $\Delta x_G = \boxed{\text{(エ)}}$ である。

(c) 時刻 t_r における x_Q を，m，M，R，g のうち必要なものを用いて表せ。

[B] 次に，図2のように[A]で用いた物体Pと小球Qに加え，物体S（質量 M_S）を用いて水平な床の上で実験を行う。物体Sの断面は長方形であり，床との間に摩擦がある。物体Sと床の間の静止摩擦係数を μ とする。物体Pと床の間，小球Qと穴の内面の間，物体Pと物体Sの間の摩擦はないものとする。M_S は十分大きく，以下の実験中に物体Sが動くことはない。

時刻 $t=0$ に物体Pの側面と物体Sの側面が接触した状態で静止させ，物体Pの穴の左端に小球Qを接触させて初速度0で放したところ，時刻 $t=t_1$ に小球Qは穴の最下点を通過し，穴の内面を上昇したあと，時刻 $t=t_2$ に上昇から下降に転じた。物体Pは，$0 \leq t \leq t_1$ において動かず，小球Qが最下点を通過した直後から右側に動きだした。物体Pの重心および小球Qは常に紙面内を運動する。また，物体Pは回転しないものとする。図のように，穴の中心から見て，穴の左端と小球Qのなす角を θ（$\theta \geq 0$）とする。重力加速度を g として，以下の問に答えよ。

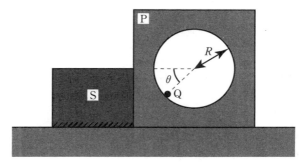

図2

(d) 時刻 t（$0 \leq t \leq t_1$）における小球Qの速さを，m，M，R，g，θ のうち必要なものを用いて表せ。
(e) 時刻 $t=t_1$ における小球Qの速さ v_1 と，時刻 $t=t_2$ における小球Qの速さ v_2 を，m，M，R，g のうち必要なものを用いて表せ。
(f) 時刻 $t=t_2$ における $\sin\theta$ を，m，M，R，g のうち必要なものを用いて表せ。
(g) 時刻 t（$0 \leq t \leq t_1$）において穴の内側の面が小球Qに及ぼす垂直抗力の大きさを，m，M，R，g，θ のうち必要なものを用いて表せ。
(h) 小球Qが最下点へ到達するまでの間に物体Pが動かないためには物体Sの質量 M_S がある値以上でなければならない。この値を，m，M，R，g，μ のうち必要なものを用いて表せ。

98　第1章　力　学

解　答

〔A〕(a)　$x_G = \dfrac{Mx_P + mx_Q}{M + m}$

(b)　(ア)$V\Delta t$　(イ)$v\Delta t$　(ウ)$MV + mv = 0$　(エ)0

(c)　$t = t_r$ において，物体Pの重心からみた小球Qの位置は右に R 離れた位置なので

$$x_Q - x_P = R$$

また，$\Delta x_G = 0$ なので，$t = 0$ と $t = t_r$ における重心の位置は同じとなり

$$\frac{M \cdot 0 + m \cdot (-R)}{M + m} = \frac{Mx_P + mx_Q}{M + m}$$

以上2式より，x_P を消去して

$$x_Q = \frac{M - m}{M + m} R \quad \cdots\cdots(答)$$

〔B〕(d)　θ のときの小球Qの速さを v とする。$\theta = 0$ のときの高さを重力による位置エネルギーの基準とすると，力学的エネルギー保存則より

$$mg \cdot 0 = \frac{1}{2}mv^2 + mgR(-\sin\theta)$$

$$\therefore \quad v = \sqrt{2gR\sin\theta} \quad \cdots\cdots(答)$$

(e)　$t = t_1$ のとき $\theta = \dfrac{\pi}{2}$ となる。よって

$$v_1 = \sqrt{2gR\sin\frac{\pi}{2}} = \sqrt{2gR} \quad \cdots\cdots(答)$$

$t = t_1$ 以降は，物体Pと小球Qの水平方向の運動量が保存する。また，$t = t_2$ における物体Pと小球Qの水平方向の速度は等しいので

$$mv_1 + M \cdot 0 = mv_2 + Mv_2$$

$$\therefore \quad v_2 = \frac{m}{M + m}v_1 = \frac{m}{M + m}\sqrt{2gR} \quad \cdots\cdots(答)$$

(f)　時刻 $t = t_1$ と時刻 $t = t_2$ のときに対して力学的エネルギー保存則を用いると

$$\frac{1}{2}mv_1{}^2 + mg(-R) + \frac{1}{2}M \cdot 0^2 = \frac{1}{2}mv_2{}^2 + mg(-R\sin\theta) + \frac{1}{2}Mv_2{}^2$$

$$\sin\theta = \frac{\dfrac{1}{2}(m + M)v_2{}^2}{mgR} = \frac{\dfrac{1}{2}(m + M)\dfrac{m^2}{(M + m)^2}2gR}{mgR}$$

$$= \frac{m}{M + m} \quad \cdots\cdots(答)$$

(g)　穴の内側の面が小球Qに及ぼす垂直抗力の大きさを N とする。小球Qは円運動を行うので，向心方向の運動方程式は

$$m\frac{v^2}{R} = N + (-mg\sin\theta)$$

(d)の答を用いて

$$N = m\frac{2gR\sin\theta}{R} + mg\sin\theta = \mathbf{3\mathit{mg}\sin\boldsymbol{\theta}} \quad \cdots\cdots(答)$$

(h) 時刻 t $(0 \le t \le t_1)$ における物体Sの水平方向のつり合いの式は，静止摩擦力を f とすると

$$0 = f + (-N\cos\theta) \qquad \therefore \quad f = (3mg\sin\theta)\cos\theta$$

鉛直方向のつり合いの式より，物体Sの床からの垂直抗力は $M_S g$ である。
物体Sが動かないとき

$$f \le \mu(M_S g) \qquad \therefore \quad M_S \ge \frac{3m\sin\theta\cos\theta}{\mu} = \frac{3}{2\mu}m\sin2\theta$$

時刻 t $(0 \le t \le t_1)$ において，$0 \le \theta \le \dfrac{\pi}{2}$ であり，つねに上式が成立するには

$$M_S \ge \frac{3}{2\mu}m$$

よって，求める値は $\qquad \dfrac{3}{2\mu}\boldsymbol{m} \quad \cdots\cdots(答)$

解 説

〔A〕は，滑らかな床上に置かれた物体の中に小球を入れた，典型的な2体問題である。2体の力学的エネルギーは保存している。また，始状態の運動量が0なので，物体と小球の全体の重心は動かないことが注目点である。ただし，全体の重心が座標原点ではないことに注意すること。〔B〕は，小球が最下点を通過するまでの運動において，運動量保存則は成立しないが，力学的エネルギー保存則は成立している。しかし，最下点を通過してからの運動では，運動量保存則と力学的エネルギー保存則が成立する。最下点を通過後，最下点を通過時の運動量は0ではないので，重心は等速度で移動する。そのため，小球は始状態の高さまで上ることはできない。また，最高点に上ったときの速さも0ではないことに注意が必要である。(h)は，$t=0$ から $t=t_1$ の範囲での M_S の条件である。うっかり θ を残すと間違いである。文字指定に十分注意しなければならない。〔A〕，〔B〕とも保存則の適用を考えさせる良問である。

〔A〕▶(b) 微小時間で考えるとき，速度は一定とみなせるので，その間の変位は

$$\Delta x_P = V\Delta t, \quad \Delta x_Q = v\Delta t$$

水平方向には外力がはたらかないので，水平方向について物体Pと小球Qの運動量の和は保存される。また，$t=0$ の運動量の和は0なので，任意の時刻における水平方向の運動量の和も0となる。よって，重心の速度を V_G とすると

$$V_G = \frac{MV + mv}{M+m} = 0 \quad \therefore \quad MV + mv = 0$$

また，Δt あたりの変位 Δx_G は

$$\Delta x_G = V_G \Delta t = 0$$

つまり，全体の重心は動かない。

参考 全体の重心は動かないので，$t=0$ の全体の重心の位置より，任意の時刻における全体の重心の位置が求まる。

$$x_G = \frac{M \cdot 0 + m \cdot (-R)}{M+m} = -\frac{m}{M+m}R \quad (一定)$$

▶(c) 運動量の和が 0 であることを考慮すると，物体Pに対して小球Qが静止する $t = t_r$ のとき，物体Pの重心からみて小球Qは右に R 離れた点まで移動することになり

$$x_Q - x_P = R \quad \therefore \quad x_P = x_Q - R \quad \cdots\cdots ①$$

となる。

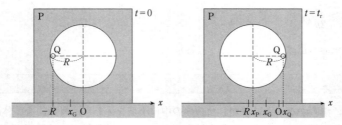

(b)より，全体の重心は移動しないので，$t = t_r$ と $t = 0$ のときの重心は等しくなる。

$$\frac{M \cdot 0 + m \cdot (-R)}{M+m} = \frac{Mx_P + mx_Q}{M+m} \quad \cdots\cdots ②$$

以上①，②式より

$$M(x_Q - R) + mx_Q = -mR \quad \therefore \quad x_Q = \frac{M-m}{M+m}R$$

〔B〕▶(d) 小球Qが最下点を通過する $t = t_1$ までは，物体Pは動かない。そのため重力だけが小球Qに仕事をし，小球Qの力学的エネルギーは保存される。

▶(e) 最下点を通過するとき，$\theta = \dfrac{\pi}{2}$ である。

$t = t_1$ 以降，小球Qと物体Pの間の垂直抗力 N により，物体Pは物体Sから離れて運動する。

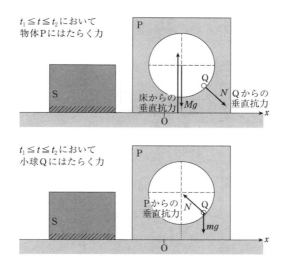

また，$t=t_1$ から $t=t_2$ までの運動において，物体Pと小球Qには水平方向の外力が加わらないので，水平方向の運動量の和は保存する。$t=t_2$ では，小球Qは物体Pに対して静止する（相対速度が0となる）ので，両者の速度は等しく，また水平方向の速度しかもたない。

▶(f) $t=t_1$ から $t=t_2$ までの運動において，小球Qにはたらく垂直抗力による仕事と，小球Qから物体Pにはたらく垂直抗力による仕事の和は0となる。よって，小球Qにはたらく重力だけが仕事をすることになり，物体Pと小球Qの力学的エネルギーの和が保存する。

> **参考** 互いにおよぼし合う垂直抗力の仕事のため，物体Pと小球Qのそれぞれの力学的エネルギーは保存しない。小球Qが物体Pにおよぼす垂直抗力による仕事で，物体Pは運動エネルギーを得ることになり，物体Pの力学的エネルギーは増加する。また，物体Pが小球Qにおよぼす垂直抗力による仕事で小球Qの力学的エネルギーは減少する。

▶(g) 時刻 t $(0 \leq t \leq t_1)$ $\left(0 \leq \theta \leq \dfrac{\pi}{2}\right)$ において物体Pは動くことがない。よって，小球Qは床からみて円運動となる。

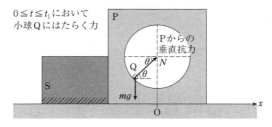

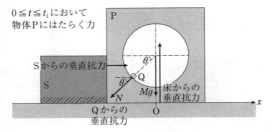

▶(h) 物体Pの水平方向のつり合いの式より,物体Sと物体Pの間の垂直抗力の大きさは $N\cos\theta$ となる。

物体Sが動かないことより,物体Sに作用する物体Pからの垂直抗力は,$0 \leq \theta \leq \dfrac{\pi}{2}$ において最大摩擦力 $\mu M_S g$ を超えることがない。

テーマ

2物体にはたらく力が内力のみで,運動量が保存するときについて考察する。
2物体の質量をそれぞれ m, M, 速度を v, V とする。重心の速度 V_G は

$$V_G = \frac{mv+MV}{m+M}$$

となり,上式の分数の分子は運動量の和である。よって,運動量の和が保存するならば重心速度 V_G が一定となる。また,運動量はベクトル量なのでこの関係は特定の方向だけでも成立することになる。

さらに,始状態の運動量の和が 0 である場合,重心速度 V_G は 0 となり,重心は不動点となる。よって,2物体と重心との距離はつねに質量の逆比の関係を満たすので,変位の大きさも質量の逆比となる。

また,運動エネルギーの比は

$$\frac{1}{2}mv^2 : \frac{1}{2}MV^2 = \frac{(mv)^2}{2m} : \frac{(MV)^2}{2M} = \frac{1}{m} : \frac{1}{M} = M : m$$

となり,運動エネルギーの比も,質量の逆比となる。

14 円運動するおもりと糸で結ばれた立方体の運動

(2016 年度　第 1 問)

〔A〕 図1のように，水平で滑らかな床の上に一辺の長さ L，質量 M の立方体を置く。立方体と床の間には摩擦がはたらかないものとする。立方体の一面は高さが L の壁と平行に向かい合っている。立方体の右上の辺の中点と壁の上端を質量の無視できる長さ $2s$ の糸でつなぎ，その中央に大きさが無視できる質量 $\dfrac{M}{3}$ のおもりを取り付ける。立方体の材質は一様で，その中心に重心があり，立方体の重心，糸，おもりは常に同一鉛直面内にあるものとする。$s<L$ であり，おもりが床と接触することはない。

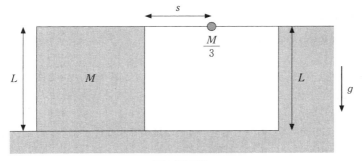

図1（側面図）

おもりを高さ L まで持ち上げ，糸がたるまないように立方体の位置を調節した。そのあとおもりを静かに放したところ，立方体は壁のほうへ向かって滑り出した（図2）。ただし，運動の途中で立方体が傾いたり，糸がたるんだりすることはないものとする。

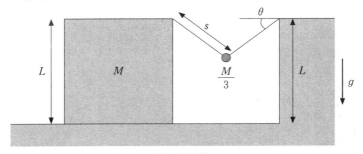

図2（側面図）

糸と水平面のなす角を θ, おもりと立方体をつなぐ糸の張力の大きさを T_1, おもりと壁をつなぐ糸の張力の大きさを T_2 とする。図の右向きを正として, 立方体の速度, 加速度をそれぞれ V, a とする。おもりを放してからおもりが最下点に到達する直前までの運動について, 以下の問に答えよ。ただし, 重力加速度の大きさを g とする。

(a) おもりの水平方向の速度と水平方向の加速度を, 右向きを正として, それぞれ V と a を用いて表せ。

(b) 糸の張力の大きさについて, それらの比 $\dfrac{T_2}{T_1}$ の値を求めよ。

(c) 糸の傾きが $\theta = \dfrac{\pi}{6}$ に達したときの立方体の速度 V を M, L, s, g のうち必要な記号を用いて表せ。

(d) 糸の傾きが $\theta = \dfrac{\pi}{6}$ に達したときの張力の大きさ T_2 を M, L, s, g のうち必要な記号を用いて表せ。

〔B〕 図3のように, 水平な床の上に一辺の長さ L, 質量 M の立方体を置く。ただし今度は, 立方体と床の間に摩擦がはたらくものとする。立方体の一面は高さが L の壁と平行に向かい合っている。立方体が動かないように手で押さえながら, 立方体の右上の辺の中点と壁の上端を, 質量の無視できる長さ $11d$ の糸でつなぐ。さらに, 糸の中央に対して左右対称になるように, 大きさが無視できる質量 m のおもりを等間隔 d で 10 個取り付ける。おもりが床に接することはなく, 糸の中央における張力の大きさは T であった。立方体の材質は一様で, その中心に重心があり, 立方体の重心, 糸, 全てのおもりは常に同一鉛直面内にあるものとする。

この状態で静かに立方体から手をはなす。立方体の質量や, 立方体と床の間の静止摩擦係数を変えて実験を繰り返したところ, 立方体が床の上を滑る場合, 傾く場合, 動かずに静止し続ける場合などがあった。重力加速度の大きさを g として以下の問に答えよ。

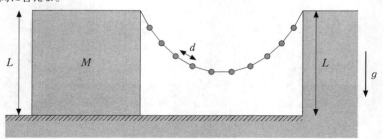

図3（側面図）

5 円運動・万有引力 105

(e) 立方体が動かないように手で押さえているときに，立方体に接続されている点にはたらく糸の張力の大きさを求めよ。L，T，M，m，d，g のうち必要な記号を用いて表せ。📘

(f) 立方体と床の間の静止摩擦係数が十分大きい場合に，立方体の質量を変化させて実験を繰り返した。すると，立方体の質量がある質量 M_1 よりも大きいときには立方体は動かずに静止したが，それよりも少し小さい場合には立方体が右下端を中心に滑ることなく傾き始めた。ただし，立方体が傾いても立方体と床の間の静止摩擦係数は変化しないものとする。L，T，m，d，g のうち必要な記号を用いて M_1 を表せ。📘

(g) 立方体と床の間の静止摩擦係数を，問(f)の実験よりも小さな値 μ にして，問(f)と同様の実験を再び行った。すると，今度は立方体の質量がある値 M_2 よりも大きいときには立方体は静止したが，M_2 よりも少し小さい場合には傾くことなく壁の方へ滑り始めた。L，T，m，d，μ，g のうち必要な記号を用いて M_2 を表せ。📘

106　第1章　力　学

解　答

〔A〕(a)　立方体が壁の方へ水平方向に Δx 移動する間に，おもりは壁の方へ水平方向に $\dfrac{\Delta x}{2}$ 移動する。よって，立方体とおもりの水平方向の速度の比は $2:1$ となる。加速度は速度の時間に対する変化率であるから，これも同様に $2:1$ となる。

　　水平方向の速度：$\dfrac{V}{2}$　……(答)

　　水平方向の加速度：$\dfrac{a}{2}$　……(答)

(b)　おもりの水平方向の運動方程式は

$$\frac{M}{3} \cdot \frac{a}{2} = -T_1 \cos\theta + T_2 \cos\theta$$

立方体の水平方向の運動方程式は

$$Ma = T_1 \cos\theta$$

以上2式より

$$\frac{1}{6} T_1 \cos\theta = -T_1 \cos\theta + T_2 \cos\theta$$

$$\therefore \quad \frac{T_2}{T_1} = \frac{7}{6} \quad \cdots\cdots(答)$$

(c)　おもりは壁の上端を中心とした円運動をするので，$\theta = \dfrac{\pi}{6}$ のときのおもりの水平方向の速度成分の大きさ v_x と鉛直方向の速度成分の大きさ v_y の関係は

$$v_x = v_y \tan\frac{\pi}{6} \quad \therefore \quad v_y = \sqrt{3}\, v_x$$

となり，このときのおもりの速さは

$$\sqrt{v_x{}^2 + v_y{}^2} = \sqrt{v_x{}^2 + (\sqrt{3}\, v_x)^2} = 2v_x = V$$

また，おもりと立方体を1つの系として考えると，力学的エネルギーの和は保存するので

$$0 = \frac{1}{2} MV^2 + \frac{1}{2} \cdot \frac{M}{3} V^2 + \frac{M}{3} g\left(-s \sin\frac{\pi}{6}\right)$$

$$\therefore \quad V = \frac{\sqrt{gs}}{2} \quad \cdots\cdots(答)$$

ただし，重力の位置エネルギーの基準ははじめのおもりの高さとした。

(d)　おもりの向心方向の運動方程式は

$$\frac{M}{3} \cdot \frac{V^2}{s} = T_2 - T_1 \cos\left(2 \cdot \frac{\pi}{6}\right) - \frac{M}{3} g \sin\frac{\pi}{6}$$

5　円運動・万有引力　**107**

(b)の張力の関係と，(c)の V を用いると

$$\frac{M}{3s} \cdot \frac{gs}{4} = T_2 - \frac{1}{2} \cdot \frac{6}{7} T_2 - \frac{1}{6} Mg$$

$$\therefore \quad T_2 = \frac{7}{16} Mg \quad \cdots\cdots(答)$$

〔B〕(e)　立方体に取り付けられた糸の端から糸の中央まで（糸と5つのおもり）を1つの系とする。この系に加わる力は，立方体から糸が受ける張力（T' とする）と5つのおもりにはたらく鉛直方向の重力 $5mg$ と，糸の中央における水平方向の張力 T だけである。これらがつり合いの状態にあるので

$$T' = \sqrt{T^2 + (5mg)^2} \quad \cdots\cdots(答)$$

(f)　立方体が傾く直前，垂直抗力の作用点は立方体の右下の辺となる。右下の辺を中心とした力のモーメントのつり合いを表す式は

$$0 = \frac{L}{2} \times M_1 g - L \times T$$

$$\therefore \quad M_1 = \frac{2T}{g} \quad \cdots\cdots(答)$$

(g)　立方体が糸から受ける力の鉛直成分の大きさは $5mg$ である。
鉛直方向の力のつり合いを表す式は，立方体が滑り出す直前の垂直抗力の大きさを N とすると

$$0 = N + (-Mg) + (-5mg) \quad \therefore \quad N = Mg + 5mg$$

また，水平方向の力のつり合いを表す式は，そのときの摩擦力の大きさを f とすると

$$0 = T + (-f) \quad \therefore \quad f = T$$

滑らない条件は

$$T \leqq \mu (Mg + 5mg)$$

立方体の質量が M_2 よりも小さいときには滑り出すので

$$T = \mu (M_2 + 5m) g \quad \therefore \quad M_2 = \frac{T}{\mu g} - 5m \quad \cdots\cdots(答)$$

解　説

〔A〕は，円運動するおもりと糸で結ばれた立方体を1つの系として捉えて，運動を考察する問題である。

おもりと立方体は伸び縮みしない糸で結ばれているので，糸の長さが一定という条件がつき，両者の速度や加速度に関しても，それに対応する条件式があらわれる。このような条件を束縛（拘束）条件という。(a)は束縛条件に関する問いである。

一般に，物体の運動は各物体の運動方程式と束縛条件を連立することによって解くが，束縛関係が簡単に表せないような場合は，さらに保存則を利用することになる。

〔B〕は，剛体の転倒条件，滑り出す条件に関する典型的な問題である。

〔A〕▶(a) 下図のような，壁の上端を原点，鉛直下向きを正，水平右向きを正とする x-y 座標系を考える。また，おもりの x 座標を x_1，y 座標を y_1，糸がつながれている立方体側面の x 座標を x_2 とする。おもりは常に糸の中央にあり，糸がたるんでいないので $x_1 = \dfrac{x_2}{2}$ となる。

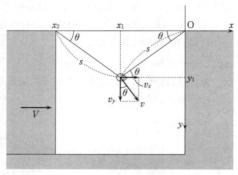

速度は位置を時間で微分したものであり，加速度は速度を時間で微分したものなので，おもりの x 方向の加速度を a_x とすると

$$v_x = \frac{dx_1}{dt} = \frac{1}{2} \cdot \frac{dx_2}{dt} = \frac{V}{2}, \quad a_x = \frac{dv_x}{dt} = \frac{1}{2} \cdot \frac{dV}{dt} = \frac{a}{2}$$

おもりはこのとき，Oを中心とした半径が s の非等速円運動を行っており，そのときの速度の向きは常に接線方向を向いているので

$$v_y \tan\theta = v_x \quad \therefore \quad v_y = \frac{v_x}{\tan\theta} \quad \cdots\cdots ①$$

となり，v_y は v_x と θ に依存している。速度の大きさ v は

$$v = \sqrt{v_x^2 + v_y^2} = \sqrt{v_x^2 + \frac{v_x^2}{\tan^2\theta}} = \frac{v_x}{\sin\theta} \quad \cdots\cdots ②$$

となる。θ は時間の関数であり，y 方向の加速度は容易に表すことはできない。

▶(b) おもりにはたらく力は，右図のようになる。おもりの y 方向の加速度を a_y とすると，運動方程式は

$$\frac{M}{3} a_x = -T_1 \cos\theta + T_2 \cos\theta$$

$$\frac{M}{3} a_y = \frac{M}{3} g + (-T_1 \sin\theta) + (-T_2 \sin\theta)$$

また，立方体の運動方程式は

$$Ma = T_1 \cos\theta$$

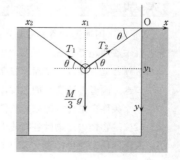

となる。このとき，未知数は a_x, a_y, a, T_1, T_2 の5つである。運動方程式は3つあるので，x 方向と y 方向の加速度に関する束縛条件（おもりと立方体の加速度の間に成り立つ関係式）が2つ求まれば運動方程式を解くことができる。(a)では x 方向の加速度の関係式1つが求まったが，x 方向と y 方向の加速度の関係は表せていない。そこで，この設問では(a)で求めた速度，加速度の関係式と運動方程式より，張力 T_1，T_2 の間に成り立つ関係を求めるに留まる。

▶(c)　おもりの x 方向の速度成分と y 方向の速度成分の関係は，①式に示した。また，おもりの速さは②式に示した。

おもりにはたらく張力 T_2 の向きとおもりの速度の向きは常に垂直なので，張力 T_2 は仕事をすることはない。しかし，張力 T_1 は仕事をするので，おもりの力学的エネルギーは保存しない。

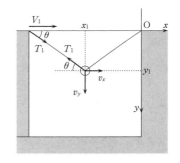

そこで，立方体とおもりを1つの系として考える。立方体にはたらく張力 T_1 の仕事とおもりにはたらく張力 T_1 の仕事の和が0となり，保存力の重力だけが仕事をする。つまり，非保存力による仕事を受けないので，立方体とおもりの力学的エネルギーの和は保存する。

確認のため，おもりにはたらく張力 T_1 の仕事率と立方体にはたらく張力 T_1 の仕事率の和 P を求めると

$$P = (-T_1\cos\theta)v_x + (-T_1\sin\theta)v_y + (T_1\cos\theta)V$$

$$= (-T_1\cos\theta)v_x + (-T_1\sin\theta)\frac{v_x}{\tan\theta} + (T_1\cos\theta)2v_x$$

$$= 0$$

となる。

▶(d)　(b)の〔解説〕で述べたように，張力を求めるためには(b)の運動方程式を解く必要があるが，おもりの y 方向の加速度がまだ不明なので解くことができない。ところが，$\theta = \dfrac{\pi}{6}$ におけるおもりの速さ V がエネルギー保存則から求まったので，向心方向の加速度はその速さ $V\left(=\dfrac{\sqrt{gs}}{2}\right)$ を用いて表すことができ，向心方向の運動方程式を解くことができる。

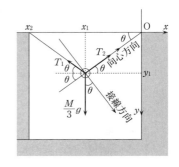

つまり，向心方向の運動方程式を解くことで $\theta = \dfrac{\pi}{6}$ のときの張力を求めることができ

る。

〔B〕▶(e) 5つのおもりをもつこの系にはたらく力は，右図のようになる。このことから，立方体から受ける張力 T' の鉛直成分の大きさは $5mg$ であり，水平成分の大きさは T であることがわかる。

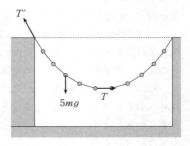

▶(f)・(g) 立方体にはたらく垂直抗力の大きさを N とし，摩擦力の大きさを f とする。また，抗力の作用点は，立方体の右下から x 離れているとする。鉛直方向の力のつり合いを表す式は

$$0 = N + (-Mg) + (-5mg) \quad \therefore \quad N = Mg + 5mg$$

水平方向の力のつり合いを表す式は

$$0 = T + (-f) \quad \therefore \quad T = f$$

よって，滑らないための条件は

$$T \leq \mu(Mg + 5mg) \quad \cdots\cdots ③$$

③より，立方体の質量が小さくなると，最大摩擦力が小さくなることがわかる。また，右下を中心とした力のモーメントのつり合いは

$$0 = \frac{L}{2} \times Mg - x \times N - L \times T \quad \therefore \quad x = \frac{\frac{Mg}{2} - T}{Mg + 5mg} L \geq 0 \quad \cdots\cdots ④$$

④より，立方体の質量が小さくなると，抗力の作用点の位置は立方体の右端に近づくことがわかる。

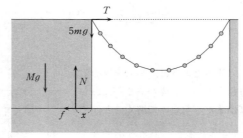

テーマ

　物体が運動するとき，何らかの制限を受けることがある。そのとき，物体の位置，速度などに条件がつき，これを束縛（拘束）条件という。これは，運動方程式とは独立に決まるので，両者を同時に考慮しなければならない。
　本問では，糸が伸び縮みしないことから，おもりの運動が円運動となる。また，おもりと立方体の速度，加速度の間に条件がつく。

15 おもりを取り付けた回転子の運動
(2015 年度 第 1 問)

長さ 2ℓ の棒Sの両端におもりAとおもりBを取り付けた回転子Rがある。棒Sの中点は，鉛直でなめらかな壁に釘で固定されており，回転子Rは棒の中点を支点として壁面上をなめらかに回転できるものとする。おもりAの質量を M，おもりBの質量を m，重力加速度の大きさを g とする。ただし，$M > m$ とし，棒と釘は変形せず，おもりAの大きさ，おもりBの大きさ，釘の大きさ，棒の質量，空気抵抗や摩擦は無視できるものとする。図1に示すように，棒Sの中点を原点Oとし，鉛直上向きに z 軸をとる。また，原点OとおもりAを結ぶ線分と鉛直下向きがなす角を θ とし，反時計まわりを正の向きとする。

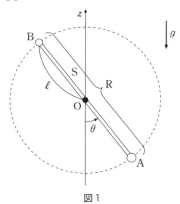

図 1

〔A〕 回転子Rを，おもりAとおもりBが z 軸上にない状態で静かに放したところ，周期的な運動を始めた。このときの運動について，回転子Rを，棒SとおもりAとおもりBに分けて考える。

(a) おもりAの速さが v のとき，おもりAが棒Sに及ぼす力を考える。その力について，棒と平行な成分を，g，ℓ，M，m，v，θ のうち必要な記号を用いて表せ。ただし，原点OからおもりAに向かう向きを正の向きとする。

棒Sにはたらく力の合力は0であり，棒Sにはたらく原点Oのまわりの力のモーメントの和も0である（†参考）。以下では，この考えにもとづき議論を進める。

棒Sに対して，釘，おもりA，おもりBが及ぼす力を考える。これらの力について，棒と垂直な成分を，それぞれ F_0，F_1，F_2 とする。図2に示すように F_1 と

F_2 は反時計回りを正の向きとし，F_0 の正の向きは F_1 の正の向きと同じとする。

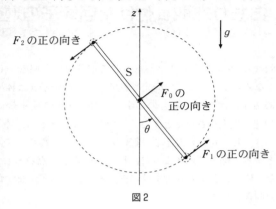

図2

(b) 棒と垂直な方向について，棒 S にはたらく力のつりあいの式を求めよ。また，棒 S にはたらく原点 O のまわりの力のモーメントのつりあいの式を求めよ。それぞれ F_0, F_1, F_2, ℓ のうち必要な記号を用いて表せ。

(†参考) 棒 S の両端にはおもりがついており，棒 S は無限に速く運動することはない。仮に棒 S にはたらく力の合力が 0 でない，もしくは，棒 S にはたらく原点 O のまわりの力のモーメントの和が 0 でないとすると，棒 S の質量は無視できるとしているので，棒 S は無限に速く運動することになり矛盾する。

棒と垂直な方向のおもり A の加速度を a とし，図3 に示すように，反時計回りを正の向きとする。以下の(c)，(d)，(e)では，$M=2m$ とする。

(c) 棒と垂直な方向に関するおもり A の運動方程式を F_1 を用いて表せ。ただし，F_1 の他に a, g, ℓ, m, θ のうち必要な記号を用いてよい。同様に，棒と垂直な方向に関するおもり B の運動方程式を F_2 を用いて表せ。ただし，F_2 の他に a, g, ℓ, m, θ のうち必要な記号を用いてよい。

(d) a を，g, ℓ, m, θ のうち必要な記号を用いて表せ。

(e) 以下の空欄に入る適切な数式を答えよ。解答には g, ℓ, m を必要に応じて用いてよい。解答欄には答のみを書くこと。

回転子Rをθが十分小さい状態から静かに放したところ振動を始めた。おもりAの最下点からの円周にそった変位をxとし，反時計回りを正の向きとする。振動の振れが十分小さいとき，$\sin\theta \fallingdotseq \theta$が成りたち，$a = \boxed{\text{(ア)}}\,x$と表すことができる。このとき，おもりAは一直線上を往復するとみなせるので，単振動すると考えてよい。この振動の周期は$\boxed{\text{(イ)}}$となる。

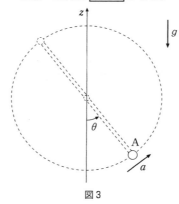

図3

〔B〕 図4のように，質量mの物体Cが，なめらかな床の上を壁にそって右向きに進んできた。ただし，物体Cの大きさは無視でき，物体Cは直線$z = -\ell$上を運動すると考えてよい。おもりAが反時計回りに運動し，z軸を左から右に通過したとき，物体CがおもりAと衝突した。物体Cの衝突前の速さはu，衝突後の速さはu'であり，衝突後も物体Cは，壁にそって右向きに運動した。おもりAとBの衝突直前の速さはv，衝突直後の速さはv'であり，衝突直後もおもりAとBは，反時計回りに運動した。ただし，$u > v > 0$であり，この衝突において$u - v = v' - u'$が成りたっていた。また，衝突の前後で物体Cと回転子Rの運動エネルギーの和が保存されるものとする。摩擦や空気抵抗は無視でき，おもりA，おもりBは床と衝突しないものとする。なお，おもりA，おもりBの質量はそれぞれM，mである。

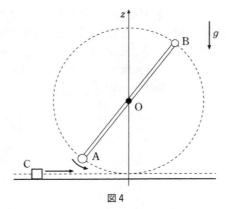

図4

(f) 衝突の前後の運動エネルギー保存の式を記せ。この式を利用して，
$$(M+m)v + mu = (M+m)v' + mu'$$
が成りたつことを示せ。ただし，衝突の前後で物体Cと回転子Rの運動量の和は保存されないことに注意せよ。

以下では，$M = 2m$ とする。

(g) 衝突直後において，回転子R全体の運動量の大きさを，ℓ, m, u, v のうち必要な記号を用いて表せ。また，衝突により釘に与えられた力積の大きさを，ℓ, m, u, v のうち必要な記号を用いて表せ。

(h) 衝突前，回転子Rは周期的な運動をしており，衝突後も周期的な運動をした。衝突前のおもりAの z 座標の最大値は $-\dfrac{1}{2}\ell$ であり，衝突後のおもりAの z 座標の最大値は $\dfrac{1}{8}\ell$ であった。このときの v', u, u' を，それぞれ v を用いて表せ。ただし，物体Cが回転子Rに衝突した後，物体Cは回転子Rに再び衝突することはなかったとする。

5 円運動・万有引力　115

解　答

〔A〕(a)　$M\dfrac{v^2}{\ell}+Mg\cos\theta$

(b)　力のつりあいの式：$0=F_0+F_1-F_2$

力のモーメントのつりあいの式：$0=\ell F_1+\ell F_2$　（……①）

(c)　A：$2ma=-2mg\sin\theta-F_1$　　B：$ma=mg\sin\theta-F_2$

(d)　力のモーメントのつりあいの式（①式）より

$$F_1+F_2=0$$

一方，おもりA，Bの棒に垂直な方向の運動方程式の和より

$$3ma=-mg\sin\theta-(F_1+F_2)$$

以上2式より

$$a=-\frac{1}{3}g\sin\theta　\cdots\cdots（答）$$

(e)　(ア) $-\dfrac{g}{3\ell}$　　(イ) $2\pi\sqrt{\dfrac{3\ell}{g}}$

〔B〕(f)　運動エネルギー保存の式：

$$\frac{1}{2}(M+m)v^2+\frac{1}{2}mu^2=\frac{1}{2}(M+m)v'^2+\frac{1}{2}mu'^2$$

$(M+m)v+mu=(M+m)v'+mu'$ の導出過程：

運動エネルギー保存の式より

$$(M+m)(v^2-v'^2)=m(u'^2-u^2)$$

$$(M+m)(v+v')(v-v')=m(u'+u)(u'-u)$$

一方，この衝突において $u-v=v'-u'$ が成立するので，$v+v'=u+u'$ となり，この関係を用いると

$$(M+m)(v-v')=m(u'-u)$$

$$(M+m)v+mu=(M+m)v'+mu'$$

(g)　(f)で得られた式と $u-v=v'-u'$ より

$$(2m+m)v+mu=(2m+m)v'+m(v'+v-u)$$

$$\therefore\quad v'=\frac{3mv+mu+m(u-v)}{4m}=\frac{1}{2}(v+u)　\cdots\cdots②$$

$$u'=v'+v-u=\frac{3}{2}v-\frac{1}{2}u　\cdots\cdots③$$

よって，衝突直後の回転子R全体の運動量の大きさは

$$|2mv'+m(-v')|=\frac{1}{2}m(v+u)$$

右向きを正としたとき，回転子Rと物体Cの運動量の変化量は

116 第1章 力 学

$$\{2mv' + m(-v') + mu'\} - \{2mv + m(-v) + mu\}$$

$$= m(v'-v) + m(u'-u) = \frac{1}{2}m(u-v) + \frac{3}{2}m(v-u)$$

$$= m(v-u)$$

この値は回転子Rと物体C（1つの系）が釘から受けた力積である。

$$\left.\begin{array}{l} \text{運動量の大きさ：} \dfrac{1}{2}\boldsymbol{m}(\boldsymbol{v}+\boldsymbol{u}) \\[2mm] \text{力積の大きさ：} \boldsymbol{m}(\boldsymbol{u}-\boldsymbol{v}) \end{array}\right\} \quad \cdots\cdots (答)$$

(h) 衝突直前の速さ v は，力学的エネルギー保存則より

$$\frac{1}{2}(2m+m)\cdot 0^2 + 2mg\left(-\frac{\ell}{2}\right) + mg\cdot\frac{\ell}{2} = \frac{1}{2}(2m+m)v^2 + 2mg(-\ell) + mg\ell$$

$$\therefore \quad \frac{3}{2}mv^2 = 2mg\cdot\frac{\ell}{2} - mg\cdot\frac{\ell}{2} = mg\cdot\frac{\ell}{2}$$

衝突直後の速さ v' は，力学的エネルギー保存則より

$$\frac{1}{2}(2m+m)v'^2 + 2mg(-\ell) + mg\ell = \frac{1}{2}(2m+m)\cdot 0^2 + 2mg\cdot\frac{\ell}{8} + mg\left(-\frac{\ell}{8}\right)$$

$$\therefore \quad \frac{3}{2}mv'^2 = 2mg\cdot\frac{9\ell}{8} - mg\cdot\frac{9\ell}{8} = mg\cdot\frac{9\ell}{8}$$

以上2式より

$$v'^2 = \frac{9}{4}v^2 \quad \therefore \quad v' = \frac{3}{2}\boldsymbol{v} \quad \cdots\cdots (答)$$

②，③式より

$$u = 2v' - v = 2\boldsymbol{v} \quad \cdots\cdots (答)$$

$$u' = \frac{3}{2}v - \frac{1}{2}\cdot 2v = \frac{1}{2}\boldsymbol{v} \quad \cdots\cdots (答)$$

解 説

〔A〕は，振れ角が微小であるときの回転子の振動の周期を求める問題である。まず，おもりの運動方程式，棒にはたらく力のつりあいの式，力のモーメントのつりあいの式を求める。これらの関係から棒に垂直な方向の加速度が得られたならば，単振り子の周期を求めるのと同様な方法で，回転子の振動の周期を求めることができる。

〔B〕は，回転子と物体の衝突に関する問題である。問題文中に記載されているが，おもりと物体との衝突が弾性的に行われても，回転子と物体の運動量の和は保存しない。そこで，保存する関係式を導出する問題が(f)である。この関係式とエネルギー保存則を用いて衝突後の速度を求めることができる。

〔A〕▶(a) 棒SがおもりAに及ぼす，おもりAから原点Oに向かう向きの力をSとする。おもりAは半径ℓの円運動を行うので，中心方向の運動方程式は

$$M\frac{v^2}{\ell} = S + (-Mg\cos\theta)$$

$$\therefore \quad S = M\frac{v^2}{\ell} + Mg\cos\theta$$

おもりAが棒Sに及ぼす力の棒と平行な成分は，外向きを正としているので，作用・反作用の法則より，Sと同じとなる。

▶(b) 原点OからF_1，F_2の作用点までの距離はℓであり，それらの力のモーメントの向きはともに反時計回りである。

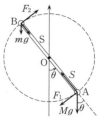

おもりA,Bにはたらく力

▶(c) (c), (d), (e)では，$M = 2m$である。
反時計回りを正の向きとするので，おもりAにはたらく重力の棒と垂直な方向の成分は$-2mg\sin\theta$となり，おもりBにはたらく重力の棒と垂直な方向の成分は$mg\sin\theta$となる。また，図2のF_1，F_2は棒Sにはたらく力なので，おもりA，Bにはたらく力の向きは図2と逆になる。

▶(e) (ア)円周にそった変位xは，中心角がθ，半径ℓの円弧の長さに等しいので$x = \ell\theta$となり，$\theta = \dfrac{x}{\ell}$と表せる。また，θが十分小さいので，$\sin\theta \fallingdotseq \theta$となり，これらの関係式を(d)で求めた加速度の式に用いると

$$a = -\frac{1}{3}g\sin\theta \fallingdotseq -\frac{1}{3}g\theta = -\frac{1}{3}g\frac{x}{\ell} = -\frac{g}{3\ell}\cdot x$$

(イ)振れ角θが小さいとき，おもりAの運動は一直線上の運動とみなせ，その運動は単振動となる。そこで単振動の角振動数をωとすると，加速度aは，変位xを用いて$a = -\omega^2 x$と表せるので，$\omega = \sqrt{\dfrac{g}{3\ell}}$となる。

また，周期Tは

$$T = \frac{2\pi}{\omega} = 2\pi\sqrt{\frac{3\ell}{g}}$$

〔B〕▶(f) この設問では，おもりAの質量はMである。$2m$としてはいけない。
衝突前後における物体Cと回転子Rの運動エネルギーの和が保存するという条件と，おもりAと物体Cの衝突において$u - v = v' - u'$（はね返り係数が1）という条件を仮定したうえで，衝突前後の運動量の関係を求める問題である。
つまり，衝突時に回転子Rの中心Oは釘から力（外力）を受けるので，物体CとおもりA，Bの運動量の和は保存しない。

▶(g) (g), (h)では，おもりAの質量Mは再び$2m$となる。
回転子Rと物体Cを1つの系として考える。この系の水平方向に外力を加えるのは，中心Oで接している釘だけである。よって，回転子Rと物体Cの運動量の変化量は釘から受けた力積となる。

▶(h) 回転子Rと物体Cの衝突で，物体Cのエネルギーが回転子Rに移るので，回転

118 第1章 力 学

子Rの力学的エネルギーは衝突では保存しない。しかし，衝突前の周期的な運動と衝突後の周期的な運動では，それぞれ回転子Rの力学的エネルギーは保存する。

テーマ

　原点Oに対する質点の位置ベクトルを $\vec{r}$，その質点の運動量を $m\vec{v}$ としたとき，それらの積（外積）を角運動量という。$\vec{r}$ と $\vec{v}$ のなす角が $90°$ のとき，角運動量の大きさは rmv となる。

　質点間にはたらく力が作用・反作用の法則の関係にある質点系においては，外力が作用しないか，または，外力が作用しても，すべての外力の作用線が常に固定点を通るならば（中心力），その点のまわりの系の角運動量は保存される。これを角運動量保存則という。

　実は，(f)で求めた保存量は，おもりAとおもりBと物体Cを1つの系とした，角運動量保存則を表す式である。

$$\frac{\ell}{2} \times (M+m)\,v + \frac{\ell}{2} \times mu = \frac{\ell}{2} \times (M+m)\,v' + \frac{\ell}{2} \times mu'$$

また，この角運動量保存則は高校の物理ではあからさまに記述されてはいないが，同じ概念はケプラーの第2法則の面積速度一定という形で登場している。

16 円弧型のレール上での運動

(2012 年度　第1問)

幅の無視できる円弧型のレール ABC $\left(半径 R,\ 長さ \dfrac{2}{3}\pi R\right)$ があり，円弧を含む面と床が垂直になるよう置かれている。レールの中央Bは常に床に固定されており，Bを通る鉛直線 OB を軸としてレールは回転することができる。大きさの無視できる物体（質量 M）は，レール上を運動するとき，レールに束縛されながらなめらかに運動し，両端（A，C）でのみレールから離れることができる。

物体が円弧型レール上を運動するとき，円弧の中心Oから見て，物体がOBとなす角を θ とする。重力加速度の大きさを g とし，以下の問に答えよ。

〔A〕 レールが回転していないとき，質量 M の物体をAにのせ，静かにはなしたところ，物体はレール上を図1のように運動し始めた。

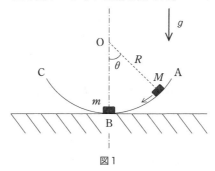

図1

(a) 物体が角 $\theta \left(0 < \theta < \dfrac{\pi}{3}\right)$ の位置を運動しているとき，物体の速さ，レールから受ける垂直抗力を求めよ。

(b) 物体がレール上を運動し，Bの位置に到達したとき，レール上で静止していた大きさの無視できる物体（質量 m）と衝突した。衝突後，質量 m の物体はレール上をなめらかに運動し，再び衝突することなく，レールの端Cから離れた。2つの物体間の反発係数が e $(0 < e < 1)$ であるとき，この運動が実現するための m の条件を求めよ。

〔B〕 OBを軸にして，円弧型のレールを図2のように回転させる。このとき，レール上の物体（質量 M）はレールとともに回転運動をする。

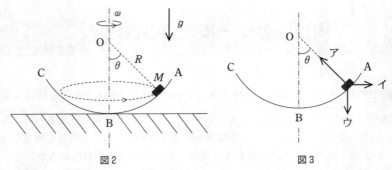

図2　　　　　　　　　図3

(c) ある角速度 ω でレールが回転し，角 θ（>0）の位置で物体が等速円運動している場合について考える。この運動を，回転しているレール上の観測者から見ると，物体にはたらく力は図3に示したようにつり合い，物体は静止して見える。この観測者から見た物体にはたらく力（図3：ア，イ，ウ）の名称を書け。また，この運動は角速度 ω が $\omega_1 < \omega < \omega_2$ の条件を満たすとき実現する。このとき ω_1，ω_2 を求めよ。

(d) 問(c)において，レールの角速度を ω_0（$\omega_1 < \omega_0 < \omega_2$）に固定する。このとき，回転しているレール上の観測者から見ると，角 θ_0 の位置で物体にはたらく力はつり合い，物体は静止して見える。つぎに，物体をつり合いの位置から少し動かしはなしたところ，物体はレール上を運動し始めた。このとき，円弧型レールを含む平面内で物体にはたらく力は，図3の3種類である。物体が角 $\theta \left(0 < \theta < \dfrac{\pi}{3} \right)$ の位置で運動しているとき，物体にはたらくレールに沿った方向の力の大きさを，重力加速度 g を用いずに表せ。

(e) 問(d)において，角 θ_0 からの変位 $\Delta\theta$（$= \theta - \theta_0$）が十分小さい場合について考える。このとき，物体にはたらくレールに沿った方向の力は，つり合いの位置からの距離に比例し，その方向は常につり合いの位置を向いているため，物体は単振動をする。この単振動の周期を重力加速度 g を用いずに表せ。

ただし，$|\Delta\theta|$ が十分小さいとき，$(\Delta\theta)^2$ の項は無視することができ，必要ならばつぎの式を用いよ。

$\sin(\theta_0 + \Delta\theta) \fallingdotseq \sin\theta_0 + \Delta\theta\cos\theta_0$
$\cos(\theta_0 + \Delta\theta) \fallingdotseq \cos\theta_0 - \Delta\theta\sin\theta_0$

(f) 問(c)の状態から，レールの角速度 ω をゆっくりと増加させた。この過程において角速度の変化は十分小さいため，短い時間における物体の運動は角速度 ω の等速円運動とみなすことができる。角速度が $\omega = \omega_2$ に達したとき，物体はレールの端Aから離れた。このとき，レールを真上から見ると，床面で定義されている x 軸と，図4のように重なって見えた。その後，レールから離れた

物体はしばらくして床に落下し，レールは角速度 ω_2 を保ったまま回転した。物体が落下した時，物体とレールを真上から見ると，図5のように見えた。

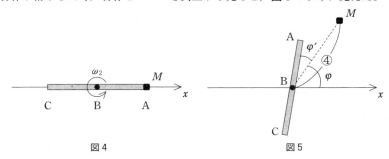

図4　　　　　　　　　　　図5

この運動を2つの異なる座標系から考えてみる。以下の空欄に入る適切な数または数式を答えよ。

　床で静止している観測者から物体の運動を考える。物体がレールから離れた直後，物体にはたらく力は，x 軸の正の向きに ① ，鉛直下向きに ② である。そのため，時間 ③ ののち，物体はレールの中央Bから見て，x 軸と角 φ をなし，距離 ④ だけ離れた位置に落下する。ここで角 φ は $\tan\varphi =$ ⑤ を満たす。

　つぎに，レールの中央Bでレールとともに回転している観測者から物体の運動を考える。物体がレールから離れた直後，物体は静止しているとみなすことができ，物体にはたらく力はレールを含む平面内の力のみとなる。その後，物体はレールを含む面から離れ，その面と角 φ'（>0）をなす位置に時間 ③ ののち落下する。ここで，$\varphi' =$ ⑥ $-\varphi$ である。このことから，回転している座標系において物体が運動しているとき，レールを含む面から離れる方向にもみかけの力がはたらいていることがわかる。

122　第1章　力　学

解　答

〔A〕(a)　物体が角 θ の位置を運動しているときの速さを v とする。力学的エネルギー保存則より

$$\frac{1}{2}Mv^2 + MgR(1-\cos\theta) = MgR\left(1-\cos\frac{\pi}{3}\right)$$

$$\therefore\quad v = \sqrt{2gR\left(\cos\theta-\frac{1}{2}\right)} \quad\cdots\cdots(答)$$

レールから受ける垂直抗力を N とすると，運動方程式は

$$M\frac{v^2}{R} = N - Mg\cos\theta$$

以上2式より

$$N = M\frac{v^2}{R} + Mg\cos\theta$$

$$= M\frac{2gR\left(\cos\theta-\frac{1}{2}\right)}{R} + Mg\cos\theta$$

$$= \boldsymbol{Mg(3\cos\theta-1)} \quad\cdots\cdots(答)$$

(b)　左向きを正として，衝突直前の質量 M の物体の速度を v_M，衝突直後の質量 M および質量 m の物体の速度をそれぞれ V_M，V_m とおく。運動量保存則より

$$m\cdot 0 + Mv_M = mV_m + MV_M$$

反発係数の式より

$$e = -\frac{V_M - V_m}{v_M - 0} \quad\therefore\quad V_M = V_m - ev_M$$

以上2式より

$$Mv_M = mV_m + M(V_m - ev_M)$$

$$\therefore\quad V_m = (1+e)\frac{M}{m+M}v_M$$

最下点における運動エネルギーが，レールの端Cでの重力の位置エネルギーより大きければ，つまり，$\dfrac{1}{2}mV_m{}^2 > mgR\left(1-\cos\dfrac{\pi}{3}\right)$ であれば，レールの端Cから離れるので

$$V_m{}^2 > gR$$

ここで，$v_M = \sqrt{gR}$，$V_m = (1+e)\dfrac{M}{m+M}v_M$ であるから

$$\left\{(1+e)\frac{M}{m+M}\sqrt{gR}\right\}^2 > gR$$

$$\boldsymbol{m < eM} \quad\cdots\cdots(答)$$

〔B〕(c)　ア．垂直抗力　　イ．遠心力（慣性力）　　ウ．重力

レールに沿った方向の力のつり合いの式は

$$0 = MR\sin\theta\cdot\omega^2\cdot\cos\theta - Mg\sin\theta$$

$$\therefore\quad \cos\theta = \frac{g}{R\omega^2}\quad\cdots\cdots(1)$$

$0<\theta<\dfrac{\pi}{3}$ より，$\dfrac{1}{2}<\cos\theta<1$ なので

$$\frac{1}{2}<\frac{g}{R\omega^2}<1$$

$$\therefore\quad \sqrt{\frac{g}{R}}<\omega<\sqrt{\frac{2g}{R}}$$

よって

$$\omega_1 = \sqrt{\frac{g}{R}},\quad \omega_2 = \sqrt{\frac{2g}{R}}\quad\cdots\cdots(\text{答})$$

(d) レールに沿った方向の力を F とすると，BからAの向きを正として

$$F = MR\sin\theta\cdot\omega_0^2\cdot\cos\theta - Mg\sin\theta$$

(1)式に対し，$\theta=\theta_0$，$\omega=\omega_0$ とすると，$g=R\omega_0^2\cos\theta_0$ となる。これを上式に代入し g を消去すると

$$F = MR\sin\theta\cdot\omega_0^2\cdot\cos\theta - M(R\omega_0^2\cos\theta_0)\sin\theta$$

$$= MR\omega_0^2\sin\theta(\cos\theta - \cos\theta_0)\quad\cdots\cdots(2)$$

よって，その大きさは

$$|F| = |MR\omega_0^2\sin\theta(\cos\theta - \cos\theta_0)|$$

$$= MR\omega_0^2\sin\theta|\cos\theta - \cos\theta_0|\quad\cdots\cdots(\text{答})$$

(e) (2)式より，$\theta=\theta_0+\Delta\theta$ の場合のレールに沿った方向の力は

$$F = MR\omega_0^2\sin\theta(\cos\theta - \cos\theta_0)$$

$$= MR\omega_0^2\sin(\theta_0+\Delta\theta)\{\cos(\theta_0+\Delta\theta) - \cos\theta_0\}$$

$$\fallingdotseq MR\omega_0^2(\sin\theta_0+\Delta\theta\cos\theta_0)\{(\cos\theta_0 - \Delta\theta\sin\theta_0) - \cos\theta_0\}$$

$$= -MR\omega_0^2(\sin\theta_0+\Delta\theta\cos\theta_0)\Delta\theta\sin\theta_0$$

$$= -MR\omega_0^2\{\sin^2\theta_0\cdot\Delta\theta + (\Delta\theta)^2\sin\theta_0\cos\theta_0\}$$

$$\fallingdotseq -MR\omega_0^2\sin^2\theta_0\cdot\Delta\theta$$

レールに沿った，つり合いの位置から物体までの変位を，BからAの向きを正として x と表すと，$x=R\Delta\theta$ となるので，力は $F = -(M\omega_0^2\sin^2\theta_0)x$ と表される。力はつり合いの位置からの変位 x に比例し，その方向は常につり合いの位置を向いているので，物体は単振動をする。この運動は，質量 M のおもりが，ばね定数 $M\omega_0^2\sin^2\theta_0$ のばねに取りつけられたときのおもりの運動とみなすことができるので，その周期 T は

$$T = 2\pi\sqrt{\frac{M}{M\omega_0^2\sin^2\theta_0}} = \frac{2\pi}{\omega_0\sin\theta_0}\quad\cdots\cdots(\text{答})$$

参考 物体が位置 x にあるときの加速度を a とすると，運動方程式は
$$Ma = -M\omega_0^2 \sin^2\theta_0 \cdot x \qquad \therefore \quad a = -\omega_0^2 \sin^2\theta_0 \cdot x$$
単振動の角振動数を Ω とすると，$a = -\Omega^2 x$ であるから
$$\Omega = \omega_0 \sin\theta_0$$
よって，周期 T は
$$T = \frac{2\pi}{\Omega} = \frac{2\pi}{\omega_0 \sin\theta_0}$$

(f) ① 0　② Mg　③ $\sqrt{\dfrac{R}{g}}$　④ $\dfrac{3}{2}R$　⑤ $\sqrt{2}$　⑥ $\sqrt{2}$

解説

前半は円弧型のレール上のおもりの運動と衝突に関する問題。力学的エネルギー保存則，運動量保存則，反発係数の式を用いて計算する。

後半は水平面内での等速円運動の問題である。

〔A〕▶(a) 力学的エネルギー保存則を用いて速さを求める。中心方向の運動方程式において，垂直抗力と重力の中心方向の成分との合力が向心力となっている。

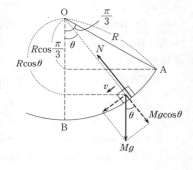

▶(b) 運動量保存則と反発係数の式を用いて計算する。力学的エネルギー保存則において，位置エネルギーと運動エネルギーはともに質量に比例するため，最下点におけるレールを離れるのに必要な速度は，質量に依存しない。このことを用いて $V_m > v_M$ として考えることもできる。

〔B〕▶(c) 回転系（非慣性系）では，物体に遠心力（慣性力）がはたらく。

▶(d) 重力，遠心力のレールに沿った方向の成分を考える。

▶(e) 物体にはたらく力が，変位に対して比例し，逆向きとなることがわかるように変形する。そのとき変位の比例係数の絶対値が，ばねによる単振動でのばね定数に対応する。

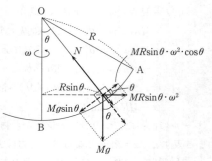

▶(f) ①・②物体には重力のみが鉛直下向きにはたらいている。

③レールから離れたとき，物体は，x 軸と垂直な水平方向に $\left(R\sin\dfrac{\pi}{3}\right)\omega_2$ の速さで運動していることに注意する。レールから離れた後，床に落下するまでの時間を t とす

ると
$$R - R\cos\frac{\pi}{3} = \frac{1}{2}gt^2 \quad \therefore \quad t = \sqrt{\frac{R}{g}}$$

④ レールの端Aから離れた瞬間の速さが $\left(R\sin\frac{\pi}{3}\right)\omega_2$ であるから，物体の水平方向の移動距離は，(c)より

$$\left(R\sin\frac{\pi}{3}\right)\omega_2 t = R\sin\frac{\pi}{3} \cdot \sqrt{\frac{2g}{R}} \cdot \sqrt{\frac{R}{g}} = \sqrt{\frac{3}{2}}R$$

物体が離れた瞬間のAのx座標は，Bを原点とすると

$$R\sin\frac{\pi}{3} = \frac{\sqrt{3}}{2}R$$

したがって，求める距離は

$$\sqrt{\left(\frac{\sqrt{3}}{2}R\right)^2 + \left(\sqrt{\frac{3}{2}}R\right)^2} = \frac{3}{2}R$$

⑤ $\quad \tan\varphi = \dfrac{\sqrt{\dfrac{3}{2}}R}{\dfrac{\sqrt{3}}{2}R} = \sqrt{2}$

⑥ $\omega_2 t = \varphi' + \varphi$ なので，(c)より
$$\begin{aligned}\varphi' &= \omega_2 t - \varphi \\ &= \sqrt{\frac{2g}{R}} \cdot \sqrt{\frac{R}{g}} - \varphi \\ &= \sqrt{2} - \varphi\end{aligned}$$

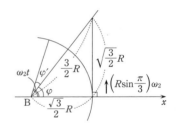

テーマ

　物体がレール上で静止している場合，静止系からは，物体が重力と垂直抗力を受けて等速円運動をしているように見えるのに対し，レールとともに動く回転系（非慣性系）からは，物体にはたらく，重力，垂直抗力，遠心力（慣性力）がつり合い，物体が静止しているように見える。レール上で微小振動をしている場合にも，レールを含む平面内に関する力については同様である。物体がレールから離れた後は，静止系からは，物体が重力を受けて放物運動をしているように見えるのに対し，レールとともに動く回転系からは，重力と遠心力に加え，もう1つの慣性力であるコリオリ力が運動に対して垂直な方向にはたらく。この力は，レール上で運動している物体にも，レールを含む平面に垂直な方向にかかっている。しかし，レール上の運動を考察する上では，レールを含む平面内に関する力を考えれば十分であるため，解答する上では姿を現していなかったのである。

17 加速度運動をする斜面上と曲面上での運動

(2006年度 第3問)

　水平面上を直線運動する，水平な床をもつ台車がある。台車は外力によって自由に加速度を変えることができるものとする。図のように，台車の床の上には前後方向に勾配をもつ傾斜角 θ の斜面が固定されている。この斜面の上には，質量 m の小物体が置かれている。ここで，斜面と小物体との間の静止摩擦係数を μ，動摩擦係数を μ' とする。この斜面の右側には曲面がなめらかにつながっている。重力加速度を g として，以下の問いに答えよ。ただし，小物体の運動は台車の上から観測するものとする。

〔A〕 台車は一定の加速度 α（>0）で，図の左向き（正の向きとする）に運動をはじめた。

(a) 図のように，小物体を斜面上のP点に置き静かに手をはなしたところ，小物体は斜面を一定の加速度でのぼり始めた。このとき台車の上の観測者から見た，小物体に働くすべての力の向きを図示し，その名称を記入せよ。

〔解答欄〕

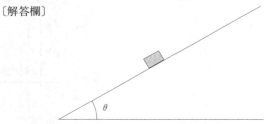

(b) P点から斜面に沿って距離 s だけのぼった地点をQ点とする。小物体がQ点を通過したとすると，Q点通過時の小物体の速さ v_Q はいくらか。

(c) もし傾斜角 θ が，ある角 θ_c 以上（$\theta \geqq \theta_c$）であるならば，この物体はいかなる α でも斜面をのぼることはできない。この θ_c はいくらか。$\tan \theta_c$ で答えよ。

〔B〕 斜面はQ点の高さのところで，前後方向の断面が円弧となる曲面になめらかにつながる。この円弧の半径は r で，中心Oは台車の床と同じ面内にある。また，小物体と曲面との間には摩擦力が働かないとする。小物体がQ点を通過した直後に台車は加速をやめ，台車の運動は等速直線運動に変わった。

(d) Q点を速さ v_Q で通過した直後の小物体が，曲面から受ける垂直抗力の大きさはいくらか。v_Q を用いて表せ。

(e) 小物体は曲面から離れることなく，最高点のR点を速さ v_R で通過した。v_R

のとり得る最大の値はいくらか。

〔C〕 小物体がR点を速さ v_R で通過した直後に，台車は加速度 $-\dfrac{\sqrt{3}}{3}g$ の等加速度運動に移行した。その後，小物体は曲面から離れることなく曲面上のT点を通過した。

(f) T点における小物体の速さがちょうど v_R に等しかったとすると，∠ROT は何度か。

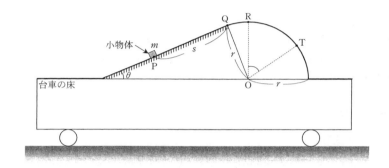

解 答

〔A〕(a)

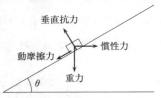

(b) 台車上の観測者から見て斜面に沿って上向きの加速度を a, 垂直抗力の大きさを N とすると, 運動方程式は

$$ma = m\alpha\cos\theta - mg\sin\theta - \mu'N$$

と表せる。斜面に垂直な方向の力の成分はつり合っているから

$$0 = N - mg\cos\theta - m\alpha\sin\theta \quad \therefore \quad N = m(g\cos\theta + \alpha\sin\theta)$$

以上 2 式より, a を求めると

$$a = \alpha(\cos\theta - \mu'\sin\theta) - g(\sin\theta + \mu'\cos\theta)$$

加速度 a は一定であり, 初速度は 0 なので

$$v_Q{}^2 = 2as$$

$$\therefore \quad v_Q = \sqrt{2as} = \sqrt{2s\{\alpha(\cos\theta - \mu'\sin\theta) - g(\sin\theta + \mu'\cos\theta)\}} \quad \cdots\cdots (答)$$

(c) 重力と慣性力の斜面方向の成分の和 $m\alpha\cos\theta - mg\sin\theta$ と等しい大きさである静止摩擦力が最大摩擦力 μN を超えなければ小物体は斜面に沿って上向きに動き出さない。よって

$$m\alpha\cos\theta - mg\sin\theta \leq \mu N = \mu m(g\cos\theta + \alpha\sin\theta)$$

$$\therefore \quad \alpha(\cos\theta - \mu\sin\theta) \leq g(\sin\theta + \mu\cos\theta)$$

$\alpha > 0$ のいかなる値に対してもこの不等式が成り立つには

$$\cos\theta - \mu\sin\theta \leq 0 \quad \therefore \quad \tan\theta \geq \frac{1}{\mu}$$

よって

$$\tan\theta_c = \frac{1}{\mu} \quad \cdots\cdots (答)$$

〔B〕(d) $\boldsymbol{垂直抗力 = mg\cos\theta - m\dfrac{v_Q{}^2}{r}}$

(e) 小物体が Q 点から R 点まで運動する間では, 重力の面に垂直な成分は Q 点で最も小さく, 速さが Q 点で最も大きいので, 遠心力は Q 点で最も大きい。したがって, 小物体に働く垂直抗力は Q 点で最も小さくなる。よって, 小物体が面から離れずに R 点を通過するには, Q 点での垂直抗力が 0 以上であればよいので

$$mg\cos\theta - m\frac{v_Q{}^2}{r} \geq 0 \quad \therefore \quad v_Q \leq \sqrt{gr\cos\theta}$$

また，力学的エネルギー保存則より

$$\frac{1}{2}mv_Q{}^2 = \frac{1}{2}mv_R{}^2 + mgr(1-\cos\theta) \quad \therefore \quad v_Q = \sqrt{v_R{}^2 + 2gr(1-\cos\theta)}$$

以上2式より，Q点における速さv_Qが満たす条件は

$$v_Q = \sqrt{v_R{}^2 + 2gr(1-\cos\theta)} \leq \sqrt{gr\cos\theta} \quad \therefore \quad v_R \leq \sqrt{gr(3\cos\theta - 2)}$$

よって，v_R の最大値を V_R とすると

$$V_R = \sqrt{gr(3\cos\theta - 2)} \quad \cdots\cdots（答）$$

〔C〕(f) 重力 mg と慣性力 $\dfrac{\sqrt{3}}{3}mg$ の合力が見かけの重力になる。R点とT点での速さが等しいことから，R点とT点を結ぶ直線と見かけの重力の方向は直交する。

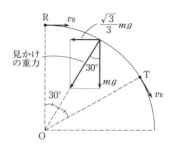

図より，見かけの重力の方向は鉛直下向きより 30°傾いた方向となるので，∠ROT は

∠ROT = **60°**　……（答）

解　説

〔A〕は加速度運動をする観測者から見た場合，摩擦のある斜面上の物体の運動をどう扱うかが問われている問題である。〔B〕は慣性力が働かない，非等速な円運動を扱った問題であるが，曲面から離れずに運動する条件の見極めがポイントになる。〔C〕は慣性力と重力の合力が見かけの重力になることに気がつけば，難しい計算もなく正解にたどりつけるだろう。

〔A〕▶(c)　摩擦力の条件式より $\tan\theta$ を求めると

$$\cos\theta(\alpha - \mu g) \leq \sin\theta(\mu\alpha + g) \quad \therefore \quad \tan\theta \geq \frac{\alpha - \mu g}{\mu\alpha + g} = \frac{1 - \mu\dfrac{g}{\alpha}}{\mu + \dfrac{g}{\alpha}}$$

ここで，$\alpha \to \infty$ とすると，$\dfrac{g}{\alpha} \to 0$ となるので

$$\tan\theta \geq \frac{1}{\mu}$$

以上のようにしても求めることができる。

〔B〕▶(d)　台車が等速直線運動をしている間は小物体には慣性力は働かないので，小物体に働く力は右図のようになる。

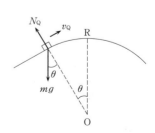

よって，中心方向の運動方程式は，垂直抗力を N_Q として

130　第1章　力　学

$$m\frac{v_\mathrm{Q}^2}{r} = mg\cos\theta - N_\mathrm{Q}$$

$$\therefore\quad N_\mathrm{Q} = mg\cos\theta - m\frac{v_\mathrm{Q}^2}{r}$$

〔C〕▶(f)　〔解答〕で示した方法以外に，台車上の観測
者から見た仕事とエネルギーの関係を用いて∠ROT を
求めることもできる。

∠ROT＝ϕ とおくと，R点からT点まで進む間に重力
が小物体に対してした仕事 W_G は

$$W_\mathrm{G} = mgr(1-\cos\phi)$$

と表される。また，慣性力が小物体に対してした仕事
W_K は

$$W_\mathrm{K} = -\frac{\sqrt{3}}{3}mgr\sin\phi$$

と表される。小物体が受ける力がした仕事の分だけ小物体の運動エネルギーが変化す
るが，ここではR点とT点における速さが等しいので，運動エネルギーの変化量は0
である。よって

$$0 = W_\mathrm{G} + W_\mathrm{K} = mgr(1-\cos\phi) - \frac{\sqrt{3}}{3}mgr\sin\phi$$

ここで，$\cos\phi = \sqrt{1-\sin^2\phi}$ とおいて，整理すると

$$\sqrt{1-\sin^2\phi} = 1 - \frac{\sqrt{3}}{3}\sin\phi$$

両辺を2乗して $\sin\phi$ でくくると

$$\sin\phi(2\sin\phi - \sqrt{3}) = 0 \qquad \therefore\quad \sin\phi = 0,\ \frac{\sqrt{3}}{2}$$

よって，ϕ の値は0°と60°となる。0°はR点を表しているから

　　　∠ROT＝60°

テーマ

　慣性の法則が成り立つ座標系を慣性系という。慣性系に対して加速度 $\vec{a}$ で運動して
いる非慣性系では，慣性系で働いていた力以外に，$-m\vec{a}$ なる力が余分にあらわれ，こ
の力を慣性力（見かけの力）という。
　非慣性系での運動では，この慣性力と重力の合力（見かけの重力）を考えた方が，見
通しが良い場合がある。

18 鉛直面内での円運動

(2005年度 第1問)

図1のように，支点Oに一端が固定された長さ R のひもに，質量 m のおもりが取り付けられている。支点Oを通る鉛直線上，Oから下に距離 $R-r$ のところに釘Nがあり，おもりが右側に振れると，図2のようにひもが釘に引っかかる。ただし，$0 < r < R/2$ とする。

おもりを，ひもがたるまないように鉛直線ONの左側で静止させる。このとき，ひもと鉛直線のなす角を θ_0 とする。この状態で静かに手を離し，おもりを自由に運動させる。

ひもの質量と伸びは無視できるものとし，支点Oや釘Nも含めて摩擦はないと仮定する。釘とおもりの大きさは無視できるものとする。重力加速度を g とする。

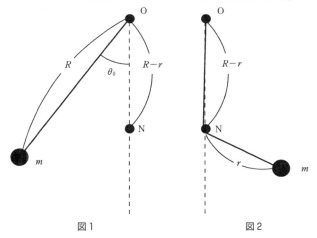

図1　　　　　図2

(a) 角 θ_0 が非常に小さいとき，このおもりが初めて元の位置に戻るまでの時間を求めよ。

(b) 一般の（小さいとは限らない）角 θ_0 を考える。手を離してから，おもりが運動し，釘Nの真下に来るまで，ひもはたるまないものとする。おもりが釘Nの真下まで来て，ひもが釘Nに接触する直前と接触した直後のそれぞれについて，支点Oがひもから受ける力の大きさを求めよ。

(c) $r = R/8$，$\theta_0 = \pi/3$ の場合を考える。おもりが釘Nの右側で，釘Nと同じ高さに達した時，釘がひもから受ける力の向きと大きさを求めよ。

(d) $\theta_0 = \pi/3$ の場合を考える。ひもがたるまないまま，おもりが釘Nのまわりを一回

132 第1章 力 学

転するとき，r が満たす条件を求めよ。ただし，おもりとひもは衝突しないものとする。🔲

5 円運動・万有引力　133

解 答

(a) 角 θ_0 が非常に小さいときは，釘 N の左右のどちら側においてもおもりは振り子運動をする。釘 N の左側では振り子の長さが R であり，その振動の周期 T_1 は

$$T_1 = 2\pi\sqrt{\frac{R}{g}}$$

釘 N の右側では振り子の長さが r であり，その振動の周期 T_2 は

$$T_2 = 2\pi\sqrt{\frac{r}{g}}$$

よって，おもりが初めて元の位置に戻るまでの時間 T は，それぞれの振り子運動の半周期の和となり，以上 2 式より

$$T = \frac{1}{2}(T_1 + T_2) = \pi\left(\sqrt{\frac{R}{g}} + \sqrt{\frac{r}{g}}\right) \quad \cdots\cdots(答)$$

(b) おもりが釘 N の真下にきた瞬間の速さを v_1 とし，最下点を重力の位置エネルギーの基準とする。力学的エネルギー保存則より

$$mgR(1 - \cos\theta_0) = \frac{1}{2}mv_1{}^2 \quad \therefore \quad v_1 = \sqrt{2gR(1 - \cos\theta_0)} \quad \cdots\cdots①$$

支点 O がひもから受ける力の大きさはひもがおもりに及ぼす張力の大きさに等しく，これを S_1 とする。また，釘 N に接触する直前は半径 R の円運動をしていたので，おもりの運動方程式は

$$m\frac{v_1{}^2}{R} = S_1 - mg$$

以上 2 式より，S_1 を求めると

$$S_1 = mg(3 - 2\cos\theta_0) \quad \cdots\cdots(答)$$

釘 N に接触した直後も速さは v_1 のままであるが，半径 r の円運動をする。そのときのひもの張力の大きさを S_2 とすると，おもりの運動方程式は

$$m\frac{v_1{}^2}{r} = S_2 - mg$$

となるので，①式と上式より，S_2 を求めると

$$S_2 = mg\left\{\frac{2R}{r}(1 - \cos\theta_0) + 1\right\} \quad \cdots\cdots(答)$$

(c) 釘 N と同じ高さに達したときのおもりの速さを v_2 とする。力学的エネルギー保存則より

$$mgR\left(1 - \cos\frac{\pi}{3}\right) = \frac{1}{2}mv_2{}^2 + mgr$$

$$\therefore \quad v_2 = \sqrt{2g\left(\frac{R}{2} - r\right)}$$

また，このときのおもりの運動方程式はひもの張力の大きさを S_3 とすると

$$m\frac{v_2{}^2}{r}=S_3$$

となるので，以上2式と，さらに $r=\dfrac{R}{8}$ を用いると

$$S_3=6mg$$

釘Nがひもから受ける力は右図のようになり，その合力 F は

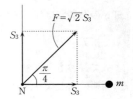

$$F=2\times S_3\cos\frac{\pi}{4}=6\sqrt{2}\,mg\quad\cdots\cdots(\text{答})$$

また，その向きは

水平から右上に角度 $\dfrac{\pi}{4}$ の方向　……(答)

(d)　釘Nのまわりを回転するとき，おもりが釘Nの真上に達したときの速さを v_3 とする。このときのひもの張力の大きさを S_4 とすると，おもりの運動方程式は

$$m\frac{v_3{}^2}{r}=S_4+mg$$

また，力学的エネルギー保存則より

$$mgR\left(1-\cos\frac{\pi}{3}\right)=\frac{1}{2}mv_3{}^2+mg\cdot 2r$$

以上2式より

$$S_4=mg\left(\frac{R}{r}-5\right)$$

ここで，ひもがたるまない条件 $S_4\geqq 0$ を用いると

$$\boldsymbol{r\leqq \frac{R}{5}}\quad\cdots\cdots(\text{答})$$

解説

　ひもをつけたおもりの鉛直面内での円運動を考えさせる問題である。(a)は運動が単振動と同様の運動とみなせることに気がつけばすぐに答えられる。(b)は釘に接触する前後で円運動の半径が異なることがポイント。(c)ではひもの張力がどのように釘に力を及ぼすかが問われている。(d)ではひもがたるまずに回転できる条件がどのように表されるかがポイントになる。

▶(a)　単振り子の振れの角が小さいときの運動は単振動で近似できる。振り子の長さを l，重力加速度を g とすると，周期 T は

$$T=2\pi\sqrt{\frac{l}{g}}$$

と表される。

▶(b) 鉛直面内での円運動は等速円運動にはならない。このときの運動を正確に記述するには，中心（向心）方向の運動方程式と接線方向の運動方程式を作る必要がある。おもりにはたらく力は重力と張力の2つで，これらの中心方向成分と接線方向成分を求め，接線方向の加速度を a として運動方程式を立てると

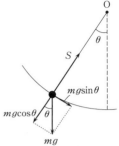

中心方向：$m\dfrac{v^2}{R}=S-mg\cos\theta$

接線方向：$ma=-mg\sin\theta$

接線方向の運動方程式の右辺にマイナスの符号がついているのは，鉛直真下におもりがあるときの θ を0とし反時計回りを正としているためである。接線方向の力がなければその方向の加速度をもたず，等速円運動となる。また，接線方向の運動方程式を使って，θ が小さい場合，この運動が単振動と近似できることを証明することができる。

▶(c) ひもの質量が無視できる場合，ひもの張力はどの部分でも同じ大きさになる。釘はひもから同じ大きさの力を互いに直角な2つの方向から受けているので，その合力は張力の $\sqrt{2}$ 倍となる。

136　第1章　力学

テーマ

　振り子の周期について考える。

　長さ R のひもにつながれた，質量 m のおもりによる振り子の接線方向の運動方程式は，接線方向の加速度を a_t とすると

$$ma_t = -mg\sin\theta \quad (g：重力加速度)$$

となる。ただし，θ は，鉛直方向とひものなす角を表す。

　振り子の振れ幅が小さいと，接線方向と水平方向の運動は同じとみなせるので，最下点を原点O，水平方向に x 軸をとった座標で，おもりの位置 x は，$x = R\sin\theta$ と表すことができる。よって，おもりの運動方程式は，水平方向の加速度を a_x として

$$ma_x = -mg\sin\theta = -mg\frac{x}{R} \quad \therefore \quad a_x = -\frac{g}{R}x$$

これより，加速度を表す式は，角振動数 $\omega = \sqrt{\dfrac{g}{R}}$ の単振動と同じであることがわかり，振り子の周期は

$$T = \frac{2\pi}{\omega} = 2\pi\sqrt{\frac{R}{g}}$$

となる。

> **参考**　接線方向の加速度は，角振動数を ω とすると，$a_t = R\dfrac{d\omega}{dt} = R\dfrac{d^2\theta}{dt^2}$ と表される。
>
> 　よって，接線方向の運動方程式は
>
> $$mR\frac{d^2\theta}{dt^2} = -mg\sin\theta$$
>
> となる。$|\theta|$ が微小のときは，$\sin\theta \fallingdotseq \theta$ となるので，上記の運動方程式は
>
> $$mR\frac{d^2\theta}{dt^2} = -mg\theta \quad \therefore \quad \frac{d^2\theta}{dt^2} = -\frac{g}{R}\theta$$
>
> となる。これは，単振動型の方程式と同じ形であり，同じ角振動数 $\omega = \sqrt{\dfrac{g}{R}}$ となる。

19 3つの天体間にはたらく力と遠心力
(2004年度 第1問)

　図のように3つの天体が互いの万有引力を受けながら原点Oを中心に一定角速度 ω で同一面上を円運動している。天体1の質量を M，天体2，3の質量を m とする。その他に天体はないものとする。以下，天体と一緒に回転している観測者の立場から考察し，図中の二つの直交する軸 x，y は同じ角速度 ω で回転しているものとする。このように3つの天体が一定角速度で運動するには図の距離 a，b，c 間にある関係式が満足されていなければならない。万有引力定数を G とする。以下の設問に答えよ。答に天体1と天体2の距離 $L=\sqrt{a^2+(b+c)^2}$ を用いてよい。

(a) 各々の天体間に働く万有引力と，それぞれの天体の遠心力の向きを図中に示し，それらの大きさを記入せよ。

〔解答欄〕

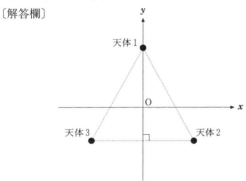

(b) 各々の天体での力のつり合いの式を x 軸方向と y 軸方向に分解して書け。
(c) 回転の中心Oが3つの天体の重心になっていることを示せ。
(d) 3つの天体の位置が正三角形の頂点にあることを示せ。
(e) 角速度 ω を G，M，m，a を用いて表せ。

138　第1章　力　学

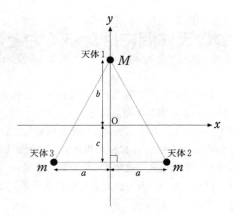

解 答

(a)
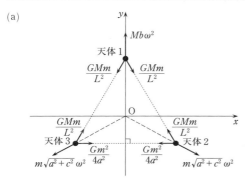

(b) 天体1についての力のつり合いの式

x 軸方向：$0 = \dfrac{GMma}{L^3} - \dfrac{GMma}{L^3}$

y 軸方向：$0 = Mb\omega^2 - \dfrac{GMm(b+c)}{L^3} - \dfrac{GMm(b+c)}{L^3}$

天体2についての力のつり合いの式

x 軸方向：$0 = ma\omega^2 - \dfrac{Gm^2}{4a^2} - \dfrac{GMma}{L^3}$

y 軸方向：$0 = \dfrac{GMm(b+c)}{L^3} - mc\omega^2$

天体3についての力のつり合いの式

x 軸方向：$0 = -ma\omega^2 + \dfrac{Gm^2}{4a^2} + \dfrac{GMma}{L^3}$

y 軸方向：$0 = \dfrac{GMm(b+c)}{L^3} - mc\omega^2$

(c) 重心の x 座標を x_G，y 座標を y_G とすると

$x_\mathrm{G} = \dfrac{M \cdot 0 + m \cdot a + m \cdot (-a)}{M + m + m} = 0$

$y_\mathrm{G} = \dfrac{Mb + m \cdot (-c) + m \cdot (-c)}{M + m + m} = \dfrac{Mb - 2mc}{M + 2m}$ ……①

天体1の y 軸方向のつり合いの式より

$Mb\omega^2 = \dfrac{2GMm(b+c)}{L^3}$ ……②

また，天体2の y 軸方向のつり合いの式より

$mc\omega^2 = \dfrac{GMm(b+c)}{L^3}$ ……③

140　第1章　力　学

②，③式より

$$Mb = 2mc \quad \cdots\cdots④$$

が成り立ち，これを①式に代入すると

$$y_G = 0$$

となり，重心の座標が原点Oに一致することがわかる。　　　　　　　　（証明終）

(d)　天体2の x 軸方向のつり合いの式より

$$ma\omega^2 = \frac{Gm^2}{4a^2} + \frac{GMma}{L^3} \quad \cdots\cdots⑤$$

となり，③，⑤式より ω を消去すると

$$\frac{a}{c}\frac{GMm(b+c)}{L^3} = \frac{Gm^2}{4a^2} + \frac{GMma}{L^3} \qquad \therefore \quad mcL^3 = 4Ma^3b$$

となる。これに④式の関係を用いると

$$L^3 = 8a^3 \qquad \therefore \quad L = 2a$$

となり，天体1，天体2，天体3が正三角形の頂点に位置することがわかる。

（証明終）

(e)　⑤式に $L = 2a$ を代入すると

$$ma\omega^2 = \frac{Gm^2}{4a^2} + \frac{GMma}{(2a)^3} \qquad \therefore \quad \omega = \sqrt{\frac{G(M+2m)}{8a^3}} \quad \cdots\cdots（答）$$

解　説

　回転座標系から見た3つの天体に働く力のつり合いの問題である。x, y 成分について，それぞれの天体に働く力のつり合いを式に表すと6つの式が得られるが，天体1の x 軸方向のつり合いの式は自明の式であり，天体2と天体3の式は同じものであるから，独立な方程式は3つである。この点をしっかり意識して取り組むことがポイントになる。

▶(a)　2つの物体の間に働く万有引力 F の大きさは，万有引力定数を G，2つの物体の質量を M, m，2物体間の距離を r とすると

$$F = \frac{GMm}{r^2}$$

と表せる。3つの天体の間に働いている万有引力を以下の図のように表すと

$$F_{12} = F_{21} = F_{13} = F_{31} = \frac{GMm}{L^2} \quad \cdots\cdots⑥$$

$$F_{23} = F_{32} = \frac{Gm^2}{4a^2} \quad \cdots\cdots⑦$$

半径 r，角速度 ω で等速円運動をする観測者から見ると，質量 m の物体には実際に働いている力のほかに，大きさ $mr\omega^2$ の慣性力が中心から遠ざかる向きに働く。これ

を遠心力という。天体1に働く遠心力 f_1 は，半径が b だから

$$f_1 = Mb\omega^2 \quad \cdots\cdots ⑧$$

となり，天体2，天体3に働く遠心力 f_2, f_3 は，半径が $\sqrt{a^2+c^2}$ だから

$$f_2 = f_3 = m\sqrt{a^2+c^2}\,\omega^2 \quad \cdots\cdots ⑨$$

となる。

▶(b) 右図のように角度 α, β を定めると

$$\left.\begin{array}{l} \sin\alpha = \dfrac{a}{L}, \quad \cos\alpha = \dfrac{b+c}{L} \\[6pt] \sin\beta = \dfrac{c}{\sqrt{a^2+c^2}}, \quad \cos\beta = \dfrac{a}{\sqrt{a^2+c^2}} \end{array}\right\} \quad \cdots\cdots ⑩$$

と表せる。これを用いてそれぞれの天体に働く力の x, y 軸成分について，つり合いの式を立て，⑥〜⑩式を用いると

天体1の x 軸成分：

$$0 = F_{12}\sin\alpha - F_{13}\sin\alpha$$
$$= \frac{GMm}{L^2} \times \frac{a}{L} - \frac{GMm}{L^2} \times \frac{a}{L}$$
$$= \frac{GMma}{L^3} - \frac{GMma}{L^3}$$

天体1の y 軸成分：

$$0 = f_1 - F_{12}\cos\alpha - F_{13}\cos\alpha = Mb\omega^2 - \frac{GMm}{L^2} \times \frac{b+c}{L} - \frac{GMm}{L^2} \times \frac{b+c}{L}$$
$$= Mb\omega^2 - \frac{2GMm(b+c)}{L^3}$$

天体2の x 軸成分：

$$0 = f_2\cos\beta - F_{23} - F_{21}\sin\alpha = m\sqrt{a^2+c^2}\,\omega^2 \times \frac{a}{\sqrt{a^2+c^2}} - \frac{Gm^2}{4a^2} - \frac{GMm}{L^2} \times \frac{a}{L}$$
$$= ma\omega^2 - \frac{Gm^2}{4a^2} - \frac{GMma}{L^3}$$

天体2の y 軸成分：

$$0 = F_{21}\cos\alpha - f_2\sin\beta = \frac{GMm}{L^2} \times \frac{b+c}{L} - m\sqrt{a^2+c^2}\,\omega^2 \times \frac{c}{\sqrt{a^2+c^2}}$$
$$= \frac{GMm(b+c)}{L^3} - mc\omega^2$$

天体3の x 軸成分：

142　第1章　力　学

$$0 = -f_3\cos\beta + F_{32} + F_{31}\sin\alpha = -m\sqrt{a^2+c^2}\,\omega^2\times\frac{a}{\sqrt{a^2+c^2}} + \frac{Gm^2}{4a^2} + \frac{GMm}{L^2}\times\frac{a}{L}$$

$$= -ma\omega^2 + \frac{Gm^2}{4a^2} + \frac{GMma}{L^3}$$

天体3のy軸成分：

$$0 = F_{31}\cos\alpha - f_3\sin\beta = \frac{GMm}{L^2}\times\frac{b+c}{L} - m\sqrt{a^2+c^2}\,\omega^2\times\frac{c}{\sqrt{a^2+c^2}}$$

$$= \frac{GMm\,(b+c)}{L^3} - mc\omega^2$$

第 2 章　熱力学

144 第2章 熱力学

第2章　熱力学

節	番号	内　　　容	年　度
気体の分子運動論	20	ピストンが動く場合の気体分子運動論	2017年度〔3〕〔A〕
浮　力	21	気球にはたらく浮力と気体の状態変化	2009年度〔3〕
	22	液体中のシリンダーのつり合い	2002年度〔2〕
気体の状態変化	23	定積・断熱・定圧変化などで構成された熱機関とその熱効率	2021年度〔3〕
	24	水から水蒸気への状態変化，気体と液体の内部エネルギー，熱力学第1法則	2020年度〔3〕
	25	2原子分子理想気体の断熱変化と定積変化，比熱比の測定	2019年度〔3〕
	26	可動壁で区切られた気体の状態変化	2017年度〔3〕〔B〕
	27	液面の高低差によって生じる圧力	2016年度〔3〕
	28	気体の状態変化	2010年度〔3〕
	29	断熱変化において気体がする仕事	2008年度〔2〕
	30	回転する容器内での断熱変化	2007年度〔2〕
	31	ばねとおもりのついたピストンによる気体の状態変化	2006年度〔2〕
	32	ばねつき容器内の気体の状態変化	2003年度〔3〕

✏ 対策　①頻出項目

☐　**熱力学第1法則とモル比熱**

　気体の状態を変化させ，そのとき気体に出入りした熱量を求めさせる問題がよく出題されている。一般的には，熱力学第1法則を用いるが，定圧変化，定積変化ではモル比熱を利用して求めることができる。そのとき，定圧モル比熱 C_p と定積モル比熱 C_V の関係 $C_p = C_V + R$（R：気体定数）を表すマイヤーの関係は，現行課程になって新たに教科書にも登場している事項である。

　また，単原子分子理想気体の内部エネルギーは，覚えておかないといけない重要事項である。気球の問題では明記はしていないが，2原子分子理想気体が扱われており，1モルの内部エネルギー u が，$u = \dfrac{5}{2}RT$（T：絶対温度）として登場している。この2原子分子理想気体の内部エネルギーも，現行課程では発展として教科書に記述されているので，気をつけないといけない。

第 2 章 熱力学 **145**

□ 気体の状態変化（定圧・定積・等温変化）

定番の変化である。変化の前後の状態量の関係は，理想気体の状態方程式，またはボイル・シャルルの法則から考える。

□ 気体の状態変化（断熱変化）

断熱変化時に圧力 p と体積 V，比熱比 γ の間で成り立つ関係式「$pV^\gamma = $ 一定」は，ポアソンの法則と呼ばれている。2014 年度までは，発展的テーマだったので，問題文中に関係式が記載されていたが，現行課程では教科書に記述されている事項なので，覚えておかないといけない重要な法則である。

✎ 対策 ②解答の基礎として重要な項目

□ 浮力

液体中に沈められたシリンダーのつり合いの問題と気球に関する問題で，浮力が出題された。また，シリンダーのつり合いの問題では，ある深さの液体から受ける圧力も問われた。地味なテーマであるが，理解を深めておかなければいけない。

□ 気体の分子運動論

気体を閉じ込めている容器に生じる圧力を，ミクロな視点で考えるのが分子運動論である。また，理想気体の状態方程式を用いることから，気体分子の運動エネルギーの平均値が絶対温度に比例することが導かれる。このことから温度とは何かということを理解することができる。また，熱力学第1法則で表される内部エネルギーが，気体分子のエネルギーの総和であることが理解できる。

□ 熱力学第1法則

熱力学におけるエネルギー保存則である。この法則で用いられる物理量の仕事と内部エネルギーの変化量が，状態量の何と関係するかを理解する必要がある。つまり，気体がする仕事は，状態量の体積の変化に関係し，内部エネルギーの変化量は，状態量の温度変化に関係する。

また，細かな計算上の注意として，熱力学第1法則を利用するとき，気体がする仕事と気体がされる仕事，気体が得た熱量と放出した熱量の扱いで，符号を混同することのないように注意しなければならない。

さらに，内部エネルギーは，一般には定積モル比熱を用いて表される。その値は単原子分子理想気体と2原子分子理想気体では異なるので，十分に注意しないといけない。

146　第2章　熱力学

□　理想気体の状態方程式

　気体の状態を特徴づける物理量が満たす方程式を状態方程式と呼んでいる。この状態量の変化を表す,「圧力-体積」,「体積-温度」のグラフは問われなくても描くように心がけたい。

　一般的には,気体の圧力・体積・温度を用いて表されるが,気体の状態を特徴づける物理量はこの3つだけではない。気球の問題では,圧力・密度・温度に関する状態方程式が問われた。入試問題の出題例としてはあまり多くないが,要注意である。

✒ 対策　③注意の必要な項目

　ポアソンの法則,マイヤーの関係,2原子分子理想気体の内部エネルギーなどは,現行課程で新たに追加された項目なので,注意して学習しないといけない。

1 気体の分子運動論

20 ピストンが動く場合の気体分子運動論
(2017年度 第3問〔A〕)

　容器内に閉じ込められた理想気体の膨張・収縮について，以下の問に答えよ。ただし，気体定数は R とし，単原子分子気体の定積モル比熱は $C_V = \dfrac{3}{2}R$ で与えられる。

　理想気体の断熱膨張を気体分子の運動の観点から考察してみよう。図1のように，理想気体が断面積 S の円筒状のピストン付き容器に封入されている。気体が封入されている部分の長さ l は，ピストンを x 軸方向に速度 u で動かすことで，変えることができる。気体は単原子分子 N 個からなり，各気体分子は質量 m の質点とみなすことができる。ただし，重力の影響は無視する。また，容器の壁面やピストンは断熱材でできており，表面はなめらかである。このとき，以下の問に答えよ。

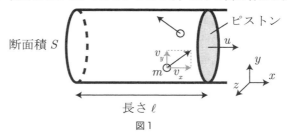

図1

(a)　ピストンが静止している状況（$u=0$）を考える。そのときに，容器内部の気体と壁面やピストンとの間に熱のやりとりのない状態のことを，以下では断熱状態と呼ぶ。このような断熱状態にあるためには，気体分子とピストンとの衝突は弾性衝突である必要がある。なぜ非弾性衝突では断熱状態とみなすことができないかを説明する以下の文の空欄(ア)～(キ)に当てはまる数式または語句を答えよ。ただし，空欄(ア)～(エ)に対しては数式を解答し，空欄(オ)～(キ)に対しては選択肢の中から最も適切な語句を選択のうえ，選択肢の番号で解答すること。解答欄には答のみを記入せよ。
空欄(オ)に対する解答の選択肢：
① 物質量　　　　② 内部エネルギー　　③ 熱量
空欄(カ)(キ)に対する解答の選択肢：
① 与えられた熱量　　② された仕事　　③ 与えられた物質量
　質量 m，速度 (v_x, v_y, v_z) の分子がピストンと非弾性衝突をする際のはねかえ

148 第2章 熱力学

り係数を e $(0<e<1)$ とする。このとき，衝突後の分子の速度は（ <u>ア</u> ，
<u>イ</u> ，<u>ウ</u> ）であるから，ピストンに衝突した後の分子は運動エネルギーが
<u>エ</u> だけ減少する。すなわち，気体の <u>オ</u> は時間とともに減少するという結
論になる。

　一方，気体が断熱状態にあるならば，この気体に <u>カ</u> はゼロであり，またピ
ストンが静止していることから，この気体に <u>キ</u> もゼロである。従って，熱力
学第一法則により，この気体の <u>オ</u> は変化しないことになるが，これは先ほど
の結論と矛盾する。従って，気体分子がピストンと非弾性衝突する場合は断熱状態
とはみなせない。

以下，問(b)〜(e)では，図1のように，ピストンを一定速度 u で容器内の気体が膨
張する向きにゆっくりと動かすものとする。

(b) 1つの気体分子が速度 (v_x, v_y, v_z) でピストンに弾性衝突してはねかえった。
このとき，この気体分子がピストンに対してした仕事 w を m, v_x, u を用いて表
せ。ただし，ピストンの速さは気体分子の速さより十分小さいため，v_x^2 や $v_x u$ に
対して u^2 を無視する近似を使うこと。📖

(c) 時刻 t から $t+\Delta t$ までの間に全気体分子がピストンに対してする仕事 ΔW を，N,
m, l, u, Δt および気体分子の速さの2乗の平均 $\overline{v^2}$ を用いて表せ。ただし，ピス
トンの運動は十分遅く，また，考えている時間間隔 Δt は十分短いため，その間，
$|v_x|$ は u より十分大きい値をとり続ける。さらに，時間間隔 Δt の間に，ピストン
や容器壁面との衝突以外の要因で気体分子の速度が変化することはないとし，気体
が封入されている部分の長さも l であり続けると近似せよ。また，全気体分子に対
して v_x^2, v_y^2, v_z^2 を平均したものをそれぞれ $\overline{v_x^2}$, $\overline{v_y^2}$, $\overline{v_z^2}$ と表し，

$$\overline{v^2} = \overline{v_x^2} + \overline{v_y^2} + \overline{v_z^2} = 3\overline{v_x^2}$$

が成り立つとして良い。📖

(d) 問(c)の場合の容器内の気体の圧力 p を N, m, S, l, $\overline{v^2}$ を用いて表せ。問(c)で仮
定したものと同じ近似を使って解答すること。📖

(e) 時刻 t から $t+\Delta t$ までの間に，容器内の気体の温度が T から $T+\Delta T$ に変化し，
体積が V から $V+\Delta V$ に変化した。$\dfrac{\Delta T}{\Delta V}$ を T, V を用いて表せ。📖

解　答

(a) (ア)$-ev_x$　(イ)v_y　(ウ)v_z　(エ)$\dfrac{1-e^2}{2}mv_x{}^2$

(オ)—②　(カ)—①　(キ)—②

(b)　変化後の速度を $(v_x{}', v_y, v_z)$ とする。気体分子はピストンと弾性衝突をするので，はね返り係数は1となる。よって

$$1=-\frac{v_x{}'-u}{v_x-u} \qquad \therefore \quad v_x{}'=-(v_x-2u)$$

気体分子の運動エネルギーの減少量が，気体分子がピストンにした仕事となるので

$$w=\frac{1}{2}mv_x{}^2-\frac{1}{2}mv_x{}'^2=m(2uv_x-2u^2)$$

$$\fallingdotseq 2mv_xu \quad \cdots\cdots(\text{答})$$

(c)　1つの気体分子が1回の衝突でピストンに対してする仕事 w は，(b)より $2mv_xu$ である。Δt の間には $\dfrac{|v_x|}{2l}\Delta t$ 回衝突する。そのときの仕事は

$$w\cdot\frac{|v_x|}{2l}\Delta t=2mv_xu\cdot\frac{|v_x|}{2l}\Delta t=\frac{mv_x{}^2}{l}u\Delta t$$

全気体分子についての平均値は

$$\frac{m\overline{v_x{}^2}}{l}u\Delta t=\frac{m\frac{1}{3}\overline{v^2}}{l}u\Delta t=\frac{1}{3}\cdot\frac{m\overline{v^2}}{l}u\Delta t$$

よって，全気体分子がする仕事 ΔW は

$$\Delta W=N\cdot\frac{1}{3}\cdot\frac{m\overline{v^2}}{l}u\Delta t=N\frac{m\overline{v^2}}{3l}u\Delta t \quad \cdots\cdots(\text{答})$$

(d)　気体のする仕事 ΔW は，圧力 p を用いて

$$\Delta W=p(Su\Delta t)$$

$$\therefore \quad p=\frac{\Delta W}{Su\Delta t}=N\frac{m\overline{v^2}}{3Sl} \quad \cdots\cdots(\text{答})$$

別解　1回の衝突でピストンが受ける力積は，気体分子の運動量の減少量に等しいので

$$mv_x-mv_x{}'=mv_x-m\{-(v_x-2u)\}=2mv_x-2mu$$

ただし，$|v_x|\gg u$ なので，$2mv_x$ と近似できる。
時間 Δt の間に1つの気体分子がピストンに及ぼす力積は

$$2mv_x\cdot\frac{|v_x|}{2l}\Delta t=\frac{mv_x{}^2}{l}\Delta t$$

よって，1個の気体分子がピストンに加える力は $\dfrac{mv_x{}^2}{l}$ となる。

150　第2章　熱力学

容器内には N 個の気体分子があるので，全分子から受ける力は

$$N \cdot \frac{m \overline{v_x^2}}{l} = N \cdot \frac{m \frac{1}{3} \overline{v^2}}{l} = \frac{N}{3} \cdot \frac{m \overline{v^2}}{l}$$

単位面積あたりに加わる力が圧力 p なので

$$p = \frac{\dfrac{N}{3} \cdot \dfrac{m \overline{v^2}}{l}}{S} = \frac{N m \overline{v^2}}{3 S l}$$

(e)　気体の物質量を n とすると，熱力学第1法則より

$$p \Delta V = -\frac{3}{2} n R \Delta T$$

理想気体の状態方程式より　　$pV = nRT$

2式を辺々割って

$$\frac{p \Delta V}{p V} = \frac{-\dfrac{3}{2} n R \Delta T}{n R T}$$

$$\therefore \quad \frac{\Delta T}{\Delta V} = -\frac{2T}{3V} \quad \cdots\cdots (答)$$

解　説

　気体分子運動論に関する問題である。前半では，「気体分子がピストンと非弾性衝突をするときは断熱状態とはみなせない」ということを導く。後半では，ピストンを一定速度で動かし，気体が弾性衝突をするときの気体がする仕事を求める。また，その仕事から，気体の圧力を導出する。さらに，断熱変化時の体積変化 ΔV と温度変化 ΔT の関係式を導出する。

▶(a)　(ア)〜(ウ)　なめらかな表面をもつピストンとの衝突では，ピストンに対して垂直な方向の速度成分のみが変化する。また，固定されているピストンとの非弾性衝突では速度の x 成分の大きさが e 倍となり，向きが逆になる。

(エ)　運動エネルギーの減少量は，衝突前の運動エネルギーから衝突後の運動エネルギーを引いたものであり

$$\frac{1}{2} m (v_x^2 + v_y^2 + v_z^2) - \frac{1}{2} m \{ (-e v_x)^2 + v_y^2 + v_z^2 \} = \frac{1}{2} m (1 - e^2) v_x^2$$

(オ)　気体分子の運動エネルギーの総和が内部エネルギーなので，「内部エネルギー」は減少する。

(カ)　断熱状態なので，「与えられた熱量」はゼロである。

(キ)　ピストンが移動しないので，「された仕事」もゼロである。

▶(b)　一定速度で移動するピストンには，ピストン内の気体分子から受ける力に抗す

1 気体の分子運動論　151

る外力が加わっている。そのため，ピストン内の気体分子は衝突時に仕事を受け，気体分子の運動エネルギーはピストンとの衝突前後で保存しない。ただし，気体分子とピストンとのはね返り係数は 1 である。

▶(c)　$|v_x| \gg u$ なので，衝突から次の衝突までの時間は非常に短い。よって，x 方向の往復距離は $2l$，往復時間は $\dfrac{2l}{|v_x|}$ としてよい。$|v_x| \gg u$ なので往復時間も一定とみなせる。単位時間あたりには $\dfrac{|v_x|}{2l}$ 回衝突するので，Δt の間には $\dfrac{|v_x|}{2l} \Delta t$ 回衝突する。

w は v_x に依存するが，v_x は一定とみなせる。個々の気体分子の x 方向の速さは異なるので，全気体分子がする仕事 ΔW を考えるときは，x 方向の速度の 2 乗の平均値 $\overline{v_x^2}$ を用いる必要がある。さらに，$\overline{v_x^2}$ を速度の 2 乗の平均値 $\overline{v^2}$ におきかえる必要がある。

▶(e)　体積の変化量 ΔV が微小であるとき，気体がする仕事 ΔW を求める際に，圧力 p を一定とみなすことができる。

テーマ

　気体分子運動論では，ミクロな気体分子の運動からマクロな状態量である気体の圧力を導く。その圧力は気体の体積に反比例しており，ボイルの法則を説明することができる。また，圧力が分子の 2 乗平均速度に比例することも導かれる。

2 浮力

21 気球にはたらく浮力と気体の状態変化
(2009年度 第3問)

　図1のように，気球部と機械部で構成される気球がある。気球部は熱を通さない断熱膜でできており，その内部には n モルの空気が密閉されていて気体の出入りはない。気球部の体積は変化でき，内部の空気と外部の大気の圧力は常に等しい。一方，気球内部の空気（以後，気球内ガスと呼ぶ）に対しては，機械部にある装置によって熱を加えたり奪ったりすることができる。気球は質量の無視できるロープで地上の巻き上げ機につながっており，断熱膜と機械部の体積は無視できるとする。

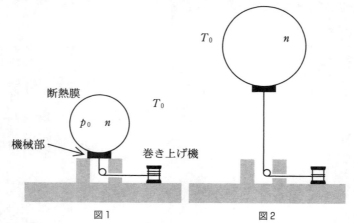

図1　　　　　　　　図2

　大気の圧力は地上においては p_0 であり，高さとともに減少する。一方，大気の温度は高さによらず一定の値 T_0 であるとする。空気は理想気体と見なしてよい。また，気体定数を R，温度を T とすると，1モルの空気の内部エネルギー u は $u = \dfrac{5}{2}RT$ としてよい。

　気球が押しのけた領域にあった大気の平均密度は，気球の中心の高さにおける大気の密度で近似できるものとする。空気1モルあたりの質量を m とし，重力加速度の大きさを g とする。以下の問いに答えよ。

(a) 圧力が p で温度が T_0 の大気の密度（単位体積あたりの質量）ρ を，p, T_0, R, m を用いて表せ。

(b) 図1のように，気球を地上の台上に固定したまま気球内ガスを加熱したところ，気球内ガスの温度が T_1 になったとき気球に働く浮力と重力がつり合った。このとき，気球内ガスをのぞいた気球の質量（断熱膜と機械部の質量の和）M を，T_0，T_1，n，m を用いて表せ。

(c) 気球を地上の台上に固定したまま気球内ガスをさらに加熱し，温度を T_2 にした。温度 T_1 の状態から温度 T_2 になるまでに加えられた熱量 Q を，R，n，T_1，T_2 を用いて表せ。

(d) 問(c)で温度が T_2 のときのロープの張力はどれだけか。問(b)の結果も用い，張力を g，m，n，T_0，T_1，T_2 を用いて表せ。

(e) 問(c)で温度を T_2 にしたあと，図2のように巻き上げ機をゆるめて気球をゆっくりと上昇させる。すると気球はある高さまで上昇し，つり合って止まった。このときの気球内ガスの温度 T_3 を求めよ。

(f) 問(e)の上昇過程で，気球内ガスが外の大気に対してした仕事 W_{23} を求めよ。

(g) 問(e)の過程ののち，ロープを切り離す。その後，気球内ガスから熱をゆっくりと奪い，気球をゆっくりと下降させて地上の台上にもどした。このときの気球内ガスの状態変化はどのようなものか。次の5つの選択肢の中から1つを選んでその番号を記せ。

① 定積変化，　② 定圧変化，　③ 等温変化，　④ 断熱変化

⑤ ①～④のどれでもない

154　第2章　熱力学

解　答

(a)　n モルの大気の体積を V とすると，理想気体の状態方程式は

$$pV = nRT_0 \quad \therefore \quad V = \frac{nRT_0}{p}$$

また，n モルの気体の質量は nm だから，密度 ρ は

$$\rho = \frac{nm}{V} = \frac{nm}{\dfrac{nRT_0}{p}} = \frac{mp}{RT_0} \quad \cdots\cdots(答)$$

(b)　気球内ガスの温度が T_1 のとき，ガスの体積を V_1 とする。理想気体の状態方程式は

$$V_1 = \frac{nRT_1}{p_0}$$

温度が T_0 であるときの大気の密度を ρ_0 とすると，(a)の結果より

$$\rho_0 = \frac{mp_0}{RT_0}$$

このとき，気球が受ける浮力は $\rho_0 V_1 g$ で与えられるので，気球に働く力のつり合いの式は

$$0 = \frac{mp_0}{RT_0}\frac{nRT_1}{p_0}g - nmg - Mg$$

$$\therefore \quad M = \frac{T_1 - T_0}{T_0} nm \quad \cdots\cdots(答)$$

(c)　1 モルの空気の内部エネルギーが $\dfrac{5}{2}RT$ であることから，空気の定積モル比熱 C_V は $\dfrac{5}{2}R$ である。よって，マイヤーの関係 $C_p = C_V + R$ より定圧モル比熱 C_p は

$$C_p = \frac{5}{2}R + R = \frac{7}{2}R$$

気球は地上に固定されており，気球内ガスの圧力が一定のまま温度が T_1 から T_2 になるので，加えられた熱量 Q は

$$Q = nC_p(T_2 - T_1) = \frac{7}{2}nR(T_2 - T_1) \quad \cdots\cdots(答)$$

別解　温度が T_2 のときの気球内ガスの体積を V_2 とする。気体がした仕事 W は定圧変化なので

$$W = p_0(V_2 - V_1)$$

と表される。このとき状態方程式より，$p_0(V_2 - V_1) = nR(T_2 - T_1)$ となる関係が得られるので

$$W = nR(T_2 - T_1)$$

また，内部エネルギーの変化量 ΔU は

$$\Delta U = \frac{5}{2}nR(T_2 - T_1)$$

で与えられるので，熱力学第1法則より

$$Q = \Delta U + W = \frac{7}{2}nR(T_2 - T_1)$$

(d) 温度が T_2 のときの体積を V_2 とすると，理想気体の状態方程式より $V_2 = \dfrac{nRT_2}{p_0}$

となる。よって，気球が受ける浮力は

$$\rho_0 V_2 g = \frac{mp_0}{RT_0}\frac{nRT_2}{p_0}g = \frac{T_2}{T_0}nmg$$

となる。張力を S とすると，気球に働く力のつり合いの式は

$$0 = \frac{T_2}{T_0}nmg - nmg - Mg - S$$

これに(b)の結果を代入すると

$$S = \frac{T_2 - T_1}{T_0}nmg \quad \cdots\cdots（答）$$

(e) 温度が T_3 のときの気球内ガスの圧力を p_3，体積を V_3，圧力が p_3 のときの大気の密度を ρ_3 とする。

(a)の結果と理想気体の状態方程式より，このとき気球が受ける浮力は

$$\rho_3 V_3 g = \frac{mp_3}{RT_0}\frac{nRT_3}{p_3}g = \frac{T_3}{T_0}nmg$$

つり合って止まったときはロープの張力が0になるので，浮力と気球全体にかかる重力がつり合う。よって

$$0 = \frac{T_3}{T_0}nmg - nmg - Mg$$

これに(b)の結果を代入すると

$$T_3 = T_1 \quad \cdots\cdots（答）$$

(f) 上昇過程は断熱変化だから，内部エネルギーの変化量を ΔU_{23} とすると，気体が外部にした仕事 W_{23} は，熱力学第1法則より

$$W_{23} = -\Delta U_{23} = -\frac{5}{2}nR(T_3 - T_2) = \frac{5}{2}nR(T_2 - T_1) \quad \cdots\cdots（答）$$

(g)—③

解 説

　流体（液体や気体）中に物体を入れたとき，その物体が排除した流体に働く重力に等しい浮力を受ける。流体の密度を ρ，物体が排除した体積を V とすると，浮力 f は

156 第2章 熱力学

$f=\rho Vg$ となる。これと気球内ガスに関する理想気体の状態方程式を用いて浮力を表すことがこの問題のポイントである。

(f)では熱力学第1法則

$$Q=W+\Delta U$$

（Q：気体が受け取った熱量，W：気体がした仕事，ΔU：内部エネルギーの変化量）

を用いるが，正と負の扱いに十分注意する必要がある。

▶(c) 定積モル比熱を C_V とすると，1モルの理想気体の内部エネルギー u は

$$u=C_V T$$

で与えられる。

気体分子運動論によると，単原子分子の場合 $C_V=\dfrac{3}{2}R$，2原子分子の場合 $C_V=\dfrac{5}{2}R$

となることが知られている。よって，ここでは空気を2原子分子として扱っていることがわかる。

なお，(c)は〔別解〕のようにして解いてもよい。

▶(e) 気球内ガスの温度が T のとき，気球に働く浮力 f は

$$f=\rho Vg=\frac{mp}{RT_0}\frac{nRT}{p}g=\frac{T}{T_0}nmg$$

と表され，気球内ガスの温度により決まることがわかる。一方，気球全体の質量に変化はないので，気球がつり合って止まったときは浮力 f と気球全体に働く重力がつり合っていなければならない。これは(b)の条件と同じであるから，気球内ガスの温度も(b)と同じく T_1 となることがわかる。

▶(g) 気球をゆっくり下降させるということは，気球全体に働く重力と浮力がつり合った状態であることを意味する。気球に働く重力は一定であるから，浮力も一定でなければならない。浮力は気球内ガスの温度によって決まるので，温度も一定である。よって，気球内ガスの変化は等温変化であることがわかる。

一方，体積や圧力は気球の下降につれてどのように変化するかを考えると，圧力は問題文にもあるとおり増加し，気球内の体積は温度一定のまま圧力が上がるので減少する。また，等温変化なので内部エネルギーは変化しないが，気体は収縮により外部から仕事 W' をされる。吸収した熱量を Q とすると，熱力学第1法則より

$$0=Q+W' \qquad \therefore \quad Q=-W'<0$$

となり，題意に示されているように放熱変化であることがわかる。

2 浮 力 **157**

テーマ

　本問に含まれる，重要なテーマをまとめておく。

〔密度を用いた状態方程式について〕

　一般に，熱平衡にある物質の状態量の関係を与える方程式を状態方程式という。その状態量には，気体の温度 T，圧力 p，体積 V の 3 つを用いることが多いが，体積のかわりに密度 ρ を用いて表すことも可能である。

　n モルの気体の 1 モル当たりの質量を m とすると

$$pV=nRT, \quad \rho=\frac{nm}{V} \implies \frac{p}{\rho T}=\frac{R}{m} \quad (\text{一定})$$

〔気体の内部エネルギーについて〕

　内部エネルギーは，状態量の温度 T だけで表される。

　一方，定積変化は外部に一切仕事をしないので，加えた熱量はすべて温度変化のために利用される。よって，内部エネルギーの変化量 ΔU は，温度の変化量 ΔT だけで決まるので，定積モル比熱 C_V を用いて以下のように表される。

$$\Delta U=nC_V\Delta T \quad (n：物質量)$$

　ここで重要なことは，温度の変化量が同じならば，どのような変化をさせても，内部エネルギーの変化量は同じとなる。ただし，変化させるのに必要な熱量は異なる。

〔定積モル比熱について〕

　気体分子運動論によると，単原子分子がもつ運動エネルギーは，並進運動の運動エネルギーなので，ボルツマン定数を k とすると

$$(\text{単原子分子 1 個の平均運動エネルギー})=\frac{3}{2}kT$$

となる。ところが，2 原子分子の場合は，回転しながら並進運動を行っているので，回転のエネルギーも考慮すると

$$(\text{2 原子分子 1 個の平均運動エネルギー})=\frac{5}{2}kT$$

となり，物質量 n，温度 T の単原子分子理想気体の内部エネルギー U と 2 原子分子理想気体の内部エネルギー U' は

$$U=\frac{3}{2}nRT, \quad U'=\frac{5}{2}nRT$$

単原子分子理想気体の定積モル比熱 C_V と 2 原子分子理想気体の定積モル比熱 C_V' は

$$C_V=\frac{3}{2}R, \quad C_V'=\frac{5}{2}R$$

〔熱力学第 1 法則について〕

　気体の内部エネルギーの変化量を ΔU，気体が吸収した熱量を Q，気体が外部からされた仕事を W' とすると

$$\Delta U=Q+W'$$

という関係が成り立つ。これを熱力学第 1 法則といい，エネルギー保存則を表している。

　気体が外部にした仕事 W と外部からされた仕事 W' には $W=-W'$ という関係があるので，熱力学第 1 法則を

$$Q=W+\Delta U$$

と表すこともある。

158 第2章 熱力学

22 液体中のシリンダーのつり合い

(2002年度 第2問)

図のように液体の入った円筒状の容器の中に，熱をよく通すシリンダーがさかさまに浮いている。容器とシリンダーにはそれぞれ，気密性を保ちながら滑らかに動き質量が無視できるピストンがついている。シリンダーには質量が無視できる n〔mol〕の理想気体が入っており，シリンダーのピストンと容器の底は質量が無視できるバネでつながれている。容器とシリンダーの断面積はそれぞれ S_0〔m²〕，S〔m²〕，液体の密度は ρ〔kg/m³〕，外気圧は P_0〔Pa〕，気体定数は R〔J/(mol·K)〕，重力加速度は g〔m/s²〕とする。シリンダーの軸は常に鉛直方向に保たれており，容器とシリンダーのピストンの厚さおよびシリンダーの底の厚さは無視できるものとする。

〔A〕 シリンダーは液面下 d〔m〕のところに静止しており，シリンダーの底からピストンまでは h〔m〕であり，バネは自然長であった。このとき，
  (a) シリンダー内の気体の圧力 P〔Pa〕および温度 T〔K〕を求めよ。
  (b) シリンダーの質量 M〔kg〕を求めよ。🖊

〔B〕 液体と気体の温度をともに T〔K〕から T_1〔K〕に上昇させ，容器のピストンの上に質量 W〔kg〕のおもりをのせると，シリンダーは静止し，バネはふたたび自然長に戻った。液体の密度および外気圧は変化しないものとして，次の問いに答えよ。
  (c) シリンダー内の気体の体積 V_1〔m³〕および圧力 P_1〔Pa〕を求めよ。🖊
  (d) おもりの質量 W〔kg〕を求めよ。🖊

〔C〕 〔A〕の状況でバネを取りはずす。このとき次の問いに答えよ。ただし，液体と気体の温度は変化しないものとする。
  (e) シリンダーを〔A〕の位置から微小な距離 x〔m〕上昇させると，シリンダーのピストンも〔A〕の位置から y〔m〕上昇した。x を y で表せ。ただし，$x=0$ のときのシリンダー内の気体の圧力を P〔Pa〕とし，また，S_0 は S に比べて十分大きく容器のピストンの位置の変化は無視できるものとする。🖊
  (f) このとき，シリンダーに働く合力 F〔N〕を上向きを正として求め，その結果を用いてシリンダーが上下方向の変位に対して不安定である理由を40字以内で述べよ。🖊

2 浮力

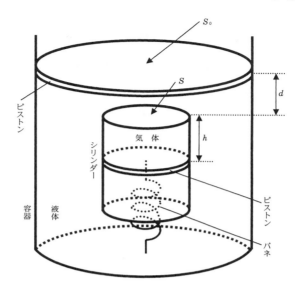

160 第2章 熱力学

解 答

〔A〕(a) $P = P_0 + \rho(d+h)g$〔Pa〕　　$T = \dfrac{\{P_0 + \rho(d+h)g\}Sh}{nR}$〔K〕

(b) シリンダーに働く重力と浮力がつり合っているから

$$0 = \rho Shg - Mg \qquad \therefore \quad M = \rho Sh \text{〔kg〕} \quad \cdots\cdots（答）$$

〔B〕(c) バネの長さが自然長であるから，シリンダーに働く力は重力と浮力のみである。よって，力のつり合いの式は

$$0 = \rho V_1 g - Mg$$

となり，(b)の結果を代入すると

$$\rho V_1 = \rho Sh \qquad \therefore \quad V_1 = Sh \text{〔m}^3\text{〕} \quad \cdots\cdots（答）$$

となる。また，理想気体の状態方程式は

$$P_1 V_1 = nRT_1$$

となり，これに V_1 の値を代入して P_1 を求めると

$$P_1 = \dfrac{nRT_1}{Sh} \text{〔Pa〕} \quad \cdots\cdots（答）$$

(d) 気体の体積は変化していないので，h〔m〕，d〔m〕はともに温度が T〔K〕のときと同じである。この h〔m〕，d〔m〕を用いて気体の圧力を表すと

$$P_0 + \dfrac{Wg}{S_0} + \rho(d+h)g$$

となり，これを(c)で求めた P_1〔Pa〕に等しいとおいて

$$P_0 + \dfrac{Wg}{S_0} + \rho(d+h)g = \dfrac{nRT_1}{Sh}$$

$$\therefore \quad W = S_0 \left\{ \dfrac{nRT_1}{Shg} - \dfrac{P_0}{g} - \rho(d+h) \right\} \text{〔kg〕} \quad \cdots\cdots（答）$$

〔C〕(e) シリンダー内の液面の高さは〔A〕のときと比べて y〔m〕だけ高いので，気体の圧力は〔A〕の状態よりも ρyg〔Pa〕だけ低い。よって，この圧力を P'〔Pa〕とすると

$$P' = P - \rho yg$$

となる。また，シリンダーの底面が x〔m〕だけ上昇し，シリンダー内のピストンが y〔m〕だけ上昇したのだから，気体の高さは $h-y+x$〔m〕となる。気体の温度は変化しないので，ボイルの法則を適用すると

$$PSh = (P - \rho yg)S(h-y+x) \qquad \therefore \quad x = \left(1 + \dfrac{\rho hg}{P - \rho yg}\right)y \quad \cdots\cdots（答）$$

(f) シリンダーにかかる力は重力と浮力だから，(b)の結果を用いて

$$F = \rho S(h-y+x)g - Mg = \rho S(x-y)g$$

となり，これに(e)の結果を代入すると

$$F = \frac{\rho^2 g^2 Shy}{P - \rho yg} \text{ (N)} \quad \cdots\cdots \text{(答)}$$

理由：F と y が同符号なのでつり合いの位置からの変位を大きくする向きに力が働くから。（40字以内）

解　説

　液体中での圧力の表し方と浮力を用いた力のつり合いを扱った問題である。液体の圧力や浮力については大学入試問題の出題例としてはあまり多くない。かえってその点が斬新に感じられる問題である。シリンダーに関するつり合いの式を重力と浮力で正確に表せるかがポイントになる。

〔A〕▶(a)　深さ $d+h$ において単位面積を考え，それを底面とする液体の柱にかかる重力に，大気圧 P_0 を加えた値が液体中の深さ $d+h$ における圧力 P である。式で表すと $P = P_0 + \rho (d+h) g$ となる。一方，シリンダー内の気体に対する状態方程式は

$$PSh = nRT \qquad \therefore \quad T = \frac{PSh}{nR} = \frac{\{P_0 + \rho(d+h)g\}Sh}{nR}$$

▶(b)　液体から受ける浮力の大きさは，液体中の物体が排除した体積と等しい体積の液体にかかる重力の大きさに等しい。浮力は液体内の物体が液体から受ける力の合力であり，シリンダーの上面にかかる力は下向きに $(P_0 + \rho dg)S$，シリンダー内のピストンにかかる力は上向きに $\{P_0 + \rho(d+h)g\}S$ なので，シリンダーが受ける浮力は ρShg となる。また，シリンダーの側面にかかる力は互いに打ち消しあうので考えなくてよい。

〔B〕▶(c)　バネが自然長であるということは，バネはシリンダーに力を及ぼしておらず，シリンダーに働く力は重力と浮力のみになる。シリンダーにかかる重力は変化しないから，浮力も〔A〕の場合と同じになり，気体の体積は結局〔A〕と同じになることがわかる。

▶(d)　気体の体積が変化していなければ容器全体の液面の高さも変わらないので，d の値も〔A〕と同じになる。よって，気体の圧力はおもりによる圧力 $\dfrac{Wg}{S_0}$ だけ増加することがわかる。

〔C〕▶(e)　シリンダー内の液面の深さは容器の液面から $d+h-y$ の深さとなるので，圧力 P' は(a)より

$$P' = P_0 + \rho(d+h-y)g = P - \rho yg$$

▶(f)　(a)より $P = P_0 + \rho(d+h)g$ であるから

$$P > \rho yg$$

となり，x, y, F の値はすべて同符号になる。これにより，変位した方向と同じ方向に力を受けることになるので，より変位が大きくなり，不安定なつり合いとなる。安定なつり合いの場合は変位を小さくしようとする，変位と反対向きの力が必要になる。

3 気体の状態変化

23 定積・断熱・定圧変化などで構成された熱機関とその熱効率
(2021年度 第3問)

図のように，シリンダー，ピストン，筒形容器からなる装置を考える。十分に長いシリンダー(断面積 S)と長さ L の筒形容器(断面積 S)は，水平な床の上に固定されており，コックのついた管でつながっている。シリンダーには水平方向になめらかに動くピストンがあり，シリンダー内の気体と大気を仕切ることができる。シリンダー底面からピストンの内面までの距離 x を用いて，ピストンの位置を表す。また，シリンダーの中にはヒーターがあり，シリンダー内の気体を加熱することができる。筒形容器には温度調節器があり，気体との間で熱を自由にやりとりすることにより容器内の気体の温度を制御することができる。シリンダー，ピストン，筒形容器，コックのついた管は熱を通さない物質でできており，コックのついた管，ヒーターならびに温度調節器の体積と熱容量は無視できる。大気の圧力(大気圧)は P_0 で一定である。以下の問に答えよ。ただし，気体定数を R とする。

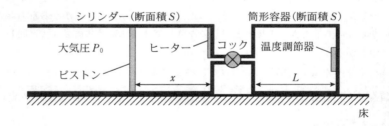

最初，ピストンの位置は $x=0$ で，コックが閉じられており，筒形容器には単原子分子理想気体が閉じ込められていた。コックを開いたところ，筒形容器内の気体が管を通ってシリンダー内に膨張した。しばらくすると，装置内の気体の状態が一様となり，ピストンは位置 $x=L$ で静止した。このときの装置内の気体の温度を T_0 とする。ここで，コックを閉じた。コックを閉じた後の装置内の気体の状態を，状態 A とよぶ。

次に，ピストンの位置を $x = L$ に固定するようピストンに外力を加えたま
ま，シリンダー内の気体をヒーターでゆっくり加熱したところ，その気体の圧力
は $32P_0$ となり，ここで加熱をやめた。このときの装置内の気体の状態を，状態
B とよぶ。

(a) 状態 B におけるシリンダー内の気体の温度を求めよ。答のみ記せ。

(b) 状態 A から状態 B への過程において，ヒーターがシリンダー内の気体に加
えた熱量を求めよ。答のみ記せ。

続いて，ピストンに加える外力を徐々に弱めながら，シリンダー内の気体の圧
力が大気圧と等しくなるまで，シリンダー内の気体を断熱的に膨張させた。この
状態を，状態 C とよぶ。状態 B から状態 C への過程において，シリンダー内の
気体は $PV^\gamma = $ 一定の関係式を満たす。ここで P, V はそれぞれ，シリンダー内
の気体の圧力，体積であり，$\gamma = \dfrac{5}{3}$ である。

(c) 状態 C におけるピストンの位置 x の値を求めよ。導

(d) 状態 B から状態 C への過程において，シリンダー内の気体が外部にした仕
事を求めよ。導

次に，ピストンが動かないように固定し，さらにコックを開いてしばらくする
と，装置内の気体の状態が一様になった。この状態を，状態 D とよぶ。状態 C
から状態 D への過程において，装置内の気体と外部の間で熱のやりとりはな
く，また気体は外部に仕事をしないため，装置内の気体の内部エネルギーは変化
しない。

(e) 状態 D における装置内の気体の温度，圧力を求めよ。導

(f) 状態 C から状態 D への過程において，筒形容器からシリンダーへ移動した
気体のモル数を求めよ。導

164　第2章　熱力学

　その後，ピストンの固定をはずし，さらにコックを開いたまま温度調節器を用いて装置内の気体から熱をゆっくり吸収し，装置内の気体の温度を T_0 にしたところ，ピストンの位置が $x = L$ に戻った。ここで，コックを閉じた。このことにより，装置内の気体の状態は元の状態 A に戻った。

(g)　状態 D から元の状態 A に戻る過程において，温度調節器が装置内の気体から吸収した熱量を求めよ。🉂

(h)　この装置内の気体の状態が，状態 A から状態 B，C，D を経て状態 A に戻る過程を熱機関のサイクルと考えることができる。この熱機関の効率（熱効率）を求めよ。🉂

3　気体の状態変化　**165**

解　答

(a)　$32T_0$

(b)　$\dfrac{93}{2}P_0SL$

(c)　断熱変化時に成立する圧力と体積の関係式より

$$32P_0(SL)^{\frac{5}{3}} = P_0(Sx)^{\frac{5}{3}} \qquad \therefore \quad x = 32^{\frac{3}{5}}L = 8L \quad \cdots\cdots(\text{答})$$

(d)　熱力学第1法則より，状態Bから状態Cへの断熱過程における気体が外部にした仕事 W_{BC} と内部エネルギーの変化量 ΔU_{BC} の和は0なので

$$W_{BC} = -\Delta U_{BC} = \frac{3}{2}(32P_0 \cdot SL - P_0 \cdot 8SL) = 36P_0SL \quad \cdots\cdots(\text{答})$$

(e)　状態Dでの装置内の気体の温度を T_D，圧力を P_D とする。コックを開く前後で内部エネルギーの和は保存するので

$$\frac{3}{2}P_0 \cdot 8SL + \frac{3}{2}P_0SL = \frac{3}{2}P_D(8SL + SL) \qquad \therefore \quad P_D = P_0 \quad \cdots\cdots(\text{答})$$

$x=0$ のとき，筒形容器内の物質量を $2n$ とすると，状態Dでの装置内の気体の物質量も $2n$ となる。状態Aの前のコックを開いた状態と状態Dの理想気体の状態方程式より

$$P_0(2SL) = 2nRT_0$$
$$P_0(8SL + SL) = 2nRT_D$$

以上2式より　　$T_D = \dfrac{9}{2}T_0 \quad \cdots\cdots(\text{答})$

(f)　状態Dでシリンダー内と筒形容器内の物質量は，それぞれの体積比となるので，筒形容器内では $\dfrac{1}{9}(2n)$ となる。コックを開く前は n なので，移動した気体のモル数は

$$n - \frac{1}{9}(2n) = \frac{7}{9}n$$

状態Aの状態方程式を用いて n を消去すると

$$\frac{7}{9}\frac{P_0SL}{RT_0} \quad \cdots\cdots(\text{答})$$

(g)　状態Dから状態Aまでの過程は定圧変化であり，定圧モル比熱は $\dfrac{5}{2}R$ なので，温度調節器が気体から吸収した熱量 Q_{DA} は

$$Q_{DA} = 2n \cdot \frac{5}{2}R(T_D - T_A) = 5nR\left(\frac{9}{2}T_0 - T_0\right) = \frac{35}{2}nRT_0$$

$$= \frac{35}{2}P_0SL \quad \cdots\cdots(\text{答})$$

166　第2章　熱力学

(h)　状態Dから状態Aへの定圧過程で気体が外部にした仕事 W_{DA} は

$$W_{DA} = P_0(SL - 8SL) = -7P_0SL$$

1サイクルで気体がした仕事は

$$W_{BC} + W_{DA} = 29P_0SL$$

状態Aから状態Bへの過程で気体に加えた熱量を Q_{AB} とする。定義より，熱効率 e は

$$e = \frac{W_{BC} + W_{DA}}{Q_{AB}} = \frac{29P_0SL}{\frac{93}{2}P_0SL} = \frac{58}{93} \quad \cdots\cdots（答）$$

解　説

　定積・断熱・定圧変化などで構成された熱機関とその熱効率に関する問題である。それぞれの変化は典型的なものである。また，断熱変化のときに成立する関係式も問題文中に説明があった。確実に得点したい問題である。

▶(a)　状態Bにおけるシリンダー内の気体の温度を T_B とする。シリンダー内の気体に対してボイル・シャルルの法則を適用すると

$$\frac{P_0(SL)}{T_0} = \frac{32P_0(SL)}{T_B} \qquad \therefore \quad T_B = 32T_0$$

▶(b)　$x = 0$ のとき，筒形容器内の物質量を $2n$ とすると，状態Aでのシリンダー内の物質量は n である。状態Aから状態Bへの定積過程に対する温度の変化量 ΔT と圧力の変化量 ΔP の関係は，理想気体の状態方程式より

$$\Delta P(SL) = nR\Delta T$$

ヒーターがシリンダー内の気体に加えた熱量 Q_{AB} は，熱力学第1法則より内部エネルギーの変化量に等しいので

$$Q_{AB} = \frac{3}{2}nR\Delta T = \frac{3}{2}\Delta P(SL) = \frac{3}{2}(32P_0 - P_0)SL = \frac{93}{2}P_0SL$$

▶(c)　断熱変化時に成立する圧力と体積の関係は，ポアソンの法則を表すものである。本問では単原子分子なので $\gamma = \dfrac{5}{3}$ であるが，一般的には，比熱比 $\gamma = \dfrac{（定圧モル比熱）}{（定積モル比熱）}$ である。

▶(d)　単原子分子理想気体の内部エネルギーの変化量 ΔU_{BC} は

$$\Delta U_{BC} = \frac{3}{2}nR(T_C - T_B)$$

ここで，理想気体の状態方程式を用いることにより，圧力と体積の積を用いて内部エネルギーの変化量を表すと

$$\Delta U_{BC} = \frac{3}{2}(P_0 \cdot 8SL - 32P_0 \cdot SL) = -36P_0SL$$

▶(e)　コックを開くので，シリンダー内と筒形容器内の圧力と温度は等しくなる。また，コックを開く操作は熱の出入りがないので，コックを開く前後でシリンダー内と筒形容器内の気体の内部エネルギーの和は保存される。内部エネルギーは，圧力と体積の積を用いても表すことができる。

▶(f)　状態Cでは筒形容器内とシリンダー内の物質量は等しい。状態Dでのそれぞれの物質量は体積比となる。

▶(g)　単原子分子のとき，定積モル比熱は $\frac{3}{2}R$ であり，マイヤーの関係より，定圧モル比熱は $\frac{5}{2}R$ となる。温度調節器が気体から吸収した（気体が放出した）熱量 Q_{DA} は，変化前の温度から変化後の温度を引くことによって得られる。

また，定圧モル比熱を用いずに，状態Dから状態Aまでの過程で気体がした仕事と内部エネルギーの変化量を求め，熱力学第1法則を用いることで熱量を求めることもできる。

▶(h)　状態Aから状態Bへは定積加熱変化であり，状態Dから状態Aへは定圧放熱変化である。よって，気体に熱を加えるのは状態Aから状態Bへの変化のときだけである。また，気体は，状態Bから状態Cへの断熱膨張で外に仕事をし，状態Dから状態Aへの定圧圧縮で外から仕事をされている。ただし，〔解答〕では1サイクルで気体がした仕事を計算するために，外にした仕事として W_{DA} を計算した。

24 水から水蒸気への状態変化，気体と液体の内部エネルギー，熱力学第1法則 (2020年度 第3問)

　液体状態の水（以下では単に水と呼ぶ）をシリンダーに密封して圧力一定のもとで加熱していくと，水の温度が上昇し，ある温度に達すると水から水蒸気への変化（蒸発）が生じる。この温度を気液共存温度（沸点）と呼び，この温度においては水と水蒸気が共存できる。気液共存温度において一定量の水をすべて水蒸気に変化させるのに必要な熱量を蒸発熱と呼ぶ。この気液共存温度と圧力の関係が図1中に気液共存線として示されている。図1の縦軸は圧力，横軸は温度であり，気液共存線の左側の領域では水，右側の領域では水蒸気となり，気液共存温度は圧力の増加とともに上昇する。

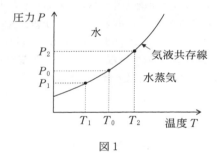

図1

　以下，本問では，水の1 molあたりの体積（すなわちモル体積）を v_L とし，v_L は温度と圧力によらず一定とみなせるものとする。v_L を一定としたので定積モル比熱と定圧モル比熱は等しいため両者を区別せず，水のモル比熱を C_L とする。水の1 molあたりの蒸発熱を L とし，以下で考える温度範囲では，L および C_L は温度と圧力によらず一定とみなせるものとする。圧力 P_0，P_1，P_2 における気液共存温度をそれぞれ T_0，T_1，T_2（絶対温度），気液共存状態での水蒸気のモル体積をそれぞれ v_0，v_1，v_2 とする。また，ピストンの質量は無視できる。ピストンとシリンダーは十分に断熱されており，シリンダー内部に設置された加熱装置から加えられる熱を除き，周囲とシリンダー内部との間で熱の授受はないものとする。さらに，ピストン，シリンダー，加熱装置など，水と水蒸気以外の物体の熱容量は無視できるものとする。

〔A〕 図2(i)のように滑らかに動くピストンを持つシリンダー内部に水1 molが密封されており，圧力をP_0で一定に保ちながら，このシリンダー内部の加熱装置でゆっくり加熱し，熱量Q_aを加えた。

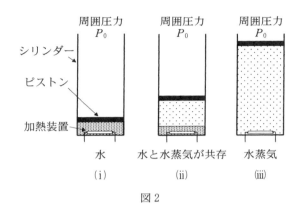

図2

(a) (i)の状態の水の温度はT_a(ただし$T_a < T_0$)であった。次の文章中の空欄(ア)〜(ウ)に当てはまる数式を答えよ。

$Q_a \leq$ (ア) の場合は，シリンダー内には水のみが存在する。(ア) $< Q_a <$ (イ) の場合はシリンダー内には図2(ii)のように水と水蒸気が共存し，そのときの水蒸気の物質量(モル数)は (ウ) となる。$Q_a \geq$ (イ) の場合は，図2(iii)のようにシリンダー内は水蒸気のみとなる。

(b) 次に，圧力P_0，温度T_0の水蒸気1 molあたりの内部エネルギーu_{V0}と水1 molあたりの内部エネルギーu_{L0}との差について考える。図2で示したピストンとシリンダーを用いて圧力P_0，温度T_0の水1 molを圧力と温度が一定のもとで完全に水蒸気に変化させるとき，ピストンが外部に対してする仕事は$P_0(v_0 - v_L)$で与えられる。この時に加える熱量はLであること，および熱力学の第1法則は気体に対してのみならず，液体や液体・気体間の状態変化においても成り立つことを考慮して，水蒸気と水の1 molあたりの内部エネルギーの差$u_{V0} - u_{L0}$を求めよ。

〔B〕 図3(iv)に示すように仕切り壁のある密閉容器があり，仕切り壁の下側は圧力 P_0，温度 T_0 の水 1 mol で満たされており，仕切り壁の上側は真空になっている。この仕切り壁を取り除いたところ，水の一部が蒸発し，充分時間が経過した後，図3(v)のように容器内が圧力と温度の一様な気液共存状態となった。その圧力と温度はいずれも(iv)の状態より低い P_1，T_1 であった。なお，容器は外部に対して充分に断熱されているとする。

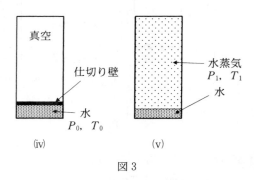

図 3

(C) 次の文章は(v)の状態における水蒸気の物質量の求め方を説明したものである。空欄(エ)〜(カ)に当てはまる数式を答えよ。

この場合，外部との間で熱や仕事の授受がないので，熱力学の第 1 法則より，(iv)の状態と(v)の状態の内部エネルギーは等しい。したがって，(iv)の状態と(v)の状態の水 1 mol あたりの内部エネルギーをそれぞれ u_{L0}，u_{L1}，(v)の状態の水蒸気 1 mol あたりの内部エネルギーを u_{V1}，(v)の状態における水蒸気の物質量を x とすると，$u_{L0} = $ (エ) が成り立つ。他方，$u_{L1} - u_{L0}$ は水の比熱 C_L を含む式 $u_{L1} - u_{L0} = $ (オ) で与えられる。$u_{V1} - u_{L1}$ は前問(b)の結果を考慮して L を含む式で表すことができる。これより x を内部エネルギーを用いない式で表すと $x = $ (カ) となる。

〔C〕 図4(vi)のように滑らかに動くピストンを持つシリンダー内部が圧力 P_0，温度 T_0 の水 1 mol で満たされている。ピストンの外側の圧力は P_0 である。ピストンの外側には，ばねが取り付けられており，(vi)の状態では，ばねは自

然長である。ここで，ばねは天井に固定されており，シリンダーは床に固定されている。次にピストンの外側の圧力を P_0 で一定に保ちながら，ある時間，加熱装置でゆっくり加熱したところ，水の一部が蒸発して図4(vii)のようにシリンダー内は圧力と温度が一様な気液共存状態となった。その圧力と温度は P_2, T_2 であった。ばね定数を k, シリンダーの断面積を A とし，以下の問に答えよ。ただし，ばねの質量と太さは無視できるものとする。

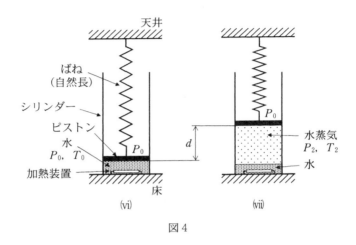

図 4

(d) (vi)の状態から(vii)の状態への変化に伴うピストンの移動量を d とする。(vii)の状態における力のつり合いを考えて，d を求めよ。

(e) (vii)の状態における水蒸気の物質量 x を P_0, P_2, v_L, v_0, v_2, A, d のうち必要なものを用いて表せ。

(f) (vi)の状態から(vii)の状態まで変化する際に，シリンダー内での水の蒸発にともなってピストンが外側に対して仕事をした。その仕事 W を P_0, d, A, k のうち必要なものを用いて表せ。

(g) (vi)の状態から(vii)の状態まで変化する際に加えた熱量 Q を W, x, C_L, L, P_0, P_2, T_0, T_2, v_L, v_0, v_2 のうち必要なものを用いて表せ。

172　第2章　熱力学

解　答

【A】(a)　(ア) $C_L(T_0 - T_a)$　(イ) $C_L(T_0 - T_a) + L$

(ウ) $\dfrac{Q_a - C_L(T_0 - T_a)}{L}$

(b)　$u_{V0} - u_{L0} = L - P_0(v_0 - v_L)$

【B】(c)　(エ) $(1-x)u_{L1} + xu_{V1}$　(オ) $C_L(T_1 - T_0)$

(カ) $\dfrac{C_L(T_0 - T_1)}{L - P_1(v_1 - v_L)}$

【C】(d)　(vii)の状態でのピストンのつり合いより

$$0 = P_2 A + (-P_0 A) + (-kd) \qquad \therefore \quad d = \frac{(P_2 - P_0)A}{k} \quad \cdots\cdots(答)$$

(e)　(vii)の状態の水蒸気の体積は xv_2, 水の体積は $(1-x)v_L$ である。
一方, ピストンの上昇により増加した体積は Ad であることから

$$\{xv_2 + (1-x)v_L\} - v_L = Ad \qquad \therefore \quad x = \frac{Ad}{v_2 - v_L} \quad \cdots\cdots(答)$$

(f)　ピストンが外側の気体とばねに対してした仕事 W は

$$W = P_0 Ad + \frac{1}{2}kd^2 \quad \cdots\cdots(答)$$

(g)　水と水蒸気を合わせた内部エネルギーの変化量 ΔU は

$$\Delta U = xu_{V2} + (1-x)u_{L2} - u_{L0}$$
$$= x(u_{V2} - u_{L2}) + u_{L2} - u_{L0} \quad \cdots\cdots①$$

ここで, 1 mol の水に加えられた熱量は, 水の内部エネルギーの変化量に等しいので

$$u_{L2} - u_{L0} = C_L(T_2 - T_0) \quad \cdots\cdots②$$

また, 温度 T_2, 圧力 P_2 のもとで 1 mol の水を水蒸気に変化させるときも L の熱量を必要とするので

$$L = (u_{V2} - u_{L2}) + P_2(v_2 - v_L)$$
$$\therefore \quad u_{V2} - u_{L2} = L - P_2(v_2 - v_L) \quad \cdots\cdots③$$

①, ②, ③を用いると

$$\Delta U = x\{L - P_2(v_2 - v_L)\} + C_L(T_2 - T_0)$$

熱力学第1法則より

$$Q = \Delta U + W = x\{L - P_2(v_2 - v_L)\} + C_L(T_2 - T_0) + W \quad \cdots\cdots(答)$$

解　説

　液体から気体に変えるときの内部エネルギーや熱力学第1法則に関する問題である。この問題は典型的な問題ではないので, 難度はかなり高いといえる。問題文に説明が

3 気体の状態変化 **173**

丁寧に書かれているので，読み落とさず，物理量の関係を把握できるかどうかがポイントである。

〔A〕では，圧力が一定のもとで液体に熱を加え，すべての液体を気体に変える状態が問われている。加えた熱量と液体のモル比熱，蒸発熱の関係が問われている。〔B〕では，準静的な変化ではない状態変化が問われている。〔C〕では，外部気体とばねから力を受ける状態で液体を蒸発させる変化が問われている。

〔A〕▶(a) (ア)・(イ) 圧力 P_0 のもとで，(i)の状態の温度 T_a から水と水蒸気が共存する状態の温度 T_0 に達するまでの間に水に加えた熱量は，水のモル比熱が C_L，シリンダー内部の水が 1 mol なので

$$C_L(T_0 - T_a)$$

水の 1 mol あたりの蒸発熱が L なので，温度 T_0 の水 1 mol がすべて気体になるまでの間に加えた熱量は L となる。よって，図2(ii)のように水と水蒸気が共存するのは

$$C_L(T_0 - T_a) < Q_a < C_L(T_0 - T_a) + L$$

の場合である。

(ウ) 1 mol を蒸発させるのに加える熱量が L であり，気液共存状態（温度が T_0）になった後に加えた熱量が $Q_a - C_L(T_0 - T_a)$ なので，水蒸気となった物質量は

$$\frac{Q_a - C_L(T_0 - T_a)}{L}$$

▶(b) 圧力 P_0，温度 T_0 の水 1 mol を圧力と温度が一定のもとで完全に水蒸気に変化させるとき，熱力学第1法則を適用すると

$$L = (u_{V0} - u_{L0}) + P_0(v_0 - v_L)$$

$$\therefore \quad u_{V0} - u_{L0} = L - P_0(v_0 - v_L)$$

〔B〕▶(c) (エ) 水蒸気の物質量が x なので，水の物質量は $1-x$ となる。そのとき，状態(v)の水の内部エネルギーは $(1-x)u_{L1}$，水蒸気の内部エネルギーは xu_{V1} となる。また，(iv)と(v)の状態の内部エネルギーは等しいので

$$u_{L0} = (1-x)u_{L1} + xu_{V1} \quad \cdots\cdots ①$$

(オ) 水 1 mol の温度が T_0 から T_1 になるときに失った熱量と内部エネルギーの変化量（減少量）は等しいので

$$u_{L1} - u_{L0} = C_L(T_1 - T_0) \quad \cdots\cdots ②$$

(カ) 蒸発熱 L は温度と圧力によらず一定となるので，(b)の関係を気液共存状態の圧力 P_1，温度 T_1 のときに適用すると，水 1 mol が液体から気体に変わったときの内部エネルギーの変化量と蒸発熱の関係が得られ

$$L = (u_{V1} - u_{L1}) + P_1(v_1 - v_L)$$

$$\therefore \quad u_{V1} - u_{L1} = L - P_1(v_1 - v_L) \quad \cdots\cdots ③$$

①より

$$x = -\frac{u_{L1} - u_{L0}}{u_{V1} - u_{L1}}$$

ここで，②，③を用いると

$$x = -\frac{C_L(T_1 - T_0)}{L - P_1(v_1 - v_L)}$$

$$= \frac{C_L(T_0 - T_1)}{L - P_1(v_1 - v_L)}$$

〔C〕▶(d) ピストンは，水蒸気，外部の気体，ばねから力を受ける。

▶(e) 水蒸気の物質量が x のとき，水の物質量は $1-x$ となる。温度が T_2 のときの1 mol あたりの水蒸気の体積は v_2 なので，物質量が x のときの体積は xv_2 となる。また，温度によらず水1 mol あたりの水の体積は v_L なので，物質量が $1-x$ のときの体積は $(1-x)v_L$ となる。

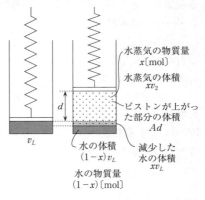

▶(f) ピストンが外側の気体に対してした仕事は $P_0 Ad$ となる。一方，ばねに対してした仕事は，弾性エネルギーの変化量となるので $\frac{1}{2}kd^2$ となる。

▶(g) 内部エネルギーの変化量は，気体と液体の両方を考える必要がある。また，水の内部エネルギーの変化量は液体のモル比熱を用いて表すことができる。さらに液体が気体に蒸発するときの内部エネルギーの変化量は蒸発熱 L を用いて表すこともできる。

25 2原子分子理想気体の断熱変化と定積変化，比熱比の測定

(2019年度 第3問)

図のように，容積 V_1 の容器に2つのコック C_1 と C_2，空気を送り出すゴム球F，差圧計D，温度表示器Tと小さな温度センサーSが取り付けられた実験装置がある。容器は熱を伝えにくい材質でできていて，短時間では容器内への熱の流入と容器外への熱の流出は無視できるが，熱は徐々に伝わり，十分に時間が経過すると容器内の温度は大気の温度 T_0 に等しくなるものとする。差圧計は容器内の圧力と大気圧 P_0 との差を測定する装置である。以後，空気は理想気体であるとみなし，温度は絶対温度を指すものとする。また，コックおよび差圧計からの熱の流入流出は無視できるとし，実験中は大気圧 P_0 と大気の温度 T_0 は一定であるとする。

まず，コック C_2 を開けて容器内を大気圧にし，十分に時間が経過した後 C_2 を閉じる。続いて，コック C_1 を開け，ゴム球Fを押して容器内に空気を送り込む。容器内の圧力を大気圧より少し高くして，コック C_1 を閉じ，十分に時間が経過するまで待つ。このときの容器内の空気の温度は大気の温度と同じ T_0 になり，圧力は P_1 で，大気圧との差は $h_1 = P_1 - P_0$ になった。この状態を状態Aとよぶ。

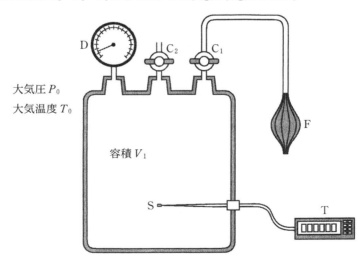

次に，コック C_2 を静かに開けると，噴出音と共に容器内の空気が大気中に放出される。この空気の放出は熱の流入流出が無視できる時間内に完了したので，容器内に残った空気は断熱膨張をしたとみなす。噴出音が止まったら，コック C_2 を閉じる。このとき，容器内の空気の圧力は大気圧と同じ P_0 になり，温度は T_1 になった。こ

176 第2章 熱力学

の状態を状態Bとよぶ。

続いて，十分に時間が経過すると，容器内の空気の温度は大気の温度と同じ T_0 になり，圧力は P_2，大気圧との差は $h_2 = P_2 - P_0$ になった。この状態を状態Cとよぶ。以下の問に答えよ。ただし，気体定数は R とする。

(a) 状態AとBにおける容器内の空気のモル数をそれぞれ n_1，n_2 とする。n_1 と n_2 を P_0，P_1，V_1，T_0，T_1，R の中から，必要なものを用いて表せ。解答は答のみでよい。

(b) 状態Cでの圧力 P_2 を状態Aでの圧力 P_1 および n_1 と n_2 を用いて表せ。🔲

(c) 気体の定積モル比熱と定圧モル比熱をそれぞれ C_V，C_P としたとき，$\gamma = \dfrac{C_P}{C_V}$ を比熱比とよぶ。理想気体の断熱変化では，圧力 P と体積 V の間に

$$PV^\gamma = 一定$$

の関係が成り立つ。このことより

$$P_1 \left(\frac{n_2}{n_1} \right)^\gamma = P_0$$

が成り立つことを示せ。

(d) h_1 と h_2 が大気圧 P_0 に比べて十分小さいとして，比熱比 γ を h_1 と h_2 のみで表せ。この問に限り，必要に応じて，以下の近似式を用いよ。🔲

変数 x と y の絶対値が1に比べて十分小さいとき，次の近似式が成り立つ。

$$\frac{1+x}{1+y} \fallingdotseq 1+x-y, \quad (1+x)^n \fallingdotseq 1+nx, \quad \log(1+x) \fallingdotseq x$$

ここで n は定数で，log は自然対数である。

(e) 空気は窒素分子と酸素分子のみからできた2原子分子の理想気体であるとすると，本実験で得られる比熱比 γ はいくらになるべきか。その値を答えよ。ただし，2原子分子の理想気体の定積モル比熱は $\dfrac{5}{2}R$ である。🔲

(f) 大気の温度 T_0 と状態Bでの温度 T_1 の差 $T_0 - T_1$ を T_0 および P_0 と h_2 で表せ。🔲

(g) 空気を2原子分子の理想気体であるとして，状態Bから状態Cに移る間に容器内に流入する熱量を V_1 と h_2 で表せ。ただし，2原子分子の理想気体の定積モル比熱は $\dfrac{5}{2}R$ である。🔲

3 気体の状態変化 **177**

解 答

(a) $n_1 = \dfrac{P_1 V_1}{R T_0}$, $n_2 = \dfrac{P_0 V_1}{R T_1}$

(b) 状態Aの理想気体の状態方程式は

$$P_1 V_1 = n_1 R T_0$$

状態Cの理想気体の状態方程式は

$$P_2 V_1 = n_2 R T_0$$

2式より

$$P_2 = \frac{n_2}{n_1} P_1 \quad \cdots\cdots(答)$$

(c) 断熱膨張をした後に容器内に残った気体は，断熱膨張前は容器内で $\dfrac{n_2}{n_1} V_1$ の体積を占めていたことになるので，ポアソンの法則より

$$P_1 \left(\frac{n_2}{n_1} V_1 \right)^\gamma = P_0 V_1{}^\gamma$$

$$\therefore \quad P_1 \left(\frac{n_2}{n_1} \right)^\gamma = P_0 \qquad\qquad (証明終)$$

(d) (b), (c)より

$$P_1 \left(\frac{P_2}{P_1} \right)^\gamma = P_0 \qquad \therefore \quad P_2{}^\gamma = P_0 P_1{}^{\gamma-1}$$

P_1 と P_2 を h_1, h_2 で表すと

$$(P_0 + h_2)^\gamma = P_0 (P_0 + h_1)^{\gamma-1}$$

両辺を $P_0{}^\gamma$ で割り，微小量で表すと

$$\left(1 + \frac{h_2}{P_0} \right)^\gamma = \left(1 + \frac{h_1}{P_0} \right)^{\gamma-1}$$

近似式を適用すると

$$1 + \gamma \frac{h_2}{P_0} = 1 + (\gamma - 1) \frac{h_1}{P_0} \qquad \therefore \quad \gamma = \frac{h_1}{h_1 - h_2} \quad \cdots\cdots(答)$$

(e) マイヤーの関係より

$$C_P = C_V + R = \frac{5}{2} R + R = \frac{7}{2} R$$

よって，比熱比 γ は

$$\gamma = \frac{C_P}{C_V} = \frac{\dfrac{7}{2} R}{\dfrac{5}{2} R} = \frac{7}{5} \quad \cdots\cdots(答)$$

(f) 状態Bと状態Cに対して，ボイル・シャルルの法則を用いると

$$\frac{P_0 V_1}{T_1} = \frac{P_2 V_1}{T_0} \quad \therefore \quad T_1 = \frac{P_0}{P_2} T_0$$

求める温度差は

$$T_0 - T_1 = T_0 - \frac{P_0}{P_2} T_0 = T_0 - \frac{P_0}{h_2 + P_0} T_0 = \frac{h_2}{h_2 + P_0} T_0 \quad \cdots\cdots(\text{答})$$

(g) 状態Bから状態Cへは定積変化なので，流入した熱量を Q とすると

$$Q = n_2 C_V (T_0 - T_1) = \frac{5}{2} n_2 R (T_0 - T_1)$$

状態B，Cにおける理想気体の状態方程式より

$$P_0 V_1 = n_2 R T_1, \quad P_2 V_1 = n_2 R T_0$$

$$\therefore \quad (P_2 - P_0) V_1 = n_2 R (T_0 - T_1)$$

$P_2 = P_0 + h_2$ も用いると

$$Q = \frac{5}{2} h_2 V_1 \quad \cdots\cdots(\text{答})$$

解説

実験装置やその実験の内容を正しく理解する必要がある。また，容器の特性に注意が必要である。つまり，短時間では断熱容器とみなせるが，十分に時間が経過すると熱が伝わり，容器外の温度と等しくなるような容器である。断熱膨張をさせたときに気体の一部を放出させるので，物質量が変化することに注意が必要である。実験に用いた気体は単原子分子ではないが，問われている内容は典型的な内容である。ただし，近似計算など計算の難度は高い。また，マイヤーの関係を知っていると比熱比の計算は容易にできる。

▶(a) 状態Aに対する理想気体の状態方程式は

$$P_1 V_1 = n_1 R T_0 \quad \therefore \quad n_1 = \frac{P_1 V_1}{R T_0}$$

状態Bに対する理想気体の状態方程式は

$$P_0 V_1 = n_2 R T_1 \quad \therefore \quad n_2 = \frac{P_0 V_1}{R T_1}$$

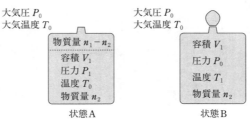

3 気体の状態変化 **179**

大気圧 P_0
大気温度 T_0

容積 V_1
圧力 P_2
温度 T_0
物質量 n_2

状態C

▶(b) 状態Aと状態Cは，熱平衡に達しているので，気体の温度は大気温度 T_0 と等しくなっている。また，気体の体積も等しいので，圧力の比と物質量の比は等しくなる。

▶(c) コック C_2 を開くことにより，容器内の気体の一部が外に噴出する。そのため容器内の気体の物質量は n_2 となり，容器外に出た気体の物質量は n_1-n_2 となる。問題文に沿って，断熱膨張後も容器内に残る分の気体の状態変化について考えればよい。

▶(d) (b)より，$\dfrac{n_2}{n_1}=\dfrac{P_2}{P_1}$ となり，この式を(c)で示した式に代入することで，$\dfrac{n_2}{n_1}$ を消去すると

$$P_1\left(\frac{P_2}{P_1}\right)^\gamma = P_0$$

この式を近似式が適用できるように微小量でまとめ，近似公式を適用する。

参考 式変形によっては，以下のような計算となる。

(b)，(c)より

$$P_1\left(\frac{P_2}{P_1}\right)^\gamma = P_0 \qquad \therefore\quad \frac{P_1}{P_0}\left(\frac{P_2}{P_1}\right)^\gamma = 1$$

P_1 と P_2 を h_1，h_2 で表すと

$$\frac{h_1+P_0}{P_0}\left(\frac{h_2+P_0}{h_1+P_0}\right)^\gamma = \left(1+\frac{h_1}{P_0}\right)\left(\frac{1+\dfrac{h_2}{P_0}}{1+\dfrac{h_1}{P_0}}\right)^\gamma = 1$$

近似式を用いると

$$\left(1+\frac{h_1}{P_0}\right)\left(1+\frac{h_2}{P_0}-\frac{h_1}{P_0}\right)^\gamma = 1$$

さらに，対数をとると

$$\log\left(1+\frac{h_1}{P_0}\right)+\gamma\log\left(1+\frac{h_2}{P_0}-\frac{h_1}{P_0}\right) = 0$$

対数の近似式を用いると

$$\frac{h_1}{P_0}+\gamma\left(\frac{h_2}{P_0}-\frac{h_1}{P_0}\right) = 0 \qquad \therefore\quad \gamma = \frac{h_1}{h_1-h_2}$$

▶(e) 定圧モル比熱 C_P は，以下の方法で求めることができる。圧力 P のもとで物質量 n の気体の体積を ΔV だけ変化させたときに加えた熱量を q とする。また，そのときの気体の温度変化を ΔT とすれば，内部エネルギーの変化量は，定積モル比熱を用いて $\dfrac{5}{2}nR\Delta T$ と表せるので，熱力学第1法則より

$$q = P\Delta V + \frac{5}{2}nR\Delta T$$

右辺第1項に対して，状態方程式を用いると

180 第2章 熱力学

$$q = nR\Delta T + \frac{5}{2}nR\Delta T = \frac{7}{2}nR\Delta T$$

よって，定圧モル比熱 C_P は

$$C_P = \frac{q}{n\Delta T} = \frac{7}{2}R$$

▶(f)　状態Aから状態Bへの変化では，一部の気体が容器外に放出されるので，ボイル・シャルルの法則を用いることはできない。

▶(g)　状態Bから状態Cへは定積変化なので，定積モル比熱を用いて熱量を求めることができる。

参考　(a)，(f)を用いて，流入した熱量 Q を次のように求めることもできる。

$$Q = n_2 C_V (T_0 - T_1) = \frac{P_0 V_1}{R T_1} \cdot \frac{5}{2}R \cdot \frac{h_2}{h_2 + P_0} T_0 = \frac{5}{2}\frac{h_2}{h_2 + P_0}\frac{P_0 V_1}{T_1} T_0$$

状態B，Cにおける理想気体の状態方程式より，$T_0 = \dfrac{P_2}{P_0}T_1$ なので

$$Q = \frac{5}{2}\frac{h_2}{h_2 + P_0}P_2 V_1 = \frac{5}{2}h_2 V_1$$

26 可動壁で区切られた気体の状態変化
(2017 年度　第 3 問〔B〕)

　容器内に閉じ込められた理想気体の膨張・収縮について，以下の問に答えよ。ただし，気体定数は R とし，単原子分子気体の定積モル比熱は $C_V = \dfrac{3}{2}R$ で与えられる。

　図 2 のように，断面積 S の円筒状の容器があり，質量が無視でき，自由に摩擦なく動くことができる可動壁で領域 A と領域 B に仕切られている。領域 A には理想気体 A が，領域 B には理想気体 B がそれぞれ n モル封入されており，初期状態ではどちらも圧力 p_0，体積 V_0，温度 T_0 になっていた。領域 A，領域 B にはそれぞれヒーターが設置されており，各領域の気体をゆっくり加熱することができるが，容器壁面と可動壁は全て断熱材でできているため，気体 A と気体 B の間や，気体と容器や可動壁の間で熱のやりとりはない。このとき，以下の問に答えよ。

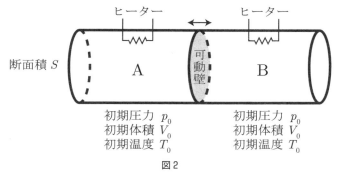

図 2

(f) 気体 A と気体 B がどちらも単原子分子気体の場合を考える。いま，気体 A だけをゆっくりと加熱し，その体積を ΔV だけ膨張させた。このときの気体 A と気体 B の，圧力 p と体積 V の変化を表す曲線として適当なものを図 3 中の①〜⑧より 1 つずつ選べ。ただし，図中に薄く描かれている曲線は，等温変化の場合の圧力と体積の関係を表す。

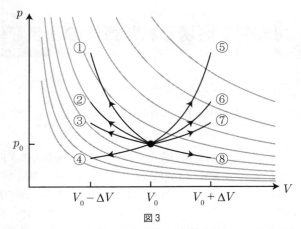

図3

(g) 問(f)の操作に引き続いて気体Aを加熱し，初期状態から気体Aに与えられた熱量が Q_A になった時点で加熱を止めた．次に，気体Bを加熱し，気体Aと気体Bの温度が等しくなった時点で加熱を止めた．このときの温度を T'，気体Bに与えた熱量を Q_B として，気体Aと気体Bに与えた熱の総量 $Q = Q_A + Q_B$ を n, R, T_0, T' を用いて表せ．

(h) 今度は，気体Aが単原子分子気体，気体Bは定積モル比熱が未知の気体である場合を考える．このとき，初期状態から始めて，問(g)で気体に与えたのと同じ熱量 Q_A, Q_B を，問(g)と同じ順序で気体A，気体Bにそれぞれ与えたところ，加熱後の気体Aと気体Bの温度は等しくなく，それぞれ T_A', T_B' となった．気体Bの定積モル比熱 C_{VB} を，R, T_0, T', T_A', T_B' を用いて表せ．

3 気体の状態変化 **183**

解 答

(f) 気体A：⑤　気体B：①

(g) 円筒状の容器の体積は不変であり，気体は外部に仕事をしない。気体Aと気体B
を合わせた系に対して，熱力学第1法則を用いると

$$Q = Q_A + Q_B = \frac{3}{2}nR(T' - T_0) + \frac{3}{2}nR(T' - T_0)$$

$$= 3nR(T' - T_0) \quad \cdots\cdots(答)$$

(h) 気体Aと気体Bを合わせた系に対して，熱力学第1法則を用いると

$$Q = Q_A + Q_B = \frac{3}{2}nR(T_A' - T_0) + nC_{VB}(T_B' - T_0)$$

ここで，(g)の結論の式を用いると

$$3nR(T' - T_0) = \frac{3}{2}nR(T_A' - T_0) + nC_{VB}(T_B' - T_0)$$

これを C_{VB} について解くと

$$C_{VB} = \frac{3R(T' - T_0) - \frac{3}{2}R(T_A' - T_0)}{T_B' - T_0}$$

$$= \frac{3}{2} \cdot \frac{2T' - T_A' - T_0}{T_B' - T_0}R \quad \cdots\cdots(答)$$

解 説

　熱力学第1法則を適用する問題である。断熱可動壁で2つの領域に分けられた一定
体積の円筒に，等量の気体を封入し，熱を交互に加え，最後は同じ温度になるように
変化させる過程で，加える熱量や比熱を求める問題である。円筒状の容器の体積が変
わらないので，可動壁に対する仕事の和が0になることに注意。

▶(f)　気体Aを加熱膨張させたとき，気体Bの状態変化は断熱圧縮となる。断熱圧縮
された気体の温度は上昇するので，気体Bの変化の様子を表す曲線は①となる。一方，
気体Aと気体Bは可動壁で仕切られているので，気体Aと気体Bの圧力は常に等しい。
よって，圧力 p と体積 V の変化を表す曲線は V_0 に関して対称となり，気体Aの変化
の様子を表す曲線は⑤となる。

▶(g)　気体Aだけを加熱膨張させたとき，気体Bは断熱圧縮となる。そのとき気体A
がする仕事を W とすると，気体Bがされる仕事は W となる。加熱後の気体Aの温
度を T_A，気体Bの温度を T_B として，気体A，Bについて熱力学第1法則を適用す
ると

$$W = \frac{3}{2}nR(T_B - T_0)$$

184　第2章　熱力学

$$Q_A = W + \frac{3}{2}nR(T_A - T_0)$$

また，気体Bだけを加熱膨張させたとき，気体Aは断熱圧縮となる。そのとき気体B
がする仕事を W' とすると，気体Aがされる仕事は W' となる。気体A，Bについて
熱力学第1法則を適用すると

$$W' = \frac{3}{2}nR(T' - T_A)$$

$$Q_B = W' + \frac{3}{2}nR(T' - T_B)$$

以上4式の和より

$$Q = Q_A + Q_B = \frac{3}{2}nR(T' - T_0) + \frac{3}{2}nR(T' - T_0) = 3nR(T' - T_0)$$

▶(h)　気体Aだけを加熱膨張させたとき，気体Bは断熱圧縮となる。そのとき気体A
がする仕事を W とすると，気体Bがされる仕事は W となる。加熱後の気体Aの温
度を T_A，気体Bの温度を T_B とする。気体A，Bについて熱力学第1法則を適用す
ると

$$Q_A = W + \frac{3}{2}nR(T_A - T_0)$$

気体Bの内部エネルギーの変化量は定積モル比熱 C_{VB} を用いて $nC_{VB}(T_B - T_0)$ と表
されるので

$$W = nC_{VB}(T_B - T_0)$$

また，気体Bだけを加熱膨張させたとき，気体Aは断熱圧縮となる。そのとき気体B
がする仕事を W' とすると，気体Aがされる仕事は W' となる。気体A，Bについて
熱力学第1法則を適用すると

$$W' = \frac{3}{2}nR(T_A' - T_A)$$

$$Q_B = W' + nC_{VB}(T_B' - T_B)$$

以上4式の和より

$$Q = Q_A + Q_B = \frac{3}{2}nR(T_A' - T_0) + nC_{VB}(T_B' - T_0)$$

27 液面の高低差によって生じる圧力

(2016年度 第3問)

図1のように，断面積 S の容器Aと断面積 $\frac{1}{2}S$ の容器Bが，実験室の天井に吊るされており，容器Aの底と容器Bの底はなめらかに動くことのできる細管で接続されている。容器Aは，質量が無視でき自由に動くことができるピストンで仕切られており，ピストンの上側には理想気体が満たされている。気体定数 R を用いて，この理想気体の定積モル比熱は $\frac{3}{2}R$，定圧モル比熱は $\frac{5}{2}R$ で与えられる。図1のように，ピストンの下側から容器Bの下部に至るまで，細管を通じて密度 ρ の液体が満たされている。細管は十分に細く，細管や細管中の液体の質量は無視できる。また，ヒーターによって容器Aの理想気体を加熱することができる。ただし，理想気体が容器やピストンや液体と熱のやりとりをすることはないものとする。容器Bの上部は一定圧力 p_0 の大気に開放されている。容器Aは伸び縮みしないワイヤーで固定されている。一方，容器Bは伸び縮みしないワイヤー，またはばねで吊るすことができ，容器Bとばねの質量は無視できるものとする。

理想気体の圧力は容器Aの中で一様とする。容器AとBの液面は，それぞれの容器の底や上面に達することはないものとする。重力加速度の大きさを g として，以下の問に答えよ。

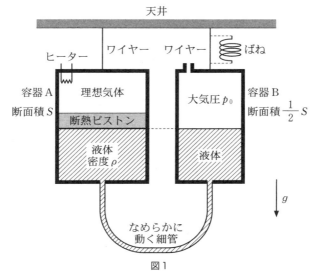

図1

〔A〕 容器Aの液面と容器Bの液面が同一水平面上に位置するように，適当な長さのワイヤーを用いて容器Bを吊るした。この状態を初期状態とし，このときの理想気体の体積を V_0 とする。

(a) 初期状態からヒーターで理想気体をゆっくりと加熱したとき，理想気体の体積が ΔV だけ増加した。このときの理想気体の圧力 p_a を求めよ。ただし，S, V_0, ΔV, g, p_0, ρ のうち必要な記号を用いて答えよ。

(b) 問(a)の過程における理想気体の圧力 p と体積 V の変化を，答案用紙のグラフに記入せよ。ただし，p_0, p_a, V_0, $V_0+\Delta V$ の座標はグラフに示されている。

　また，この過程において理想気体がした仕事 W_a を，ΔV, p_0, p_a を用いて答えよ。

〔解答欄〕

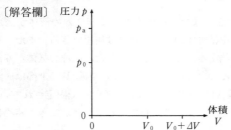

(c) 問(b)で求めた仕事 W_a は，重力による液体の位置エネルギーの変化に費やされただけでなく，他の仕事 W_a' にも費やされている。W_a' が何に対する仕事であるかを答えるとともに，W_a' を S, V_0, ΔV, g, p_0, ρ のうち必要な記号を用いて表せ。

〔B〕 図2のように，種々のばね定数をもつばねで容器Bを吊るす。どのばねを用いた場合でも，容器Aの液面と容器Bの液面が同一水平面上に位置するように容器Aのワイヤーの長さを調整し，これを初期状態とする。初期状態における理想気体の体積は V_0 である。

　以下の問題においては，容器Aと容器Bの間で液体が移動し，ばねののびも変化するが，常に力のつり合いがとれていると仮定してよい。また，細管がばねの伸び縮みや容器Bの動きを妨げることはないものとする。

3 気体の状態変化 187

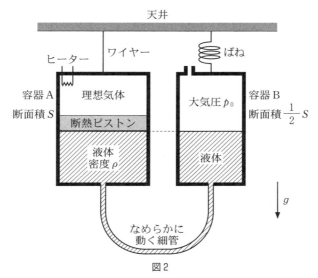

図2

(d) 初期状態から，ヒーターで理想気体をゆっくりと加熱すると，理想気体の体積が ΔV だけ増加した（$\Delta V > 0$）。このときの理想気体の圧力 p_d を求めよ。ただし，用いたばねのばね定数を k とする。$S, V_0, \Delta V, g, k, p_0, \rho$ のうち必要な記号を用いて答えよ。

(e) 問(d)の実験を，ばね定数 k_e をもつばねを用いておこなったところ，加熱しても容器Aの圧力は変化しなかった。ばね定数 k_e を S, g, ρ を用いて表せ。

　この場合に，初期状態から理想気体の体積を ΔV だけ増加させるためにヒーターが理想気体に与えた熱量 Q_e を，$V_0, \Delta V, p_0$ のうち必要な記号を用いて答えよ。

(f) 問(e)の実験過程において，下記の物理量のそれぞれについて，増加したものに「＋」，減少したものに「－」，変化しなかったものに「0」の記号を解答欄に記せ。
　・理想気体の内部エネルギー U
　・容器Bの液面から天井までの距離 d
　・重力による液体の位置エネルギー E_L
　・ばねの弾性力による位置エネルギー E_E
　・位置エネルギーの合計 $E_L + E_E$

(g) 問(d)の実験を適当なばね定数をもつばねを用いておこなうと，加熱しているにもかかわらず，温度が下がる場合がある。あるばねを用いて実験をしたところ，初期状態からの体積変化が $\Delta V = \dfrac{1}{4} V_0$ に達したとき，理想気体の絶対温度は初期

状態の絶対温度の $\frac{15}{16}$ 倍となった。この過程における理想気体の圧力 p と体積 V の変化を，答案用紙の圧力 p - 体積 V グラフに実線で記入せよ。ただし，$\Delta V = \frac{1}{4} V_0$ をみたす $V_0 + \Delta V$ の座標がグラフに示されており，$\frac{1}{4} V_0$ を超える体積変化はさせないものとする。

また，この過程で加えたヒーターの熱量 Q_g を，V_0，p_0 を用いて表せ。

〔解答欄〕

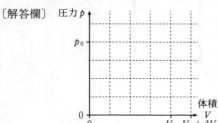

3 気体の状態変化　189

解　答

〔A〕(a)　体積 ΔV の液体が容器Aから容器Bへ流入するので，容器Bの液面は $\dfrac{2\Delta V}{S}$ 上昇し，容器Aの液面は $\dfrac{\Delta V}{S}$ 下降する。

同一水平面上に位置する液体から受ける圧力は等しいので

$$p_a = p_0 + \rho\left(\frac{2\Delta V}{S} + \frac{\Delta V}{S}\right)g$$

$$\therefore \quad \boldsymbol{p_a = p_0 + \frac{3\rho g}{S}\Delta V} \quad \cdots\cdots(答)$$

(b)　体積が V のとき理想気体の圧力 p は(a)で ΔV $= V - V_0$ を代入すると

$$p = p_0 + \frac{3\rho g}{S}(V - V_0)$$

よって，圧力 p は体積 V の1次式として表され，グラフは右のようになる。

(a)の過程において理想気体がした仕事 W_a は，圧力と体積のグラフの面積より

$$W_a = \frac{1}{2}(\boldsymbol{p_0 + p_a})\boldsymbol{\Delta V} \quad \cdots\cdots(答)$$

(c)　**大気**（に対する仕事）　$W_a' = p_0\Delta V$

〔B〕(d)　容器Aの気体の体積が ΔV 増加するので，容器B内の液体の体積が ΔV 増加し，ばねに加わる力が $\rho\Delta Vg$ 増加する。よって，ばねはさらに $\dfrac{\rho\Delta Vg}{k}$ 伸びる。

一方，容器B内には体積が ΔV の液体が流入するので，容器Bの液面は容器に対して $\dfrac{2\Delta V}{S}$ 上昇し，容器Aの液面は $\dfrac{\Delta V}{S}$ 下降する。

容器Aの液面と同一水平面上に位置する圧力は等しいので

$$p_d = p_0 + \rho g\left(\frac{3}{S} - \frac{\rho g}{k}\right)\Delta V \quad \cdots\cdots(答)$$

(e)　ばね定数 k が k_e のとき，容器Aの圧力が変化しないので

$$p_d = p_0$$

(d)より $p_0 = p_0 + \rho g\left(\dfrac{3}{S} - \dfrac{\rho g}{k_e}\right)\Delta V$ となるから

$$k_e = \frac{\rho Sg}{3} \quad \cdots\cdots(答)$$

この変化は定圧変化なので，気体の物質量を n，温度の変化量を ΔT とすると，気体

に与えた熱量 Q_e は

$$Q_e = \frac{5}{2}nR\Delta T$$

一方，理想気体の状態方程式より，$p_0\Delta V = nR\Delta T$ なので

$$Q_e = \frac{5}{2}p_0\Delta V \quad \cdots\cdots(答)$$

(f) $U：+ \quad d：+ \quad E_L：- \quad E_E：+ \quad E_L + E_E：0$

(g) 気体の体積が V となったときの圧力を p とする。(d)で得られた p_d に対して，$\Delta V = V - V_0$ を適用すると

$$p = p_0 + \rho g\left(\frac{3}{S} - \frac{\rho g}{k}\right)(V - V_0)$$

よって，気体の圧力 p は体積 V の1次式となり，グラフは右のようになる。

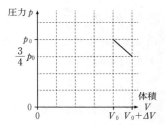

また，初期状態の温度を T_0，変化後の圧力を p_1 とすると，ボイル・シャルルの法則より

$$\frac{p_0 V_0}{T_0} = \frac{p_1 \frac{5}{4}V_0}{\frac{15}{16}T_0} \quad \therefore \quad p_1 = \frac{3}{4}p_0$$

この過程での内部エネルギーの変化量 ΔU は

$$\Delta U = \frac{3}{2}nR\left(\frac{15}{16}T_0 - T_0\right) = -\frac{3}{32}nRT_0$$

初期状態における理想気体の状態方程式は，$p_0 V_0 = nRT_0$ なので

$$\Delta U = -\frac{3}{32}p_0 V_0$$

この過程で気体がした仕事 W は，圧力と体積のグラフの面積より

$$W = \frac{1}{2}\left(p_0 + \frac{3}{4}p_0\right)\frac{1}{4}V_0 = \frac{7}{32}p_0 V_0$$

よって，この過程で気体に加えた熱量 Q_g は，熱力学第1法則より

$$Q_g = \Delta U + W$$
$$= -\frac{3}{32}p_0 V_0 + \frac{7}{32}p_0 V_0$$
$$= \frac{1}{8}p_0 V_0 \quad \cdots\cdots(答)$$

解説

　液面の高低差によって生じる圧力に関する問題である。左右の容器の断面積が異なることに注意する必要がある。また，〔A〕では容器は移動しないが，〔B〕では一方

の容器がばねにつながれており容器が移動する。よって，液体の流入による液面の高さの変化と，ばねが伸びることによる効果の両方を考慮しなければならない。

〔A〕▶(a) 容器A内の気体の体積がΔV増加すると，容器B内の液体の体積もΔV増加する。このとき容器Aの液面は$\dfrac{\Delta V}{S}$下降し，容器Bの断面積が容器Aの$\dfrac{1}{2}$倍なので，容器Bの液面は$\dfrac{2\Delta V}{S}$上昇する。よって，液面の高さの差は$\dfrac{3\Delta V}{S}$となる。水面から$\dfrac{3\Delta V}{S}$の深さにおける液体から受ける圧力は$\rho\dfrac{3\Delta V}{S}g$である。

| 〔注〕 同一水平面における圧力が等しいのであり，力が等しくなるわけではない。

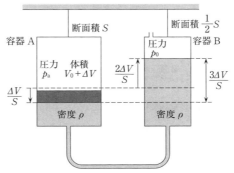

▶(b) (a)より容器A内の気体の圧力の増加量p_a-p_0はΔVに比例することがわかるので，描くグラフは直線となる。

▶(c) 気体がした仕事W_aの式に，(a)で得たp_aを代入すると

$$W_a = \dfrac{1}{2}\left(p_0 + p_0 + \dfrac{3\rho\Delta Vg}{S}\right)\Delta V$$

$$= p_0\Delta V + \rho\Delta Vg \cdot \dfrac{3\Delta V}{2S}$$

上式において右辺第1項は大気にした仕事W_a'であり，第2項は液体の位置エネルギーの変化に費やした仕事である。また，容器B内の断熱ピストンの底面の高さより高い位置にある液体の重心の位置は，底面の高さより$\dfrac{3\Delta V}{2S}$上方となる。

〔B〕▶(d) 容器Bの液面の上昇量は，容器B内に流れ込む液体の体積に比例する。ただし，ばねが伸びるので，容器Bは$\dfrac{\rho\Delta Vg}{k}$下がる。このとき容器Bの液面から天井までの距離が増加するか減少するかは，ばね定数によって変わる。

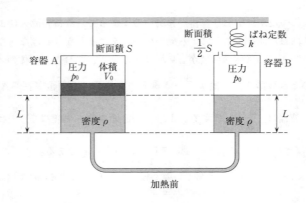

加熱前

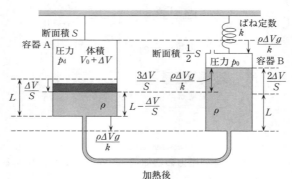

加熱後

▶(e) 容器A内の圧力は変化しないので，容器Aと容器Bの液面は下図のように同じ高さとなる。液体が容器B内へ流入することによりばねが伸び，容器Bが下がる距離と液体の底面から液面までの高さの差が等しくなっている。

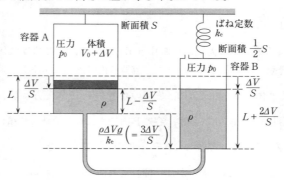

気体に与えた熱量は，内部エネルギーの変化量 $\Delta U = \dfrac{3}{2}nR\Delta T = \dfrac{3}{2}p_0\Delta V$ と気体がした仕事 $W_a' = p_0\Delta V$ の和から求めてもよい。

▶(f) ・理想気体の内部エネルギーの変化量 ΔU は

$$\Delta U = \frac{3}{2}nR\Delta T = \frac{3}{2}p_0\Delta V$$

となる。$\Delta V > 0$ なので，内部エネルギー U は増加する。

・容器A内の気体の圧力が p_0 のとき，容器Aと容器Bの液面の高さは同じである。また，容器A内の気体の体積が ΔV 増加し液面が下がるので，容器Bの液面から天井までの距離 d は増加する。

・容器Aと容器Bの液面の高さが下がるので，重心の位置も下がり，重力による液体の位置エネルギー E_L は減少する。

・容器Bは下がるので，ばねは伸び，ばねの弾性力による位置エネルギー E_E は増加する。

・2つの容器A，Bと液体とばねを1つの系と考える。容器Aの気体の体積が増加し，液面が $\dfrac{\Delta V}{S}$ 下がるとき，容器A，Bの液面の高さは等しいから，容器Bの液面も $\dfrac{\Delta V}{S}$ 下がる。

液面を押す力により，この系は $\left(p_0 S + p_0\dfrac{S}{2}\right)\dfrac{\Delta V}{S}$ の仕事を受けるが，容器Bが $\dfrac{3\Delta V}{S}$ 下がる間に，容器Bの底面は外に $p_0\dfrac{S}{2}\cdot\dfrac{3\Delta V}{S}$ の仕事をするので，この系が受ける仕事の和は0となる。よって，この系のエネルギーは保存し，位置エネルギーの合計 $E_L + E_E$ は変化しない。

この $E_L + E_E$ は，直接計算することも可能であるが，計算がやや煩雑である。

テーマ

水面から深さ h の位置での水から受ける圧力は，水面からその深さまでの間にある水の重さによるので，水の密度を ρ，重力加速度を g として $\rho h g$ となる。また，水面より上に空気があるときは，その空気による圧力も加えられるので，大気圧を p_0 とすると，深さ h での水圧は $p_0 + \rho h g$ となる。

「同一水平面における圧力は等しい」ということも重要である。

194 第2章 熱力学

28 気体の状態変化

(2010 年度　第 3 問)

シリンダーとなめらかに動くピストンからなる，熱容量が無視できる密封容器に，1 モルの単原子分子理想気体（以後，気体という）を封入する。気体定数を R とし，気体の圧力と温度は，容器内で場所によらず同じ値をとるものとする。以下の問いに答えよ。ただし，温度は全て絶対温度で表すものとする。

〔A〕　容器の外には，気体と熱のやりとりをする物体などはないものとして，ピストンに加えた力による気体の状態変化を考える。状態変化前の気体の圧力，体積，温度をそれぞれ p_0, V_0, T_0 とする。

(a)　気体を圧縮すると，体積が aV_0，温度が bT_0 となった。この状態変化では，気体の圧力 p と体積 V との間に $pV^{\frac{5}{3}} = $ 一定の関係があることを利用し，b のみを用いて a を表せ。🖋

(b)　問(a)の状態変化において，ピストンに加えた力が気体にした仕事を W とする。b, p_0, V_0 のみを用いて W を表せ。🖋

〔B〕

(c)　問(a)の状態変化の後，ピストンを固定し，熱容量 xR の物体を容器に接触させ，容器を通して物体と気体との間のみに熱が伝わるようにした。容器に接触する前の物体の温度を T_0 とする。物体を容器に接触させてしばらくすると，気体と物体が同じ温度 cT_0 になった。b と x のみを用いて c を表せ。🖋

(d)　一方，問(a)の状態変化の後，熱容量 xR の物体と容器を接触させると同時に，気体の圧力を一定に保つようにピストンを動かし，しばらくすると気体と物体が同じ温度になった。このときの気体の体積を eV_0 とするとき，b と x のみを用いて e を表せ。🖋

〔C〕

(e)　問(d)の状態変化の後，ピストンを固定し，温度 T_0 の熱源を物体に接触させた。気体，物体，熱源の三者の間で熱が伝わるものとする。熱源を物体に接触させてしばらくすると，気体，物体，熱源ともに温度 T_0 になった。このときの気体の圧力を fp_0 とするとき，b と x のみを用いて f を表せ。🖋

(f)　問(e)の状態変化の後，気体，物体，熱源の温度を一定に保たせながら，ゆっくりとピストンを動かし，気体を膨張させた。この間に熱源と気体との間でや

りとりされる熱量を Q'，ピストンを介して気体がする仕事を W' とするとき，Q' の絶対値と W' の絶対値の大小関係を答え，その理由を簡潔に記せ。

196　第2章　熱力学

解　答

〔A〕(a)　圧力 p，体積 V のときの温度を T とする。このとき理想気体の状態方程式は $pV = RT$ である。

$$pV^{\frac{5}{3}} = pV \cdot V^{\frac{2}{3}} = RTV^{\frac{2}{3}} = 一定 \qquad \therefore \quad TV^{\frac{2}{3}} = 一定$$

この関係を圧縮前後の温度と体積の関係に適用すると

$$T_0 V_0^{\frac{2}{3}} = bT_0(aV_0)^{\frac{2}{3}} \qquad ba^{\frac{2}{3}} = 1 \qquad \therefore \quad a = b^{-\frac{3}{2}} \quad \cdots\cdots(答)$$

(b)　1モルの単原子分子理想気体の温度が T_0 から bT_0 へと変化するとき，気体の内部エネルギーの変化量 ΔU は

$$\Delta U = \frac{3}{2}R(bT_0 - T_0)$$

となる。また，熱力学第1法則より，断熱変化のときの気体にした仕事 W は，内部エネルギーの変化量 ΔU に等しく，理想気体の状態方程式は $p_0 V_0 = RT_0$ なので

$$W = \Delta U = \frac{3}{2}(b-1)RT_0 = \frac{3}{2}(b-1)p_0 V_0 \quad \cdots\cdots(答)$$

〔B〕(c)　定積変化なので，気体が得る熱量は，気体の内部エネルギーの変化量と等しい。熱量保存則より

$$xR(cT_0 - T_0) + \frac{3}{2}R(cT_0 - bT_0) = 0$$

$$\therefore \quad c = \frac{\dfrac{3}{2}b + x}{\dfrac{3}{2} + x} = \frac{3b + 2x}{3 + 2x} \quad \cdots\cdots(答)$$

(d)　変化後の気体と物体の温度を T' とする。シャルルの法則より

$$\frac{aV_0}{bT_0} = \frac{eV_0}{T'} \qquad \therefore \quad T' = \frac{be}{a}T_0$$

定圧変化なので，気体が得る熱量は，定圧モル比熱 $\frac{5}{2}R$ を用いて計算することができる。熱量保存則より

$$xR\left(\frac{be}{a}T_0 - T_0\right) + \frac{5}{2}R\left(\frac{be}{a}T_0 - bT_0\right) = 0$$

$$\frac{be}{a} = \frac{\dfrac{5}{2}b + x}{\dfrac{5}{2} + x} = \frac{5b + 2x}{5 + 2x}$$

$$\therefore \quad e = \frac{a}{b} \cdot \frac{5b + 2x}{5 + 2x} = b^{-\frac{5}{2}}\frac{5b + 2x}{5 + 2x} \quad \cdots\cdots(答)$$

〔C〕(e)　変化前後における理想気体の状態方程式は

$$\begin{cases} p_0 V_0 = RT_0 \\ f p_0 \cdot e V_0 = RT_0 \end{cases}$$

$$\therefore \quad f = \frac{1}{e} = b^{\frac{5}{2}} \frac{5+2x}{5b+2x} \quad \cdots\cdots(\text{答})$$

(f) $|Q'| = |W'|$

理由：**等温変化なので，気体の内部エネルギーは変化しないから，熱力学第1法則より，気体が受け取る熱量と気体がする仕事は等しくなる。**

解　説

　単原子分子理想気体の断熱変化・定積変化・定圧変化・等温変化について理解しているかを確かめる問題である。

▶〔A〕　断熱変化では $pV^{\frac{5}{3}} = $ 一定（ポアソンの法則）が成り立つ。理想気体の状態方程式より $pV = nRT$ が成り立つが，比例関係だけを考えて $pV \propto T$ を用いて式変形を進めてもよい。

▶〔B〕　定積モル比熱 C_V，定圧モル比熱 C_p は，それぞれ定積変化，定圧変化における気体のモル比熱のことであり，定積モル比熱は内部エネルギーの変化と対応し，定圧モル比熱は定圧変化における内部エネルギーの変化と気体の膨張に必要な仕事のエネルギーの両方が考慮されている。本問では，単原子分子理想気体なので，$C_V = \dfrac{3}{2}R$，$C_p = C_V + R = \dfrac{5}{2}R$ となる。

なお，気体のモル比熱については単原子分子に限らず，一般に $C_p = C_V + R$（マイヤーの関係）が成り立つ。

▶〔C〕　理想気体の状態方程式は常に成り立つので，簡単に比較できる状態を用いて式を導出すればよい。

198 第2章 熱力学

テーマ

　ここでは，一般的なポアソンの法則について考える。

　断熱変化では，比熱比を γ として

$$pV^\gamma = 一定 \qquad ただし \qquad \gamma = \frac{C_p}{C_V} = \frac{C_V + R}{C_V}$$

$\qquad$ (C_p：定圧モル比熱，C_V：定積モル比熱)

が成り立ち，これをポアソンの法則という。

　一方，理想気体の状態方程式より，状態量の間に $pV = nRT$ の関係が成り立つが，比例関係だけを考えてこの関係式の変形を進めてもよい。

p と V の組み合わせ以外の関係式：

$pV \propto T$ なので

$$pV^\gamma = pV \cdot V^{\gamma-1} \propto TV^{\gamma-1} \qquad \therefore \quad TV^{\gamma-1} = 一定$$

また，$V \propto \dfrac{T}{p}$ なので

$$pV^\gamma \propto p\left(\frac{T}{p}\right)^\gamma = p^{1-\gamma}T^\gamma \qquad \therefore \quad pT^{-\frac{\gamma}{\gamma-1}} = 一定$$

3 気体の状態変化 **199**

29 断熱変化において気体がする仕事

(2008 年度 第 2 問)

n モルの単原子分子理想気体を考える。気体の圧力を p，体積を V，温度を T，気体定数を R としたとき，状態方程式は $pV = nRT$ で与えられ，内部エネルギー E は $E = \dfrac{3}{2} nRT$ である。以下では，その理想気体が，なめらかに動くピストンの付いた密閉された容器に入れられ，断熱変化する過程を扱うことにする。

〔A〕 ピストンを少し動かすことにより，内部エネルギーが E から $E + \Delta E$ へ，体積が V から $V + \Delta V$ へ，温度が T から $T + \Delta T$ へそれぞれ微小変化した。

(a) ΔE と ΔV の間に成り立つ関係式を求めよ。🈁

(b) $\dfrac{\Delta T}{\Delta V}$ を T と V を用いて表せ。🈁

(c) C，a を定数として，T と V との間に $T = CV^a$ の関係が成り立つと仮定する。このとき $\dfrac{\Delta T}{\Delta V} = CaV^{a-1}$ となることを示せ。ただし，微小量 ε および実数 b について，$(1+\varepsilon)^b = 1 + b\varepsilon$ としてよい。

(d) 問い(b)と(c)の結果より，a の値を求めよ。🈁

〔B〕 ゆっくりとした状態変化により，この理想気体が体積 V_1，温度 T_1 の状態から体積が V_2 の状態に移った。

(e) 設問〔A〕の結果に基づき，その間に気体が行った仕事を n，R，T_1，V_1，V_2 を用いて表せ。🈁

200　第2章　熱力学

解　答

〔A〕(a)　体積が ΔV だけ微小変化したときに，気体がする仕事は $p\Delta V$ で与えられる。断熱変化であることを考慮すると，熱力学第1法則より

$$\Delta E = -p\Delta V \quad \cdots\cdots(答)$$

(b)　内部エネルギーの変化量 ΔE は

$$\Delta E = \frac{3}{2}nR\Delta T$$

で与えられるので，(a)の結果より

$$\frac{3}{2}nR\Delta T = -p\Delta V \quad \therefore \quad \frac{\Delta T}{\Delta V} = -\frac{2p}{3nR}$$

状態方程式 $pV = nRT$ を用いて p を消去すると

$$\frac{\Delta T}{\Delta V} = -\frac{2\dfrac{nRT}{V}}{3nR} = -\frac{2T}{3V} \quad \cdots\cdots(答)$$

(c)　$T = CV^a$ を温度が $T+\Delta T$，体積が $V+\Delta V$ のときに適用すると

$$T + \Delta T = C(V+\Delta V)^a = CV^a\left(1 + \frac{\Delta V}{V}\right)^a$$

ここで，$\dfrac{\Delta V}{V}$ は微小量であるから近似を用いると

$$T + \Delta T = CV^a\left(1 + \frac{a\Delta V}{V}\right) = CV^a + CaV^{a-1}\Delta V$$

$$\Delta T = CaV^{a-1}\Delta V \quad \therefore \quad \frac{\Delta T}{\Delta V} = CaV^{a-1} \quad\quad\quad (証明終)$$

(d)　(c)と $T = CV^a$ より

$$\frac{\Delta T}{\Delta V} = CaV^{a-1} = \frac{CaV^a}{V} = \frac{aT}{V}$$

(b)の結果とあわせて

$$-\frac{2T}{3V} = \frac{aT}{V} \quad \therefore \quad a = -\frac{2}{3} \quad \cdots\cdots(答)$$

〔B〕(e)　体積が V_2 のときの温度を T_2 とし，〔A〕の結果を利用すると

$$T_1 V_1^{\frac{2}{3}} = T_2 V_2^{\frac{2}{3}} \quad \therefore \quad T_2 = \left(\frac{V_1}{V_2}\right)^{\frac{2}{3}} T_1$$

温度が T_1 の状態から T_2 の状態へ移ったときの内部エネルギーの変化量 ΔE は

$$\Delta E = \frac{3}{2}nR(T_2 - T_1) = \frac{3}{2}nR\left\{\left(\frac{V_1}{V_2}\right)^{\frac{2}{3}}T_1 - T_1\right\}$$

熱力学第1法則より，この断熱変化の間に気体が行った仕事 W は

$$W = -\Delta E = \frac{3}{2}nRT_1\left\{1-\left(\frac{V_1}{V_2}\right)^{\frac{2}{3}}\right\} \quad \cdots\cdots(\text{答})$$

解　説

　断熱変化において絶対温度 T と体積 V の間に成り立つ関係式（ポアソンの法則）を求めさせ，それを用いて断熱変化において気体がする仕事を求める問題である。熱力学第 1 法則と，微小量のときに成り立つ近似式の扱い方がポイントになる。ポアソンの法則は，教科書の本文や発展事項に記述されていることがあるので，この式の導出過程や扱い方などにも，ある程度習熟しておく必要があるだろう。

〔A〕▶(a)　体積変化 ΔV が微小のとき，そのときの圧力変化は一般に無視することができ，定圧変化とみなすことができる。よって，そのとき気体がした仕事 W は，圧力 p と体積変化 ΔV を用いて，$W = p\Delta V$ と表すことができる。ただし，仕事をされるときは，符号は逆となり，$-p\Delta V$ となる。

参考1　定積モル比熱を C_V とする。一般に，気体分子の種類に関係なく，n モルの気体の内部エネルギー E は
$$E = nC_V T \quad \cdots\cdots①$$
で与えられる。これを用いて，一般的に成り立つ断熱変化における関係式を，この問題のやり方に沿って求めてみよう。
(a)の結果は同様に成り立つので，①式を用いると
$$nC_V\Delta T = -p\Delta V$$
$$\therefore \quad \frac{\Delta T}{\Delta V} = -\frac{p}{nC_V} = -\frac{RT}{C_V V}$$
これと(c)の結果を用いると
$$-\frac{RT}{C_V V} = \frac{CaV^a}{V} = \frac{aT}{V} \quad \therefore \quad a = -\frac{R}{C_V}$$
よって，断熱変化において
$$T = CV^{-\frac{R}{C_V}} \quad \cdots\cdots②$$
という関係が成り立つことがわかる。

参考2　さらに，状態方程式を用いてこの式を p と V の間の関係式に変形する。
$$T = \frac{pV}{nR}$$
より，これを②式に代入して
$$\frac{pV}{nR} = CV^{-\frac{R}{C_V}} \quad \therefore \quad pV^{1+\frac{R}{C_V}} = CnR \quad \cdots\cdots③$$
ここで，V のべき数だけ取り出してみると
$$1 + \frac{R}{C_V} = \frac{C_V + R}{C_V} = \frac{C_p}{C_V}$$
なお，ここでは C_p は定圧モル比熱であり
$$C_p = C_V + R$$
という関係（マイヤーの関係）があることを用いた。さらに

202　第2章　熱力学

$$\frac{C_p}{C_V} = \gamma$$

とおくと，③式は

$$pV^\gamma = 一定$$

と表すことができる。

この式はポアソンの法則と呼ばれ，断熱変化において成り立つ式である。

また，γ を比熱比といい，単原子分子理想気体の場合は $C_V = \frac{3}{2}R$ より

$$\gamma = \frac{C_p}{C_V} = \frac{C_V + R}{C_V} = \frac{5}{3}$$

となる。

3 気体の状態変化 **203**

30 回転する容器内での断熱変化

(2007 年度　第 2 問)

　図 1 に示すように，断面積 S〔m^2〕の円筒状シリンダー密閉容器が，滑らかに動く質量 m〔kg〕のピストンにより A 室と B 室に仕切られている。A 室と B 室にはそれぞれ気体を封入することができる。両室の気密性は高く，気体の漏れは無視できる。ピストンおよびシリンダーの側面と底面は熱を通さない。一方，シリンダーの上面は熱を通す。シリンダー各室内では温度と圧力は常に均一である。重力加速度を g〔m/s^2〕，シリンダーに封入される理想気体の定積モル比熱を C_V〔$J/(mol \cdot K)$〕，気体定数を R〔$J/(mol \cdot K)$〕とし，以下の問いに答えよ。ただし，シリンダーに封入される理想気体の質量はピストンの質量に対し十分に小さく無視できる。

〔A〕　まず，A 室のみに 1 モルの理想気体を封入したシリンダーを水平な床に垂直に立てた。B 室は真空である。ピストンはシリンダー上面から糸によりつるされた状態で静止しており，このときの A 室内の気体の体積，温度，圧力は，それぞれ $2V_0$〔m^3〕，T_0〔K〕，p_0〔Pa〕であった。B 室の体積は V_0〔m^3〕であった。この状態を初期状態と呼ぶ。

(a)　ピストンをつるしている糸を切断したところ，ピストンは気体の体積が V_0〔m^3〕になるまで下方に移動し，その後は上方に向かう運動に転じた。ピストンが最下点に達したときの気体の温度を T_1〔K〕とする。このときの気体の内部エネルギーの初期状態に対する変化量 ΔU_1〔J〕を T_1〔K〕，T_0〔K〕，C_V〔$J/(mol \cdot K)$〕を用いて表せ。

(b)　ピストンが最下点に達したときのピストンの位置エネルギーの初期状態に対する変化量 ΔU_P〔J〕を V_0〔m^3〕，m〔kg〕，S〔m^2〕，g〔m/s^2〕を用いて表せ。

(c)　前問(a)と(b)の結果を用いて T_1〔K〕を求めよ。🈯

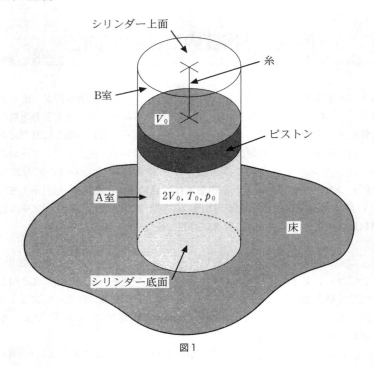

図1

〔B〕 次に，B室にもA室と同じ理想気体を1モル封入した。このシリンダーを，図2に示すように，水平面内で回転できる円盤上に固定した。シリンダーの中心軸は円盤の回転軸に直交し，A室が円盤の外側を向いている。B室側のシリンダー端面には熱源を接続し，B室の気体が圧力を常に一定に保ちながら状態変化するように熱を供給する。円盤が静止しているときのA室の気体の体積，温度，圧力は，それぞれ $2V_0 [\text{m}^3]$，$T_0 [\text{K}]$，$p_0 [\text{Pa}]$ であり，B室の気体の体積，温度，圧力は，それぞれ $V_0 [\text{m}^3]$，$\dfrac{T_0}{2} [\text{K}]$，$p_0 [\text{Pa}]$ であった。この状態を状態1と呼ぶ。円盤を静かに回転させ始めたところ，ピストンは静かに動き始め，その後，円盤の回転角速度を徐々に増し，ある回転角速度に達した後は等速回転させた。このとき，ピストンはA室とB室の気体の体積が，それぞれ $V_0 [\text{m}^3]$，$2V_0 [\text{m}^3]$ となる位置で静止していた。これを状態2と呼ぶ。このA室とB室の気体の状態変化をシリンダーとともに回転する観測者が見るとして，以下の問いに答えよ。

(d) A室とB室の気体の状態変化の概略を，それぞれ解答欄の p-V 図上に描け。A室とB室の状態1，2をそれぞれA1，A2，B1，B2として図中に示し，各状態における圧力と体積を明記すること。ただし，A室の気体の状態2におけ

る圧力として p_2〔Pa〕を用いてよい。なお，解答欄の図には，1モルの理想気体の温度 T_0〔K〕，$\dfrac{T_0}{2}$〔K〕における等温変化の曲線が記入されている。これらの曲線との関係も考慮して記入すること。さらに，円盤の回転によりピストンにはたらく遠心力がA室の気体にした仕事に対応する領域を斜線で示せ。

〔解答欄〕

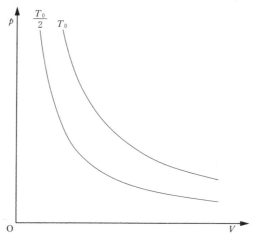

(e) ピストンにはたらく遠心力がA室の気体にした仕事 W_C〔J〕を求めよ。ただし，〔A〕の結果を用いてもよい。

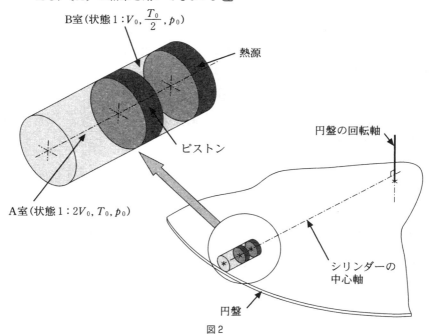

図2

〔A〕(a)　$\Delta U_1 = C_V(T_1 - T_0)$

(b)　$\Delta U_P = -\dfrac{mgV_0}{S}$

(c)　断熱変化なので，エネルギーは保存される。よって
$$\Delta U_1 + \Delta U_P = 0$$
これに，(a)，(b)の結果を代入して
$$C_V(T_1 - T_0) - \dfrac{mgV_0}{S} = 0$$
$\therefore \quad T_1 = T_0 + \dfrac{mgV_0}{C_V S}$〔K〕　……(答)

〔B〕(d)

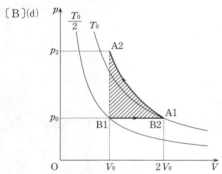

(e)　A室の気体は断熱的に $2V_0$〔m³〕から V_0〔m³〕まで圧縮される。これは〔A〕の場合とまったく同じなので，A室の気体の温度は T_1〔K〕になる。よって，A室の気体の内部エネルギーの変化量 ΔU〔J〕は(c)より
$$\Delta U = C_V(T_1 - T_0) = \dfrac{mgV_0}{S} \quad \cdots\cdots ①$$
また，A室の気体がされた仕事はB室の気体がした仕事 $p_0 V_0$〔J〕と遠心力がした仕事 W_C〔J〕の和である。熱力学第 1 法則より
$$\Delta U = p_0 V_0 + W_C$$
これに①式を代入して，W_C〔J〕を求めると
$$W_C = \dfrac{mgV_0}{S} - p_0 V_0 \text{〔J〕} \quad \cdots\cdots (答)$$

別解 1　A室の気体がされた仕事を W〔J〕，内部エネルギーの変化量を ΔU〔J〕とする。
状態 1 から状態 2 へは断熱変化だから，熱力学第 1 法則より
$$\Delta U = W \quad \cdots\cdots (*)$$

3 気体の状態変化   207

が成り立つ。状態2の温度を T_2〔K〕とすると，状態方程式より

$$p_0 \cdot 2V_0 = RT_0 \qquad \therefore \quad T_0 = \frac{2p_0 V_0}{R}$$

$$p_2 V_0 = RT_2 \qquad \therefore \quad T_2 = \frac{p_2 V_0}{R}$$

したがって，ΔU〔J〕は

$$\Delta U = C_V (T_2 - T_0) = \frac{C_V V_0}{R} (p_2 - 2p_0)$$

と表される。また，W〔J〕は

$$W = W_C + p_0 V_0$$

であるから，これらを（＊）式に代入して

$$\frac{C_V V_0}{R} (p_2 - 2p_0) = W_C + p_0 V_0$$

$$\therefore \quad W_C = \frac{C_V V_0}{R} (p_2 - 2p_0) - p_0 V_0 \, 〔J〕$$

別解2　ポアソンの法則を用いて p_2〔Pa〕を求めると

$$p_2 V_0{}^\gamma = p_0 (2V_0)^\gamma \qquad \therefore \quad p_2 = 2^\gamma p_0 \quad （\gamma：比熱比）$$

この結果を〔**別解1**〕の結果の式の p_2 に代入することもできる。

別解3　$\gamma = \dfrac{C_V + R}{C_V} = 1 + \dfrac{R}{C_V}$ であるから，これより p_2 は

$$p_2 = 2 \cdot 2^{\frac{R}{C_V}} p_0$$

これを用いて W_C〔J〕を表すと

$$W_C = p_0 V_0 \left\{ \frac{2C_V}{R} \left(2^{\frac{R}{C_V}} - 1 \right) - 1 \right\} 〔J〕$$

解　説

　回転する容器内での，遠心力による気体の断熱圧縮を考えさせる問題であるが，回転運動そのものは特に問題にされていない。

　ここでは，断熱変化を取り扱っているので $Q = 0$ であり，内部エネルギーの変化量は気体がされた仕事に等しいことがわかる。気体の状態変化を p-V 図に表した場合，圧力 p の変化を表す曲線と横軸（V 軸）によって囲まれた部分の面積が気体にされた仕事を表す。ただし，V が減少する方向に変化する場合は気体がされた仕事 W は正，増加する方向に変化する場合は負となることに注意する。

〔A〕▶(a)　一般に，n〔mol〕の理想気体の絶対温度 T〔K〕における内部エネルギー U〔J〕は

$$U = nC_V T$$

で与えられる。ここでは1モルの気体の温度が T_0〔K〕から T_1〔K〕になったので，

208　第2章　熱力学

ΔU_1〔J〕は

$$\Delta U_1 = C_V (T_1 - T_0)\,\text{〔J〕}$$

▶(b)　ピストンの位置は最初に比べて $h = \dfrac{V_0}{S}$〔m〕だけ下がっている。よって、ピストンの位置エネルギーの変化量 ΔU_P〔J〕は

$$\Delta U_P = -mgh = -\frac{mgV_0}{S}\,\text{〔J〕}$$

〔B〕▶(d)　B室の気体は、p_0〔Pa〕，V_0〔m³〕，$\dfrac{T_0}{2}$〔K〕の状態1から始まり、圧力 p_0〔Pa〕のまま、体積が $2V_0$〔m³〕まで変化する。

A室の気体は、p_0〔Pa〕，$2V_0$〔m³〕，T_0〔K〕の状態1から始まり、体積が V_0〔m³〕になるまで断熱圧縮される。このとき、気体は外から仕事をされ、熱の出入りがないので、熱力学第1法則により気体の内部エネルギーは増加する。よって、温度は T_0〔K〕より高くなり、その結果、圧力 p_2〔Pa〕は T_0〔K〕の等温曲線よりも上側になる。したがって、〔解答〕のような曲線に沿って変化することがわかる。この曲線の具体的な関数形は

$$pV^\gamma = \text{一定}\quad(\text{ポアソンの法則})$$

として与えられる。ただし、γ は $\gamma = \dfrac{C_p}{C_V}$（$C_p$〔J/(mol·K)〕は定圧モル比熱）で定義される物理量で、比熱比と呼ばれている。定積モル比熱と定圧モル比熱の間には

$$C_p = C_V + R$$

という関係（マイヤーの関係）が成り立つので、$\gamma > 1$ となり、断熱曲線は p-V グラフ上では等温曲線（$pV = $ 一定）よりも急な勾配の曲線になる。

▶(e)　問題文に与えられた文字が多いので、〔解答〕や〔別解1～3〕に挙げた以外の表現の解答も考えられる。

31 ばねとおもりのついたピストンによる気体の状態変化

(2006 年度 第 2 問)

十分な長さを持つ水平な円筒状シリンダー内に,なめらかに動く断面積 A [m²] のピストンがあり,内部に単原子分子の理想気体が閉じ込められている。シリンダーは温度が調節できる熱源に接触している。また,ピストンには,シリンダーの中心軸上を通る重さの無視できる糸で,滑車を用いておもりをつり下げることができる。周囲の圧力を P_0 [Pa],重力加速度を g [m/s²] とする。

[A] 図 1 のように,熱源の温度が T [K],おもりをつるしていない状態では,気体の温度は T [K],体積は V_0 [m³],圧力は周囲の圧力と等しく P_0 [Pa] であり,これを状態 0 とする。内部の気体の温度が変化しないようにゆっくりとおもり m [kg] をつるすと,ピストンはある位置で静止し状態 1 となった。次に,おもりをつるしたまま,熱源の温度を十分時間をかけて T' [K] へ上昇させて状態 2 とした。

(a) 状態 1 における気体の圧力 P_1 [Pa] と状態 2 における気体の体積 V_2 [m³] を求めよ。また,状態 1,状態 2 を解答欄の圧力 P-体積 V グラフにそれぞれ点 S_1, S_2 として示し,状態 0 と状態 1 の圧力差を記入せよ。ただし,解答欄の点 S_0 は状態 0 を,破線は T および T' の等温線を示している。

[解答欄]

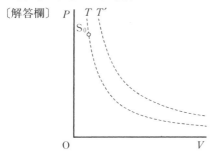

(b) 状態 1 から状態 2 への過程で気体が外部にした仕事 W_{12} [J],および熱源からシリンダー内の気体へ入った熱量 Q_{12} [J] を求めよ。

[B] 熱源の温度を T にし,おもりをはずして気体を状態 0 に戻した。

(c) ここから,気体の温度が変化しないように,ゆっくりとつるすおもりの質量を 0.5 kg ずつ増やし,ピストンの運動を観察した。すると,おもりの質量が 25.5 kg になった時に,おもりは止まることなく落下した。$A=0.00245$ [m²],

$g = 9.80 \text{[m/s}^2\text{]}$ とし，P_0 がとり得る値の範囲を求めよ。

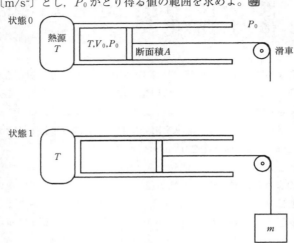

図1

〔C〕 図2のように，シリンダーとピストンを体積の無視できるばね定数 k 〔N/m〕のばねで連結し，熱源の温度を T にした。おもりをつるしていない状態では，気体の温度，圧力，体積は状態0と同じであり，これを状態3とする。ここから，内部の気体の温度が変化しないようにゆっくりとおもり m をつるして状態4とし，次に，熱源の温度を十分時間をかけて T' へ上昇させて状態5とした。

(d) 状態3から状態4への体積変化を ΔV_{34} 〔m³〕として，状態4における気体の圧力 P_4 〔Pa〕を求めよ。

(e) 解答欄の P-V グラフに S_1, S_2 を再び示し，状態4，状態5をそれぞれ点 S_4, S_5 として示せ。また，S_4, S_5 を通る直線の傾き，および S_4, S_5 を通る直線と S_1, S_2 を通る直線の交点の体積を求めよ。ただし，解答欄の点 S_3 は状態3を，破線は T および T' の等温線を示している。

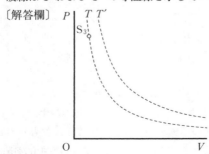

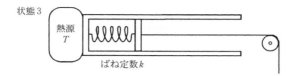

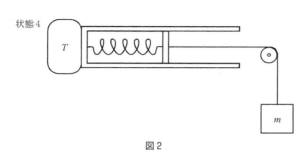

図 2

解 答

〔A〕(a) 状態1において，ピストンにはたらく力のつり合いから
$$0 = P_1 A + mg - P_0 A \quad \therefore \quad P_1 = P_0 - \frac{mg}{A} \text{〔Pa〕} \quad \cdots\cdots\text{(答)}$$

状態0と状態2に対してボイル・シャルルの法則を用いると

$$\frac{P_0 V_0}{T} = \frac{P_1 V_2}{T'} \quad \therefore \quad V_2 = \frac{P_0 T'}{P_1 T} V_0 \text{〔m}^3\text{〕}$$

これに P_1 の値を代入すると

$$V_2 = \frac{P_0 A T'}{(P_0 A - mg) T} V_0 \text{〔m}^3\text{〕} \quad \cdots\cdots\text{(答)}$$

グラフは右図のようになる。

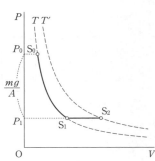

(b) 状態1での気体の体積を $V_1 \text{〔m}^3\text{〕}$ とする。状態1から状態2への変化は定圧変化であるから，気体がした仕事 $W_{12} \text{〔J〕}$ は
$$W_{12} = P_1 (V_2 - V_1) \text{〔J〕}$$
と表される。また，ボイルの法則より
$$P_0 V_0 = P_1 V_1 \quad \therefore \quad V_1 = \frac{P_0}{P_1} V_0 \text{〔m}^3\text{〕}$$
よって，W_{12} は
$$W_{12} = P_1 \left(\frac{P_0 T'}{P_1 T} V_0 - \frac{P_0}{P_1} V_0 \right) = P_0 V_0 \left(\frac{T'}{T} - 1 \right) \text{〔J〕} \quad \cdots\cdots\text{(答)}$$

単原子分子理想気体の定圧モル比熱 $C_p \text{〔J/(mol・K)〕}$ は気体定数を $R \text{〔J/(mol・K)〕}$ とすると，$C_p = \frac{5}{2} R$ で与えられるので，気体の物質量を $n \text{〔mol〕}$ とすると

$$Q_{12} = \frac{5}{2} nR (T' - T) \text{〔J〕}$$

と表される。また，状態0の状態方程式は
$$P_0 V_0 = nRT$$
となるので，これを Q_{12} の式に用いて，n, R を消去すると
$$Q_{12} = \frac{5}{2} P_0 V_0 \left(\frac{T'}{T} - 1 \right) \text{〔J〕} \quad \cdots\cdots\text{(答)}$$

〔B〕(c) おもりの質量を増やしていくと，中の気体の圧力は減少し，ピストンを外から支えている大気圧による力がおもりにはたらく重力よりも小さくなると，おもりは落下する。おもりの質量が 25.0kg のときには落下せず，25.5kg のときに落下したことから
$$25.0 \times 9.80 < P_0 A < 25.5 \times 9.80$$

という関係が成り立つ。A の値を代入して,P_0 の範囲を求めると

$$1.00\times10^5\,[\text{Pa}]<P_0<1.02\times10^5\,[\text{Pa}] \quad\cdots\cdots\text{(答)}$$

〔C〕(d) ばねの伸びは $\dfrac{\Delta V_{34}}{A}\,[\text{m}]$ となるから,ピストンに関する力のつり合いは

$$0=P_4A+mg-P_0A-k\dfrac{\Delta V_{34}}{A} \quad\therefore\quad P_4=P_0-\dfrac{mg}{A}+\dfrac{k\Delta V_{34}}{A^2}\,[\text{Pa}] \quad\cdots\cdots\text{(答)}$$

(e) 気体の体積が $V\,[\text{m}^3]$ のときのばねの伸びは $\dfrac{V-V_0}{A}\,[\text{m}]$ となる。
ピストンに関する力のつり合いは

$$0=PA+mg-P_0A-k\dfrac{V-V_0}{A}$$

$$\therefore\quad P=P_0-\dfrac{mg}{A}+\dfrac{k(V-V_0)}{A^2}\,[\text{Pa}] \quad\cdots\cdots\text{①}$$

①式は $V=V_0$ のとき $P=P_1$ を通り,傾きが $\dfrac{k}{A^2}$ の直線を表している。S_1 と S_2 を通る直線は $P=P_1=P_0-\dfrac{mg}{A}$ であるから,①式の直線
との交点は

$$P_0-\dfrac{mg}{A}=P_0-\dfrac{mg}{A}+\dfrac{k(V-V_0)}{A^2}$$

$$\therefore\quad V=V_0$$

以上より

傾き:$\dfrac{k}{A^2}$　体積:$V_0\,[\text{m}^3]$ $\quad\cdots\cdots$(答)

グラフは右図のようになる。

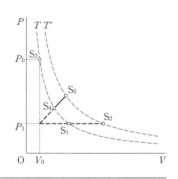

解 説

〔A〕は等温過程と定圧過程における気体の変化を問う問題である。熱力学第1法則,モル比熱などを十分理解していることが要求される。〔C〕ではピストンにばねを取りつけることによって,圧力は一定ではなく直線的に増加するようになる。ばねの伸びが体積の変化を断面積で割った値になることに気がつけば,(e)のグラフもすぐに描けるであろう。

〔A〕▶(a) 状態1において,ピストンにはたらく力は図のようになる。S_0 から S_1 への変化は温度 T 〔K〕が一定のまま圧力が減少し,S_1 から S_2 への変化では圧力一定で温度が T' 〔K〕に変化しているので,〔解答〕のグラフのようになる。

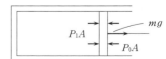

214　第2章　熱力学

また，状態0と状態1の圧力差は

$$P_0 - \left(P_0 - \frac{mg}{A}\right) = \frac{mg}{A} \, (\text{Pa})$$

▶(b)　圧力 P 〔Pa〕が一定の場合，体積の増加分を ΔV〔m^3〕とすると，気体がした仕事 W〔J〕は

$$W = P\Delta V$$

で与えられる。定圧モル比熱 C_p〔J/(mol·K)〕と定積モル比熱 C_V〔J/(mol·K)〕の間には

$$C_\text{p} = C_\text{V} + R$$

という関係が成り立ち，これをマイヤーの関係という。単原子分子理想気体の場合は，$C_\text{V} = \dfrac{3}{2}R$ で与えられるので，$C_\text{p} = \dfrac{5}{2}R$ となる。

なお，気体が吸収した熱量を求めるには，定圧モル比熱を用いる方法のほかに，熱力学第1法則を用いる方法もある。状態1から状態2への過程における内部エネルギーの変化量 ΔU_{12}〔J〕は，状態方程式 $P_0 V_0 = nRT$ を用いて

$$\Delta U_{12} = \frac{3}{2}nR\,(T' - T) = \frac{3}{2}\frac{P_0 V_0}{T}(T' - T) = \frac{3}{2}P_0 V_0\left(\frac{T'}{T} - 1\right)$$

と表せる。また，気体がした仕事 W_{12}〔J〕は

$$W_{12} = P_0 V_0\left(\frac{T'}{T} - 1\right)$$

なので，ここで熱力学第1法則を用いると

$$Q_{12} = W_{12} + \Delta U_{12} = P_0 V_0\left(\frac{T'}{T} - 1\right) + \frac{3}{2}P_0 V_0\left(\frac{T'}{T} - 1\right)$$

$$\therefore \quad Q_{12} = \frac{5}{2}P_0 V_0\left(\frac{T'}{T} - 1\right) \, (\text{J})$$

〔B〕▶(c)　ピストンにはたらく力がつり合っているとき，内部の気体の圧力 P〔Pa〕は

$$P = P_0 - \frac{mg}{A}$$

で与えられる。質量 m〔kg〕を大きくすると内部の気体の圧力 P は減少するが，$P > 0$，つまり，$P_0 > \dfrac{mg}{A}$ ならばおもりは落下しない。一方，$P_0 < \dfrac{mg}{A}$ になると大気圧でピストンを支えることができず，おもりは落下する。

〔C〕▶(d)　状態3では，圧力・体積・温度いずれも状態0に等しいので，ばねはピストンに力を及ぼすことはなく，自然長の状態であることがわかる。また，P_4〔Pa〕は力のつり合いからではなく，ボイルの法則を用いて表すことも可能で，その場合は次のようになる。

$$P_0 V_0 = P_4 (V_0 + \Delta V_{34}) \qquad \therefore \quad P_4 = \frac{V_0}{V_0 + \Delta V_{34}} P_0 \, [\text{Pa}]$$

▶(e)　S_3 から S_4 までは等温曲線上で体積が増加していくが，S_3 での圧力はばねが力を及ぼしている分だけ $P_1 \, [\text{Pa}]$ よりも大きくなる。S_4 から S_5 については，$P \, [\text{Pa}]$ と $V \, [\text{m}^3]$ の関係は正の傾きをもった直線となるので，この直線と T' の等温曲線との交点が S_5 となる。

|発展|　状態 4 から状態 5 への変化について，エネルギーの観点から考えてみよう。
　　　気体は熱源から熱 $Q_{45} \, [\text{J}]$ をもらい，内部エネルギーが $\Delta U_{45} \, [\text{J}]$ だけ増加し，大気圧に対して仕事 $W_{45} \, [\text{J}]$ をする。そしてさらに，おもりの位置エネルギーが $\Delta E_{\text{Pg}} \, [\text{J}]$ だけ減少し，ばねの弾性エネルギーが $\Delta E_{\text{Pe}} \, [\text{J}]$ だけ増加する。エネルギー保存則より，これらの間には次の関係が成り立つ。
$$Q_{45} = \Delta U_{45} + W_{45} - \Delta E_{\text{Pg}} + \Delta E_{\text{Pe}}$$

テーマ

　　定圧モル比熱と定積モル比熱の関係を考えるために，圧力を一定に保ちつつ体積を膨張させる定圧変化を考える。
　　このときの気体の圧力を p（一定），体積の変化量を ΔV とすると，気体がした仕事 W は
$$W = p \Delta V$$
一方，理想気体の状態方程式より，定圧状態での温度の変化量 ΔT と体積の変化量 ΔV の関係は
$$p \Delta V = nR \Delta T \quad (n：物質量)$$
となるので，気体がした仕事 W は温度変化 ΔT を用いて
$$W = nR \Delta T$$
と書き換えることができる。また，このときの内部エネルギーの変化量 ΔU は，定積モル比熱 C_V を用いて
$$\Delta U = n C_V \Delta T$$
と表せるので，気体が得た熱量 Q は，熱力学第 1 法則より
$$Q = W + \Delta U = nR \Delta T + n C_V \Delta T = n(R + C_V) \Delta T$$
となり，定圧モル比熱 C_p と定積モル比熱 C_V の関係は
$$C_p = C_V + R$$
となる。これをマイヤーの関係という。

216 第2章 熱力学

32 ばねつき容器内の気体の状態変化

(2003年度 第3問)

図に示すように，縦型円筒容器の内部に滑らかに動くピストンが付いている。円筒容器上面とピストンの間にはばねが取り付けられている。円筒容器とピストンは断熱材でできている。ピストンおよびばねの質量は無視できるものとする。ピストンの断面積は $S = 0.166$ 〔m²〕である。円筒容器のピストンの上側と下側には気体が充満している。ピストンの下側の気体の量は $n = 4.00$ 〔mol〕である。気体がピストンと容器内壁の間をすり抜けることはない。ピストンの下側の気体は単原子分子の理想気体であり，気体定数は $R = 8.30$ 〔J/(mol·K)〕とする。また，定積モル比熱は $C_v = \dfrac{3}{2}R$ 〔J/(mol·K)〕である。図の中のばねのばね定数は $k = 1.66 \times 10^4$ 〔N/m〕とする。円筒容器の底部に質量 $M = 0.800$ 〔kg〕の金属球が入っている。ピストン下側の容積に比べて金属球の体積は無視できるものとし，以下の設問に答えよ。ただし，設問(f)以外は，まずその設問までに出てきた記号を使って式の形を導け。次に，数値を代入して答えよ。その際，答えは四捨五入の上，有効数字2桁にし，解答欄の□の中に数字を一個ずつ入れよ。

〔A〕 初期状態（状態〔0〕）では，金属球も含めた全体は $T_0 = 300$ 〔K〕の一様温度に保ってあり，ピストンの下側と上側が同じ圧力 P_0 〔Pa〕でつりあっている。その時の円筒容器底面からピストン下面までの高さは $h_0 = 0.60$ 〔m〕であり，ばねの長さは自然長であった。

(a) 初期状態における圧力 P_0 〔Pa〕を求めよ。

〔B〕 ピストンを振動させないよう配慮しながらバルブを開いてピストンの上側の気体を取り除き真空にしたところ，ピストンが上昇し，ピストン下面までの高さが $h_1 = 1.00$ 〔m〕のところでつりあって静止した（状態〔1〕）。ピストンの下側の気体の圧力は P_1 〔Pa〕，温度は T_1 〔K〕となった。まだこの時点では金属球と気体との間には熱のやりとりはないとする。

(b) 圧力 P_1 〔Pa〕を求めよ。

(c) 温度 T_1 〔K〕を求めよ。

〔C〕 その後，金属球と気体との間に熱のやりとりがあり，しばらくすると気体と金属球の温度が $T_2 = 275$ 〔K〕の等温になった（状態〔2〕）。

(d) このときのピストン下面までの高さ h_2 〔m〕を求めよ。

(e) 状態〔1〕から状態〔2〕への変化に伴うピストンの下側の気体の内部エネルギーの変化 ΔU〔J〕を求めよ。

(f) ピストン下面までの高さ h を横軸に，気体の圧力 P を縦軸に取り，状態〔0〕，状態〔1〕，状態〔2〕の点を解答欄のグラフに書き込め。さらに，状態の変化に沿って線を描け。

〔解答欄〕

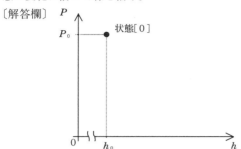

(g) 状態〔1〕から状態〔2〕への変化でピストンの下側の気体が外部に行った仕事 W〔J〕を求めよ。ただし，解答欄には未完成な記号の式が書かれてある。枠を埋めて式を完成させよ。

〔解答欄の式〕 $W = k(h_2 - h_1) \times \boxed{}$

(h) 金属球の単位質量あたりの熱容量 c〔J/(kg·K)〕を求めよ。

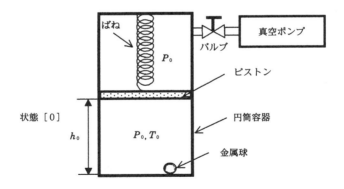

解 答

〔A〕(a) 式：$P_0 = \dfrac{nRT_0}{Sh_0}$　　数値：$P_0 = 1.0 \times 10^5$〔Pa〕

〔B〕(b) 式：$P_1 = \dfrac{k(h_1 - h_0)}{S}$　　数値：$P_1 = 4.0 \times 10^4$〔Pa〕

(c) 式：$T_1 = \dfrac{P_1 S h_1}{nR}$　　数値：$T_1 = 2.0 \times 10^2$〔K〕

〔C〕(d) 状態〔2〕の気体の圧力を P_2〔Pa〕とする。気体がピストンを押し上げる力とばねが押し下げる力がつりあっているので

$$P_2 S = k(h_2 - h_0)$$

が成り立ち，また理想気体の状態方程式は

$$P_2 S h_2 = nRT_2$$

となる。これらの式より P_2 を消去して

$$k(h_2 - h_0)h_2 = nRT_2$$

$$kh_2^2 - kh_0 h_2 - nRT_2 = 0 \quad \therefore \quad h_2 = \dfrac{h_0}{2} \pm \dfrac{1}{2}\sqrt{h_0^2 + \dfrac{4nRT_2}{k}}$$

となるが，負は適さないので

$$\left. \begin{array}{l} 式：h_2 = \dfrac{h_0}{2} + \dfrac{1}{2}\sqrt{h_0^2 + \dfrac{4nRT_2}{k}} \\ 数値：h_2 = 1.1 \text{〔m〕} \end{array} \right\} \quad \cdots\cdots（答）$$

(e) 式：$\Delta U = \dfrac{3}{2} nR(T_2 - T_1)$　　数値：$\Delta U = 3.7 \times 10^3$〔J〕

(f)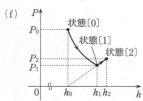

(g) (f)の図の状態〔1〕から状態〔2〕への変化のグラフにおいて，グラフの下の面積に S を乗じた値が W に等しい。よって

$$W = \dfrac{1}{2}(P_1 + P_2)(h_2 - h_1)S$$

力のつりあいより

$$P_2 S = k(h_2 - h_0)$$

だから，(b)の答えとあわせて

$$W = \dfrac{1}{2} k(h_2 - h_0 + h_1 - h_0)(h_2 - h_1)$$

よって

$$式: W = k(h_2 - h_1) \times \frac{1}{2}(h_1 + h_2 - 2h_0) \quad \cdots\cdots(答)$$

$$数値: W = 7.47 \times 10^2 \fallingdotseq 7.5 \times 10^2 \,[\text{J}] \quad \cdots\cdots(答)$$

(h) 式: $c = \dfrac{\varDelta U + W}{M(T_0 - T_2)}$　　数値: $c = 2.2 \times 10^2 \,[\text{J}/(\text{kg} \cdot \text{K})]$

解　説

　ピストンにばねがついているケースはよくみられる問題であるが，容器内に金属球がおかれ，それが熱源の役割をする設定になっている点に工夫がみられる。気体の圧力は力のつりあいから求め，状態方程式をうまく使っていくことがポイントになる。

〔A〕▶(a)　状態〔0〕の理想気体の状態方程式は

$$P_0 S h_0 = nRT_0 \qquad \therefore \quad P_0 = \frac{nRT_0}{Sh_0}$$

〔B〕▶(b)　ピストンの上側は真空なので，上側からの力は弾性力だけになる。ばねの縮みは $(h_1 - h_0)\,[\text{m}]$ なので，ピストンにはたらく力のつりあいより

$$P_1 S = k(h_1 - h_0) \qquad \therefore \quad P_1 = \frac{k(h_1 - h_0)}{S}$$

▶(c)　状態〔1〕の状態方程式は

$$P_1 S h_1 = nRT_1 \qquad \therefore \quad T_1 = \frac{P_1 S h_1}{nR}$$

〔C〕▶(e)　$n\,[\text{mol}]$ の気体の内部エネルギー $U\,[\text{J}]$ は，どんなタイプの気体でも，定積モル比熱 C_v を用いて $U = nC_v T$ で与えられる。

▶(f)　状態〔0〕から状態〔1〕への移行は熱の出入りがないので，断熱膨張になる。ポアソンの法則より，圧力 P と体積 V の間には

$$PV^\gamma = 一定$$

が成り立つ。ただし，$\gamma = \dfrac{C_p}{C_v}$（$C_p$ は定圧モル比熱）で，比熱

比と呼ばれる量である。一般に γ は1より大きいので，このグラフは反比例の等温曲線より勾配の大きい曲線になる。また，状態〔1〕から状態〔2〕への移行において，ピストンの高さを $h\,[\text{m}]$，そのときの圧力を $P\,[\text{Pa}]$ とすると

$$PS = k(h - h_0)$$

となり，P は $(h - h_0)$ に比例することがわかる。よって，グラフは〔**解答**〕に示したようになる。

▶(h)　気体が外部にする仕事が $W\,[\text{J}]$ なので，気体が吸収した熱量を $Q\,[\text{J}]$ とすると，熱力学第1法則より

220　第2章　熱力学

$$Q = \Delta U + W$$

となる。また，金属球が放出した熱量は，c〔J/(kg·K)〕を用いて $Q = Mc(T_0 - T_2)$ である。熱量保存則より，気体が吸収した熱量と金属球が放出した熱量が等しいので

$$\Delta U + W = Mc(T_0 - T_2) \qquad \therefore \quad c = \frac{\Delta U + W}{M(T_0 - T_2)}$$

テーマ

〔気体がする仕事〕

　ピストンとシリンダーに閉じ込められた気体が，ピストンを外へ押し出すとき，その変位 Δx が微小ならば，その間の気体の圧力 p はほぼ一定とみなせる。そのとき気体がする仕事 ΔW は，ピストンの面積を S とすると

$$\Delta W = pS\Delta x = p\Delta V \quad (\Delta V：体積の変化量)$$

〔注〕　気体の圧力が一定とみなせるときに限り，上式は成立する。よって，気体の仕事を考えるときは，圧力が一定かどうか，または，体積の変化量が微小かどうかに十分に気をつけないといけない。

　体積の変化量が微小ではなく，圧力が一定でない場合は，微小変化の和をとることになる。つまり，圧力と体積のグラフの面積が気体のした仕事となる。

$$W = \Sigma \Delta W = \Sigma p\Delta V = \int_{V_1}^{V_2} p\,dV$$

ただし，V_1 は始状態の体積であり，V_2 は終状態の体積である。

　例えば，圧力が体積の1次式で表されるとき，圧力と体積のグラフは直線となり，台形の面積として仕事を計算することができる。

〔比熱と熱容量〕

　単位質量の物質の温度を単位温度だけ上昇させるのに必要とする熱量を比熱という。一般に単位質量は $1\,\mathrm{g}$ にすることが多い。よって，比熱 c は

$$c = \frac{Q}{m\Delta T}\left[\frac{\mathrm{J}}{\mathrm{g}\cdot\mathrm{K}}\right] \quad (m：質量，\ Q：加えた熱量，\ \Delta T：温度の上昇量)$$

　物体の温度を単位温度だけ上昇させるのに要する熱量を熱容量という。よって，熱容量 C は

$$C = \frac{Q}{\Delta T}\left[\frac{\mathrm{J}}{\mathrm{K}}\right] \quad (Q：加えた熱量，\ \Delta T：温度の上昇量)$$

　一様な物体では，熱容量 C は比熱 c と質量 m を用いて，$C = mc$ と表される。

第3章　波　動

222 第3章 波　動

第3章	波　動

節	番号	内　　　容	年　　　度
音　波	33	弦の振動と張力の関係	2014年度〔3〕
	34	音波と音速	2012年度〔3〕
波の干渉・光波	35	レンズ，回折格子による光の干渉	2018年度〔3〕
	36	平面波と平面波・球面波の干渉	2015年度〔3〕
	37	二重スリットによる干渉	2013年度〔3〕
	38	音波による光の反射	2011年度〔3〕
	39	レンズと鏡による物体の像と倍率	2008年度〔1〕
	40	電磁波を用いた人工衛星の仰角の測定法	2007年度〔3〕
	41	CD記録面の反射光による回折	2006年度〔1〕

✎ 対策　①頻出項目

□　波を表す式

　波を表す式を利用した計算問題がよく出題されている。例えば，弦の振動と張力の関係の問題では，進行方向が逆の進行波の重ね合わせから定常波の式を導出した。そのような計算では，三角関数の和・積の公式などを利用するので，日頃から三角関数の計算練習は十分にしておかなければならない。

□　干渉

　電波の干渉，平面波と球面波の干渉，音波により反射した光の干渉など，ユニークな問題が多い。そのため，問題文に書かれているそのユニークな設定を丁寧に読み，正確に状況把握をする必要がある。難易度はやや高いが，干渉の基本性質を理解していればある程度は対応できるであろう。

✎ 対策　②解答の基礎として重要な項目

□　波動の基本原理

　重ね合わせの原理，波の独立性，干渉など，波の基本性質をしっかり理解しておく必要がある。また，反射・屈折・回折などの現象が，ホイヘンスの原理を用いてどのように説明されるかを理解することも重要である。

□　波を表す式とグラフ

　媒質の振動を定量的に考えるために，正弦進行波が利用される。そのため波を表す式の計算に習熟しないといけない。また，それを可視化するために，グラフを描くようにすればよい。そうすると定常波や干渉条件の式が理解しやすくなる。

　波の問題を考えるときはこまめにグラフを描き，また，波を表す式が表す意味を考える習慣をつけることが重要である。グラフと式は相補的な関係である。偏らないように心がけたい。

✎ 対策　③注意の必要な項目

□　現象の原理の理解

　公式の確認のような問題はまず出題されない。弦の振動と張力の関係，音波と音速の問題のような，波の現象をより根本的なところから考察するテーマには注意が必要である。教科書にはさまざまな図解による説明が記載されているので，十分に理解しておきたい。

□　有名な実験の内容を理解

　電磁波を用いた仰角の測定法，二重スリットによる干渉の問題のように，教科書に掲載されている装置に比べ，より現実的な実験装置を用いたものが登場する場合がある。しかし，根本は同じなので，まずは教科書に登場する実験装置，その実験から何がわかるのか，何を調べるための実験かなど，基本を確認しておくとよい。

1 音波

33 弦の振動と張力の関係
(2014年度 第3問)

〔A〕 図1のように，長さLの弦を，左右の端を固定して，一定の張力Sでたるむことなく張る。この弦を振動させると，定常波が生じて音を発する。弦を伝わる波の速さをvとすると，vは弦の張力Sの平方根$\sqrt{S}$に比例することが知られている。弦の近くに，音の振動数を連続的に変化させることのできる音源を置き，音を出す実験を行う。

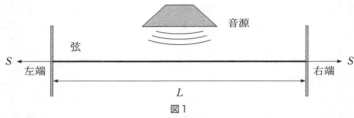

図1

(a) 音源の出す音の振動数fを0から連続的に大きくしたところ，ある振動数f_0ではじめて音源からの音と弦が共鳴し，音源と同じ振動数の定常波が弦に生じた。f_0をvとLを用いて表せ。

(b) 問(a)に引き続き，音源の出す音の振動数fをf_0から連続的に大きくしたところ，今度は振動数f_1で弦が共鳴し，音源と同じ振動数の定常波が弦に生じた。f_1をvとLを用いて表せ。また，定常波の腹と節の弦の左端からの距離を，弦の両端を除いて全て答えよ。

(c) 弦に最も波長の長い定常波を生じさせて音を出し，同時に音源から一定の振動数の音を出す実験を，様々な張力で行った。弦の張力がS_0の時，弦の出す音は音源からの音よりも低く，うなりが単位時間あたり2回生じた。次に，張力をS_0より大きなS_1としたところ，弦の出す音は音源からの音よりも高く，うなりは単位時間あたり1回生じた。弦と音源の振動数が一致するときの弦の張力Sを，S_0とS_1のみを用いて表せ。

〔B〕 設問〔A〕では両端を固定された弦に生じる定常波を考えた。ここでは十分に長い弦を伝わる進行波と定常波の関係について考えよう。静止しているときの弦の方向に沿ってx軸，x軸と直交する方向にy軸をとり，図2のように，それぞ

れ右向きと上向きを正の向きとする。時刻 t，水平位置 x における y 方向の変位が

$$y_1 = A \sin\left\{2\pi f\left(t + \frac{x}{v}\right)\right\} \quad \cdots ①$$

で表される波は x 軸を左向きに進行し，y 方向の変位が

$$y_2 = -A \sin\left\{2\pi f\left(t - \frac{x}{v}\right)\right\} \quad \cdots ②$$

で表される波は x 軸を右向きに進行する（図2）。ここで，A は波の振幅，f は振動数，v は波の速さで，いずれも正である。

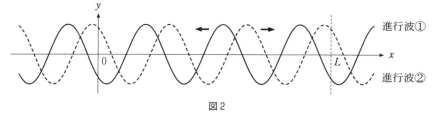

図2

(d) 以下の空欄に入る適切な数式を答えよ。解答欄には答のみを書くこと。

弦に式①と式②で表される波が同時に存在する場合，それらを重ね合わせた

$$y = y_1 + y_2 = 2A \sin(\boxed{1}) \cos(\boxed{2}) \quad \cdots ③$$

で表される定常波が観察され，$x=0$ が節となることがわかる。ここで，公式 $\sin(\alpha+\beta) - \sin(\alpha-\beta) = 2\cos\alpha\sin\beta$ を使った。各水平位置における定常波の y 方向の運動は，振動数 f の単振動である。定常波の振幅が最大値 $2A$ をとる腹の位置は，k を整数として $x = \boxed{3}$ で与えられる。また，$x=0$ に加えて，$x=L$ も節となる状況では，弦の振動数 f と区間の長さ L の間には，ℓ を自然数として $f = \boxed{4}$ という関係が成りたつ。このとき，$0 \leq x \leq L$ の区間に注目すれば，式③は設問〔A〕で考えた両端を固定した弦に生じる定常波に対応する。

〔C〕 弦を伝わる波の速さ v は，弦の張力 S の平方根 $\sqrt{S}$ に比例する。これを弦の簡単なモデルを用いて考えよう。図3のように，弦を，$N+1$ 個の質量 m の質点が，質量を無視できるひもでつながった系と考える。弦の両端間の水平距離を L として，静止しているときの弦の方向に沿って x 軸をとり，右向きを正の向きとして，弦の左端を $x=0$，右端を $x=L$ とする。左端の質点の番号を 0，右端の質点の番号を N として，質点に順に番号 $n=0, 1, 2, \cdots, N$ を与え，n 番目の質点の水平位置を x_n，垂直変位を y_n とする。両端の質点の水平位置と垂直変位は，それぞれ $x_0=0$，$y_0=0$ および $x_N=L$，$y_N=0$ に固定する。隣り合う質点間の垂直

変位の差 $|y_{n+1}-y_n|$ は，質点間の水平距離 $|x_{n+1}-x_n|$ に比べて十分に小さく，ひもの長さが変化しても張力 S は常に一定とする。重力や空気抵抗は無視する。

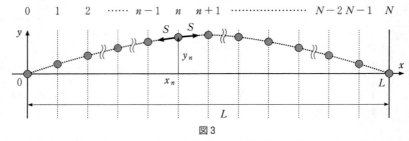

図3

(e) 以下の空欄に入る適切な数式を答えよ。解答欄には答のみを書くこと。なお，| 7 |～| 10 | の解答は S, f, b, v, n のうち必要な記号を用いて表せ。

まず，質点がひもから受ける力を求めよう。図4のように，n 番目の質点 ($n=1$, …, $N-1$) の右側のひもに注目し，水平方向とひものなす角度を θ とすると，x_n, x_{n+1}, y_n, y_{n+1} を用いて $\tan\theta =$ | 5 | と表すことができる。仮定より角度 θ は微小なので，$\cos\theta \fallingdotseq 1$, $\sin\theta \fallingdotseq \tan\theta \fallingdotseq$ | 5 | と近似できる。この近似では，質点が右側のひもから受ける力の水平成分 S_x は $S_x \fallingdotseq S$ となる。同様に，左側のひもから受ける力の水平成分も $-S$ と近似できるので，質点に働く合力の水平成分はつりあい，質点は垂直方向にのみ動くと考えることができる。そこで，質点間の水平距離を一定値 $b = \dfrac{L}{N}$ として，n 番目の質点の水平位置を $x_n = nb$ と表す。すると，n 番目の質点が右のひもから受ける力の垂直成分 S_y は，S, b, y_n, y_{n+1} を用いて $S_y \fallingdotseq$ | 6 | となり，左右のひもから質点が受ける合力の垂直成分は，$F_n \fallingdotseq$ | 7 | $\times (y_{n+1} - 2y_n + y_{n-1})$ と表すことができる。

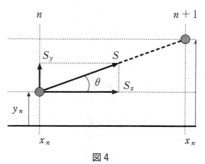

図4

弦を伝わる波の速さを v とし，弦の振動が振動数 f の定常波であるとすると，n 番目の質点の垂直変位は，設問〔B〕の式③の x を $x_n = nb$ とおくことによ

り，

$$y_n = 2A \sin \left(\boxed{8} \right) \cos \left(\boxed{2} \right) \qquad \cdots ④$$

と書くことができる。これは単振動を表すので，n 番目の質点の加速度は

$$a_n = - \boxed{9} \times y_n \qquad \cdots ⑤$$

となる。$n-1$ 番目と $n+1$ 番目の質点の垂直変位 y_{n-1}，y_{n+1} も式④と同様に表し，公式 $\sin(\alpha + \beta) + \sin(\alpha - \beta) = 2\sin\alpha\cos\beta$ を使うと，力 F_n は

$$F_n \fallingdotseq \boxed{7} \times 2\{\cos\left(\boxed{10}\right) - 1\} \times y_n \qquad \cdots ⑥$$

となる。

式⑤，式⑥を n 番目の質点に関する運動方程式 $ma_n = F_n$ に代入し，公式 $\cos\alpha = 1 - 2\sin^2\dfrac{\alpha}{2}$ を用いると，

$$m \times \boxed{9} \fallingdotseq \boxed{7} \times 4\sin^2\left(\frac{1}{2} \times \boxed{10}\right) \qquad \cdots ⑦$$

が得られる。さらに，定常波の波長が質点間の距離よりも十分に長い場合を考える。このとき，$\boxed{10}$ で表される量は小さいので，$|\alpha|$ が小さいときの近似式 $\sin\alpha \fallingdotseq \alpha$ を式⑦に用いると，弦を伝わる波の速さは S，b，m を用いて

$$v \fallingdotseq \boxed{11}$$

と近似され，波の速さ v は張力 S の平方根 $\sqrt{S}$ に比例することがわかる。

228　第3章　波　動

解　答

〔A〕(a)　音の振動数を 0 から大きくしていって初めて共鳴したとき，定常波の波長は最も長い。このとき，弦の両端を節とし，その間に，腹を 1 つもつ定常波が生じており，波長は $2L$ である。よって

$$f_0 = \frac{v}{2L} \quad \cdots\cdots(\text{答})$$

(b)　音の振動数をさらに大きくしていって次に共鳴したとき，定常波の波長は 2 番目に長い。このとき，弦の両端を節とし，その間に，腹を 2 つ，節を 1 つもつ定常波が生じており，波長は L である。よって

$$f_1 = \frac{v}{L} \quad \cdots\cdots(\text{答})$$

定常波の腹と節は $\dfrac{1}{4}$ 波長ごとに交互に現れるので

$$\text{腹の位置：} \frac{L}{4}, \ \frac{3L}{4} \qquad \text{節の位置：} \frac{L}{2} \quad \cdots\cdots(\text{答})$$

(c)　弦の定常波の波長は $2L$ で一定なので，振動数は波の速さ v に比例する。v は弦の張力 S の平方根 $\sqrt{S}$ に比例することから，振動数も $\sqrt{S}$ に比例する。弦の張力が S のときの振動数を，比例定数 K を用いて $K\sqrt{S}$ とすると，うなりの数から

$$\begin{cases} K\sqrt{S} - K\sqrt{S_0} = 2 \\ K\sqrt{S_1} - K\sqrt{S} = 1 \end{cases}$$

よって

$$K\sqrt{S} - K\sqrt{S_0} = 2\,(K\sqrt{S_1} - K\sqrt{S})$$

まとめると

$$3\sqrt{S} = 2\sqrt{S_1} + \sqrt{S_0}$$

$$\therefore \quad S = \left(\frac{2\sqrt{S_1} + \sqrt{S_0}}{3}\right)^2 \quad \cdots\cdots(\text{答})$$

〔B〕(d)　1．$2\pi f \dfrac{x}{v}$　　2．$2\pi ft$　　3．$\dfrac{(2k+1)\,v}{4f}$　　4．$\dfrac{\ell v}{2L}$

〔C〕(e)　5．$\dfrac{y_{n+1} - y_n}{x_{n+1} - x_n}$　　6．$\dfrac{y_{n+1} - y_n}{b} S$　　7．$\dfrac{S}{b}$　　8．$2\pi f \dfrac{nb}{v}$

9．$(2\pi f)^2$　　10．$2\pi f \dfrac{b}{v}$　　11．$\sqrt{\dfrac{Sb}{m}}$

1 音 波　**229**

解　説

　弦の振動数が張力の平方根に比例することをテーマとした問題である。連続的な弦を微小区間に区切って離散的な状況に変型することで，質点の力学の問題として扱うことができる。途中計算では三角関数の公式を多用するので注意する。

〔A〕▶(a)　振動数と波長の積が波の速さと等しい。

▶(c)　弦の張力 S の平方根 $\sqrt{S}$ が振動数に比例する。振動数を比例定数を用いて表し，うなりの観測結果から立式する。

〔B〕▶(d)　**1・2．**①，②式より，与えられた公式
$\sin(\alpha+\beta)-\sin(\alpha-\beta)=2\cos\alpha\sin\beta$ を使うと

$$
\begin{aligned}
y &= y_1+y_2 \\
&= A\sin\left\{2\pi f\left(t+\frac{x}{v}\right)\right\}-A\sin\left\{2\pi f\left(t-\frac{x}{v}\right)\right\} \\
&= A\left\{\sin\left(2\pi ft+2\pi f\frac{x}{v}\right)-\sin\left(2\pi ft-2\pi f\frac{x}{v}\right)\right\} \\
&= 2A\cos(2\pi ft)\sin\left(2\pi f\frac{x}{v}\right) \\
&= 2A\sin\left(2\pi f\frac{x}{v}\right)\cos(2\pi ft)\quad\cdots\cdots③
\end{aligned}
$$

3．定常波の振幅が $2A$ となるのは $\sin\left(2\pi f\dfrac{x}{v}\right)=\pm 1$ となる位置なので

$$
2\pi f\frac{x}{v}=\left(k+\frac{1}{2}\right)\pi \quad (k\text{ は整数})
$$

$$
\therefore\quad x=\frac{(2k+1)\,v}{4f}
$$

4．定常波の節では $\sin\left(2\pi f\dfrac{x}{v}\right)=0$ となる。$x=L$ の位置は節なので

$$
2\pi f\frac{L}{v}=\ell\pi \quad (\ell\text{ は自然数})
$$

$$
\therefore\quad f=\frac{\ell v}{2L}
$$

〔C〕▶(e)　**6．**
$$
\begin{aligned}
S_y &= S\sin\theta \\
&\fallingdotseq S\tan\theta \\
&= S\cdot\frac{y_{n+1}-y_n}{x_{n+1}-x_n} \\
&= S\cdot\frac{y_{n+1}-y_n}{(n+1)\,b-nb} \\
&= \frac{y_{n+1}-y_n}{b}S
\end{aligned}
$$

230 第3章 波　動

7．同様にして，左のひもから受ける力の垂直成分は，$-\dfrac{y_n-y_{n-1}}{b}S$であるから，合力は

$$F_n \fallingdotseq \frac{y_{n+1}-y_n}{b}S - \frac{y_n-y_{n-1}}{b}S$$

$$= \frac{S}{b}(y_{n+1}-2y_n+y_{n-1})$$

8．③式のxをnbとおくと

$$y_n = 2A\sin\left(2\pi f\frac{nb}{v}\right)\cos(2\pi ft) \quad \cdots\cdots ④$$

9．④式は振幅$2A\sin\left(2\pi f\dfrac{nb}{v}\right)$，角振動数$2\pi f$の単振動を表すので

$$a_n = -(2\pi f)^2 y_n \quad \cdots\cdots ⑤$$

10．
$$y_{n+1}+y_{n-1} = 2A\sin\left\{2\pi f\frac{(n+1)b}{v}\right\}\cdot\cos(2\pi ft) + 2A\sin\left\{2\pi f\frac{(n-1)b}{v}\right\}\cdot\cos(2\pi ft)$$

$$= 2A\left\{\sin\left(2\pi f\frac{nb}{v}+2\pi f\frac{b}{v}\right)+\sin\left(2\pi f\frac{nb}{v}-2\pi f\frac{b}{v}\right)\right\}\cdot\cos(2\pi ft)$$

$$= 2A\cdot 2\sin\left(2\pi f\frac{nb}{v}\right)\cdot\cos\left(2\pi f\frac{b}{v}\right)\cdot\cos(2\pi ft)$$

$$= 2\cos\left(2\pi f\frac{b}{v}\right)\cdot 2A\sin\left(2\pi f\frac{nb}{v}\right)\cdot\cos(2\pi ft)$$

$$= 2\cos\left(2\pi f\frac{b}{v}\right)\cdot y_n \quad (\because \quad ④)$$

よって

$$F_n \fallingdotseq \frac{S}{b}(y_{n+1}-2y_n+y_{n-1})$$

$$= \frac{S}{b}\left\{2\cos\left(2\pi f\frac{b}{v}\right)\cdot y_n - 2y_n\right\}$$

$$= \frac{S}{b}\times 2\left\{\cos\left(2\pi f\frac{b}{v}\right)-1\right\}\times y_n \quad \cdots\cdots ⑥$$

11．運動方程式$ma_n = F_n$に，⑤，⑥式を代入すると

$$m\{-(2\pi f)^2 y_n\} = \frac{S}{b}\cdot 2\left\{\cos\left(2\pi f\frac{b}{v}\right)-1\right\}y_n$$

$$m\times(2\pi f)^2 = \frac{S}{b}\cdot 2\left\{1-\cos\left(2\pi f\frac{b}{v}\right)\right\}$$

$$= \frac{S}{b}\cdot 2\left[1-\left\{1-2\sin^2\left(\pi f\frac{b}{v}\right)\right\}\right]$$

$$= \frac{S}{b}\times 4\sin^2\left(\frac{1}{2}\times 2\pi f\frac{b}{v}\right) \quad \cdots\cdots ⑦$$

ここで波長は $\dfrac{v}{f}$ で表されるが，質点間の距離 b よりも十分に長い場合を考えると

$$\dfrac{v}{f} \gg b \qquad \therefore \quad \dfrac{fb}{v} \ll 1$$

よって，$\pi f \dfrac{b}{v} \ll 1$ となるので，$\sin\left(\pi f \dfrac{b}{v}\right) \fallingdotseq \pi f \dfrac{b}{v}$ と近似すると

$$m \times (2\pi f)^2 \fallingdotseq \dfrac{S}{b} \times 4\left(\pi f \dfrac{b}{v}\right)^2 \qquad \therefore \quad v \fallingdotseq \sqrt{\dfrac{Sb}{m}}$$

テーマ

x の正の方向に進む 1 次元正弦進行波を表す式は，原点での初期位相を θ とすると

$$y = A\sin\left\{2\pi\left(ft - \dfrac{x}{\lambda}\right) + \theta\right\} \quad (y：変位，A：振幅，f：振動数，\lambda：波長)$$

上式の小括弧内の t と x の間の符号は波が伝わる向きを表し，下記の式のように＋であるならば x の負の方向に進む波となる。

$$y' = A\sin\left\{2\pi\left(ft + \dfrac{x}{\lambda}\right) + \theta\right\} \quad (y'：変位)$$

一方，振動数，波長が等しく，進行方向が逆の波が重なり合ったとき，重ね合わせの原理より，合成波の変位 y は

$$y = A\sin\left\{2\pi\left(\dfrac{t}{T} - \dfrac{x}{\lambda}\right) + \theta\right\} + A\sin\left\{2\pi\left(\dfrac{t}{T} + \dfrac{x}{\lambda}\right) + \theta\right\}$$

$$= 2A\cos\left(2\pi\dfrac{x}{\lambda}\right)\sin\left(2\pi\dfrac{t}{T} + \theta\right)$$

となる。このとき，$2A\cos\left(2\pi\dfrac{x}{\lambda}\right)$ は，時刻 t に依存しない項であり，この項から位置 x の最大変位を得ることができる。つまり，位置 x における振幅は $2A\left|\cos\left(2\pi\dfrac{x}{\lambda}\right)\right|$ となる。

このように波の式が $y = f(x)\,g(t)$（$f(x)$：位置の関数，$g(t)$：時間の関数）のように時間部分と空間部分に分けられるとき，進行しない波となる。このような波を定常波（定在波）という。

34 音波と音速

(2012年度 第3問)

〔A〕 図1上図のように原点Oにスピーカーを置き，一定の振幅で，一定の振動数 f の音波を x 軸の正の向きに連続的に発生させる。空気の圧力変化に反応する小さなマイクロホンを複数用いて，x 軸上（$x>0$）の各点で圧力 p の時間変化を測定する。

ある時刻において，x 軸上（$x>0$）の点P付近の空気の圧力 p を x の関数として調べたところ，図1下図のグラフのようになった。ここで距離 OP は音波の波長よりも十分長く，また音波が存在しないときの大気の圧力を p_0 とする。圧力 p が最大値をとる $x=x_0$ から，つぎに最大値をとる $x=x_8$ までの x の区間を8等分し，x_1，x_2，…，x_7 と順に x 座標を定める。

(a) x_1 から x_8 までの各位置の中で，x 軸の正の向きに空気が最も大きく変位している位置，および x 軸の正の向きに空気が最も速く動いている位置はそれぞれどれか。

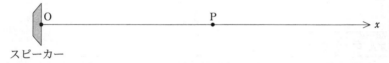

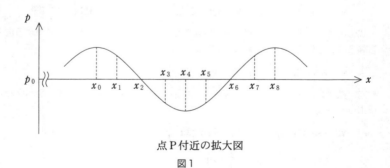

点P付近の拡大図

図1

つぎに点Pで空気の圧力 p の時間変化を調べたところ，図2のグラフのようになった。圧力 p が最大値をとる時刻 $t=t_0$ から，つぎに最大値をとる時刻 $t=t_8$ までの1周期を8等分し，t_1，t_2，…，t_7 と順に時刻を定める。

(b) t_1 から t_8 までの各時刻の中で，x 軸の正の向きに空気が最も大きく変位しているのはどの時刻か。

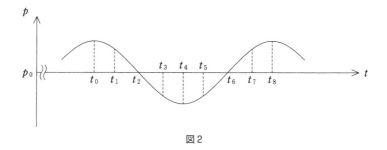

図2

　図3のように，原点Oから見て点Pより遠い側の位置に，x 軸に対して垂直に反射板を置くと，圧力が時間と共に変わらず常に p_0 となる点が x 軸上に等間隔に並んだ。

(c) これらの隣接する点の間隔 d はいくらか。なお，音波の速さを c とする。

(d) 問(c)の状態から気温が上昇したところ，問(c)で求めた d は増加した。その理由を説明せよ。

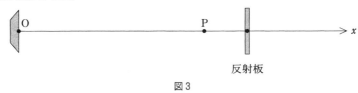

図3

〔B〕 音波が空気中を伝わるとき，各部分では空気の圧縮と膨張がくり返されている。圧縮と膨張は熱の伝達よりはやく起こるため，断熱変化とみなすことができる。音波が空気中をどのように伝わるかについて手がかりを得るため，空気を理想気体として以下のような簡単なモデルを考える。

　図4上図のように空気を x 軸方向に細かく等間隔に分割し，各区間をピストン付きの円筒断熱容器内に閉じ込められた空気で置き換える。図4下図はそのひとつの部分を示したものである。ここでピストンはなめらかに動くことができ，また大気圧 p_0 における容器内の空気の体積を V_0 とする。

　音波が到達することによりピストンは隣接する空気から力を受け，容器内の空気の圧力が $p_0+\Delta p$ に増加し（$\Delta p>0$），体積が $V_0-\Delta V$ に減少（$\Delta V>0$）したとしよう。ただし，Δp と ΔV は，それぞれ p_0 と V_0 に比べ十分小さい量とする。以下の計算では，微小量どうしの積 $\left(\dfrac{\Delta p}{p_0}\right)\left(\dfrac{\Delta V}{V_0}\right)$ は無視してよい。また必要ならば，微小量 h（$|h|$ は1に比べて十分小さい），ゼロでない数 n に対して成り立つ近似式 $(1+h)^n \fallingdotseq 1+nh$ を用いよ。

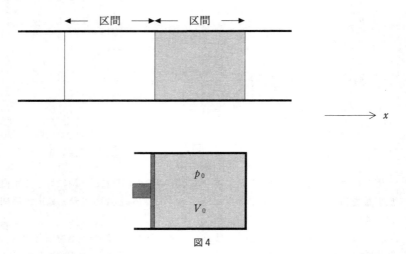

図4

(e) 容器内に閉じ込められた空気の圧力の増加量 Δp と体積の減少率 $\dfrac{\Delta V}{V_0}$ の比を $K = \left(\dfrac{\Delta p}{\Delta V}\right) V_0$ とおく。断熱変化のもとでは，圧力 p と体積 V の間に $pV^\gamma = $ 一定 の関係が成り立つことを用いて K を求めよ。ここで γ は，定圧モル比熱を定積モル比熱で割った定数である。

(f) 空気中を伝わる音波の速さ c は，K と空気の密度 ρ とを用いて $c = K^\alpha \rho^\beta$ と表せることがわかっている。両辺の次元を比べることにより，α と β の値を求めよ。

(g) 問(e)と問(f)の結果より，0℃付近の音波の速さ c は，摂氏温度 θ を用いて，$c = c_0(1 + a\theta)$ という近似式で表せることがわかる。空気の1モル当たりの質量を M，気体定数を R とし，0℃における音波の速さ c_0 を式で表せ。また，定数 a の値を有効数字2桁で求めよ。

解 答

[A](a) x 軸の正の向きに空気が最も大きく変位している位置：x_6

x 軸の正の向きに空気が最も速く動いている位置：x_8

(b) t_2

(c) 圧力が常に p_0 となるのは圧力に関するグラフにおける定常波の節である。定常波において，隣り合う節の間隔は，入射波の半波長と等しいので，入射波の波長を λ とおくと

$$d = \frac{\lambda}{2} = \frac{c}{2f} \quad \cdots\cdots (答)$$

(d) **気温が上昇することで，音速 c は大きくなるが，振動数 f は変化しないため。**

[B](e) 圧力が p_0，体積が V_0 の状態と，圧力が $p_0 + \Delta p$，体積が $V_0 - \Delta V$ の状態の間で，$pV^\gamma = $ 一定 の関係が成り立つので

$$p_0 V_0{}^\gamma = (p_0 + \Delta p)(V_0 - \Delta V)^\gamma$$

$$= p_0 V_0{}^\gamma \left(1 + \frac{\Delta p}{p_0}\right)\left(1 - \frac{\Delta V}{V_0}\right)^\gamma$$

$$\fallingdotseq p_0 V_0{}^\gamma \left(1 + \frac{\Delta p}{p_0}\right)\left(1 - \gamma\frac{\Delta V}{V_0}\right)$$

$$\fallingdotseq p_0 V_0{}^\gamma \left(1 + \frac{\Delta p}{p_0} - \gamma\frac{\Delta V}{V_0}\right)$$

これより

$$\frac{\Delta p}{p_0} = \gamma\frac{\Delta V}{V_0}$$

$$\therefore \quad K = \left(\frac{\Delta p}{\Delta V}\right)V_0 = \gamma p_0 \quad \cdots\cdots (答)$$

(f) 基本量を長さ，質量，時間とし，その次元をそれぞれ，[L]，[M]，[T] とする。このとき，音波の速さ c の次元は $[\mathrm{LT^{-1}}]$ となり，K の次元は $[\mathrm{L^{-1}MT^{-2}}]$，密度 ρ の次元は $[\mathrm{L^{-3}M}]$ となるから

（左辺の物理量の次元）$= [\mathrm{LT^{-1}}]$

（右辺の物理量の次元）$= [(\mathrm{L^{-1}MT^{-2}})^\alpha] \cdot [(\mathrm{L^{-3}M})^\beta] = [(\mathrm{L^{-\alpha-3\beta}M^{\alpha+\beta}T^{-2\alpha}})]$

両辺の基本量に関する次元が等しいことより

$$1 = -\alpha - 3\beta, \quad 0 = \alpha + \beta, \quad -1 = -2\alpha$$

よって

$$\alpha = \frac{1}{2}, \quad \beta = -\frac{1}{2} \quad \cdots\cdots (答)$$

(g) 圧力 p の気体 1 モルの体積を V_1，絶対温度を T とおくと，理想気体の状態方程式は

236 第3章 波　動

$$pV_1 = RT$$

よって，密度 ρ は

$$\rho = \frac{M}{V_1} = \frac{Mp}{RT}$$

(e), (f)より

$$c = K^{\frac{1}{2}} \rho^{-\frac{1}{2}} = \sqrt{\frac{K}{\rho}} = \sqrt{\frac{\gamma p}{\dfrac{Mp}{RT}}} = \sqrt{\frac{\gamma RT}{M}}$$

摂氏温度の $0℃$ を絶対温度の $T_0〔K〕$ とすると，$T = T_0 + \theta$ となるので

$$c = \sqrt{\frac{\gamma RT}{M}} = \sqrt{\frac{\gamma R(T_0 + \theta)}{M}}$$

$$= \sqrt{\frac{\gamma RT_0}{M}} \sqrt{\frac{T_0 + \theta}{T_0}} = \sqrt{\frac{\gamma RT_0}{M}} \left(1 + \frac{\theta}{T_0}\right)^{\frac{1}{2}}$$

$$\fallingdotseq \sqrt{\frac{\gamma RT_0}{M}} \left(1 + \frac{1}{2T_0}\theta\right)$$

よって

$$c_0 = \sqrt{\frac{\gamma RT_0}{M}} \fallingdotseq \sqrt{\frac{273\gamma R}{M}} \quad \cdots\cdots (答)$$

また，定数 a の値は

$$a = \frac{1}{2T_0} \fallingdotseq \frac{1}{2 \times 273} = 1.83 \times 10^{-3} \fallingdotseq \mathbf{1.8 \times 10^{-3}〔1/℃〕} \quad \cdots\cdots (答)$$

解　説

　前半は音波に関する基本的な問題。音波の粗密波としての性質が問われている。

　後半は音速を熱力学と次元解析を用いて求める問題。次元解析では，基本量である長さ，質量，時間の次元を用いて各物理量の次元を書き表し，それぞれの指数を比較する。

〔A〕▶(a)　圧力が高い領域では，密度も高くなっている。よって，空気の変位も正弦波で表されることを加味すれば，圧力のグラフと変位のグラフは図Aのように対応する。これより，x 軸の正の向きに空気が最も大きく変位している位置は x_6 であるとわかる。

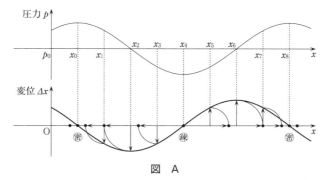

図 A

また,図Bのように,変位を表すグラフにおいて,波をわずかに x 方向に移動させると,正の方向への変位が最も大きいのは x_0, x_8 となる。したがって,x_1 から x_8 の中で x 軸の正の向きに空気が最も速く動いている位置は x_8 であるとわかる。

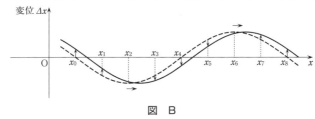

図 B

▶(b) 図1の x_6 に当たる状態を見つければよい。図1において,波をわずかに x 方向に移動させると,x_6 の圧力は p_0 から減少することから,図2において対応するのは t_2 であるとわかる。

▶(c) 縦波の定常波において,変位のグラフの腹で圧力が一定となる。一方,節では,その位置にある媒質は変位しないが,その周囲にある媒質が変位することによって疎と密が繰り返される。

〔B〕▶(e) 音波が到達する前の状態と到達後の状態を用いて,断熱変化の関係式から等式を導く。

▶(f) 各物理量を基本量の積として書き表す。等式の両辺の基本量に関する次元は等しくなければならないので,基本量に関する次元から恒等式をつくる。

> **参考** 次元という考え方に慣れていなければ,単位で考えることもできる。つまり,各物理量の単位を基本量の単位(基本単位)のべき乗の積として書き表す。等式の両辺の単位は等しくなければならないので,基本量の単位の指数から恒等式をつくる。
>
> MKS単位系において各物理量を基本単位で示すと,音速 c は m/s,密度 ρ は kg/m^3 となる。また,圧力 p は Pa = N/m^2 = kg/(m·s^2) であり,(e)より K の単位は p の単位に等しいので,K も kg/(m·s^2) となる。
>
> $c = K^\alpha \rho^\beta$ の単位を調べると
> m/s = (kg/(m·s^2))$^\alpha$ (kg/m^3)$^\beta$

238　第3章　波　動

$$\therefore \quad \text{m} \cdot \text{s}^{-1} = \text{m}^{-\alpha-3\beta} \cdot \text{kg}^{\alpha+\beta} \cdot \text{s}^{-2\alpha}$$

指数を比べると

$$1 = -\alpha - 3\beta, \quad 0 = \alpha + \beta, \quad -1 = -2\alpha$$

$$\therefore \quad \alpha = \frac{1}{2}, \quad \beta = -\frac{1}{2}$$

▶(g)　状態方程式を用いて，密度を圧力や温度で表す。摂氏 0℃ は絶対温度 273.15 K と等しい。

> **参考**　c_0 の結果に以下の具体的な値を代入し，音速を求めてみる。
>
> ・空気の分子量 28.8 g/mol
>
> ・気体定数 $R = 8.31\,\text{J}/(\text{mol} \cdot \text{K})$
>
> ・2原子分子の比熱比 $\gamma = \dfrac{C_p}{C_v} = \dfrac{7}{5}$
>
> $$c_0 = \sqrt{\frac{273\gamma R}{M}} = \sqrt{\frac{273 \times \dfrac{7}{5} \times 8.31}{28.8 \times 10^{-3}}} = 332.0\cdots \fallingdotseq 332$$
>
> また，$c_0 \times a = 0.60 \cdots \fallingdotseq 0.6$ となる。
>
> よって，温度 θ〔℃〕における音速は
>
> $$c = 332 + 0.6\theta\,[\text{m/s}]$$
>
> となり，実験から得られた $c = 331.5 + 0.6\theta\,[\text{m/s}]$ とよく一致している。

テーマ

　1つの物理量は，ほかの相異なる2つ以上の物理量との間の関係式として定義されている。したがって，いくつかの物理量を基本に選び，その他の物理量を表すことができる。

　基本量としては，普通は長さ L，質量 M，時間 T などが選ばれ，長さ L の次元は〔L〕，質量 M の次元は〔M〕，時間 T の次元は〔T〕と表される。

　例えば，ある物理量 W は，数係数を w として

$$W = wL^{\alpha}M^{\beta}T^{\gamma}$$

と表すことができ，物理量 W の次元〔W〕は，〔$L^{\alpha}M^{\beta}T^{\gamma}$〕であるといい，$\alpha$, β, γ を基本量 L, M, T に関する次元という。

　つまり，次元とは，基本量とある量の関係を表す。

　同種の物理量は同次元であることを利用して物理現象を解析することは次元解析といわれている。

2 波の干渉・光波

35 レンズ，回折格子による光の干渉

(2018 年度 第 3 問)

〔A〕 図1に示すように，z 軸に垂直においた格子定数 d の回折格子に対し，z 軸の正の向きに進む波長 λ の平行光線を当て，十分遠くのスクリーン上で光を観察した。

(a) 回折格子は多数の細いスリットが等間隔に並んだものとして考えることができる。回折格子に関する以下の説明文において，空欄に当てはまる数式を答えよ。

> 隣りあうスリットを通り z 軸に対して角度 θ $(\theta \geqq 0)$ をなす方向に進む光線は，そのスクリーンまでの経路差が　ア　で与えられるので，これらが強めあう条件は　ア　$= m\lambda$ と表わされる。ここで m は $m = 0$, 1, 2, … であり，これを回折の次数と呼ぶ。ところが，スリットの幅 a が無視できないときにはスリットの中心以外を通る光線を考える必要がある（a は d に比べて十分小さいものとする）。たとえば，スリットの上端を通る光線 R_a と隣（下方）のスリットの中心を通る光線 R_b の経路差は，θ を用いずに書くと $m\lambda + (\;\;イ\;\;)\lambda$ と表わせる。これより，$m = 0$ の方向では隣りあうスリットを通った光は強めあうのに対して，$m = 1$, 2 のように次数が増えると強めあう条件が完全には満たされない。このため，スリットの幅 a が無視できないときには，0 次よりも 1 次や 2 次の回折光は相対的に暗くなる。

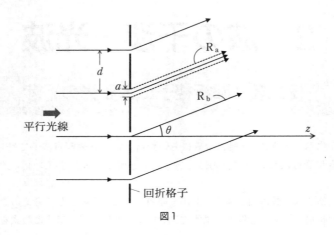

図1

〔B〕 次に，図2のように，xy平面上に配置した回折格子，薄い凸レンズ，小さなスクリーンからなる実験装置を構築した。ここで光軸はz軸である。回折格子は図3に示すように一辺の長さが$2b$の正方形である。その中央部の正方形（一辺の長さb）の範囲に，z軸の正の向きに進む波長λの平行光線を当てた。この回折格子からfだけ離れた位置に焦点距離fの凸レンズをおき，凸レンズからさらにfだけ離れた$x'y'$平面（x軸$/\!/x'$軸，y軸$/\!/y'$軸）においたスクリーン上で光を観察したところ，図4のような等間隔（間隔s）の明点の列が観察された。図4では明点を黒丸で描いており，より明るく見える点が大きな丸で示してある。なお，図3の回折格子や図4のスクリーンは，図2中に示す「観察の向き」の矢印のように，z軸の正の側から見たものである。スクリーンは一辺の長さが$2c$の正方形であり，cはfに比べて十分小さい。また，レンズの直径は十分大きく，回折光がレンズの外側に進むことは考えなくてよい。

2 波の干渉・光波 241

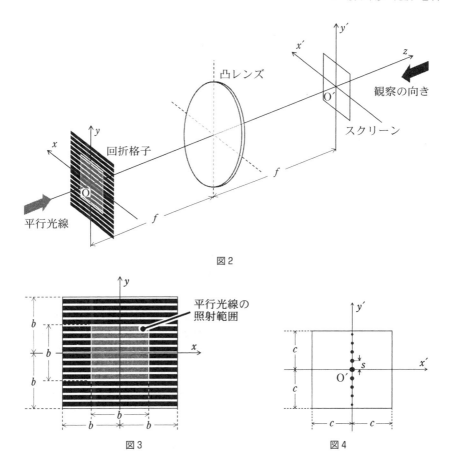

図2

図3

図4

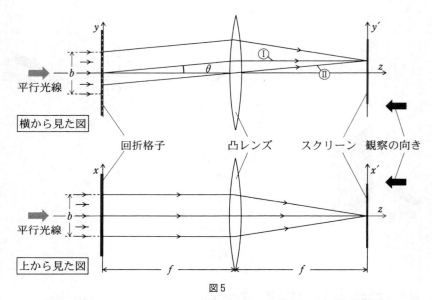

図5

(b) 図5は，図2を横から見た様子と上から見た様子を示している。図中の光線は，θ の方向に回折した光が凸レンズによって収束する様子を示している。これらの光線を作図する方法を説明した次の文章において，空欄(ア)～(エ)に最も適当なものを選択肢①～⑧から選び，番号で答えよ。

> yz 平面上を進む①と②の光線を考える。①の光線は，『 (ア) 光線がレンズを通過した後に (イ) 』という性質から，②の光線は，『 (ウ) 光線がレンズを通過した後に (エ) 』という性質から作図できる。

選択肢：
① 光軸上を進む　　　　② 光軸に平行に進む
③ そのまま直進する　　④ 実像をつくる
⑤ 虚像をつくる　　　　⑥ レンズの中心を通る
⑦ レンズの焦点を通る　⑧ レンズの辺縁を通る

(c) 図4において，間隔 s と，回折格子の格子定数 d の関係を示せ。ただし，回折角を θ としたとき，θ は十分小さく $\sin\theta \fallingdotseq \tan\theta$ と近似できるものとする。

(d) 回折格子の $y<0$ の範囲を厚紙で覆って光を遮ったとき，スクリーン上の光の分布はどのように変化するか。以下の①～⑥から当てはまるものを選び，番号で答えよ。

① $y'<0$ の範囲の明点が消え，残った明点は暗くなる。
② $y'<0$ の範囲の明点が消え，残った明点の明るさは変わらない。
③ $y'>0$ の範囲の明点が消え，残った明点は暗くなる。
④ $y'>0$ の範囲の明点が消え，残った明点の明るさは変わらない。
⑤ 全ての明点がそのままの位置に残り，その明るさは暗くなる。
⑥ 全ての明点がそのままの位置に残り，その明るさは変わらない。

(e) 次に厚紙を外し，図3の回折格子を，z軸を回転軸としてz軸の正の側から見て反時計回りに90°回転させた。回転後の，スクリーン上での明点の位置を図示せよ。

〔解答欄〕

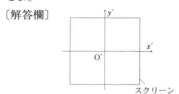

(f) 次に，回折格子のみを図6のように3種類の回折格子 G1, G2, G3 が配置された板に取り替えた。G1, G2, G3 以外の部分は光を通さない。G1, G2, G3 の格子定数はそれぞれ d_1, d_2, d_3 である。また，これらは，図3の向きに置いた回折格子を，z軸の正の側から見て反時計回りにそれぞれ角度 ϕ_1, ϕ_2, ϕ_3 だけ回転した後に，一辺が $\dfrac{b}{2}$ の正方形の範囲を取り出し，はりつけたものである。図6には回転角の例として ϕ_2 を示している。なお図の回転角は例であり，正しいとは限らない。

このとき，スクリーン上には図7に示すような11個の明点が間隔 w の格子点上に現れた。d_1, d_2, d_3 および ϕ_1, ϕ_2, ϕ_3 を求めよ。ただし，$d_1 \geqq d_2 \geqq d_3$ とし，角度 ϕ_1, ϕ_2, ϕ_3 は $\tan\phi_1$, $\tan\phi_2$, $\tan\phi_3$ の値で答えること。

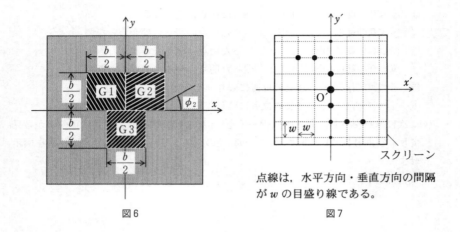

図6

図7

点線は，水平方向・垂直方向の間隔が w の目盛り線である。

〔C〕 図2において回折格子に照射される平行光線を白色光にした。以下の文章は，スクリーン上で回折光を観察した様子を説明したものである。可視光の波長範囲を 4.0×10^{-7} m 〜 7.0×10^{-7} m として以下の問に答えよ。

> スクリーン上の原点 O' に ㋐ 色の明るい点が見えた。O' から少し離れたところには，O' に近い方から ㋑ 色，㋒ 色，㋓ 色の順に並んだスペクトルが観察された。これは1次の回折光と考えられる。さらに O' から離れた場所を観察していくと，<u>m 次回折光（$m \geq 0$）のうち O' から遠い側の色と，$m+1$ 次回折光のうち O' に近い側の色が重なっていることに気がついた</u>。

(g) 空欄㋐〜㋓に当てはまる色を以下の選択肢から選び，番号で答えよ。
    選択肢：① 赤　　② 白　　③ 紫　　④ 緑
(h) 下線部の現象が生じる最も小さな m を求めよ。

解 答

〔A〕(a) (ア) $d\sin\theta$　(イ) $m\dfrac{a}{2d}$

〔B〕(b) (ア)—⑦　(イ)—②　(ウ)—⑥　(エ)—③

(c) 図5において，回折格子の隣りあう平行光線の経路差は $d\sin\theta$ であり，y' 軸の座標を y' とすると $\sin\theta \fallingdotseq \tan\theta \fallingdotseq \dfrac{y'}{f}$ となる。m を整数とすると，強めあう干渉条件は

$$d\dfrac{y'}{f} = m\lambda \quad \therefore \quad y' = m\dfrac{f\lambda}{d}$$

よって，図4における s と d の関係は　$s = \dfrac{f\lambda}{d}$　……(答)

(d)—⑤

(e)
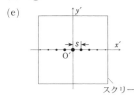

(f) y' 軸方向に並んだ点列が，明点間隔最小のものであり，その間隔は w である。格子定数 d_1 との関係は，(c)の結果の式を用いて

$$w = \dfrac{f\lambda}{d_1} \quad \therefore \quad d_1 = \dfrac{f\lambda}{w} \quad ……(答)$$

この点列は図4と同様に並ぶので，回折格子の回転角は 0 となる。よって

$\tan\phi_1 = 0$　……(答)

$(-w, 2w)$，$(0, 0)$，$(w, -2w)$ の明点は間隔が $\sqrt{5}w$ の点列とみなせる。よって，格子定数 d_2 との関係は

$$\sqrt{5}w = \dfrac{f\lambda}{d_2} \quad \therefore \quad d_2 = \dfrac{f\lambda}{\sqrt{5}w} \quad ……(答)$$

この点列の y' 軸からの傾き ϕ_2 は，図7より

$\tan\phi_2 = \dfrac{1}{2}$　……(答)

$(-2w, 2w)$，$(0, 0)$，$(2w, -2w)$ の明点は間隔が $2\sqrt{2}w$ の点列とみなせる。また，明点間隔が最大である。格子定数 d_3 との関係は

$$2\sqrt{2}w = \dfrac{f\lambda}{d_3} \quad \therefore \quad d_3 = \dfrac{f\lambda}{2\sqrt{2}w} \quad ……(答)$$

この点列の y' 軸からの傾き ϕ_3 は，図7より

246　第3章　波　動

$$\tan \phi_3 = 1 \quad \cdots\cdots (答)$$

〔C〕(g)　(ア)—②　(イ)—③　(ウ)—④　(エ)—①

(h)　格子定数が d の回折格子による明点の座標は $y' = m\dfrac{f\lambda}{d}$ である。下線部の現象が

生じるのは，$\lambda = 7.0 \times 10^{-7}$m の m 次の回折光の強めあう位置が $\lambda = 4.0 \times 10^{-7}$m の

$(m+1)$ 次の回折光の強めあう位置より大きくなるときである。よって

$$(m+1)\frac{f \times (4.0 \times 10^{-7})}{d} < m\frac{f \times (7.0 \times 10^{-7})}{d}$$

整理すると

$$4(m+1) < 7m \quad \therefore \quad m > \frac{4}{3}$$

上式を満たす最小の整数は $m = 2$ である。　$\cdots\cdots (答)$

解　説

　〔A〕と〔B〕は，回折格子，レンズの基本問題である。(a)のスリットの幅についての
考察はあまり見慣れないが，誘導に従えば難しくはないであろう。ただし，レンズを
用いた回折格子の(c)の設問は，気を付けなければならない。また，(f)もやや難である。
回折格子による明点が，常に原点を中心とした一直線上に並んでいるということに気
が付くかどうかがポイントである。回折格子の仕組みを考えさせる良問である。〔C〕
は白色光を用いたときの標準的な問題である。

〔A〕▶(a)　(ア)格子定数が d のとき，隣りあうスリットで回折する光の経路差は $d\sin\theta$
となる。

(イ)光線 R_a と光線 R_b の入射光の間隔は $d + \dfrac{a}{2}$ である。よって，経路差は $\left(d + \dfrac{a}{2}\right)\sin\theta$

となる。

一方，z 軸に対して角度 θ をなす方向に進む光が強めあうことより

$$d\sin\theta = m\lambda$$

よって　　$\sin\theta = m\dfrac{\lambda}{d}$

この関係を経路差の式に代入すると

$$\left(d + \frac{a}{2}\right)\sin\theta = \left(d + \frac{a}{2}\right)m\frac{\lambda}{d} = m\lambda + \left(m\frac{a}{2d}\right)\lambda$$

〔B〕▶(b)　回折格子と凸レンズの距離が焦点距離に等しいので，①の光線は「レンズ
の焦点を通る」光線である。そのような光線がレンズを通過した後は「光軸に平行に
進む」。

また，Ⅱの光線は「レンズの中心を通る」光線であり，レンズを通過した後は「その
まま直進する」。

▶(c) 干渉条件の式より,強めあう位置 y' とその間隔 s は

$$y' = m\frac{f\lambda}{d}$$

$$s = (m+1)\frac{f\lambda}{d} - m\frac{f\lambda}{d} = \frac{f\lambda}{d}$$

強めあう位置 y' は整数 m の1次式となるので,明点は等間隔に並ぶことになる。

▶(d) 回折格子の一部を覆っても経路差は変わらないので,強めあう条件は同じであり,強めあう位置は変わらない。しかし,重なりあう光線の数が減るので,明点の明るさは暗くなる。

下図は,$\theta = 0$ の場合の明点が $y' = 0$ となることを示したものである。つまり,回折格子が $y > 0$ のところにしか存在しなくても y' 軸上に現れる明点は $y' = 0$ を中心としたものとなる。

|参考| 回折格子の $y < 0$ の範囲を厚紙で覆っても,干渉によって生じる明点は,$x'y'$ 平面上の点 O' を中心としたものになる。

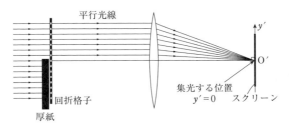

▶(e) 図4より,スリットが x 軸に平行に並んでいるとき,明点は y' 軸に一列に現れる。また,図5の「上から見た図」より,光線の照射範囲は x 軸方向に b の幅の広がりがあるが,光線はレンズによって y' 軸上に集まり,明るくなるところが x' 軸方向に広がっていない(明線ではなく明点になっている)ことに注意すること。回折格子を 90° 回転すると,明点の分布も 90° 回転する。

▶(f) 図7は3つの回折格子による明点を同時に描いたものである。ただし,1つの回折格子によってつくられるのは,$y' = 0$ を中心とした明点列であることに注意すると,図7は,以下の3つの明点列の重ねあわせと考えることができる。

右図の場合は,明点の間隔が最小であり,その値は w である。(c)の結果の式を用いて格子定数 d_1 が求まる。また,明点列が y' 軸上にあるので,回折格子の回転角は $\phi_1 = 0$ である。

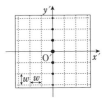

右上図の場合は、明点の間隔が2番目に狭く、$\sqrt{5}w$ なので、(c)の結果の式を用いて格子定数 d_2 が求まる。また、明点列が y' 軸から ϕ_2 だけ回転した軸上にあるので、回折格子の回転角も ϕ_2 である。

右下図の場合は、明点の間隔が最も大きく、$2\sqrt{2}w$ である。(c)の結果の式を用いて格子定数 d_3 が決まる。また、明点列が y' 軸から ϕ_3 だけ回転した軸上にあるので、回折格子の回転角も ϕ_3 である。

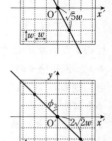

〔C〕▶(g) 強めあう干渉条件の式から得られた強めあう位置を表す式

$$y' = m\frac{f\lambda}{d}$$

より、$m=0$ の明点の位置は、波長によらず原点 O' となる。そのため、「白」色となる。また、y' は λ に比例するので $m=1$ の干渉光の O' に近いものは、波長の短い「紫」色となり、続けて、「緑」色、「赤」色となる。虹の7色は、波長の長いほうから表すと、赤橙黄緑青藍紫となる。

▶(h) 可視光の波長の範囲が、$4.0\times10^{-7}\text{m}\leq\lambda\leq7.0\times10^{-7}\text{m}$ であることを考慮すると、$m=1$ に対応する回折光によって現れるスペクトルの範囲は

$$1\times4.0\times10^{-7}\times\frac{f}{d}\leq y'\leq 1\times7.0\times10^{-7}\times\frac{f}{d}$$

$m=2$ に対応するスペクトルの範囲は

$$2\times4.0\times10^{-7}\times\frac{f}{d}\leq y'\leq 2\times7.0\times10^{-7}\times\frac{f}{d}$$

$m=3$ に対応するスペクトルの範囲は

$$3\times4.0\times10^{-7}\times\frac{f}{d}\leq y'\leq 3\times7.0\times10^{-7}\times\frac{f}{d}$$

となり、$m=2$ の波長の長い光と $m=3$ の波長の短い光のスペクトルが重なっていることがわかる。

テーマ

回折格子と一言で分類しているが，格子定数 d の大小で観測される縞模様の様子は全く異なったものとなる（イメージの図は，以下に描いてある）。ヤングの実験における格子の間隔は約 10^{-4} m であるが，回折格子の格子定数はその $\frac{1}{10}$ 倍，$\frac{1}{100}$ 倍となり，約 10^{-5} m から約 10^{-6} m となる。格子定数が小さくなるほど縞模様の隣りあう間隔は大きくなり，光が進む方向を表す θ が大きくなる。よって，$\sin\theta \fallingdotseq \tan\theta$ が成立しない場合がある。

例） $\frac{\lambda}{d}$ が 0.4 の場合（d が約 10^{-6} m の場合）

強めあう干渉条件は
$$d\sin\theta = m\lambda$$
となるが，上式を満たす整数 m は，$m=0$，± 1，± 2 しか存在しない。また，$m=1$ に対応する強めあう方向の θ_1 は，$\theta_1 = 24°$ となり，強めあう方向を表す図は，下図（角度は正確な値で描いてある）のようになる。このときは，$\sin\theta \fallingdotseq \tan\theta$ が成立しない。

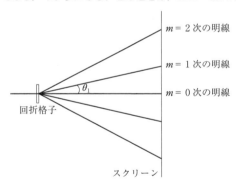

例） $\frac{\lambda}{d}$ が 0.01 の場合（d が約 10^{-5} m の場合）

干渉条件を満たす整数は多数存在し，強めあう方向を表す図は下図のようになる。このときは，$\sin\theta \fallingdotseq \tan\theta$ が成立し，干渉縞は等間隔に現れる。

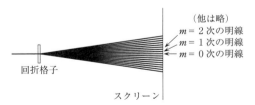

このように格子定数が異なるだけで，干渉縞の様子が全く違ったものになることに注意が必要である。

36 平面波と平面波・球面波の干渉
(2015年度 第3問)

水面にできる波について考えよう。水平面上に座標軸 x, y および原点Oをとる。また各点での水面の鉛直方向の変位を z で表し，波がない場合を $z=0$ とする。

〔A〕 いま，図1中の破線の矢印に示されるように，x 軸に対して $30°$ の向きに進む平面波を考える。図中で，時刻 $t=0$ における波の山の波面が実線で表されており，その1つは原点を通っている。この波は正弦波で表すことができるものとし，波の振幅の減衰は考えないものとする。波の振幅を A, 周期を T, 波長を λ とする。

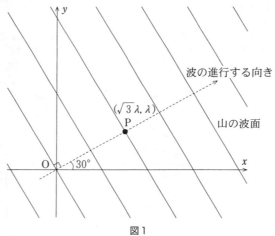

図1

(a) 時刻 t での点 $P(\sqrt{3}\lambda, \lambda)$ における水面の変位 z_P を求めよ。
(b) 時刻 $t=0$ において点Pを通る波の山の波面は，時間とともに進行する。その山の波面の進行速度の x 成分，y 成分をそれぞれ求めよ。
(c) 時刻 $t=0$ における y 軸上での波形を描け。なおこの波形は正弦波となる。

〔解答欄〕

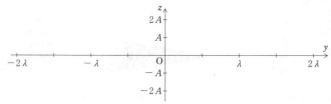

[B] 次に，図2中の破線の矢印に示されるように，x軸に対して30°の向きに進む平面波と，y軸の正の向きに進む平面波が同時に存在する場合を考える。図中で，時刻$t=0$における2種類の波の山の波面が実線で表されており，山の波面の1つずつが原点を通っている。これらの波は，ともに振幅A，周期T，波長λの正弦波で表すことができるものとし，波の振幅の減衰は考えないものとする。

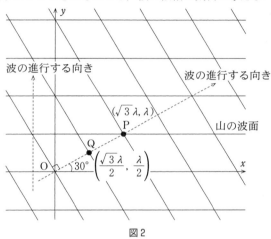

図2

(d) 時刻tでの点$P(\sqrt{3}\lambda, \lambda)$における水面の変位$z_P$を求めよ。

(e) 時刻tでの点$Q\left(\dfrac{\sqrt{3}\lambda}{2}, \dfrac{\lambda}{2}\right)$における水面の変位$z_Q$を求めよ。

(f) 図2に示した時刻$t=0$の瞬間，点Pにおいて，2つの平面波の山が重なって高い山となっている。この高い山は，2つの波の進行とともに移動する。この高い山の移動を追跡することを考える。時刻$t=T$における，この高い山の位置をP'として，点P'の位置を答案用紙に示せ。

〔解答欄〕

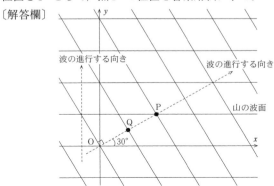

(g) 時刻 $t=0$ において点Pにある高い山の移動速度の x 成分，y 成分をそれぞれ求めよ。

〔C〕 次に図3のように，y 軸の正の向きに進む平面波と，原点Oを波源とする球面波が同時に存在する場合を考える。図中で，時刻 $t=0$ における2種類の波の山の波面が実線で表されており，山の波面の1つずつが点 $P(\sqrt{3}\lambda, \lambda)$ を通っている。すなわち，点Pにおいては，2つの波の山が重なって高い山となっている。これらの波は，振幅 A，周期 T，波長 λ の正弦波で表すことができるものとし，簡単のため波の振幅の減衰は考えないものとする。

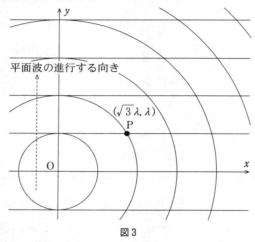

図3

(h) この高い山の移動を追跡することを考える。高い山の移動速度の x 成分，y 成分の時間変化を表すグラフの概形として適当なものを図4中の①〜⑩よりそれぞれ選べ。なお同じものを2回選んでも良い。

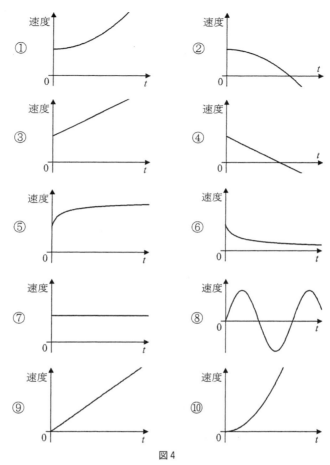

図4

(i) この高い山の描く軌跡の概形として適当なものを図5中の①〜⑥より1つ選べ。

(j) 時刻 $t=0, \dfrac{T}{4}, \dfrac{T}{2}$ の3つの瞬間における y 軸上の波形を答案用紙中に描け。

254　第3章　波　動

〔解答欄〕

$t = 0$

$t = \dfrac{T}{4}$

$t = \dfrac{T}{2}$

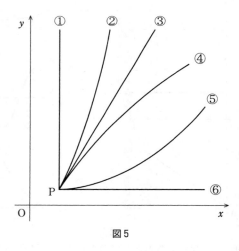

図5

解 答

〔A〕(a) $z_P = A\cos\dfrac{2\pi}{T}t$

(b) x 成分：$\dfrac{\sqrt{3}\lambda}{2T}$　　y 成分：$\dfrac{\lambda}{2T}$

(c)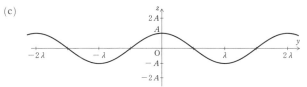

〔B〕(d) $z_P = 2A\cos\dfrac{2\pi}{T}t$

(e) $z_Q = 0$

(f)

(g) x 成分：$\dfrac{\lambda}{\sqrt{3}\,T}$　　y 成分：$\dfrac{\lambda}{T}$

〔C〕(h) x 成分：⑥　　y 成分：⑦

(i)—②

(j)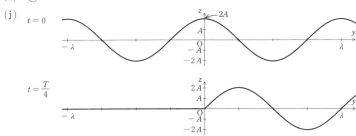

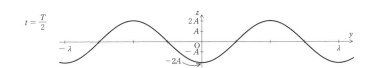

解説

2次元平面内を伝わる平面波に関する問題である。

まずは，1つの平面波の基本事項に関する問題である。伝わる速度の成分を求める計算は注意が必要である。次は，伝わる方向が異なる2つの平面波の干渉の典型的な問題であり，腹線と節線上の媒質の振動の式を求める。また，腹線上の高い山の移動速度をグラフを利用して求めるのも典型的な問題である。最後の平面波と球面波の干渉では，y軸上を除くと腹線は放物線となる。y軸方向に平面波が進むので，腹線上を進む高い山の移動速度のy成分は一定となるが，x成分が小さくなるところがポイントである。y軸上では1次元進行波と定常波があらわれる。

〔A〕▶(a) 時刻$t=0$のとき，点Pは山の波面が通っている。つまり，$t=0$のとき$z_P=A$である。また，波の周期はTなので，時刻tの点Pにおける変位z_Pは

$$z_P = A\cos\frac{2\pi}{T}t$$

▶(b) 本問は波面の進行速度の成分を求める問題であり，x方向またはy方向に進む波の速度を求める問題ではないことに注意。

右図のように，波の進行速度の大きさを$V\left(=\dfrac{\lambda}{T}\right)$とする。このとき波の進行速度の$x$成分と$y$成分はそれぞれ，$V\cos30°$と$V\sin30°$となる。

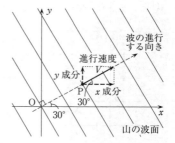

〔注〕 本問の解答ではないが，x方向またはy方向をながめたとき，それぞれの方向を進む1次元進行波の速度に関して記しておく。

時刻$t=0$のときに点Pを通る波の山の波面は，$t=1$（単位時間）のとき下図の波面に平行な破線の位置まで進むとする。このとき，x方向に進む波の速度は$\dfrac{V}{\cos30°}$となり，y方向に進む波の速度は$\dfrac{V}{\sin30°}$となる。

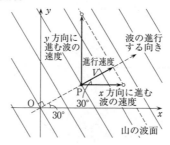

▶(c) 右図より，時刻 $t=0$ において波の山の波面が y 軸と交差するのは，$y=0, 2\lambda, \cdots$ である。よって，y 軸上でみられる進行波の波長は 2λ となる。

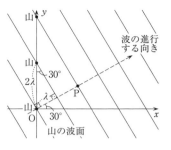

[B]▶(d) 時刻 $t=0$ の瞬間，点Pでは2つの平面波の山が重なるので，変位 $z_P=2A$ となる。また，2つの平面波の位相は点Pでは常に同じとなるので，時刻 t における点Pの水面の変位 z_P は

$$z_P = A\cos\frac{2\pi}{T}t + A\cos\frac{2\pi}{T}t = 2A\cos\frac{2\pi}{T}t$$

▶(e) 時刻 $t=0$ の瞬間，点Qでは2つの平面波の山と谷が重なるので，変位 $z_Q=0$ となる。また，2つの平面波の位相は点Qでは常に π ずれるので，時刻 t における変位 z_Q は

$$z_Q = A\cos\frac{2\pi}{T}t + A\cos\left(\frac{2\pi}{T}t+\pi\right) = 0$$

▶(f) 時刻 $t=0$ の瞬間に点Pを通る2つの山の波面は，右図のように $t=T$ のときにはそれぞれ進行する向きに1波長の距離を進む。そのとき2つの波面の交点は，1点鎖線の矢印に沿って点Pから点P′へ進む。この1点鎖線の矢印は，2つの平面波が重なることによって生じた定常波の腹線上にある。

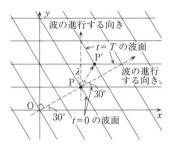

▶(g) 右図より，時間 T の間に伝わる x 方向の変位は，$\lambda\tan 30°$ である。よって，移動速度の x 成分は $\dfrac{\lambda}{\sqrt{3}\,T}$ となる。また，y 方向の変位は λ なので，移動速度の y 成分は $\dfrac{\lambda}{T}$ となる。

[C]▶(h) 右図において，黒丸は高い山の時間 T ごとの通過点を表している。図より，各時間間隔での通過点の y 方向の間隔は等しいことより，移動速度の y 成分は一定となる。一方，通過点の x 方向の間隔は徐々に狭くなることより，移動速度の x 成分は単調に小さくなる。ただし，その速度は0になることはない。

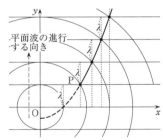

▶(i) 右図より，高い山の描く軌跡の概形は②となる。

▶(j) 球面波は，y 軸上の $y>0$ においては正の向きに進む波長 λ の進行波となり，$y<0$ においては負の向きに進む波長 λ の進行波となる。よって，y 軸上の $y>0$ での平面波と球面波は，同じ向きに伝わる同じ位相の進行波となり，それらの合成波は振

258 第3章 波　動

幅 $2A$，波長 λ の進行波となる。

一方，$y<0$ での平面波と球面波は，逆向きに同じ速さで伝わる波となるので，その領域では定常波があらわれる。

時刻 $t=0$ のとき，原点Oにおける平面波と球面波の位相は等しいので，変位は $2A$ となり，各時刻における波形は定性的に〔解答〕のグラフのようになる。

参考　y 軸上にあらわれる進行波の式，定常波の式は以下のようになる。

$y>0$ を伝わる進行波の式は

$$y=A\cos\frac{2\pi}{T}\left(t-\frac{y}{V}\right)+A\cos\frac{2\pi}{T}\left(t-\frac{y}{V}\right)$$

$$=2A\cos\frac{2\pi}{T}\left(t-\frac{y}{V}\right)=2A\cos 2\pi\left(\frac{t}{T}-\frac{y}{\lambda}\right)$$

ただし，V は y 軸上を伝わる波の速さであり，$V=\dfrac{\lambda}{T}$ である。

$y<0$ の定常波の式は，具体的には

$$y=A\cos\frac{2\pi}{T}\left(t-\frac{y}{V}\right)+A\cos\frac{2\pi}{T}\left(t+\frac{y}{V}\right)$$

$$=2A\cos\frac{2\pi}{T}\cdot\frac{y}{V}\cos\frac{2\pi}{T}t=2A\cos 2\pi\frac{y}{\lambda}\cos 2\pi\frac{t}{T}$$

よって，それぞれの時刻における波形を表す式は，以下のようになる。

$t=0$ のとき

$y\geqq 0$ において：$y=2A\cos 2\pi\left(\dfrac{0}{T}-\dfrac{y}{\lambda}\right)=2A\cos 2\pi\dfrac{y}{\lambda}$

$y\leqq 0$ において：$y=2A\cos 2\pi\dfrac{y}{\lambda}\cos 2\pi\dfrac{0}{T}=2A\cos 2\pi\dfrac{y}{\lambda}$

$t=\dfrac{T}{4}$ のとき

$y\geqq 0$ において：$y=2A\cos 2\pi\left(\dfrac{\frac{T}{4}}{T}-\dfrac{y}{\lambda}\right)=2A\sin 2\pi\dfrac{y}{\lambda}$

$y\leqq 0$ において：$y=2A\cos 2\pi\dfrac{y}{\lambda}\cos 2\pi\dfrac{\frac{T}{4}}{T}=0$

$t=\dfrac{T}{2}$ のとき

$y\geqq 0$ において：$y=2A\cos 2\pi\left(\dfrac{\frac{T}{2}}{T}-\dfrac{y}{\lambda}\right)=-2A\cos 2\pi\dfrac{y}{\lambda}$

$y\leqq 0$ において：$y=2A\cos 2\pi\dfrac{y}{\lambda}\cos 2\pi\dfrac{\frac{T}{2}}{T}=-2A\cos 2\pi\dfrac{y}{\lambda}$

2 波の干渉・光波　259

37 二重スリットによる干渉

(2013年度　第3問)

単色光源から出た波長 λ の光が，単スリット S，二重スリット A，B を通過し，スクリーン上につくりだす干渉縞を，光の強度（明るさ）に比例した読みを与える光検出器 C を用いて観測する。屈折率が1の大気中に，単スリット S を有する遮光板と，二重スリット A，B を有する遮光板と，大きさの無視できる光検出器が置かれたスクリーンが，**図1①**のように互いに平行に置かれている。二重スリットを有する遮光板とスクリーンとの距離を L とする。各スリットは，紙面に垂直な方向に細長く，水平方向の幅は波長に比べて十分に狭い。また，二重スリット A，B の間隔 a $(\ll L)$ は，波長よりも十分に大きい。スリット S の位置は，可動装置 N によって左右に動かすことができ，二重スリット A，B の位置は固定されている。光検出器 C の位置をスクリーン上の座標 x で表し，二重スリット A，B から等距離にある点を原点 O とし，図の右向きを正にとる。各スリットの間の距離を L_{SA}，L_{SB}，スリットと光検出器との間の距離を L_{AC}，L_{BC} のように表す。以下の問では，原点付近 $(|x| \ll L)$ の光の強度について考える。

(a) $L_{SA} = L_{SB}$ となる位置に単スリット S を固定し，光検出器 C の位置 x をずらしながら，その読みを記録した。以下の文章の空欄に入る適切な数式を答えよ。解答欄には答えのみを書くこと。

L_{AC} は L, x, a を用いて，$L_{AC} =$ $\boxed{}$ と表される。ここで，$|h| \ll 1$ のとき，$\sqrt{1+h} \fallingdotseq 1 + \dfrac{h}{2}$ とする近似を用いると，$L_{AC} \fallingdotseq$ $\boxed{}$ となる。同様の計算を L_{BC} についても行うと，$L_{AC} - L_{BC} \fallingdotseq$ $\boxed{}$ となる。光検出器の位置をずらしながら，その読みを記録したところ，スクリーンに生じた干渉縞に対応して，**図1②**のように読みが x とともに周期的に変化した。この干渉縞の間隔は $P =$ $\boxed{}$ であった。

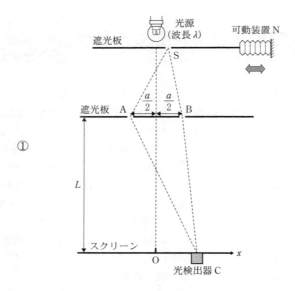

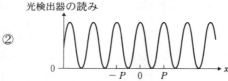

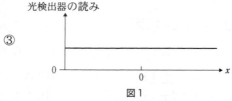

図1

(b) 可動装置Nを使って単スリットSの位置をずらした。以下の文章の空欄に入る適切な数式を答えよ。(オ)については導出過程も書くこと。

$L_{SA} - L_{SB}$ が0からℓに変化したとき、干渉縞がx軸正の方向にdだけずれた。$L_{AC} - L_{BC} \fallingdotseq$ (ウ) より、dはa, L, ℓを用いて$d \fallingdotseq$ (オ) と表すことができる。光検出器Cをずらしながら、その読みを記録したところ、読みは$\frac{\alpha}{2}\left[1+\cos\left\{\frac{2\pi}{P}(x-d)\right\}\right]$という関数で表すことができた。ここで$\alpha$は、干渉縞の光強度が最大となる位置における光検出器Cの読みである。

次に、可動装置Nを使って単スリットSの位置を不規則に変化させたところ、光

検出器Cの読みが不規則に変動した。そこで，光検出器の読みを十分長い時間にわたって平均し，その平均値を，光検出器の位置xの関数として作図した。すると，図1③のように，干渉縞が消失してしまった。これは次のように理解することができる。単スリットSの位置を不規則に動かすと，$L_{SA} - L_{SB}$が変化し，干渉縞のずれdが不規則に変化する。実験では光検出器の読みを表す式

$\dfrac{\alpha}{2}\left[1 + \cos\left\{\dfrac{2\pi}{P}(x-d)\right\}\right]$ の中の $\cos\left\{\dfrac{2\pi}{P}(x-d)\right\}$ という項が-1から1までの値を不

規則にとり，長い時間にわたって読みを平均することで，平均値が0に近づいていったものと考えられる。そのために，光検出器の読みの平均値が　カ　に近づき，干渉縞が消失したわけである。

(c) 可動装置Nを使って単スリットSの位置を不規則に変化させても，干渉縞を観察することができるように，図2のような，問(a)の光検出器Cと同一の応答をする光検出器2台を有する新しい装置Mを用いることにした。二つの光検出器C_1，C_2の位置をx_1，x_2とする。同時刻における，C_1，C_2の読みをかけあわせた値が，装置Mの読みとして得られる。x_1を固定し，x_2をずらしながらMの読みを記録した。以下の文章の空欄に入る適切な数式，または記号を答えよ。解答欄には，答えのみを書くこと。

　　まず，単スリットSを$L_{SA} = L_{SB}$となる位置に固定した。nを整数として，x_1が　キ　という条件を満たしている場合は，x_2をずらしても，Mの読みは0のまま変化しなかった。しかし，C_1を$x_1 = 0$の位置に固定すると，装置Mの読みが，x_2の関数として間隔Pで周期的に変化した。

　　次に，単スリットSの位置を$L_{SA} - L_{SB} = \ell$となる位置にずらすと，スクリーン上の干渉縞が，問(b)と同様にdだけずれた。C_1を$x_1 = 0$の位置に固定したまま，C_2の位置x_2を変えながら装置Mの読みを記録すると，その値は，α，P，d，x_2を用いて，　ク　という関数で表すことができた。

　　最後に，可動装置Nを用いて，単スリットSの位置を不規則に変化させたところ，装置Mの読みが変動した。そこで，問(b)と同様に，装置Mの読みを十分長い時間にわたって平均した値を，x_2を変えながら記録した。C_1は$x_1 = 0$に固定したままである。先程求めた装置Mの読み　ク　の中で，dを含む三角関数の値は，-1から1までの値を不規則に変化する。問(b)の考えに基づくと，装置Mの読みを十分長い時間平均した値は，α，P，x_2を用いて，　ケ　と表されるはずである。実験をしてみたところ，　コ　（図3①〜⑩のうちから一つ選択せよ）のようなグラフが得られた。

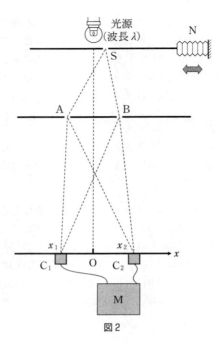

図2

2 波の干渉・光波 263

①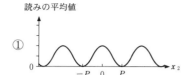

②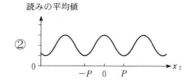

③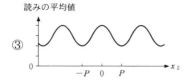

④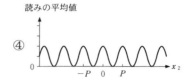

⑤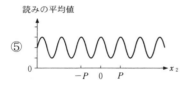

⑥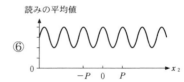

⑦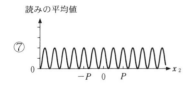

⑧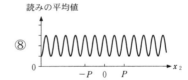

⑨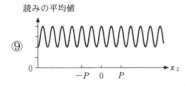

⑩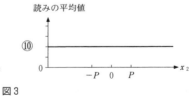

図3

264 第3章 波 動

解 答

(a) (ア) $\sqrt{L^2 + \left(x + \dfrac{a}{2}\right)^2}$　　(イ) $L + \dfrac{1}{2L}\left(x + \dfrac{a}{2}\right)^2$　　(ウ) $\dfrac{ax}{L}$　　(エ) $\dfrac{L\lambda}{a}$

(b) (オ) 2つのスリットを通る光の光路差は

$$(L_{SA} + L_{AC}) - (L_{SB} + L_{BC}) = (L_{SA} - L_{SB}) + (L_{AC} - L_{BC})$$

$$\fallingdotseq \ell + \frac{ax}{L}$$

このとき，2つのスリットから出た光が干渉して強め合う条件は，光路差が波長の整数倍のときなので，整数 n を用いて

$$\ell + \frac{ax}{L} \fallingdotseq n\lambda$$

$$\therefore \quad x \fallingdotseq \frac{nL\lambda}{a} - \frac{L\ell}{a}$$

よって，同じ整数 n に対する干渉縞を考えると

$$d \fallingdotseq -\frac{L\ell}{a} \quad \cdots\cdots(答)$$

(カ) $\dfrac{\alpha}{2}$

(c) (キ) $x_1 = \left(n + \dfrac{1}{2}\right)\dfrac{L\lambda}{a}$　　(ク) $\dfrac{\alpha^2}{4}\left\{1 + \cos\left(\dfrac{2\pi}{P}d\right)\right\}\left[1 + \cos\left\{\dfrac{2\pi}{P}(x_2 - d)\right\}\right]$

(ケ) $\dfrac{\alpha^2}{4}\left\{1 + \dfrac{1}{2}\cos\left(\dfrac{2\pi}{P}x_2\right)\right\}$　　(コ) ―⑤

解 説

　二重スリットを用いた光の干渉の問題である。光源側にある単スリットが，何らかの理由で不規則な振動を起こすと，干渉縞の位置も振動してしまう。このことは，特定の位置における光の強度が振動することを意味するため，干渉縞を検出するのに振動に比べて長い時間を必要とする場合，光検出器の読みは平均値に近づいてしまい，干渉が起こっていることを検出できなくなる。本問では，2つの光検出器を用いることで，単スリットの不規則な振動の影響を抑え，干渉が起こっていることを検出できることを確認させている。これは，単スリットの不規則な振動は2つの光検出器に対して相関をもった影響を与えているために可能となっている。

▶(a)　(ア)三平方の定理を用いればよい。

(イ)近似を用いると

$$L_{AC} = \sqrt{L^2 + \left(x + \frac{a}{2}\right)^2}$$

$$= L\sqrt{1 + \frac{1}{L^2}\left(x + \frac{a}{2}\right)^2}$$

$$\fallingdotseq L\left\{1 + \frac{1}{2}\cdot\frac{1}{L^2}\left(x + \frac{a}{2}\right)^2\right\}$$

$$= L + \frac{1}{2L}\left(x + \frac{a}{2}\right)^2$$

(ウ) L_{BC} についても同様に求めると

$$L_{BC} \fallingdotseq L + \frac{1}{2L}\left(x - \frac{a}{2}\right)^2$$

よって

$$L_{AC} - L_{BC} \fallingdotseq \left\{L + \frac{1}{2L}\left(x + \frac{a}{2}\right)^2\right\} - \left\{L + \frac{1}{2L}\left(x - \frac{a}{2}\right)^2\right\}$$

$$= \frac{ax}{L}$$

(エ) 2つのスリットから出た光が干渉して強め合う条件は，光路差 $L_{AC} - L_{BC}$ が波長の整数倍のときなので，整数 n を用いて

$$L_{AC} - L_{BC} = n\lambda$$

$$\frac{ax}{L} \fallingdotseq n\lambda$$

$$\therefore\quad x \fallingdotseq \frac{L\lambda}{a}n$$

よって，干渉縞の間隔は

$$P = \frac{(n+1)L\lambda}{a} - \frac{nL\lambda}{a} = \frac{L\lambda}{a}$$

▶(b) (オ)単スリットから二重スリットまでの距離が異なるので，その部分も考慮して単スリットからスクリーンまでの光路差を計算する。

(カ) $\cos\left\{\frac{2\pi}{P}(x-d)\right\}$ に 0 を代入すればよいので

$$\frac{\alpha}{2}\left[1 + \cos\left\{\frac{2\pi}{P}(x-d)\right\}\right] = \frac{\alpha}{2}$$

▶(c) (キ)光検出器 C_1 と C_2 の読みをかけあわせた値がMの読みである。光検出器 C_1 の読みが 0 なら，C_2 の読みがいかなる値をとってもMの読みは 0 となる。よって，x_1 の位置での光検出器 C_1 の読みが 0 であると考えられる。光が干渉して打ち消し合う条件より，光路差が波長の半整数倍となるので

$$\frac{ax_1}{L} = \left(n + \frac{1}{2}\right)\lambda$$

$$\therefore\quad x_1 = \left(n + \frac{1}{2}\right)\frac{L\lambda}{a}$$

266 第3章 波　動

(ク) $x_1 = 0$ の位置での光検出器の読みは

$$\frac{\alpha}{2}\Big[1+\cos\Big\{\frac{2\pi}{P}\,(-d)\Big\}\Big]$$

x_2 の位置での光検出器の読みは

$$\frac{\alpha}{2}\Big[1+\cos\Big\{\frac{2\pi}{P}\,(x_2-d)\Big\}\Big]$$

Mの読みは以上2式をかけあわせることより

$$\frac{\alpha}{2}\Big[1+\cos\Big\{\frac{2\pi}{P}\,(-d)\Big\}\Big]\cdot\frac{\alpha}{2}\Big[1+\cos\Big\{\frac{2\pi}{P}\,(x_2-d)\Big\}\Big]$$

$$=\frac{\alpha^2}{4}\Big\{1+\cos\Big(\frac{2\pi}{P}\,d\Big)\Big\}\Big[1+\cos\Big\{\frac{2\pi}{P}\,(x_2-d)\Big\}\Big]$$

(ケ) (ク)より

$$\frac{\alpha^2}{4}\Big\{1+\cos\Big(\frac{2\pi}{P}\,d\Big)\Big\}\Big[1+\cos\Big\{\frac{2\pi}{P}\,(x_2-d)\Big\}\Big]$$

$$=\frac{\alpha^2}{4}\Big[1+\cos\Big(\frac{2\pi}{P}\,d\Big)+\cos\Big\{\frac{2\pi}{P}\,(x_2-d)\Big\}+\cos\Big(\frac{2\pi}{P}\,d\Big)\cos\Big\{\frac{2\pi}{P}\,(x_2-d)\Big\}\Big]$$

ここで d を含む三角関数の値は平均すると0になることから，大括弧の中の第2項，第3項が0とみなせる。

また，大括弧の中の第4項は三角関数の積を和にする公式より

$$\cos\Big(\frac{2\pi}{P}\,d\Big)\cos\Big\{\frac{2\pi}{P}\,(x_2-d)\Big\}=\frac{1}{2}\Big[\cos\Big(\frac{2\pi}{P}\,x_2\Big)+\cos\Big\{\frac{2\pi}{P}\,(2d-x_2)\Big\}\Big]$$

ここでも d を含む三角関数の値は平均すると0になることから，大括弧の中の第2項が0とみなせる。

よって，装置Mの読みを平均した値は

$$\frac{\alpha^2}{4}\Big\{1+\frac{1}{2}\cos\Big(\frac{2\pi}{P}\,x_2\Big)\Big\}$$

〔注〕 三角関数は-1から1までの値をとるため，平均すると0となったが，三角関数の2乗は非負の値のみをとることからもわかるように，平均すると正の値となる。よって，三角関数の積は1次の三角関数の式に変形してから平均しなければならない。

(コ) (ケ)より，最大値 $\dfrac{3}{2}\cdot\dfrac{\alpha^2}{4}$，最小値 $\dfrac{1}{2}\cdot\dfrac{\alpha^2}{4}$，周期 P となるグラフを選ぶ。

38 音波による光の反射

(2011年度 第3問)

図1のように、透明で一様な媒質中を音波が伝わっているところに光を入射させると、特定の入射の角度において、光の強い反射が観測される。これは音波によって生じる屈折率の変化のために、音波の各波面でわずかながら反射する光が互いに干渉し強めあうことによる。今、音波は z 軸方向に速さ w で進んでいるものとする。簡単のために、間隔 d（音波の波長）で並んでいる音波の波面（反射面）でだけ光の反射がおこり、光は速さ V で直進するものとする。波面以外の領域の屈折率は1であるとする。また反射面の厚みも無視できるものとする。

今、図1のように波長 λ の光を反射面に対して角度 θ で入射させたところ、反射面に対して角度 θ' の方向に、波長 λ' の光が強く反射するのが観測された。このとき、λ' は λ とは異なり、また θ' も θ とは異なっていた。その理由を以下で考えることにする。

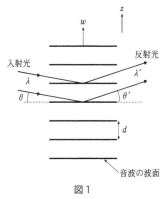

図1

(a) まず、一つの反射面における反射の法則を考えよう。以下の空欄にあてはまる数式を答えよ。

静止した鏡に光をあてると、入射の角度と反射の角度が等しくなることが知られている。これは、次のように理解することができる。図2のように、距離 x だけ離れて鏡面で反射する二つの光路を考える。入射の角度を θ、反射の角度を θ'、媒質の屈折率を1とすると、光路長の差は ［ア］（符号は問わない）で与えられる。入射光の波長 λ を用いて ［ア］ を位相差に換算すると、［イ］ となる。二つの光が互いに強めあうためには、$m=0, \pm 1, \pm 2, \cdots$ として、位相差が $2\pi m$ になる必要

がある．実際には，距離 x は様々な値をとる．いかなる x に対してもこの条件が成立するには，$m=0$ である必要があり，$\theta=\theta'$ が導かれる．今の議論を音波による反射に適用してみよう．この場合，反射の法則は ウ で与えられる．最初に述べたように，音波によって光が反射する際には，入射光の波長 λ と反射光の波長 λ' とが異なるため，θ と θ' も異なることになる．

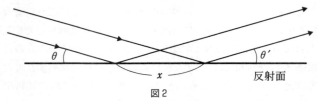

図2

(b) 次に，隣りあう反射面で反射する光の干渉について考えよう．

等間隔 d で並んだ隣りあう反射面で反射する光が，互いに強めあうように干渉すると，強い反射光が観測される．反射した光が干渉によって強めあうためには，隣りあう2つの反射面に入射し反射した光波の位相差が，一般には 2π の整数倍になることが必要である．しかし，音波によって光が強く反射するのは，位相差が 2π の場合だけであることがわかっている．このことを考慮して，隣りあった反射面からの反射光が干渉によって強めあうための条件を，d, λ, λ', θ, θ' を用いて表せ．

(c) 入射光の波長 λ と反射光の波長 λ' とが異なっているのは，実は反射面が動いていることによるドップラー効果のためである．具体的には，w が V に比べて十分小さい今のような状況では，$\dfrac{\lambda'}{\lambda}=\dfrac{V-w\sin\theta'}{V+w\sin\theta}$ なる式が成立することがわかっている．この式と(b)の結果とから，反射光と入射光の振動数の差が音波の振動数に等しいことを導け．

(d) 図3のように，音波によって強く反射した光を鏡に入射させた．鏡の角度を適度に調整したところ，折り返された光が音波によって再度強く反射するのが観測された．再度強く反射した光に関する記述として，正しいものを選べ．

（解答欄には理由を書く欄が設けられている．――編集部注）

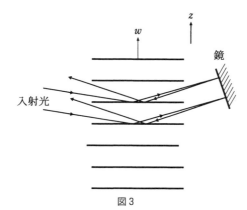

図3

音波に対して左側から照射している入射光の振動数に対して，再度強く反射した光の振動数は

(あ) 変化しない。
(い) 音波の振動数だけ高くなる。
(う) 音波の振動数だけ低くなる。
(え) 音波の振動数の2倍だけ高くなる。
(お) 音波の振動数の2倍だけ低くなる。

270 第3章 波 動

解 答

(a) (ア)$(\cos\theta - \cos\theta')x$　　(イ)$2\pi\dfrac{(\cos\theta - \cos\theta')x}{\lambda}$

(ウ)$\dfrac{\cos\theta}{\lambda} = \dfrac{\cos\theta'}{\lambda'}$

(b) 隣りあう反射面で反射する光の位相差は

$$2\pi\cdot\frac{d\sin\theta}{\lambda} + 2\pi\cdot\frac{d\sin\theta'}{\lambda'}$$

位相差が 2π の場合だけ干渉によって強めあうので，その条件は

$$2\pi\cdot\frac{d\sin\theta}{\lambda} + 2\pi\cdot\frac{d\sin\theta'}{\lambda'} = 2\pi$$

$$\therefore\quad \frac{\sin\theta}{\lambda} + \frac{\sin\theta'}{\lambda'} = \frac{1}{d}\quad\cdots\cdots(答)$$

(c) 与式より

$$\frac{\lambda'}{\lambda} = \frac{V - w\sin\theta'}{V + w\sin\theta}$$

$$\frac{V + w\sin\theta}{\lambda} = \frac{V - w\sin\theta'}{\lambda'}$$

$$\frac{V}{\lambda} + \frac{w\sin\theta}{\lambda} = \frac{V}{\lambda'} - \frac{w\sin\theta'}{\lambda'}$$

$$\frac{V}{\lambda'} - \frac{V}{\lambda} = \frac{w\sin\theta}{\lambda} + \frac{w\sin\theta'}{\lambda'}$$

$$\frac{V}{\lambda'} - \frac{V}{\lambda} = w\left(\frac{\sin\theta}{\lambda} + \frac{\sin\theta'}{\lambda'}\right)$$

(b)より

$$\frac{V}{\lambda'} - \frac{V}{\lambda} = \frac{w}{d}$$

左辺は反射光と入射光の振動数の差を表しており，右辺は音波の振動数を表しているので，題意は示された。　　　　　　　　　　　　　　　　　　　　　（証明終）

(d)—(え)

理由：**入射光が最初に音波によって反射されると，音波の振動数だけ振動数が高くなる。鏡による反射では振動数は変化しない。鏡で反射された光が再び音波によって反射されると，さらに音波の振動数だけ振動数が高くなる。よって，最初の入射光の振動数に対しては音波の振動数の 2 倍だけ振動数が高くなる。**

解 説

　結晶のような，空間的に周期構造をもつ物質に光が入射すると，ブラッグ反射が観

測される。音波も結晶と同様に空間的な周期構造をもつため，同様の現象が観測される。ただし，通常のブラッグ反射では，入射光と反射光の波長が等しいのに対し，音波に光を入射させた場合は，音波が移動するため，ドップラー効果による振動数の変化を考慮しなくてはならない。すると，反射の法則も，通常のものとは違い，入射角と反射角は異なる。

▶(a) (ア)右図より，距離 x だけ離れて鏡面で反射する光の光路長の差（符号は問わない）は

$$x\cos\theta - x\cos\theta' = (\cos\theta - \cos\theta')x$$

(イ)光路長を波長で割ると，その部分に含まれる波数が求まる。波数の 2π 倍が位相差となるので

$$\frac{2\pi(\cos\theta - \cos\theta')x}{\lambda}$$

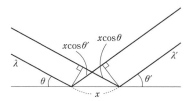

(ウ)音波による反射の場合は入射光と反射光の波長が異なることに注意すると，距離 x だけ離れて反射する光の位相差は

$$2\pi \cdot \frac{x\cos\theta}{\lambda} - 2\pi \cdot \frac{x\cos\theta'}{\lambda'} = 2\pi x\left(\frac{\cos\theta}{\lambda} - \frac{\cos\theta'}{\lambda'}\right)$$

これが，任意の x に対して 2π の整数倍となるためには，括弧内の式が恒等的に 0 となる必要がある。よって，反射の法則は

$$\frac{\cos\theta}{\lambda} = \frac{\cos\theta'}{\lambda'}$$

▶(b) ブラッグの条件を導くときと同様に，隣りあう反射面で反射する光の位相差を求める。

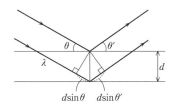

▶(c) 音波に入射する光の振動数を ν，音波による反射面が受け取る光の振動数を ν'，音波によって反射された光の振動数を ν'' とし，光を音波のように扱えると近似して，問題文中のドップラー効果の式を求める。
音波による反射面の波源に対する速度は，音波の速度の入射光の向きの成分なので，$w\sin\theta$ で近づいている。ドップラー効果の式から

$$\nu' = \frac{V + w\sin\theta}{V}\nu$$

音波による反射面は，入射光と同じ振動数 ν' の光を反射する。反射面の観測者に対する速度は，音波の速度の反射光の向きの成分なので，$w\sin\theta'$ で近づいている。ドップラー効果の式から

272 第3章 波　動

$$\nu'' = \frac{V}{V - w\sin\theta'}\nu'$$

よって

$$\nu'' = \frac{V}{V - w\sin\theta'} \cdot \frac{V + w\sin\theta}{V}\nu = \frac{V + w\sin\theta}{V - w\sin\theta'}\nu$$

振動数と波長の間には $\dfrac{V}{\lambda} = \nu$, $\dfrac{V}{\lambda'} = \nu''$ の関係があるので

$$\frac{\lambda'}{\lambda} = \frac{\dfrac{V}{\nu''}}{\dfrac{V}{\nu}} = \frac{\nu}{\nu''} = \frac{V - w\sin\theta'}{V + w\sin\theta}$$

ちなみに，非相対論的な極限（$w \ll V$）では，以上のような光を音波のように扱うという近似が正当化される。

39 レンズと鏡による物体の像と倍率
(2008 年度　第 1 問)

〔A〕 図1のように，焦点距離が 12 cm の凸レンズから 20 cm 離れた場所に，光軸に垂直に長さ 4 cm の物体 PQ を配置する。レンズの左側を前方，右側を後方と呼ぶことにする。図1には，後方および前方の焦点をそれぞれ F，F′ で記してある。

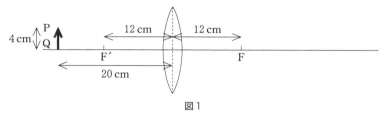

図1

(a) PQ の像 P′Q′ を，答案用紙上に作図によって求めよ。

〔解答欄〕

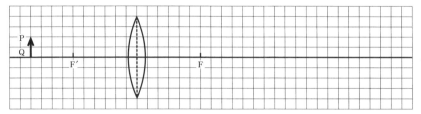

(b) PQ の像 P′Q′ は，レンズの中心面（中心を通り光軸に垂直な面，図の点線）から前方または後方に何 cm 離れたところにできるか。計算で求めよ。解答欄では，（前方，後方）の適切な方を選んで○で囲み，何 cm かを記入せよ。

(c) P の像 P′ は，光軸から上または下に何 cm 離れたところにできるか。計算で求めよ。解答欄では，（上，下）の適切な方を選んで○で囲み，何 cm かを記入せよ。

(d) 図2のように，レンズのすぐ前方に黒い紙を置いてレンズの上半分を覆った。像 P′Q′ の位置，形，明るさはどう変化するか。以下の各項目について(1)，(2)，(3)の中からひとつずつ選び，その番号を解答せよ。
　(ア) 像の位置は　(1)レンズに近づく。(2)レンズから遠ざかる。(3)動かない。
　(イ) 像の形は　(1)変わらない。(2)上半分が欠ける。(3)下半分が欠ける。
　(ウ) 像の明るさは　(1)変わらない。(2)暗くなる。(3)明るくなる。

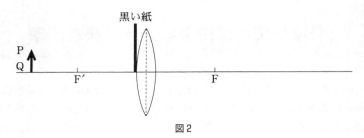

図2

〔B〕 図3に示すように，物体PQの代わりにPの位置に点光源Rを置く。さらに，レンズの後方39cmのところに光軸に垂直に平面鏡を置く。

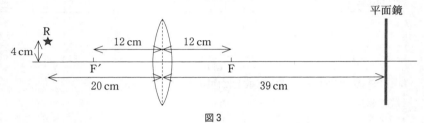

図3

(e) Rのレンズによる像をR'とし，さらにR'の平面鏡による像をSとする。R'およびSを答案用紙上に作図によって求めよ。

〔解答欄〕

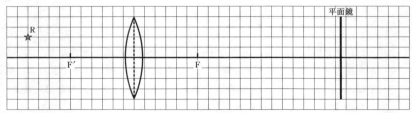

(f) レンズによるSの像S'の位置（レンズの中心面からの距離および光軸からの距離）を計算により求めよ。解答欄では，（前方，後方）および（上，下）の各かっこ内の適切な方を選んで○で囲み，それぞれ何cmかを記入せよ。

(g) 次の各像が実像か虚像かを答えよ。
　　(ア) R'　(イ) S　(ウ) S'

解 答

〔A〕(a)

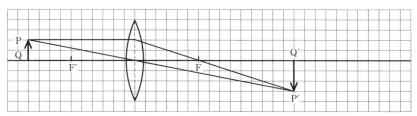

(b) レンズから像までの距離を b 〔cm〕 とすると

$$\frac{1}{20} + \frac{1}{b} = \frac{1}{12} \quad \therefore \quad b = 30$$

よって，像 P′Q′ のできる位置は

レンズの中心面から後方に 30 cm ……（答）

(c) できた像の倍率 m は

$$m = \frac{30}{20} = 1.5$$

であるので，像 P′Q′ の長さ $\overline{\text{P′Q′}}$ は，物体 PQ の長さ $\overline{\text{PQ}}$ が 4 cm なので

$$\overline{\text{P′Q′}} = 1.5 \times \overline{\text{PQ}} = 1.5 \times 4 = 6$$

よって，像 P′ のできる位置は

光軸から下に 6 cm ……（答）

(d) (ア)─(3)　(イ)─(1)　(ウ)─(2)

〔B〕(e)

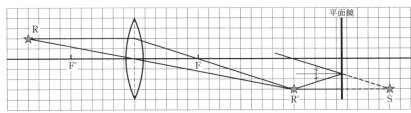

(f) R のレンズによる像 R′ はレンズの後方 30 cm にできるので，平面鏡の 39−30 = 9〔cm〕左にある。よって，像 R′ の平面鏡による像 S の位置はレンズの後方 39+9 = 48〔cm〕のところにある。ここに光源があると考えてレンズの式を使うと，レンズから S′ までの距離を b' 〔cm〕として

$$\frac{1}{48} + \frac{1}{b'} = \frac{1}{12} \quad \therefore \quad b' = 16$$

光軸から S までの距離は(c)より 6cm だから，S′ と光軸までの距離は S に対する S′ の倍率 $\dfrac{16}{48} = \dfrac{1}{3}$ を用いて

$$6 \times \dfrac{1}{3} = 2$$

となる。よって，S′ の位置は

レンズの中心面から前方に 16cm，光軸から上に 2cm ……(答)

(g) (ア)実像　(イ)虚像　(ウ)実像

解　説

　凸レンズと平面鏡を用いた像の作図とレンズの式，光学における光の経路の作図とレンズの式の理解が問われている。

〔A〕▶(a)　凸レンズによる像を描く場合，着目するとよいのは以下の特徴的な 3 本の光線である。

　①光軸に平行な光線はレンズを通過後，レンズの反対側の焦点を通るように進む。
　②レンズの手前の焦点を通る光線はレンズを通過後，光軸に平行に進む。
　③レンズの中心を通る光線はそのまま直進する。

レンズから焦点距離よりも遠くに物体が置かれた場合，レンズを通過してから光線は 1 点で交わり，そこに像ができる。凸レンズを通過後に交点が生じる場合，その場所にスクリーンを置くと倒立の像を見ることができる。この像を実像という。焦点距離よりもレンズに近い側に物体が置かれた場合はレンズを通過後の光線は交わらない。この場合，レンズの手前側の 1 点から光が出ているかのように見えるが，実際にそこから光が出ているわけではないので，スクリーンを置いてもそこに像は見られない。この像を虚像という。ただし，レンズ越しに正立した像を見ることができる。

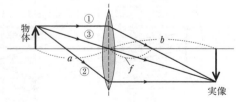

▶(b)　レンズと物体の距離を a，レンズと像までの距離を b，レンズの焦点距離を f とすると

$$\dfrac{1}{a} + \dfrac{1}{b} = \dfrac{1}{f}$$

という関係が成り立つ。この式をレンズの式という。

▶(c)　$\dfrac{(像の大きさ)}{(物体の大きさ)} = m$ とおいたとき，この m を倍率という。m は a，b を用い

て $m = \left| \dfrac{b}{a} \right|$ となる。

〔B〕▶(e)　R′から出た光は平面鏡により反射される。その際，入射角と反射角が等しくなるように反射するので，作図によると，R′の像Sは平面鏡に対して線対称な位置にできる。

▶(f)　平面鏡による像Sはその位置にスクリーンを置いても像を結ぶことのない虚像であり，あたかもSから光が出ているかのように見える。よって，レンズによるSの像S′は，物体をSの位置に置いたときのレンズの像を求めることと同じである。

▶(g)　レンズを通過後の光線，または鏡によって反射された光線が1点で交わる場合はその場所に実像ができる。

278　第3章　波　動

40 電磁波を用いた人工衛星の仰角の測定法

(2007年度　第3問)

電磁波は電場と磁場が振動しながら伝わる横波である。ある地点での電場の時間変化を図1に示す。波の最も高いところを山，最も低いところを谷と呼ぶ。また，電磁波の速さを $c = 3.0 \times 10^8$ m/s とする。ある人工衛星が，波長 $\lambda = 0.30$ m の電磁波を発信している。この人工衛星の仰角 θ を測定する装置を開発する。仰角とは人工衛星を見上げる角度のことで，水平方向が $0°$，真上が $90°$ である。まず図2に示すような2台の受信器A，Bと時間差計測器からなる装置を用意した。受信器Aの真下に受信器Bを置き，その間隔 d を 3.0 m にした。この装置は受信器Aが電場の山を検出してから受信器Bが電場の山を最初に検出するまでの時間差を計測する。次に装置をテストするため，人工衛星と同じ波長の電磁波を発信する発信器を装置から十分離れた位置に置いた。以下の問いに答えよ。必要なら「$\sin\theta$ から角度 θ を求める表」を用いてもよい。

(a) この電磁波の周波数 f 〔Hz〕を求めよ。🈁

(b) 発信器を仰角 $\theta = 0°$ の場所に置いたところ，2台の受信器で同時刻に山が検出された。発信器を少しずつ高く上げて θ を少しずつ大きくしていくと，2つの受信器の検出時刻に差が生じ，その差は徐々に大きくなっていった。この時間差 Δt 〔s〕を θ で表せ。🈁

(c) 仰角 θ をさらに大きくすると，ある角度で再び時間差が 0 になってしまう。この時の角度 θ_c を求めよ。🈁

(d) 前問(c)で述べたことが起こるため，この装置では θ を一つに決めることができない。このことを考えに入れて時間差が Δt のときの θ の正弦 $(\sin\theta)$ を小さい方から3つ求めよ。🈁

(e) 角度 θ_c を大きくするためには2台の受信器の間隔を小さくすればよい。2台の受信器の間隔 d を 0.30 m にした場合には，θ_c は何度になるか。🈁

(f) この時間差計測器の測定精度には限界があり，0.1 ns（1 ns $= 1 \times 10^{-9}$ s）未満の時間差は切り捨てられてしまう。たとえば，0.2 ns 以上 0.3 ns 未満の時間差は 0.2 ns と測定される。いま，間隔 d が 3.0 m の装置で時間差が 0.5 ns と検出されたとき，仰角 θ は何度から何度の範囲になるか。ただし，θ は d が 3.0 m の装置での θ_c より小さいとする。この同じ電磁波を間隔 d が 0.30 m の装置で計測すると時間差は何 ns になるか。これから求められる仰角 θ の範囲は何度から何度になるか。🈁

(g) このように受信器の間隔を小さくすると θ_c は大きくなるが，求められる θ の精

度は悪くなってしまう。θ_cを大きく保ちつつ高精度の計測を行なうため，3台の受信器A，B，Cを用いる。BはAの真下に3.0m離して設置し，CはAの真下に0.30m離して設置した。この装置で実際の人工衛星を観測したところ，受信器Aが電場の山を検出してから受信器B，受信器Cが最初に電場の山を検出するまでの時間はそれぞれ0.4ns，0.7nsであった。人工衛星の仰角θは何度から何度の範囲にあるか。

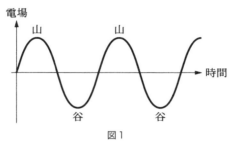

図1

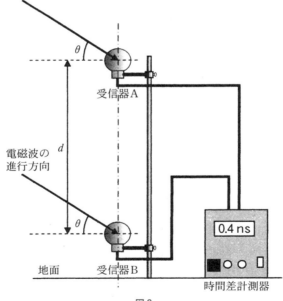

図2

280　第3章　波　動

$\sin\theta$ から角度 θ を求める表

$\sin\theta$	θ	$\sin\theta$	θ	$\sin\theta$	θ	$\sin\theta$	θ
0.00	0.0°	0.20	11.5°	0.40	23.6°	0.60	36.9°
0.01	0.6°	0.21	12.1°	0.41	24.2°	0.61	37.6°
0.02	1.1°	0.22	12.7°	0.42	24.8°	0.62	38.3°
0.03	1.7°	0.23	13.3°	0.43	25.5°	0.63	39.1°
0.04	2.3°	0.24	13.9°	0.44	26.1°	0.64	39.8°
0.05	2.9°	0.25	14.5°	0.45	26.7°	0.65	40.5°
0.06	3.4°	0.26	15.1°	0.46	27.4°	0.66	41.3°
0.07	4.0°	0.27	15.7°	0.47	28.0°	0.67	42.1°
0.08	4.6°	0.28	16.3°	0.48	28.7°	0.68	42.8°
0.09	5.2°	0.29	16.9°	0.49	29.3°	0.69	43.6°
0.10	5.7°	0.30	17.5°	0.50	30.0°	0.70	44.4°
0.11	6.3°	0.31	18.1°	0.51	30.7°	0.71	45.2°
0.12	6.9°	0.32	18.7°	0.52	31.3°	0.72	46.1°
0.13	7.5°	0.33	19.3°	0.53	32.0°	0.73	46.9°
0.14	8.0°	0.34	19.9°	0.54	32.7°	0.74	47.7°
0.15	8.6°	0.35	20.5°	0.55	33.4°	0.75	48.6°
0.16	9.2°	0.36	21.1°	0.56	34.1°	0.76	49.5°
0.17	9.8°	0.37	21.7°	0.57	34.8°	0.77	50.4°
0.18	10.4°	0.38	22.3°	0.58	35.5°	0.78	51.3°
0.19	11.0°	0.39	23.0°	0.59	36.2°	0.79	52.2°

2 波の干渉・光波 281

解 答

(a) $c = f\lambda$ より

$$f = \frac{c}{\lambda} = \frac{3.0 \times 10^8}{0.30} = 1.0 \times 10^9 \text{〔Hz〕} \quad \cdots\cdots\text{(答)}$$

(b) AとBに達する電磁波の経路差は $d\sin\theta$〔m〕だから，時間差 Δt〔s〕は

$$\Delta t = \frac{d\sin\theta}{c} = \frac{3.0}{3.0 \times 10^8}\sin\theta = 1.0 \times 10^{-8}\sin\theta \text{〔s〕} \quad \cdots\cdots\text{(答)}$$

(c) Δt〔s〕の値が電磁波の1周期 $T = \dfrac{1}{f}$〔s〕に一致するとき，時間差は0になる。
よって

$$\Delta t = \frac{1}{f}$$

$$1.0 \times 10^{-8}\sin\theta_c = 1.0 \times 10^{-9}$$

$$\therefore \quad \sin\theta_c = 0.10$$

表より

$$\theta_c = 5.7° \quad \cdots\cdots\text{(答)}$$

(d) 測定される時間差 Δt〔s〕は電磁波の周期 T〔s〕よりも小さく，経路差 $d\sin\theta$〔m〕を電磁波が進むのにかかる時間 $\dfrac{d\sin\theta}{c}$〔s〕から T〔s〕の整数倍だけ小さい値となっている。$m = 0,\ 1,\ 2,\ \cdots$ とすると

$$\Delta t = \frac{d\sin\theta}{c} - mT \quad \therefore \quad \sin\theta = \frac{c}{d}(\Delta t + mT)$$

与えられた数値を代入すると

$$\sin\theta = 1.0 \times 10^8 \Delta t + 0.10m$$

小さい方から3つだから，$m = 0,\ 1,\ 2$ を代入して

$$\left.\begin{array}{l} \sin\theta = 1.0 \times 10^8 \Delta t \\ \sin\theta = 1.0 \times 10^8 \Delta t + 0.10 \\ \sin\theta = 1.0 \times 10^8 \Delta t + 0.20 \end{array}\right\} \quad \cdots\cdots\text{(答)}$$

(e) (b)と同様にすると

$$\Delta t = \frac{d\sin\theta}{c} = \frac{0.30}{3.0 \times 10^8}\sin\theta = 1.0 \times 10^{-9}\sin\theta \quad \cdots\cdots①$$

(c)と同様にすると

$$1.0 \times 10^{-9}\sin\theta_c = 1.0 \times 10^{-9}$$

$$\sin\theta_c = 1.0$$

よって $\quad \theta_c = 90° \quad \cdots\cdots\text{(答)}$

282　第3章　波　動

(f)　$\theta<\theta_c$ であることから，(d)の $m=0$ の場合であると考えられる。$\Delta t〔s〕$ の範囲は

$$0.5\times10^{-9}\leqq\Delta t<0.6\times10^{-9}$$

となるので，(b)より

$$0.5\times10^{-9}\leqq1.0\times10^{-8}\sin\theta<0.6\times10^{-9}$$

∴　$0.05\leqq\sin\theta<0.06$

表より

$2.9°\leqq\theta<3.4°$　……(答)

$d〔m〕$ を $\dfrac{1}{10}$ にすると $\Delta t〔s〕$ も $\dfrac{1}{10}$ となるので，このときの時間差は 0.05ns 以上 0.06ns 未満となる。0.1ns 未満の時間差は切り捨てられるので，計測される時間差は

0 ns　……(答)

このとき，Δt の範囲は

$$0\leqq\Delta t<0.1\times10^{-9}$$

となるので，①式より

$$0\leqq1.0\times10^{-9}\sin\theta<0.1\times10^{-9}$$

∴　$0\leqq\sin\theta<0.1$

表より　　**$0°\leqq\theta<5.7°$　……(答)**

(g)　$d=0.30〔m〕$ のときの $\Delta t〔s〕$ が 0.7ns であることから，①式より

$$0.7\times10^{-9}\leqq1.0\times10^{-9}\sin\theta<0.8\times10^{-9}$$

∴　$0.7\leqq\sin\theta<0.8$　……②

また，$d=3.0〔m〕$ のときの $\Delta t〔s〕$ が 0.4ns であることから

$$0.4\times10^{-9}\leqq\Delta t<0.5\times10^{-9}$$

(d)より

$$\Delta t=\frac{d\sin\theta}{c}-mT$$

という関係があるので，これを用いると

$$0.4\times10^{-9}\leqq\frac{3.0\sin\theta}{3.0\times10^{8}}-1.0\times10^{-9}m<0.5\times10^{-9}$$

∴　$0.1m+0.04\leqq\sin\theta<0.1m+0.05$　……③

②式の範囲より③式の範囲が狭いことを考慮すると

$$0.7<0.1m+0.04, \quad 0.1m+0.05<0.8$$

∴　$m=7$

これを③式に代入すると

$$0.74\leqq\sin\theta<0.75$$

表より　　$47.7° \leq \theta < 48.6°$　……（答）

解　説

　電磁波を使って人工衛星の仰角を測定するという問題であるが，あまり見かけない設定である。電磁波の経路差を求めるのに，ヤングの干渉実験の考え方が適用できるが，このことと $c=f\lambda$ の式以外，波動に関する公式や知識をほとんど使うことなく問題を解くことができる。物理的知識より物理的思考力が試される問題といっていいだろう。時間差 Δt の意味を正確に理解することが全問を通してのポイントになる。

▶(b)　発信器から受信器までの距離が十分に長い場合，経路差は図ⅰのようになる。これはヤングの実験における光の経路差を求めるときと同じ考え方である。

▶(d)　受信器Aで観測された電磁波の山の波面（図ⅱの p, q）は，Δt〔s〕だけ時間が経過すると q′ まで進む。このとき受信器Bで観測された山は p, q と同一の波面の山であるとは限らず，q′r 間には波長の整数倍の波が含まれている場合がある（図ⅱでは $m=1$ の場合を描いている）。q′r 間を電磁波が進むのにかかる時間は周期の m 倍すなわち mT〔s〕であるから，電磁波が $d\sin\theta$〔m〕の距離を進むのにかかる時間は $\Delta t + mT$〔s〕となる。

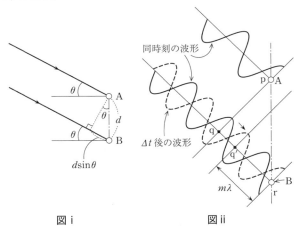

図ⅰ　　　　　　　　図ⅱ

▶(g)　受信器Cを用いた場合，(e)より，$\theta_c = 90°$ であるから，θ が $0°$ から $90°$ までのどの方向からの電磁波であっても $\dfrac{d\sin\theta}{c}$〔s〕が周期 T〔s〕よりも大きくなることはなく，(d)での条件の $m=0$ の場合にあてはまる。受信器Bでは d が大きいので，求めた $\sin\theta$ が受信器Cで求めた $\sin\theta$ の範囲内に入るように m の値を決めればよい。

284　第3章　波　動

テーマ

　干渉とは，2つ以上の波が同じ場所にきたとき（同時に観測した），重ね合わせの原理より，そこでの振動が個々の波の振動の和で表され，個々の波とは異なる波（合成波）が生じる現象である。

　例えば，振幅 A，振動数 f，波長 λ が同じだが，位相差が δ の2つの正弦波が重なったときの合成波は

$$y = A\sin\left\{2\pi\left(ft - \frac{x}{\lambda}\right)\right\} + A\sin\left\{2\pi\left(ft - \frac{x}{\lambda}\right) - \delta\right\}$$

$$= 2A\cos\frac{\delta}{2}\sin\left\{2\pi\left(ft - \frac{x}{\lambda}\right) - \frac{\delta}{2}\right\}$$

となる。よって，波が強め合うのは $\cos\dfrac{\delta}{2} = \pm 1$ となるときであることがわかる。つまり，$\dfrac{\delta}{2} = \pi m$（$m$：整数）のときであり，位相差 $\delta = 2\pi m$ の条件を満たすときである。観測点で波が強め合うかどうかは，観測点にやってくる波の位相差を調べればよいことがわかる。

　さて，具体例として2つの波が観測点に到達するときに経路差 Δl（$= v\Delta t$）（v：速さ，Δt：伝わる時間差）があるときを考えてみる。そのとき観測点ではそれらの波に位相差が生じており，その位相差 δ は

$$\delta = 2\pi\frac{\Delta l}{\lambda} = 2\pi\frac{v\Delta t}{\lambda} = 2\pi\frac{\Delta t}{T} \quad (\lambda：波長，\ T：周期)$$

よって，2つの波が干渉し強め合う条件は，0以上の整数 m を用いて

$$\delta = 2\pi\frac{\Delta l}{\lambda} = 2\pi\frac{\Delta t}{T} = 2\pi m \quad \therefore \quad \Delta l = m\lambda，\ \Delta t = mT$$

となり，位相差を用いるだけでなく，経路差 Δl，伝わる時間差 Δt を用いても強め合う条件を表すことができる。

2 波の干渉・光波 **285**

41 CD 記録面の反射光による回折

(2006 年度　第 1 問)

　コンパクトディスク（CD）の記録面が虹色に見える現象を題材にして，光の性質を観察する実験を考えよう。

　CD の記録面は図 1 のような構造で，図 2 の断面図に示すように，透明基板の下層に反射膜が塗布された面があり，その面上にピットと呼ばれる情報が記録されている部分が半径方向に間隔 d で周期的に並んでいる。ピットのない部分では光がそのまま反射されるが，ピットの部分で光が乱反射されると仮定する。このとき，CD の記録面は格子定数 d の回折格子とみなすことができる。ピットは曲線上に並んでいるが，狭い範囲について考えたときは直線に並んでいると考えて差し支えないものとする。

〔A〕　図 3 のように白い紙で作ったついたてに小さな穴 W を開け，その裏側からレーザー光を CD の記録面に対して垂直に照射して，その反射光をついたて上で観察する。レーザー光の空気中での波長を λ，空気の屈折率を 1 とする。

(a)　以下の空欄①〜④に入る適切な数式を答えよ。

　　図 2 に示すように，間隔 d だけ離れて透明基板に入射する光 A と光 B を考える。屈折率 n （>1）の透明基板中で，光 A は点 K で反射膜に対して垂直に入射し，回折した光が点 M から透明基板を出ていく。光 B は点 L で反射膜に垂直にあたり，その回折光は点 N から出ていく。このとき，距離 KP が光の波長の整数倍であれば，光 A と光 B は強めあうことになる。透明基板中での光の波長は　①　で与えられるので，透明基板中で回折光が入射光となす角を θ_n とすると，強め合う条件は　②　$= m$　①　（m は整数）となる。

　　光 A と光 B がそれぞれ点 M と点 N で透明基板を出た後，基板表面の法線に対して θ の方向に進む。θ は，n 及び θ_n と　③　の関係を持つ。この関係式を用いて θ_n を消去すると，CD から十分離れたスクリーン上で強め合う条件は，$d \sin\theta =$　④　となる。

(b)　透明基板中で回折光の角 θ_n が大きいとき，透明基板から空気中へ出ていく光がなくなる場合がある。その理由を述べよ。またそのときの角 θ_n が満たす関係式を示せ。

(c)　図 3 の実験において，CD とついたての間の距離 ℓ が 300 mm のとき，小さな穴 W の上下に $p = 100$〔mm〕だけ離れた位置に一つ目の回折光が観察された。

レーザー光の波長が $0.50\mu m$ であるとき,格子定数 d は何 μm であるか。有効数字2桁まで求めよ。なお,これ以降の議論では透明基板の厚さは無視してよい。また,必要であれば以下の値を用いてよい。

$\sqrt{2} \approx 1.41$, $\sqrt{3} \approx 1.73$, $\sqrt{5} \approx 2.24$, $\sqrt{10} \approx 3.16$

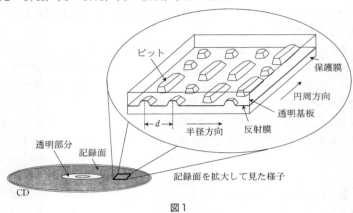

図1

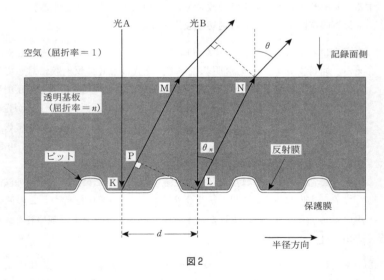

図2

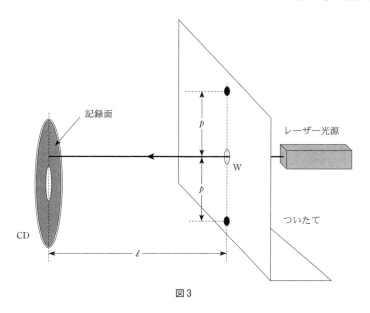

図3

〔B〕 次に，図4のように白熱灯光源から出た光が小さな穴W′を通り，凸レンズにより平行な光となってCDの記録面全体へ垂直にあたるようにした。図中で点PはCDの中心であり，点PからCDの法線上にzだけ離れた位置QからCD表面を見たとき，赤，黄，緑，紫などの色のついた回折パターンが観察された。ただし観察するときCDに照射される光をさえぎることはないものとする。

(d) 答案用紙(e)欄の図のように，CDの記録面上に点Pを原点としてx-y座標を定義する。このとき，点Qから見てこの面上で波長λの回折光が強め合う位置の座標x，yとPQ間の距離zの間の関係式を求めよ。ただしzはx，yよりも十分大きく，$x^2+y^2+z^2 \fallingdotseq z^2$としてよい。

(e) $z=120$〔mm〕としたとき，紫色（$\lambda \fallingdotseq 0.40$〔$\mu$m〕）から赤色（$\lambda \fallingdotseq 0.64$〔$\mu$m〕）に変化する虹色の回折パターンがどのように配置されるか，答案用紙の図の目盛りを参考にして，おおよその形を描き入れよ。

〔解答欄〕

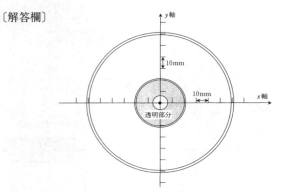

図中の x 軸, y 軸の目盛りは 10 mm とする。

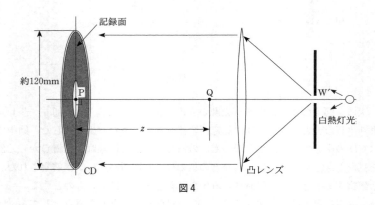

図 4

2 波の干渉・光波 **289**

解 答

〔A〕(a) ① $\dfrac{\lambda}{n}$ ② $d\sin\theta_n$ ③ $\sin\theta = n\sin\theta_n$ ④ $m\lambda$

(b) 理由：透明基板から空気中に光が進む場合，入射角 θ_n より屈折角 θ の方が大きくなり，θ_n が大きい場合は全反射を起こしてしまうため。

関係式：$\sin\theta_n > \dfrac{1}{n}$

(c) $p = 100$〔mm〕，$\ell = 300$〔mm〕であり，$\sin\theta = \dfrac{p}{\sqrt{\ell^2 + p^2}} = \dfrac{1}{\sqrt{10}}$ となる。このとき一つ目の回折光が観察されるので，$m = 1$ のときの強め合う条件と $\lambda = 0.50$〔μm〕を用いると

$$d = \frac{\lambda}{\sin\theta} = 0.50 \times \frac{\sqrt{10}}{1} \fallingdotseq 0.50 \times 3.16 = 1.58 \fallingdotseq \mathbf{1.6}\,〔\mu\mathbf{m}〕 \quad \cdots\cdots(答)$$

〔B〕(d) $x^2 + y^2 + z^2 \fallingdotseq z^2$ とできるので

$$\sin\theta = \frac{\sqrt{x^2+y^2}}{\sqrt{x^2+y^2+z^2}} \fallingdotseq \frac{\sqrt{x^2+y^2}}{z}$$

よって，強め合う条件は

$$d\sin\theta = d\frac{\sqrt{x^2+y^2}}{z} = m\lambda \quad \cdots\cdots(答)$$

(e) CD の記録面に垂直に入射して反射した光を点 Q から見ると，強め合う条件を満たす角度 θ が同じとなる部分は，点 P を中心とした円周である。

この円の半径を r〔mm〕とすると，$r = \sqrt{x^2+y^2}$ であるから，$m = 1$ の場合，(d)の結果を用いて

$$r = \frac{z\lambda}{d}\,〔\text{mm}〕$$

紫の光の回折パターンの半径 r_V〔mm〕は与えられた数値を代入して

$$r_V = \frac{120 \times 0.40}{1.58} = 30.3 \fallingdotseq 30\,〔\text{mm}〕$$

同様に，赤の光の半径 r_R〔mm〕は

$$r_R = \frac{120 \times 0.64}{1.58} = 48.6 \fallingdotseq 49\,〔\text{mm}〕$$

$m = 2$ の場合は CD の半径を超えるので，回折パターンは現れない。これらを図示すると，次のようになる。

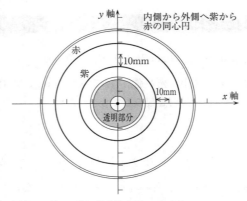

図中の x 軸，y 軸の目盛りは10mmとする。

解 説

　反射型の回折格子を扱っている。CD面に垂直な中心線上から見ると，同心円の回折パターンが観測される。なお，(e)において半径を求める場合，与えられた数値は(d)で求めた近似式が十分に成り立つ数値ではないが，問題の流れから考えて，(d)の結果を用いてよいであろう。

[A]▶(a)　①屈折率が n の媒質中での波長は真空中の波長の $\dfrac{1}{n}$ になる。光の速さも $\dfrac{1}{n}$ となるが，振動数は変わらない。

②距離 KP は $d\sin\theta_n$ で与えられるから，これが透明基板中の波長 $\dfrac{\lambda}{n}$ の整数倍に等しければ，強め合う。よって

$$d\sin\theta_n = m\dfrac{\lambda}{n}$$

③一般に，屈折率が n_1 の媒質から屈折率が n_2 の媒質に光が進む場合，入射角を i，屈折角を r として

$$n_1\sin i = n_2\sin r$$

が成り立つ。これを屈折の法則という。ここでは空気の屈折率を1としているので

$$\sin\theta = n\sin\theta_n$$

④　②と③の結果より，$\sin\theta_n$ を消去すると

$$d\sin\theta = m\lambda$$

▶(b)　関係式は次のようにして求められる。臨界角を θ_c とすると，③より

$$\dfrac{\sin 90°}{\sin\theta_c} = n \quad \therefore \quad \sin\theta_c = \dfrac{1}{n}$$

入射角が臨界角より大きいとき，つまり，$\theta_n > \theta_c$ のとき全反射となる。よって
$$\sin\theta_n > \frac{1}{n}$$

▶(c) 図(i)より
$$\sin\theta = \frac{p}{\sqrt{\ell^2 + p^2}}$$
となることがわかる。

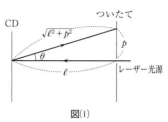

図(i)

〔B〕▶(d) CD面に垂直に入射した光は回折して，図(ii)のように点Qに達する。よって，経路の差は $d\sin\theta$ となる。$d\dfrac{\sqrt{x^2+y^2}}{z} = m\lambda$ を変形すると
$$x^2 + y^2 = \left(\frac{m\lambda z}{d}\right)^2$$

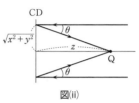

図(ii)

これは点Pを中心とする半径 $\dfrac{m\lambda z}{d}$ 〔mm〕の円を表す方程式である。よって，m の値により，半径の異なる同心円となることがわかる。

▶(e) 近似式を用いないで解く場合は次のようになる。
$$\sin\theta = \frac{\sqrt{x^2+y^2}}{\sqrt{x^2+y^2+z^2}} = \frac{r}{\sqrt{r^2+z^2}}$$
$m = 1$ の場合の強め合う条件より
$$d\frac{r}{\sqrt{r^2+z^2}} = \lambda \quad \therefore \quad r = \frac{z\lambda}{\sqrt{d^2-\lambda^2}}$$
これに与えられた数値を代入してみると
$$r_V \fallingdotseq 31 \,\text{〔mm〕}, \quad r_R \fallingdotseq 53 \,\text{〔mm〕}$$

第４章　電磁気

第4章　電磁気

節	番号	内　　容	年　　度
コンデンサー	42	誘電体が挿入されたコンデンサー，誘電体にはたらく力	2021年度〔2〕
	43	重力と静電気力と弾性力がはたらく極板，RC回路の過渡現象	2019年度〔2〕
	44	平行板コンデンサーにおける振動	2012年度〔2〕
	45	移動する極板を持つコンデンサー	2009年度〔2〕
	46	3枚の電極のコンデンサー	2004年度〔2〕
	47	導体板を挿入されたコンデンサー	2002年度〔1〕
直流回路	48	ピストンを用いたコンデンサー	2014年度〔2〕
荷電粒子の運動	49	電磁場内の荷電粒子の運動	2020年度〔2〕
	50	電磁場中の振り子の運動	2014年度〔1〕
	51	サイクロトロンの原理を用いた質量分析器	2008年度〔3〕
電流と磁界・電磁誘導	52	磁束密度が鉛直座標に比例する磁場内を落下するコイル，自己誘導による影響の考察	2018年度〔2〕
	53	一様磁場内で斜めに設置されたレールの上をすべる導体棒	2017年度〔2〕
	54	磁場内を等速で回転するコの字型回路に生じる力と並列共振	2016年度〔2〕
	55	電磁場中に置かれたコンデンサー	2015年度〔2〕
	56	磁場中にあるレール上を動く2本の導体棒	2013年度〔2〕
	57	電磁誘導とコイル	2011年度〔2〕
	58	等速円運動をする座標系から見た電磁場	2010年度〔2〕
	59	電流が磁界から受ける力と電流計	2005年度〔2〕
	60	三角形のコイルに生じる誘導起電力	2003年度〔2〕

 ①頻出項目

☐　コンデンサー

　コンデンサーの基礎原理に関する問題が頻出である。コンデンサーを構成する極板間にはたらく力，コンデンサーが蓄える静電エネルギー，外力による仕事と静電エネルギーの変化との関係などが，繰り返し出題されている項目である。典型的だが思考力を要する問題が中心である。

☐　荷電粒子の運動

　電場・磁場内での帯電体や荷電粒子の運動に関する問題である。やや難度の高い問

第 4 章　電磁気　295

題が出題されている。実験装置の概略をしっかりとつかまないといけない問題もあり，物理的思考力を要する問題である。

□　電磁誘導

　磁場内で導体棒を運動させる典型的な問題ではなく，三角形コイルを移動させたり，移動する導体棒が 2 本であったり，さらにコンデンサーが接続されていたりするなど，必ず一工夫されている。しかし，電磁誘導の法則の本質を理解し，正確に利用すれば十分対応できる。

✏ 対策　②解答の基礎として重要な項目

□　電気量と電場，電場と電位の関係

　電荷から出る（入る）電気力線はその電荷の電気量に比例し，電場の強さは単位面積を貫く電気力線の数で表される。この単純な関係で電気量と電場の関係は表される。コンデンサーの問題ではこの関係を常に念頭におき，電気力線をイメージするようにすると理解が深まる。また，電場と電位の関係も常に意識することが重要である。

□　キルヒホッフの法則

　回路の問題を解く基礎法則となっているのがキルヒホッフの法則である。元は電池と抵抗の回路で考えられていたが，その考え方はコイル，コンデンサーを含む回路や，交流電源を用いた回路にまで広げられている。この法則を使いこなせることが，回路の問題では重要である。

□　電磁誘導の法則

　例えば，面を貫く正の向きとその面のふち（閉路）をめぐる正の向きの関係などの基本事項を疎かにしないことが重要である。また，ファラデーの電磁誘導の法則，レンツの法則など，基礎となる法則を深く理解し，応用していかなければならない。

　さらに，導体棒に生じる誘導起電力や電流が磁場から受ける力が，ローレンツ力によって説明できるということも理解しておく必要がある。

1 コンデンサー

42 誘電体が挿入されたコンデンサー，誘電体にはたらく力
(2021 年度 第 2 問)

〔A〕 図 1 のように，真空中に 2 枚の薄い正方形の極板が水平に保たれて向かい合う平行板コンデンサーがある。極板の 1 辺の長さを a，2 枚の極板の間隔を $3d$ とする。また，図 2 はこの極板間に帯電していない誘電体の板を極板と平行に挿入したものである。誘電体は底面が 1 辺の長さ a の正方形，高さが d の直方体であり，誘電体と上下の極板との間隔を d とする。誘電体の比誘電率を $\varepsilon_r (\varepsilon_r > 1)$，真空の誘電率を ε_0 とする。極板の間隔 $3d$ は a に比べて十分小さく，極板端部や誘電体端部における電場の乱れは無視できるものとする。以下の問に答えよ。

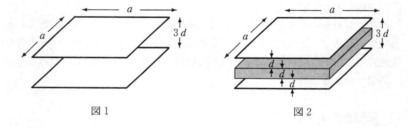

図 1   図 2

(a) 図 1，図 2 のコンデンサーの電気容量をそれぞれ C_e, C_i とする。C_e および C_i を，a, d, ε_0, ε_r のうち必要なものを用いて表せ。

(b) 図 1 および図 2 のコンデンサーの極板間に 0 でない電位差 V_0 を与えると，図 1 の極板間，図 2 の上側極板と誘電体の間，および誘電体中には，それぞれ一様とみなすことのできる電場が生じる。それらの電場の強さをそれぞれ E_A, E_B, および E_C とする。E_A, E_B, E_C の大小関係を不等式

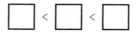

の形で答えよ。🔲

〔B〕 図3のように，図1の水平に置かれた平行板コンデンサーの極板間に誘電体の板を挿入した。このコンデンサーの両極板にスイッチおよび起電力 V_0 の直流電源をつないだ。x 軸をこれらの極板のある1辺と平行にとり，両極板が $0 \leq x \leq a$ に存在するように原点を定める。誘電体は底面が1辺の長さ $\dfrac{a}{\sqrt{2}}$ の正方形，高さが d の直方体であり，帯電していない。誘電体の比誘電率を $\varepsilon_r (\varepsilon_r > 1)$，質量を m とする。鉛直上方から極板と誘電体の位置関係を見ると，図4のように，極板の各辺に対し，誘電体の4辺は45°の角度をなしている。両極板が固定されているのに対し，誘電体は各極板を含む平面との間隔を d に保ちながら向きを変えることなく x 方向にのみなめらかに動くことができる。誘電体の位置をその左端の x 座標で表す。以下の問に答えよ。

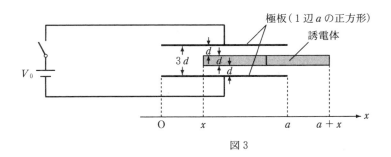

図3

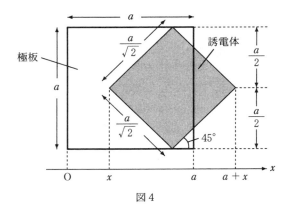

図4

298　第4章　電磁気

なお，極板，スイッチ，導線の抵抗および電源の内部抵抗，回路の自己インダクタンス，電荷の移動に伴い放射される電磁波の影響，誘電体の分極の変化に伴う発熱は無視できるものとする。また，誘電体の移動に伴う極板上の電荷の再配置や誘電体の分極は十分速やかに起こるものとする。極板の間隔 $3d$ は a に比べて十分小さく，極板端部や誘電体端部における電場の乱れは無視できるものとする。

(c)　次の文章の空欄(ア)〜(オ)に当てはまる数式を答えよ。

　誘電体の位置 x が変化すると，極板の面積 S(ただし $S = a^2$)のうち誘電体が挿入された部分の面積が変化する。これを x の関数として $S_i(x)$ と表す。その結果，コンデンサーの電気容量も x の関数として変化する。これを $C(x)$ と表せば，問(a)で定義された C_i と C_e および S，$S_i(x)$ を用いて次のように表される。

$$C(x) = \frac{S_i(x)}{S} C_i + \boxed{\quad\text{(ア)}\quad} \times C_e$$

図4を参考に面積 $S_i(x)$ を求めれば，

$$S_i(x) = \begin{cases} \boxed{\quad\text{(イ)}\quad} & \left(|x| \leq \dfrac{a}{2} \text{ のとき}\right) \\[2ex] (a - |x|)^2 & \left(\dfrac{a}{2} < |x| \leq a \text{ のとき}\right) \\[2ex] 0 & (a < |x| \text{ のとき}) \end{cases}$$

となる。したがって，$C(x)$ は次式の形で与えられる。

$$C(x) = \begin{cases} C_1 - bx^2 & \left(|x| \leq \dfrac{a}{2} \text{ のとき}\right) \\[2ex] C_2 + b(a - |x|)^2 & \left(\dfrac{a}{2} < |x| \leq a \text{ のとき}\right) \\[2ex] C_2 & (a < |x| \text{ のとき}) \end{cases}$$

ただし，C_1，C_2 は，C_i，C_e を用いて

$$C_1 = \boxed{\quad \text{(ウ)} \quad} \quad, \quad C_2 = \boxed{\quad \text{(エ)} \quad}$$

と表される。また，b は d，ε_0，ε_r を用いて次式で表される。

$$b = \boxed{\quad \text{(オ)} \quad}$$

(d) 最初，誘電体は位置 $x = 0$ にあり，スイッチは閉じられているとする。その後，スイッチを開いてから誘電体の位置 x を動かすと，コンデンサーに蓄えられる静電エネルギーは x の関数として変化する。これを $U_1(x)$ と表すとき，$U_1(x)$ を $-\dfrac{a}{2} \leqq x \leqq \dfrac{a}{2}$ の範囲で，x，V_0 および問(C)で定義された C_1，b を用いて表せ。🔲

(e) スイッチを閉じた状態で誘電体の位置 x を動かすと，コンデンサーに蓄えられる静電エネルギーは x の関数として変化する。これを $U_2(x)$ と表すとき，$U_2(x)$ を $-\dfrac{a}{2} \leqq x \leqq \dfrac{a}{2}$ の範囲で，x，V_0 および問(C)で定義された C_1，b を用いて表せ。🔲

(f) スイッチを閉じた状態で考える。誘電体の位置 x を動かすと上側極板の電荷も x に応じて変化する。誘電体に外力を加えて位置 $x = 0$ から位置 x までゆっくり動かす際に外力がする仕事 $W(x)$ と電源が行う仕事との和が，コンデンサーの静電エネルギーの変化分に等しいことを用いて，$0 \leqq x \leqq \dfrac{a}{2}$ における $W(x)$ を求めよ。答は x，V_0 および問(C)で定義された b を用いて表せ。ただし，起電力 V_0 の電源が行う仕事は，電源の内部を負極から正極へ電荷 Q が移動するとき，QV_0 で与えられる。🔲

(g) スイッチを閉じた状態で，誘電体を位置 $x = x_0 \left(0 < x_0 \leqq \dfrac{a}{2} \right)$ から初速度 0 で放したところ，誘電体には x 方向の復元力が作用し，誘電体は振動した。問(f)の $W(x)$ が誘電体の位置エネルギーとみなすことができることを用いて，位置 x における復元力 F および振動の周期 T を求めよ。ただし，x 軸の正方向を力 F の正の向きとする。答は，F については x，V_0 および問(C)で定義された b を用いて表し，T については a，d，x_0，m，V_0，ε_0，ε_r のうち必要なものを用いて表せ。🔲

300 第4章 電磁気

(h) スイッチを閉じた状態で，誘電体を位置 $x = \dfrac{3a}{4}$ から初速度0で放したところ，誘電体は位置 x が小さくなる向きに動き出した。位置 $x = 0$ となったときの誘電体の速さを v_1 とする。$\varepsilon_r = 10$ として，v_1 を a, d, m, V_0, ε_0 のうち必要なものを用いて表せ。🈷

1 コンデンサー 301

解 答

〔A〕(a) 図 1 のコンデンサーは，極板の間隔が $3d$ なので，電気容量 C_e は

$$C_e = \varepsilon_0 \frac{a^2}{3d} \quad \cdots\cdots(答)$$

図 2 のコンデンサーは，極板の間隔が d で極板間が真空のコンデンサーが 2 つと，極板の間隔が d で比誘電率 ε_r の誘電体が挿入されたコンデンサーを直列に接続したものとみなせるので，電気容量 C_i は

$$\frac{1}{C_i} = \frac{1}{\varepsilon_0 \dfrac{a^2}{d}} + \frac{1}{\varepsilon_r \varepsilon_0 \dfrac{a^2}{d}} + \frac{1}{\varepsilon_0 \dfrac{a^2}{d}} = \frac{(2\varepsilon_r + 1)}{\varepsilon_r} \frac{d}{\varepsilon_0 a^2}$$

$$\therefore \quad C_i = \frac{\varepsilon_r}{2\varepsilon_r + 1} \varepsilon_0 \frac{a^2}{d} \quad \cdots\cdots(答)$$

(b) 電位と電場の関係より

$$V_0 = E_A \cdot 3d \quad \therefore \quad E_A = \frac{V_0}{3d}$$

誘電体内の電場の強さ E_C は，比誘電率 ε_r（>1）を用いて

$$E_C = \frac{E_B}{\varepsilon_r} \quad \therefore \quad E_C < E_B$$

電位と電場の関係より

$$V_0 = E_B \cdot 2d + E_C \cdot d = \varepsilon_r E_C \cdot 2d + E_C \cdot d = (2\varepsilon_r + 1) E_C \cdot d$$

$$= \left(2 + \frac{1}{\varepsilon_r}\right) E_B \cdot d$$

$$\therefore \quad E_C = \frac{V_0}{(2\varepsilon_r + 1) d} < E_A$$

$$E_B = \frac{V_0}{\left(2 + \dfrac{1}{\varepsilon_r}\right) d} > E_A$$

よって　　$E_C < E_A < E_B$ $\quad \cdots\cdots(答)$

〔B〕(c)　(ア) $1 - \dfrac{S_i(x)}{S}$　(イ) $\dfrac{a^2}{2} - x^2$　(ウ) $\dfrac{C_i + C_e}{2}$　(エ) C_e　(オ) $\dfrac{(\varepsilon_r - 1)\varepsilon_0}{3(2\varepsilon_r + 1) d}$

(d)　$x = 0$ のとき蓄えられた電気量を Q_0 とすると

$$Q_0 = C(0) V_0 = C_1 V_0$$

スイッチを開いてから誘電体を動かすので，コンデンサーが蓄える電気量は Q_0 のままである。静電エネルギー $U_1(x)$ は

$$U_1(x) = \frac{Q_0^2}{2C(x)} = \frac{(C_1 V_0)^2}{2(C_1 - bx^2)} = \frac{C_1^2}{2(C_1 - bx^2)} V_0^2 \quad \cdots\cdots(答)$$

302　第4章　電磁気

(e)　コンデンサーに加わる電圧が常に V_0 なので，静電エネルギー $U_2(x)$ は

$$U_2(x) = \frac{1}{2}C(x)V_0{}^2 = \frac{1}{2}(C_1 - bx^2)V_0{}^2 \quad \cdots\cdots(\text{答})$$

(f)　誘電体の移動の間に電源の内部を負極から正極へ移動する電気量 $\varDelta Q$ は

$$\varDelta Q = C(x)V_0 - C(0)V_0 = (C_1 - bx^2)V_0 - C_1V_0 = -bV_0x^2$$

エネルギーと仕事の関係より

$$\begin{aligned}
W(x) &= \{U_2(x) - U_2(0)\} - \varDelta QV_0 \\
&= \left\{\frac{1}{2}(C_1 - bx^2)V_0{}^2 - \frac{1}{2}C_1V_0{}^2\right\} - (-bx^2V_0)V_0 \\
&= \frac{1}{2}bV_0{}^2x^2 \quad \cdots\cdots(\text{答})
\end{aligned}$$

(g)　$W(x)$ が位置エネルギーとみなせるので，復元力 F は

$$F = -bV_0{}^2x \quad \cdots\cdots(\text{答})$$

$$= -\frac{(\varepsilon_r - 1)\varepsilon_0}{3(2\varepsilon_r + 1)d}V_0{}^2x$$

単振動の角振動数 ω は

$$\omega = \sqrt{\frac{\dfrac{(\varepsilon_r - 1)\varepsilon_0}{3(2\varepsilon_r + 1)d}V_0{}^2}{m}} = V_0\sqrt{\frac{(\varepsilon_r - 1)\varepsilon_0}{3(2\varepsilon_r + 1)md}}$$

よって，単振動の周期 T は

$$T = \frac{2\pi}{\omega} = \frac{2\pi}{V_0}\sqrt{\frac{3(2\varepsilon_r + 1)md}{(\varepsilon_r - 1)\varepsilon_0}} \quad \cdots\cdots(\text{答})$$

(h)　エネルギー保存則より

$$\left\{\frac{1}{2}mv_1{}^2 + \frac{1}{2}C(0)V_0{}^2\right\} - \left\{\frac{1}{2}m\cdot0^2 + \frac{1}{2}C\left(\frac{3a}{4}\right)V_0{}^2\right\} = \left\{C(0) - C\left(\frac{3a}{4}\right)\right\}V_0{}^2$$

$$\therefore\quad v_1 = V_0\sqrt{\frac{1}{m}\left\{C(0) - C\left(\frac{3a}{4}\right)\right\}} = \frac{aV_0}{4}\sqrt{\frac{\varepsilon_0}{md}} \quad \cdots\cdots(\text{答})$$

解　説

　コンデンサーの間に誘電体を挿入したときの極板間の電場，静電エネルギーと極板間の誘電体にはたらく力に関する問題である。

　〔A〕は，電気容量に関しては基本問題なので公式を用いればよい。極板間の電場の強さに関しては，誘電体内の電場が $\dfrac{1}{\varepsilon_r}$ 倍になっていることを知っているかどうかがポイントである。

　〔B〕は，極板間に誘電体を挿入したときの誘電体にはたらく力を求める典型的な問題である。ただし，誘電体の形状が極板の形と異なるのでやや計算が煩雑になる。充

電後スイッチを閉じたままでの変化と，スイッチを開いた後の変化は保存量に注意して計算すればよい。また，誘電体にはたらく力はエネルギー保存則から導かれるが，問題文中に説明が書かれているので難しくはない。

〔A〕▶(a)　平行板コンデンサーの電気容量は，極板面積に比例し，極板間距離に反比例する。また，比例定数は誘電率となる。図2は，間隔が d の3つのコンデンサーを直列に接続したものとみなせる。

▶(b)　電場 E_B の中に置かれた誘電体内の電場は，誘電分極により電場 E_B の $\dfrac{1}{\varepsilon_r}$ 倍となる。

電場の強さに電場方向の距離をかけたものが電位差となるので，極板間電位差を用いて電場の強さを表すことができる。

以下では誘電体内外の電場の関係を導いておく。

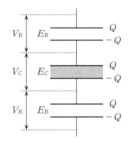

図2のコンデンサーを，極板の間隔が d で極板間が真空のコンデンサーが2つと，極板の間隔が d で比誘電率 ε_r の誘電体が挿入されたコンデンサーを直列に接続したものとみなし，図2のコンデンサーが蓄える電気量を Q とする。極板間が真空のコンデンサーに加わる電圧 V_B は $E_B d$ となり，誘電体が挿入されたコンデンサーの電圧 V_C は $E_C d$ となる。

それぞれのコンデンサーの電気容量は $\varepsilon_0 \dfrac{a^2}{d}$, $\varepsilon_r \varepsilon_0 \dfrac{a^2}{d}$ なので

$$Q = \varepsilon_0 \frac{a^2}{d} V_B = \varepsilon_0 \frac{a^2}{d} E_B d = \varepsilon_0 a^2 E_B \quad \therefore \quad E_B = \frac{Q}{\varepsilon_0 a^2}$$

$$Q = \varepsilon_r \varepsilon_0 \frac{a^2}{d} V_C = \varepsilon_r \varepsilon_0 \frac{a^2}{d} E_C d = \varepsilon_r \varepsilon_0 a^2 E_C \quad \therefore \quad E_C = \frac{Q}{\varepsilon_r \varepsilon_0 a^2}$$

以上2式より　　$E_C = \dfrac{1}{\varepsilon_r} E_B$

共に同じ電圧 V_0 を図1と図2のコンデンサーに加えたとき，電気容量は異なるので，それぞれが蓄える電気量は異なる。その電気量を Q', Q とし，電場の強さを表したのが下式，電場の様子を電気力線を用いて表したのが次の図である。ただし，電気力線の本数は電気量に比例し，単位面積あたりを貫く電気力線の本数は電場の強さを表すことに注意する。

$$E_A = \frac{Q'}{\varepsilon_0 a^2} = \frac{V_0}{3d}$$

$$E_B = \frac{Q}{\varepsilon_0 a^2} = \frac{V_B}{d}$$

$$E_C = \frac{E_B}{\varepsilon_r} = \frac{Q}{\varepsilon_r \varepsilon_0 a^2} = \frac{V_C}{d}$$

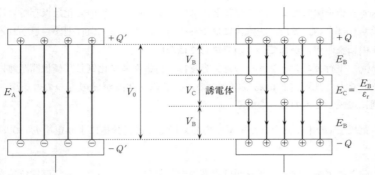

※電気力線の様子は $\varepsilon_r = \frac{5}{2}$ として描いた。

〔B〕▶(c) (ア) 図4のコンデンサーは，図1と図2のコンデンサーの一部を並列に接続したものとみなせる。コンデンサーの電気容量は面積に比例するので

$$C(x) = \frac{S_i(x)}{S}C_i + \frac{S-S_i(x)}{S}C_e$$

(イ) $|x| \leq \frac{a}{2}$ のとき，誘電体の面積は $\frac{a^2}{2}$ であり，誘電体が極板の外に出ている部分の面積は $\frac{1}{2}|x|(2|x|) = x^2$ なので，$S_i(x)$ は

$$S_i(x) = \frac{a^2}{2} - x^2$$

(ウ)・(オ) $|x| \leq \frac{a}{2}$ のとき

$$C(x) = \frac{\frac{a^2}{2} - x^2}{a^2}C_i + \frac{a^2 - \left(\frac{a^2}{2} - x^2\right)}{a^2}C_e$$

$$= \frac{\frac{a^2}{2} - x^2}{a^2}C_i + \frac{\frac{a^2}{2} + x^2}{a^2}C_e = \frac{C_i + C_e}{2} - (C_i - C_e)\frac{x^2}{a^2}$$

$$= \frac{C_i + C_e}{2} - \left(\frac{\varepsilon_r}{2\varepsilon_r + 1}\varepsilon_0\frac{a^2}{d} - \varepsilon_0\frac{a^2}{3d}\right)\frac{x^2}{a^2}$$

$$= \frac{C_i + C_e}{2} - \frac{3\varepsilon_r - (2\varepsilon_r + 1)}{3(2\varepsilon_r + 1)}\frac{\varepsilon_0}{d}x^2$$

$$= \frac{C_i + C_e}{2} - \frac{(\varepsilon_r - 1)\varepsilon_0}{3(2\varepsilon_r + 1)d}x^2 = C_1 - bx^2$$

(エ) $a < |x|$ のとき，$S_i(x) = 0$ なので

$$C(x) = \frac{0}{S}C_i + \frac{S-0}{S}C_e = C_e = C_2$$

▶(d) スイッチを開くので，極板上の電気量は変化しない。しかし，電気容量は変化するので極板間の電圧は変化する。静電エネルギーは最初に充電したときの電気量と電気容量から求めるとよい。

▶(e) スイッチを閉じているので，極板間の電圧は変化せず常に V_0 のままである。しかし，電気量は変化する。静電エネルギーは電圧と電気容量から求めるとよい。

▶(f) 電源内部を負極から正極へ移動する電気量 ΔQ は，電気容量の変化量と電圧の積となる。電気容量が減少するときは $\Delta Q < 0$ となり，電源が行う仕事は負となる。また，外力がする仕事と電源による仕事の和が静電エネルギーの変化量となる。

▶(g) k を正の定数とする。復元力が $-kx$ と表せるとき，その位置エネルギーは $\dfrac{1}{2}kx^2$ となる。よって，$W(x)$ が位置エネルギーとみなせるので，bV_0^2 が復元力の比例定数 k となる。復元力が $-kx$ のとき，角振動数 ω は，$\omega = \sqrt{\dfrac{k}{m}}$ となり，単振動の周期 T は，$T = \dfrac{2\pi}{\omega}$ となる。

▶(h) $x = \dfrac{3a}{4}$ から運動するので，誘電体は単振動をするわけではない。しかし，エネルギー保存則は成立する。よって

$$
\begin{aligned}
\frac{1}{2}mv_1^2 &= \frac{1}{2}\left\{C(0) - C\left(\frac{3a}{4}\right)\right\}V_0^2 \\
&= \frac{1}{2}\left\{C_1 - C_2 - b\left(a - \frac{3a}{4}\right)^2\right\}V_0^2 \\
&= \frac{1}{2}\left(\frac{C_i + C_e}{2} - C_e - \frac{a^2}{16}b\right)V_0^2 \\
&= \frac{1}{2}\left\{\frac{1}{2}\cdot\frac{\varepsilon_r - 1}{3(2\varepsilon_r + 1)}\cdot\frac{\varepsilon_0 a^2}{d} - \frac{a^2}{16}\cdot\frac{(\varepsilon_r - 1)\varepsilon_0}{3(2\varepsilon_r + 1)d}\right\}V_0^2 \\
&= \frac{1}{2}\cdot\frac{7}{16}\cdot\frac{(\varepsilon_r - 1)}{3(2\varepsilon_r + 1)}\varepsilon_0\frac{a^2}{d}V_0^2 \quad (\varepsilon_r = 10 \text{ なので}) \\
&= \frac{7}{2\cdot16}\cdot\frac{9}{3\cdot21}\varepsilon_0\frac{a^2}{d}V_0^2 = \frac{1}{2\cdot16}\varepsilon_0\frac{a^2}{d}V_0^2
\end{aligned}
$$

$$\therefore \quad v_1 = \frac{aV_0}{4}\sqrt{\frac{\varepsilon_0}{md}}$$

テーマ

面積 S, 極板間は真空で, その間隔が d の平行平板コンデンサーに電気量 Q の電荷が蓄えられているとする。そのとき極板間の電場の強さ E は, 真空の誘電率を ε_0 とすると, ガウスの法則より

$$E = \frac{Q}{\varepsilon_0 S}$$

となる。

このコンデンサーの隙間に, 誘電率 ε $\left(\text{比誘電率 } \varepsilon_r = \frac{\varepsilon}{\varepsilon_0} > 1\right)$ の誘電体を挿入する。そのとき誘電体は誘電分極のため誘電体表面に電荷 (分極電荷) があらわれ, 誘電体内の電場の強さ E' は E より弱められることになる。その電場の強さ E' は

$$E' = \frac{Q}{\varepsilon S} = \frac{Q}{\varepsilon_r \varepsilon_0 S} = \frac{E}{\varepsilon_r} \quad (<E)$$

となる。また, 分極によってあらわれた電気量 q を用いて極板間の電場 (誘電体内の電場) の強さ E' を表すと

$$E' = \frac{Q-q}{\varepsilon_0 S}$$

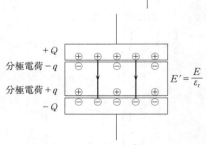

※電気力線の様子は $\varepsilon_r = \frac{5}{2}$ として描いた。

であり, 分極によってあらわれたその電気量 q は, 以上 2 式より

$$\frac{Q}{\varepsilon_r} = Q - q \quad \therefore \quad q = \left(1 - \frac{1}{\varepsilon_r}\right) Q$$

また, 誘電体を挿入後の極板間の電圧 V は

$$V = E'd = \frac{Q}{\varepsilon_r \varepsilon_0 S} d$$

であり, そのときの電気容量 C は

$$C = \frac{Q}{V} = \varepsilon_r \varepsilon_0 \frac{S}{d}$$

となり, 誘電体の挿入前の電気容量の ε_r 倍となる。

43 重力と静電気力と弾性力がはたらく極板, RC回路の過渡現象

(2019年度 第2問)

〔A〕 図1のように,電圧 V の電池,抵抗,およびスイッチに接続された平行板コンデンサーの導体極板に働く力を考える。面積 S の2つの極板 P_1, P_2 は真空中に水平に置かれており,絶縁体でできた軽いばねでつながれている。各極板の質量を m,重力加速度の大きさを g,真空の誘電率を ε_0,ばねの自然長を L,ばね定数を k とする。

ばねは自由に伸び縮みができ,長さによらずフックの法則が成り立つが,極板同士は接触することがないものとする。また,極板間の電場は一様で,極板端およびばねによる電場の乱れはないものとする。極板の厚さは無視でき,極板と,電池およびスイッチをつなぐ導線は十分に長く,しなやかで軽いため,極板の動きに影響を与えない。

P_1 は常に固定されているが,P_2 は鉛直方向にのみ動くことができる。P_1 の位置を原点とし,鉛直上向きを正とする座標 x を考える。力や電場の向きは,鉛直上向きを正とする。また,極板に働く力は常に x 軸に平行である。

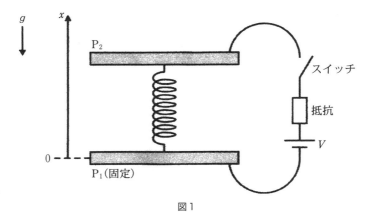

図1

はじめ,スイッチは開いており,コンデンサーには電荷が蓄えられていないものとする。P_2 を手で支え,スイッチを閉じ,P_2 をゆっくりと $x=x_0$ の位置に移動させて,手を放したところ P_2 に働く力はつり合っていた。ただし,P_2 を支える手と P_2 の間の電荷のやり取りはないものとする。このとき,以下の問に答えよ。

(a) P_2 には静電気力 F_E が働く。F_E は P_2 に蓄えられる正の電気量と,P_1 がつくる電場の積で与えられる。P_1 がつくる電場は,極板間の実際の電場の半分である

308 第4章 電磁気

ことを考慮して，F_E を S，ε_0，V，x_0 を用いて表せ。解答は答のみでよい。

(b) P_2 に働く力のつり合いを S，ε_0，k，L，m，g，V，x_0 を用いて表せ。解答は答のみでよい。

次に，P_2 を手で持ち，ゆっくりと x の位置に移動させた。このとき，P_2 を静止させておくのに必要な，手で加える力を F とする。

(c) P_2 を x の位置で静止させるために必要な力 F は下記のようになる。空欄 　ア　 に当てはまる数式を S，ε_0，k，V，x_0，x を用いて表せ。🈸

$$F = (x - x_0) \times (\boxed{\quad ア \quad})$$

(d) P_2 の位置 x を変化させると，F がゼロになる位置が2点あった。1点は $x = x_0$ のときである。もう1点の位置 x を x_1 とすると，x_1 は下記のようになる。空欄 　イ　 および 　ウ　 に当てはまる数式を S，ε_0，k，V，x_0 を用いて表せ。🈸

$$x_1 = \boxed{\quad イ \quad} \times (1 + \sqrt{\boxed{\quad ウ \quad}})$$

以降，$x_1 < x_0$ として考える。

(e) P_2 の位置 x を変化させたときの F の様子として最も適当なものを，図2の①～⑧から選べ。

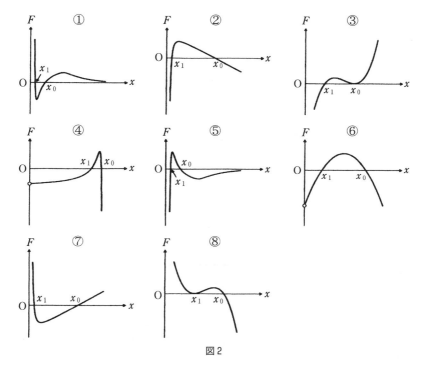

図2

(f) P_2 をゆっくりと $x_1 < x < x_0$ を満たすある位置 x に移動させて，P_2 を支えていた手を放した。放した直後の P_2 のふるまいとして最も適当なものを，以下の①〜③から選べ。

選択肢：
① x_0 に向かって動きはじめる。
② x_1 に向かって動きはじめる。
③ x の位置から動かない。

〔B〕 図3は，スイッチ S_1 および S_2，抵抗値 R_1 および R_2 の抵抗，電気容量 C のコンデンサー，および電圧 V の電池を用いた回路である。抵抗値 R_2 の抵抗に流れる電流を I とし，矢印の向きを正とする。また，導線の抵抗は無視できる。はじめ，スイッチ S_1 および S_2 は開いており，コンデンサーには電荷が蓄えられていないものとする。次に，下記の順番で，スイッチ S_1 および S_2 の開閉操作を続けて行った。

操作1．時刻 $t=0$ のときに，スイッチ S_1 を閉じる。
操作2．時刻 $t=t_1$ のときに，スイッチ S_2 を閉じる。

操作3．時刻 $t=t_2$ のときに，スイッチ S_1 を開く．
操作4．時刻 $t=t_3$ のときに，スイッチ S_1 を閉じる．
各操作間は十分に時間が経過しているものとし，以下の問に答えよ．

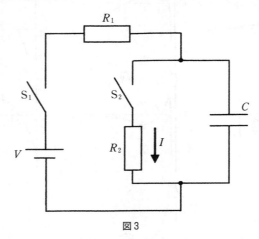

図3

(g) 操作1を行い，コンデンサーの充電が終了するまでに，抵抗値 R_1 の抵抗で発生するジュール熱を，V, R_1, R_2, C のうち必要なものを用いて表せ．

(h) 操作2を行い，十分に時間が経過したときのコンデンサーの静電エネルギーを，V, R_1, R_2, C のうち必要なものを用いて表せ．

(i) 操作1〜4を行ったときの，抵抗値 R_2 の抵抗に流れる電流 I の時間変化の様子として最も適当なものを，図4の①〜⑨から選べ．また，電流 I の大きさの最大値を，V, R_1, R_2, C のうち必要なものを用いて表せ．解答は答のみでよい．

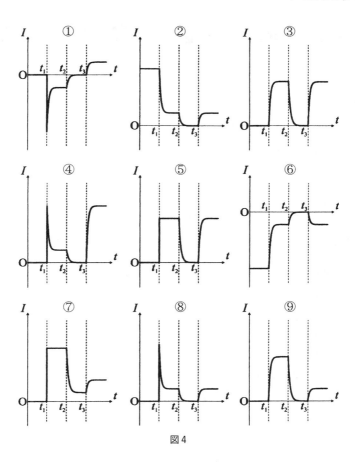

図4

312 第4章 電磁気

解 答

〔A〕(a) $F_E = -\dfrac{1}{2}\varepsilon_0\dfrac{S}{x_0{}^2}V^2$

(b) $0 = k(L-x_0) - \dfrac{1}{2}\varepsilon_0\dfrac{S}{x_0{}^2}V^2 - mg$

(c) x の位置での P_2 にはたらく力のつり合いの式は

$$0 = F + k(L-x) - \frac{1}{2}\varepsilon_0\frac{S}{x^2}V^2 - mg$$

上式と(b)の式との差をとると

$$0 = F + k(x_0-x) - \frac{1}{2}\varepsilon_0 SV^2\left(\frac{1}{x^2} - \frac{1}{x_0{}^2}\right)$$

$$\therefore\quad F = k(x-x_0) + \frac{1}{2}\varepsilon_0 SV^2\frac{(x_0+x)(x_0-x)}{x^2 x_0{}^2} = (x-x_0)\times\left(k - \frac{1}{2}\varepsilon_0 SV^2\frac{x_0+x}{x^2 x_0{}^2}\right)$$

よって　(ア)$k - \dfrac{1}{2}\varepsilon_0 SV^2\dfrac{x_0+x}{x^2 x_0{}^2}$　……(答)

(d) (ア)の値が 0 となる点を求める。

$$0 = k - \frac{1}{2}\varepsilon_0 SV^2\frac{x_0+x}{x^2 x_0{}^2}$$

x について整理すると

$$k x_0{}^2 x^2 - \frac{1}{2}\varepsilon_0 SV^2 x - \frac{1}{2}\varepsilon_0 SV^2 x_0 = 0$$

2 次方程式の解の公式を用い，正の解 x_1 を求めると

$$x_1 = \frac{\varepsilon_0 SV^2}{4k x_0{}^2}\times\left(1 + \sqrt{1 + \frac{8k x_0{}^3}{\varepsilon_0 SV^2}}\right)$$

よって　(イ)$\dfrac{\varepsilon_0 SV^2}{4k x_0{}^2}$, (ウ)$1 + \dfrac{8k x_0{}^3}{\varepsilon_0 SV^2}$　……(答)

(e)—⑦

(f)—①

〔B〕(g) 充電が終了したとき，コンデンサーに蓄えられた電気量は CV であり，蓄えられた静電エネルギーは $\dfrac{1}{2}CV^2$ である。また，この間に電池がした仕事は CV^2 である。エネルギー保存則より，抵抗で発生するジュール熱は

$$CV^2 - \frac{1}{2}CV^2 = \frac{1}{2}CV^2 \quad\text{……(答)}$$

(h) 十分に時間が経過したときに抵抗値 R_2 の抵抗に流れる電流を i とする。キルヒホッフの法則より

$$V = R_1 i + R_2 i \qquad \therefore \quad i = \frac{V}{R_1 + R_2}$$

このときコンデンサーにかかる電圧は $R_2 i$ となるので，コンデンサーの静電エネルギーは

$$\frac{1}{2}C(R_2 i)^2 = \frac{1}{2}C\left(\frac{R_2}{R_1 + R_2}V\right)^2 \quad \cdots\cdots\text{(答)}$$

(i)—⑧　　I の大きさの最大値：$\dfrac{V}{R_2}$

解　説

〔A〕は，重力，弾性力，静電気力がはたらく極板に関する問題である。極板を支える力が 0 となる点を求める計算は，解の公式を使うだけである。グラフを選ぶ問題は，漸近領域を考えればよい。〔B〕は，電池，抵抗，コンデンサーで構成された回路の典型問題である。スイッチの開閉にともない，電流，電気量の変化の様子を正確にとらえる必要がある。

〔A〕▶(a)　極板間隔が x_0 となることより，極板間の電場の強さを E とすると

$$E = \frac{V}{x_0}$$

また，極板 P_2 に蓄えられる電気量を Q とすると

$$Q = \varepsilon_0 \frac{S}{x_0}V$$

極板 P_1 がつくる電場から極板 P_2 上の電荷が力を受けるので，P_2 にはたらく静電気力の大きさ $|F_E|$ は

$$|F_E| = Q \cdot \frac{E}{2} = \frac{1}{2}\varepsilon_0 \frac{S}{x_0{}^2}V^2$$

P_2 に蓄えられる電気量は正なので，P_2 が受ける力の向きは電場の向きと同じとなり，$F_E < 0$ となる。

▶(b)　ばねの縮みは $L - x_0$ なので，弾性力は $k(L - x_0)$ となり，P_2 にはたらく力のつり合いを表す式は

$$0 = k(L - x_0) - \frac{1}{2}\varepsilon_0 \frac{S}{x_0{}^2}V^2 - mg$$

▶(c)　P_2 の位置は x となるので，ばねの縮みは $L - x$ となり，弾性力は $k(L - x)$ となる。また，このとき手から加えられる力は上向きを正として F である。位置 x のときのつり合いの式と(b)で得た式の差をとることにより L を消去する。

▶(d)　2 次方程式に対して解の公式を用いると

$$x = \frac{\dfrac{1}{2}\varepsilon_0 S V^2 \pm \sqrt{\left(\dfrac{1}{2}\varepsilon_0 S V^2\right)^2 - 4kx_0{}^2\left(-\dfrac{1}{2}\varepsilon_0 S V^2 x_0\right)}}{2kx_0{}^2}$$

314　第4章　電磁気

$$= \frac{\varepsilon_0 SV^2}{4kx_0{}^2} \times \left(1 \pm \sqrt{1 + \frac{8kx_0{}^3}{\varepsilon_0 SV^2}}\right)$$

この2解のうち，正の値をとるものが，求める x_1 となる。

▶(e)　F は，1次関数 $(x-x_0)$ と $\left(k - \frac{1}{2}\varepsilon_0 SV^2 \dfrac{x_0 + x}{x^2 x_0{}^2}\right)$ の積で表される関数である。

$x \to 0$ では，$(x-x_0) \to -x_0$（一定）なので，$\dfrac{1}{x^2}$ に比例する関数のグラフに近づき，

$x \to \infty$ では，$\dfrac{1}{x} \to 0$，$\dfrac{1}{x^2} \to 0$ となるので，1次関数のグラフに近づく。よって，適当なグラフは⑦となる。

▶(f)　$x_1 < x < x_0$ の範囲においては $F < 0$ となるので，つり合わせるために加えた外力の向きは下向きである。よって，外力以外の合力は上を向くことになるので，外力を取り除いた後の P_2 のふるまいは，x_0 に向かって動きはじめることになる。

〔B〕▶(g)　充電が終了するまでに電池がした仕事は，抵抗値 R_1 の抵抗で発生するジュール熱とコンデンサーが蓄える静電エネルギーとなる。このとき電池がした仕事は，電池の起電力と起電力の向きに流れた電気量の積となる。充電が終了したとき，コンデンサーにかかる電圧は V となり，コンデンサーが蓄える静電エネルギーは $\dfrac{1}{2}CV^2$ である。このとき抵抗値 R_2 の抵抗に電流は流れない。

▶(h)　スイッチ S_2 を閉じると，抵抗値 R_2 の抵抗とコンデンサーは並列となり，かかる電圧は等しくなる。そのためコンデンサーは放電することになる。十分に時間が経過すると，コンデンサーに流れる電流は0となり，抵抗値 R_1，R_2 の抵抗を流れる電流も一定値となる。

▶(i)　時刻 $t=0$ から $t=t_1$ までは，スイッチ S_2 が開いているので $I=0$ である。時刻 $t=t_1$ でスイッチ S_2 を閉じた瞬間，コンデンサーにかかる電圧は V なので，S_2 を閉じた直後の電流 I は $\dfrac{V}{R_2}$ である。

その後十分に時間が経過すると，$I = \dfrac{V}{R_1 + R_2}$ となり，時刻 $t=t_1$ から $t=t_2$ まで，I は減少する。

時刻 $t=t_2$ でスイッチ S_1 を開くと，抵抗値 R_2 の抵抗に流れる電流はコンデンサーが放電することによって流れる電流であり，十分に時間が経過すると0になる。時刻 $t=t_3$ でスイッチ S_1 と S_2 を閉じ，十分に時間が経過すると，操作2の後の十分に時間が経過したときと同じく $I = \dfrac{V}{R_1 + R_2}$ となる。

よって，グラフは⑧。

テーマ

〔抵抗とコンデンサーで構成された回路の方程式の解〕

抵抗値が R の抵抗，電気容量が C のコンデンサー，起電力が V の電池を右図のように接続した回路を考える。任意の時刻 t における回路の方程式は，回路を流れる電流を i，コンデンサーに蓄えられる電気量を q とすると

$$V = Ri + \frac{q}{C}$$

（点Aに対する点Bの電位を表す式）
また，コンデンサーに蓄えられる電気量 q とコンデンサーに流入する電流 i の関係は

$$i = \frac{dq}{dt}$$

となり，以上2式より電気量 q に関する方程式が得られ

$$R\frac{dq}{dt} = V - \frac{1}{C}q \quad \cdots\cdots ①$$

となる。上式は，重力 mg と速度 v に比例する抵抗力 kv（k：比例定数）を受けながら落下する質量 m の雨滴の運動方程式

$$m\frac{dv}{dt} = mg - kv$$

と同型である。これらの微分方程式は，物理では非常によく出てくるタイプで変数分離型と呼ばれるものである。この方程式の解である，速度と時間のグラフと，今回の回路に対する電気量と時間のグラフは同じ形となる。

はじめコンデンサーは充電されていないものとすると，①式の電気量 q に関する方程式の解は

$$q = CV(1 - e^{-\frac{1}{CR}t})$$

となり，この式より電流 i は

$$i = \frac{dq}{dt} = \frac{d}{dt}CV(1 - e^{-\frac{1}{CR}t})$$

$$= \frac{V}{R}e^{-\frac{1}{CR}t}$$

となる。右下図の網かけ部分の面積は時刻 t までにコンデンサーに蓄えられた電気量 q を表す。

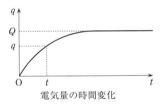

電気量の時間変化

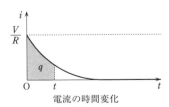

電流の時間変化

〔抵抗とコンデンサーで構成された回路のエネルギー保存〕

キルヒホッフの第2法則を表す回路の方程式（単位は〔V〕=〔J/C〕）は，単位電荷当たりのエネルギー保存を表す式とみることができる。そこで両辺に電流 i をかけた式の単位は〔V·A〕=〔(J/C)·(C/s)〕=〔J/s〕=〔W〕となり，単位時間当たりのエネルギー保存を表す式となる。

上記回路の方程式に電流 i をかけると

316　第4章　電磁気

$$Vi = Ri^2 + \frac{q}{C}\frac{dq}{dt} \qquad \therefore \quad Vi = Ri^2 + \frac{d}{dt}\left(\frac{q^2}{2C}\right)$$

となる。左辺の Vi は電池がした単位時間当たりの仕事であり，右辺の第1項の Ri^2 は抵抗での消費電力，第2項の $\frac{d}{dt}\left(\frac{q^2}{2C}\right)$ はコンデンサーの静電エネルギーの時間に対する変化率である。

また，この式を時刻 t で積分することにより，全時間におけるエネルギー保存の関係式が得られる。

$$\int_0^\infty V\frac{dq}{dt}dt = \int_0^\infty Ri^2dt + \int_0^\infty \frac{q}{C}\frac{dq}{dt}dt$$

$$\int_0^Q Vdq = \int_0^\infty Ri^2dt + \int_0^Q \frac{q}{C}dq$$

$$\therefore \quad QV = \int_0^\infty Ri^2dt + \frac{Q^2}{2C} = \int_0^\infty Ri^2dt + \frac{1}{2}QV$$

左辺の QV は，電池が回路に対してした仕事を表している。また，右辺第1項は，抵抗で電気エネルギーから熱エネルギーに変換された量（抵抗で生じたジュール熱）を表し，第2項はコンデンサーに蓄えられた静電エネルギーを表している。

なお，時刻 t について∞まで積分するという操作は，数学的な扱い方は大学で学ぶが，物理的には，十分に時間が経過した時点まで積分するという意味である。

44 平行板コンデンサーにおける振動
(2012年度 第2問)

面積Sの同じ形状を持つ導体極板AとBが間隔dで向かい合わせに配置された平行板コンデンサーを，真空中に置く。このコンデンサーの極板間に，導体極板と同じ形状を持つ面積Sの金属板Pを，極板Aから距離xを隔てて極板に対して平行に置く。真空の誘電率をε_0として以下の問に答えよ。ただし，極板端面および金属板端面における電場の乱れはなく，電気力線は極板間に限られるものとする。導線，極板，金属板の抵抗，重力は無視する。また金属板の厚さも無視する。

〔A〕 図1のように，極板AとBは，スイッチSWを介して接続され，極板Aは接地されている。

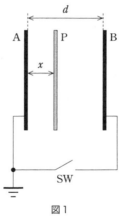

図1

(a) スイッチSWが開いている時，極板A，B間の電気容量を求めよ。

(b) スイッチSWを閉じた後，金属板Pを電気量Qの正電荷で帯電させる。この電荷によって極板AとBに誘導される電気量を，それぞれ求めよ。

(c) 問(b)において，コンデンサーに蓄えられている静電エネルギーを求めよ。

(d) 問(b)の状態から，金属板Pを電気量Qの正電荷で帯電させたまま，金属板の位置をxから$x+\Delta x$まで微小変位させる。この変位による，コンデンサーに蓄えられている静電エネルギーの変化量を求めよ。ただし，x, dに比べて$|\Delta x|$は十分小さく，$(\Delta x)^2$は無視できるものとする。微小変位によりエネルギーが変化するということは，金属板Pは力を受けていることを意味する。微小変位の間は金属板Pにはたらく力の大きさは一定であるとみなして，この力を求めよ。ただし，極板AからBに向かう向きを力の正の向きとする。

〔B〕 つぎに，質量 m の金属板Pを電気量 Q の正電荷で帯電させたまま，図2のように自然長 $\frac{d}{2}$，ばね定数 k の2つの同じ絶縁体のばねに接続する。ばねの他端は，固定された極板AとBにそれぞれつながれている。この金属板は，極板A，Bと平行を保ったまま，極板に垂直な方向にのみ動くことができる。極板AとBは，電流計を介して接続され，極板Aは接地されている。ばねを接続したことによる電気容量の変化，電流計の抵抗，金属板の振動による電磁波の発生は無視する。

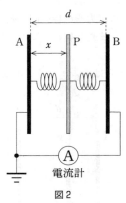

図2

(e) 金属板Pの位置を $x = \frac{d}{4}$ に移動させてからはなす。このとき，金属板Pが単振動するために必要となる Q に求められる条件を k, ε_0, S, d を用いて表せ。また，この条件を満たすとき，単振動の角振動数を求めよ。

(f) 問(e)の条件で金属板Pが単振動しているとき，電流計には振動電流が観測される。この電流の最大値 $I_{\max}$ を求めよ。導線を流れる電流 I は，微小時間 Δt の間に導線の断面を Δq の電荷が通過するとき，$I = \frac{\Delta q}{\Delta t}$ と定義される。

1 コンデンサー **319**

解　答

〔A〕(a)　極板Aと金属板Pで形成されるコンデンサーの電気容量を C_1 とすると

$$C_1 = \varepsilon_0 \frac{S}{x}$$

金属板Pと極板Bで形成されるコンデンサーの電気容量を C_2 とすると

$$C_2 = \varepsilon_0 \frac{S}{d-x}$$

極板Aと極板Bで形成されるコンデンサーの電気容量を C とする。このコンデンサーは，極板Aと金属板Pによるコンデンサーと金属板Pと極板Bによるコンデンサーを直列につないだものと考えられるので

$$\frac{1}{C} = \frac{1}{C_1} + \frac{1}{C_2} = \frac{1}{\varepsilon_0 \dfrac{S}{x}} + \frac{1}{\varepsilon_0 \dfrac{S}{d-x}} = \frac{d}{\varepsilon_0 S}$$

$$\therefore \quad C = \varepsilon_0 \frac{S}{d} \quad \cdots\cdots(\text{答})$$

(b)　極板Aと極板Bに誘導される電気量をそれぞれ $-q_1$，$-q_2$（q_1, $q_2 > 0$）とする。導線でつながれた極板Aと極板Bの電位は等しいので，極板Aと金属板Pの間に加わる電圧と，極板Bと金属板Pの間に加わる電圧は等しい。よって

$$\frac{q_1}{C_1} = \frac{q_2}{C_2}$$

$$q_1 : q_2 = C_1 : C_2 = \frac{1}{x} : \frac{1}{d-x} = (d-x) : x$$

金属板Pに蓄えられた電気量は Q なので，電荷保存則より

$$q_1 + q_2 = Q$$

以上2式より

$$q_1 = \frac{d-x}{d}Q, \quad q_2 = \frac{x}{d}Q \quad \cdots\cdots\text{①}$$

よって，極板Aには $-\dfrac{d-x}{d}Q$，極板Bには $-\dfrac{x}{d}Q$ の電気量が誘導される。　$\cdots\cdots(\text{答})$

(c)　極板Aと金属板Pによるコンデンサーと，極板Bと金属板Pによるコンデンサーに蓄えられる静電エネルギーの和であるから

$$\frac{1}{2}\frac{q_1{}^2}{C_1} + \frac{1}{2}\frac{q_2{}^2}{C_2} = \frac{1}{2}\frac{\left(\dfrac{d-x}{d}Q\right)^2}{\varepsilon_0 \dfrac{S}{x}} + \frac{1}{2}\frac{\left(\dfrac{x}{d}Q\right)^2}{\varepsilon_0 \dfrac{S}{d-x}}$$

$$= \frac{x(d-x)Q^2}{2\varepsilon_0 Sd} \quad \cdots\cdots(\text{答})$$

320　第4章　電磁気

(d)　静電エネルギーの変化量は

$$\frac{(x+\Delta x)\{d-(x+\Delta x)\}\,Q^2}{2\varepsilon_0 Sd}-\frac{x\,(d-x)\,Q^2}{2\varepsilon_0 Sd}$$

$$=\frac{(d\Delta x-2x\Delta x-\Delta x^2)\,Q^2}{2\varepsilon_0 Sd}$$

$$\fallingdotseq\frac{(d-2x)\,Q^2}{2\varepsilon_0 Sd}\Delta x\quad\cdots\cdots(答)$$

また，金属板Pにはたらく静電気力をFで表すと，金属板Pを静かに動かす間に加える外力は$-F$となる。この外力による仕事で静電エネルギーが変化したと考えられるので

$$-F\cdot\Delta x=\frac{(d-2x)\,Q^2}{2\varepsilon_0 Sd}\Delta x$$

$$\therefore\quad F=-\frac{(d-2x)\,Q^2}{2\varepsilon_0 Sd}\quad\cdots\cdots(答)$$

〔B〕(e)　金属板Pの加速度をaとして，運動方程式を立てると

$$ma=-\frac{(d-2x)\,Q^2}{2\varepsilon_0 Sd}-2\times k\left(x-\frac{d}{2}\right)$$

$$=-\left(2k-\frac{Q^2}{\varepsilon_0 Sd}\right)\left(x-\frac{d}{2}\right)$$

よって，単振動をするためには

$$2k-\frac{Q^2}{\varepsilon_0 Sd}>0$$

$$Q<\sqrt{2k\varepsilon_0 Sd}\quad\cdots\cdots(答)$$

運動方程式より，角振動数ωは

$$\omega=\sqrt{\frac{2k-\dfrac{Q^2}{\varepsilon_0 Sd}}{m}}=\sqrt{\frac{1}{m}\left(2k-\frac{Q^2}{\varepsilon_0 Sd}\right)}\quad\cdots\cdots(答)$$

(f)　微小時間Δtの間に導線の断面を流れる電気量の大きさは，極板Aに蓄えられた電気量の変化量$-\Delta q_1$の大きさと等しい。微小時間Δtの間の金属板の位置の変化量がΔxのとき，①式より

$$-\Delta q_1=-\frac{d-(x+\Delta x)}{d}Q-\left(-\frac{d-x}{d}Q\right)=\frac{Q}{d}\Delta x$$

$$\therefore\quad\left|\frac{\Delta q_1}{\Delta x}\right|=\frac{Q}{d}$$

よって，電流の大きさは

$$|I|=\left|\frac{\Delta q_1}{\Delta t}\right|=\left|\frac{\Delta q_1}{\Delta x}\right|\cdot\left|\frac{\Delta x}{\Delta t}\right|=\frac{Q}{d}\left|\frac{\Delta x}{\Delta t}\right|\quad\cdots\cdots②$$

ここで，$\dfrac{\Delta x}{\Delta t}$ は金属板 P の速度を表しており，その最大値を $v_{\max}$ とする。一方，金属

板 P の振幅は $\dfrac{d}{4}$ なので

$$v_{\max} = \omega \dfrac{d}{4} = \dfrac{d}{4}\sqrt{\dfrac{1}{m}\left(2k - \dfrac{Q^2}{\varepsilon_0 Sd}\right)}$$

②式に代入すると

$$I_{\max} = \dfrac{Q}{4}\sqrt{\dfrac{1}{m}\left(2k - \dfrac{Q^2}{\varepsilon_0 Sd}\right)} \quad \cdots\cdots（答）$$

解　説

　前半は平行板コンデンサーを直列接続させる問題。電気容量の式や静電エネルギーの式を用いて計算する。

　後半は平行板コンデンサーの内部に位置する金属板の振動を解析する問題。物体が単振動するためには，つり合いの位置からの変位の大きさに比例し，変位とは逆向きの力がはたらく必要があることに注意する。

〔A〕▶(a)　極板 A と金属板 P で形成されるコンデンサーと，金属板 P と極板 B で形成されるコンデンサーのそれぞれの電気容量を求める。直列接続では，合成電気容量の逆数が，各電気容量の逆数の和と等しくなる。

また，極板間隔が d のコンデンサーに金属板 P が挿入されていると見ることができるが，金属板 P は電気容量を変えないので，極板間隔が d のコンデンサーの容量を考えてもよい。

▶(b)　2 つのコンデンサーに加わる電圧が等しくなるので，並列コンデンサーともみることができる。それぞれに蓄えられる電気量はそれぞれの電気容量に比例し，電気容量は極板間隔に反比例しているため，結局，電気量の比は，極板間隔の逆比となる。

▶(c)　2 つのコンデンサーの静電エネルギーを足し合わせて求める。

> **参考**　ここでは，2 つのコンデンサーが並列接続されていると考えられるので，合成電気
> 容量 C' は
> $$C' = C_1 + C_2 = \varepsilon_0 \dfrac{S}{x} + \varepsilon_0 \dfrac{S}{d-x} = \dfrac{\varepsilon_0 Sd}{x(d-x)}$$
> よって，静電エネルギーは
> $$\dfrac{1}{2}\dfrac{Q^2}{C'} = \dfrac{x(d-x)Q^2}{2\varepsilon_0 Sd}$$

上記のように 2 つのコンデンサーの合成電気容量を求めて計算することもできるが，(a)で求めた合成電気容量を用いることはできないことに注意する。

▶(d)　極板 A と B に蓄えられた電荷がつくる電場が極板間にあり，その電場から金属板 P 上の電荷は静電気力を受ける。この静電気力に大きさが等しく逆向きの力を外力

として加え，つり合いを保ちながら金属板の位置を移動させる。そのときの外力による仕事が静電エネルギーを変化させる。符号を間違えないように注意する。

〔B〕▶(e) 金属板Pの運動方程式を立てる。金属板にはたらく力が，変位の大きさに比例し，変位と逆向きの力となっているならば，金属板は単振動をする。

▶(f) (e)の結果を用いれば，金属板Pの運動は求められる。あとは，金属板の位置と極板に蓄えられる電荷の間の関係を求めればよい。

テーマ

　直列接続されたものに流れる電流は等しく，並列接続されたものに加わる電圧は等しくなる。

　些細なことであるが，見た目で直列と並列の区別をしないように注意しなければならない。

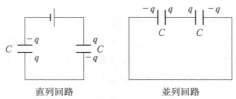

直列回路　　　　　　　並列回路

45 移動する極板を持つコンデンサー
(2009年度　第2問)

　図1のように，真空中に，面積Sの2枚の水平な金属円板からなる平行板コンデンサーがある。平行板コンデンサーの下電極はつねに固定されているが，上電極は鉛直方向のみに自由に動くことができる。下電極の位置を基準とし，鉛直上向きを正とする座標xを考える。上電極の質量をm，重力加速度の大きさをg，真空の誘電率をε_0とする。ただし，電極間の距離はつねに金属円板の半径より十分に小さいものとする。また，電極の厚さ，および電極の振動によって発生する電磁波は無視できるとして以下の問いに答えよ。

〔A〕 平行板コンデンサーの上下電極に，それぞれ$+Q$および$-Q$（$Q>0$）の電荷を蓄え，はじめに上電極を$x=D$の位置に外力によって固定した。

(a) 外力を変化させ，上電極を位置$x=D$から$x=D+d$に移動させた。コンデンサーに蓄えられている静電エネルギーの変化ΔUを求めよ。

(b) 静電エネルギーの変化をもとに，上電極の位置が$x=D$のときに，極板間に働く静電気力の大きさF_Eを求めよ。

(c) 図2のように，ばね定数kの重さが無視できるばねを上電極に取り付け，ばねの上端を固定した。このとき，上電極は$x=D$の位置で外力によって支えられており，ばねは自然長である。上電極を支えていた外力をはずしたところ，上電極は下電極に接触することなく単振動をはじめた。上下電極の間隔が最も狭いとき，下電極の電位を基準として上電極の電位V_1を求めよ。ただし，上下電極にはそれぞれ$+Q$および$-Q$の電荷が常に蓄えられており，ばねに電荷が逃げることはないものとする。

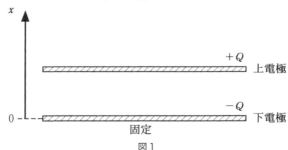

図1

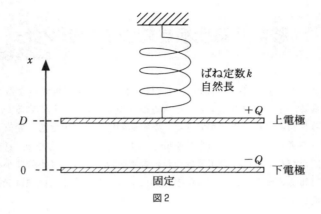

図2

〔B〕 図1の平行板コンデンサーの上下電極を完全に放電した後,図3に示すように厚さ $\frac{1}{2}D$, 誘電率 $3\varepsilon_0$, 面積 S の誘電体円板を,下電極に完全に重なるように置き,電流計と起電力 V_0 の電池を接続した。さらに外力を用いて,図4に示すように,上電極の位置が $x=D$ から $x=D+a$ の間で周期 T をもって周期運動するように動かした。上電極は時刻 $\frac{1}{2}nT$ から $\frac{1}{2}(n+1)T$ (n は0以上の整数) の間,一定の速度で動いている。電池と電流計の内部抵抗は無視できるものとする。

(d) $0<t<\frac{1}{2}T$ を満たすある時刻 t において,上電極は $x=D+b$ の位置にあった ($0<b<a$)。平行板コンデンサーの容量 C' を求めよ。また,平行板コンデンサーの上電極に蓄えられている電荷量 Q' を求めよ。

(e) a は D に比べて十分に小さいとして,問(d)で求めた Q' の近似値を求めてみよう。問(d)で求めた Q' は,上電極の位置が $x=D$ のときのコンデンサーの容量を C_0 とすると,

$Q' = \boxed{\text{(ア)}} (1+\boxed{\text{(イ)}})^{-1}$

と書ける。ここで $b<a$ であるので,b は D に比べて十分に小さい。そのため,(イ)は1よりも十分に小さい。1より十分に小さい z ($|z|\ll 1$) に対して成り立つ近似式 $(1+z)^{-1}=1-z$ を使うと Q' は

$Q' = \boxed{\text{(ア)}} (1-\boxed{\text{(イ)}})$

と近似できる。(ア)と(イ)を求めよ。

(f) 問(e)で求めた Q' の近似値を用いて,電流計が示す電流の変化の様子を時刻 0 から $2T$ の範囲で答案用紙の解答欄に図示せよ。また,電流計が示す電流の最大値 I_m を答えよ。ただし,電池の正極から電流が流れ出すときの電流値を

正とする。また，時刻が $\frac{1}{2}nT$ 付近（答案用紙中の斜線の領域）における様子は示さなくてよい。

〔解答欄〕

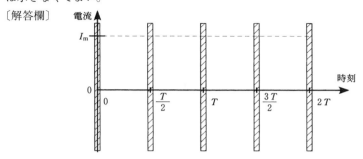

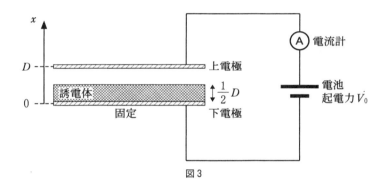

図 3

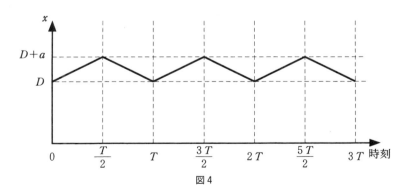

図 4

326　第4章　電磁気

解 答

[A](a)　静電エネルギーの変化量 ΔU は

$$\Delta U = \frac{1}{2}\frac{Q^2}{\varepsilon_0\dfrac{S}{D+d}} - \frac{1}{2}\frac{Q^2}{\varepsilon_0\dfrac{S}{D}} = \frac{Q^2}{2\varepsilon_0 S}d \quad \cdots\cdots(答)$$

(b)　電極上の電荷は一定なので，電場は電極間隔によらず一定である。上電極を d だけ動かすときに，静電気力 F_E に逆らって加える外力がした仕事の大きさは $F_E d$ で与えられる。静電エネルギーの変化量は，外力がした仕事に等しいので

$$F_E d = \Delta U = \frac{Q^2}{2\varepsilon_0 S}d \quad \therefore \quad F_E = \frac{Q^2}{2\varepsilon_0 S} \quad \cdots\cdots(答)$$

(c)　上電極が単振動をするとき，振動中心は，ばねの弾性力と重力と電気力がつり合う位置である。このときの上電極のつり合いの位置を x_0 とすると

$$0 = k(D - x_0) - mg - F_E$$

$$\therefore \quad x_0 = D - \frac{1}{k}\left(mg + \frac{Q^2}{2\varepsilon_0 S}\right)$$

振幅は $D - x_0$ だから，電極間隔が最も狭いときの位置を x_1 とすると

$$x_1 = x_0 - (D - x_0) = 2x_0 - D$$

$$= D - \frac{2}{k}\left(mg + \frac{Q^2}{2\varepsilon_0 S}\right)$$

上電極の電位 V_1 は

$$V_1 = \frac{Q}{\varepsilon_0\dfrac{S}{x_1}} = \frac{Q}{\varepsilon_0 S}\left\{D - \frac{2}{k}\left(mg + \frac{Q^2}{2\varepsilon_0 S}\right)\right\} \quad \cdots\cdots(答)$$

[B](d)　誘電体のない部分とある部分の2つのコンデンサーが直列に接続されていると考えることができる。それぞれの電気容量は

$$\varepsilon_0\frac{S}{(D+b)-\dfrac{D}{2}}, \quad 3\varepsilon_0\frac{S}{\dfrac{D}{2}}$$

なので

$$\frac{1}{C'} = \frac{\dfrac{D}{2}+b}{\varepsilon_0 S} + \frac{\dfrac{D}{2}}{3\varepsilon_0 S} = \frac{2D+3b}{3\varepsilon_0 S} \quad \therefore \quad C' = \frac{3\varepsilon_0 S}{2D+3b} \quad \cdots\cdots(答)$$

また，蓄えられている電荷量 Q' は

$$Q' = C'V_0 = \frac{3\varepsilon_0 S V_0}{2D+3b} \quad \cdots\cdots(答)$$

(e)　(ア)$C_0 V_0$　　(イ)$\dfrac{3b}{2D}$

(f)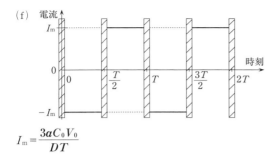

$$I_\mathrm{m} = \frac{3aC_0V_0}{DT}$$

解　説

〔A〕一定の電荷を与えられた電極の一方にばねを取りつけ，振動させる問題である。問題文に「単振動」とあるので，解答においてそれを証明する必要はないであろう。電極上の電荷が一定なので，電極間の電場は一定となり，上電極に働く電気力は電極間の距離に関係なく一定である。

〔B〕上電極を一定の速度で周期的に向きを変えながら移動させる場合，電気容量の変化により蓄えられている電荷も変化する。そのとき回路を流れる電流 I は，微分を用いて $I = \dfrac{dQ}{dt}$ で与えられる。なお，(f)においてグラフを描く際，「$\dfrac{1}{2}nT$ 付近における様子は示さなくてよい」とあるのは，図4のこの部分のグラフが折れており，数学的には微分不可能であるためである。

〔A〕▶(b)　本来，電極を動かすためには重力に逆らう分の力も必要であるが，重力のした仕事はすべて位置エネルギーになるので静電エネルギーに影響を与えない。
外力がした仕事の分だけ静電エネルギーが変化する。これは，エネルギー保存を表している。
〔テーマ〕に記した考え方で，電極間引力の強さを求めることもできる。

▶(c)　上電極の位置が x のとき，ばねの伸びは $D-x$ であるから，上電極の運動方程式は加速度を a として

$$ma = k(D-x) - mg - F_\mathrm{E} = -k\left(x - D + \frac{mg + F_\mathrm{E}}{k}\right)$$

$$\therefore\quad a = -\frac{k}{m}\left\{x - D + \frac{1}{k}\left(mg + \frac{Q^2}{2\varepsilon_0 S}\right)\right\}$$

これは，角振動数が $\sqrt{\dfrac{k}{m}}$ で，振動中心が $x = D - \dfrac{1}{k}\left(mg + \dfrac{Q^2}{2\varepsilon_0 S}\right)$ の単振動となることを表している。

$+Q$，$-Q$ の電荷が蓄えられているコンデンサーの電極間の電場の強さ E は場所に

328　第4章　電磁気

よらず一定で，$E = \dfrac{Q}{\varepsilon_0 S}$ となる。一様な電場の場合，電位差 V は電極間の距離 x に比例し，$V = Ex$ で表される。$x = x_1$ のとき $V = V_1$ だから

$$V_1 = \frac{Q}{\varepsilon_0 S}\left\{D - \frac{2}{k}\left(mg + \frac{Q^2}{2\varepsilon_0 S}\right)\right\}$$

〔B〕▶(e)　$x = D$（つまり，$b = 0$）のときの容量が C_0 だから，(d)の結果に当てはめて

$$C_0 = 3\varepsilon_0 \frac{S}{2D}$$

となる。また，(d)の結果より

$$Q' = 3\varepsilon_0 \frac{S}{2D + 3b} V_0 = 3\varepsilon_0 \frac{S}{2D} V_0 \cdot \frac{2D}{2D + 3b}$$

$$= 3\varepsilon_0 \frac{S}{2D} V_0 \left(\frac{1}{1 + \dfrac{3b}{2D}}\right) = C_0 V_0 \left(1 + \frac{3b}{2D}\right)^{-1}$$

ここで近似式を用いると

$$Q' = C_0 V_0 \left(1 - \frac{3b}{2D}\right)$$

と書き直すことができる。

▶(f)　$0 < t < \dfrac{T}{2}$ において，上電極の移動する速度 v は，図4より

$$v = \frac{a}{\dfrac{T}{2}} = \frac{2a}{T}$$

で表されるので，電極間の距離は $D + vt = D + \dfrac{2a}{T} t$ となる。

(e)で求めた Q' の b の値を $\dfrac{2a}{T} t$ で置き換えたものを Q'_t とする。

$$Q'_t = C_0 V_0 \left(1 - \frac{3}{2D}\frac{2a}{T}t\right) = C_0 V_0 \left(1 - \frac{3a}{DT}t\right)$$

短い時間 Δt だけ時間が経過したときの電荷を $Q'_{t+\Delta t}$ とすると

$$Q'_{t+\Delta t} = C_0 V_0 \left\{1 - \frac{3a}{DT}(t + \Delta t)\right\}$$

と表せるので，この間の電荷の増加分 $\Delta Q'$ は

$$\Delta Q' = Q'_{t+\Delta t} - Q'_t = -\frac{3aC_0 V_0}{DT}\Delta t$$

電流 I は単位時間当たりに導線の断面を通過する電気量であるから

$$I = \frac{\Delta Q'}{\Delta t} = -\frac{3aC_0 V_0}{DT}$$

同様に，$\dfrac{T}{2}<t<T$ においては速さ v で電極間隔が狭くなるので

$$I=\frac{\Delta Q'}{\Delta t}=\frac{3aC_0V_0}{DT}$$

また，電流計が示す電流の最大値 I_{m} は

$$I_{\mathrm{m}}=\frac{3aC_0V_0}{DT}$$

テーマ

　真空中の誘電率を ε_0 とする。$+Q$（>0）に帯電した面積 S の極板と $-Q$ に帯電した面積 S の極板が，間隔 d だけ隔てて向かい合わせに置かれている。その $+Q$ の電荷からは，極板に垂直に $\dfrac{Q}{\varepsilon_0}$ 本の電気力線が出ているが，半分が極板の上へ出ていき，残り半分が下へ出ていく。一方，$-Q$ の電荷には $\dfrac{Q}{\varepsilon_0}$ 本の電気力線が入るが，上記と同様に半分は上から入り，残り半分は下から入ってくる。すると極板間には，上から下に向かう $\dfrac{Q}{2\varepsilon_0}+\dfrac{Q}{2\varepsilon_0}=\dfrac{Q}{\varepsilon_0}$ 本の電気力線が存在することになる。

　単位面積当たりの電気力線の本数が電場の強さを表すので，極板間の電場の強さ E は，$+Q$ がつくる電場と $-Q$ がつくる電場の重ね合わせとなり

$$E=\frac{Q}{2\varepsilon_0 S}+\frac{Q}{2\varepsilon_0 S}=\frac{Q}{\varepsilon_0 S}$$

となる。このことより，極板上の電気量 Q が一定なら電場の強さ E は一定であり，その電場の強さは極板間隔 d によらないことがわかる。

　また，このとき $+Q$ に帯電した極板は，$-Q$ がつくる大きさ $\dfrac{Q}{2\varepsilon_0 S}$ の電場から力を受けるので，その力の大きさ F_{E} は

$$F_{\mathrm{E}}=Q\cdot\frac{Q}{2\varepsilon_0 S}=\frac{Q^2}{2\varepsilon_0 S}$$

極板間の電場の強さ E を用いると　　$F_{\mathrm{E}}=Q\cdot\dfrac{E}{2}$

となる。極板間の電場の強さ E を用いた式に係数 $\dfrac{1}{2}$ があらわれることに注意すること。

46 3枚の電極のコンデンサー

(2004年度 第2問)

　図のように一辺 L の正方形で厚さが d の 3 枚の電極板 P1, P2, P3 がある。P1-P3 間には起電力 V_0 の電池 B が接続されていて, P3 は接地されている。3 枚の板は平行である。P1 と P3 は固定されており, その間の距離は $D+d$ である。P2 は, P1 と P3 の間で上下に動くことができ, P1 と P2 の間隔は x とする。P2 の動く速さ v は, 十分にゆっくりであり, その速さで電荷が動くことにより発生する磁界などは無視できるほど小さい。また板間の距離が 0 のときは, 板同士が接触しており, 電気的に互いに同電位になるとする。電池の内部抵抗は無視できるものとする。

　L は P1-P3 間の距離に比べて十分大きく, 電極間は真空であり, その誘電率は ε_0 とする。

(a) はじめ P2 を P1 と接触 ($x=0$) させていたが, 時刻 $t=0$ から P3 と接触する時刻 $t=t_1$ ($=D/v$) まで一定の速さ v で P2 を下向きに動かした。$0<t<t_1$ での P1 の持つ電荷 Q_1 を, P2 の電位 V_D および x の関数として表せ。

(b) $0<t<t_1$ での P2 の電位 V_D を x の関数として表せ。

(c) 時刻 $t=t_1$ において P2 の下の面にある電荷と P3 の上の面にある電荷は打ち消しあう。続いて時刻 $t=t_1$ から, 再び P2 を一定の速さ v で上向きに動かし, 時刻 $t=t_2$ ($=2D/v$) で P1 と再度接触させた。$t_1<t<t_2$ での P2 の電位 V_U を x の関数として表せ。

(d) $0<t<t_2$ での P1 の電荷 Q_1 を時刻 t の関数として図示せよ。

(e) $0<t<t_2$ での P1 の電荷 Q_1 の変化は電池 B から流れこむ電流による。電流計を流れる電流を時刻 t の関数として図示せよ。ただし電流計の内部抵抗は無視できるものとする。P1 に向かって流れ込む電流の向き (図の矢印の向き) を正の向きとする。

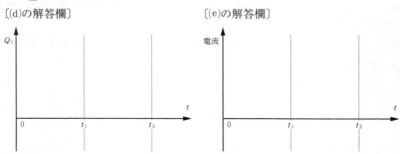

1 コンデンサー 331

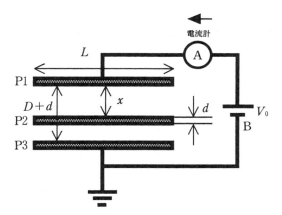

332　第4章　電磁気

解　答

(a)　$Q_1 = \varepsilon_0 \dfrac{L^2}{x}(V_0 - V_D)$

(b)　P2に蓄えられている電荷をQ_0とすると，Q_0は$x=0$のときに蓄えられていた電荷に等しいから

$$Q_0 = \varepsilon_0 \frac{L^2}{D} V_0 \quad \cdots\cdots ①$$

P2がP1から離れると，P2の上の面にはP1と等量で反対符号の電荷（これをQ_{2u}とする）が，P2の下の面にはP3と等量で反対符号の電荷（これをQ_{2d}とする）が誘起される。よって，(a)の結果より

$$Q_{2u} = -Q_1 = -\varepsilon_0 \frac{L^2}{x}(V_0 - V_D) \quad \cdots\cdots ②$$

また，P2とP3間のコンデンサーの電気容量は$\varepsilon_0 \dfrac{L^2}{D-x}$だから

$$Q_{2d} = \varepsilon_0 \frac{L^2}{D-x} V_D \quad \cdots\cdots ③$$

電荷保存則より，P2の全電荷はQ_0に等しいので，①，②，③式を用いて

$$\varepsilon_0 \frac{L^2}{D} V_0 = -\varepsilon_0 \frac{L^2}{x}(V_0 - V_D) + \varepsilon_0 \frac{L^2}{D-x} V_D$$

$$\therefore \quad V_D = \left(1 - \frac{x^2}{D^2}\right) V_0 \quad \cdots\cdots (答)$$

(c)　P2がP3に接触した後，P2に蓄えられている電荷をQ_0'とすると

$$Q_0' = -\varepsilon_0 \frac{L^2}{D} V_0$$

(b)と同様に，P2に対する電荷保存則を表す式は

$$-\varepsilon_0 \frac{L^2}{D} V_0 = -\varepsilon_0 \frac{L^2}{x}(V_0 - V_U) + \varepsilon_0 \frac{L^2}{D-x} V_U$$

$$\therefore \quad V_U = \left(1 - \frac{x}{D}\right)^2 V_0 \quad \cdots\cdots (答)$$

(d)　$0 < t < t_1$において，P1の電荷Q_1は，(a)，(b)の結果より

$$Q_1 = \varepsilon_0 \frac{L^2}{x} \left\{ V_0 - \left(1 - \frac{x^2}{D^2}\right) V_0 \right\} = \varepsilon_0 \frac{L^2 x}{D^2} V_0$$

これに$x = vt$を代入すると

$$Q_1 = \varepsilon_0 \frac{L^2 vt}{D^2} V_0$$

$t = t_1$のとき，$t = \dfrac{D}{v}$より

$$Q_1 = \varepsilon_0 \frac{L^2}{D} V_0$$

また，$t_1 < t < t_2$ において，(a), (c)の結果より

$$Q_1 = \varepsilon_0 \frac{L^2}{x}\left\{V_0 - \left(1 - \frac{x}{D}\right)^2 V_0\right\} = \varepsilon_0 \frac{L^2(2D-x)}{D^2} V_0$$

となり

$$x = D - v(t - t_1) = D - v\left(t - \frac{D}{v}\right)$$
$$= 2D - vt$$

を代入すると

$$Q_1 = \varepsilon_0 \frac{L^2 vt}{D^2} V_0 \quad \cdots\cdots ④$$

$t = t_2$ のとき，$t = \dfrac{2D}{v}$ より

$$Q_1 = 2\varepsilon_0 \frac{L^2}{D} V_0$$

となる。これをグラフに表すと右図のようになる。

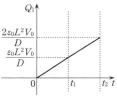

(e) 時間 Δt の間に電荷 Q_1 が ΔQ_1 だけ増加したとすると，流れる電流 I は

$$I = \frac{\Delta Q_1}{\Delta t}$$

と表される。④式より電荷の増加量が得られるので

$$I = \frac{\varepsilon_0 \dfrac{L^2 v \Delta t}{D^2} V_0}{\Delta t} = \varepsilon_0 \frac{L^2 v}{D^2} V_0$$

となり，グラフは右図のようになる。

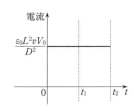

解説

3枚の電極板をもつコンデンサーの場合は中央の電極板P2がP1とP3の対になる電極と考えて，2つのコンデンサーが直列につながれていると考えることができる。また，P2が移動している間はP2は外部から孤立しているので，P2のトータルの電気量が変化しないことに気づけるかどうかがポイントになる。

▶(a) 極板面積が S，極板間隔が d の真空コンデンサーの電気容量 C は，$C = \varepsilon_0 \dfrac{S}{d}$ で与えられる。P2の電位が V_D，P1の電位が V_0 だから，P1, P2間の電位差は $V_0 - V_D$ となり，P1の電荷 Q_1 は

$$Q_1 = \varepsilon_0 \frac{L^2}{x}(V_0 - V_D)$$

▶(b)　図Aのように P1 と P2 が接触しているときは，この 2 枚の電極板の電位は等しくなり，P2 と P3 を電極とするコンデンサーに電圧 V_0 が加わっているのと同じと考えられる。一般に静電現象の場合，導体に与えられた電荷は導体の表面に分布する性質がある。ここでは P2 に蓄えられた電荷 $+Q_0$ と P3 に蓄えられた電荷 $-Q_0$ が引き合う形になり，P2 の下の面に $+Q_0$ が，P3 の上の面に $-Q_0$ が分布する。P1 と P2 の電極板が離れると，$+Q_0$ の電荷は P2 に残り，電荷保存則より，P3 と接触するまでは P2 のトータルの電荷は $+Q_0$ のまま変わらない。P2 が P1 から離れると，図Bのように P1 と P2 の上の面が 1 つのコンデンサーを，P2 の下の面と P3 がもう 1 つのコンデンサーを形成し，この 2 つのコンデンサーが直列に接続されていると考えることができる。

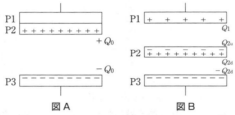

図A　　　　　図B

▶(d)　$t_1<t<t_2$ において，P2 が上に動き出してからの経過時間は $t-t_1$ だから，上向きに移動した距離は $v(t-t_1)$ となり，$x=D-v(t-t_1)$ となる。

▶(e)　電流は単位時間当たりに導線の断面を通過する電気量で表される。時間 Δt の間に電気量 ΔQ が導線の断面を通過した場合，電流 I は，$I=\dfrac{\Delta Q}{\Delta t}$ で表されるが，これは一定の電流が流れているときである。通過電気量 Q が時間 t の関数として表されている場合の電流 I は，$I=\dfrac{dQ}{dt}$ と，微分を用いて表される。

電流の向きは，ここでは P1 に流れ込む電流を正としているので，P1 の電気量が増加するとき電流は正となる。

47 導体板を挿入されたコンデンサー

(2002 年度　第 1 問)

　図に示す平行板コンデンサーの極板は，一辺の長さが a の正方形である。図の中に斜線を引いて示してある導体板は，一辺の長さが a の正方形で厚さは $(1/4)\,b$ である。図の中の電池の起電力は V_0 である。

　コンデンサーの下側の極板の位置は固定されている。下側の極板の左端を図のように，x, y 座標の原点 O とする。x 軸と y 軸に垂直な方向に z 軸をとり，点 O を z 軸の原点とすると，両極板と導体板はいずれも $z=0$ から $z=a$ までの範囲にある。導体板は $y=(1/8)\,b$ から $y=(3/8)\,b$ の間にある。

　外力を加えながらコンデンサーの上側の極板を $y=b$ の状態①から $y=(1/2)\,b$ の状態②まで十分ゆっくり移動させる。続いて，上側の極板の位置も固定して，導体板を x 方向に十分ゆっくり移動させて状態③にする。このとき導体板の右端は $x=0$ から $x=a$ まで移動する。

　コンデンサーの極板間の距離が b で極板間に導体板が入っていないときの電気容量を C とする。a は b に比べて十分大きいものとする。以下の問いに，変数としては導体板の右端の位置 x，上側の極板の位置 y，定数としては a, b, C, V_0 のみを用いて答えよ。

状態①

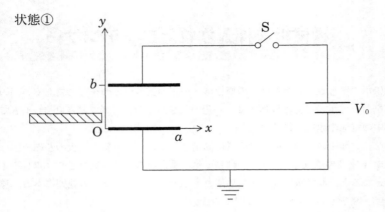

状態②

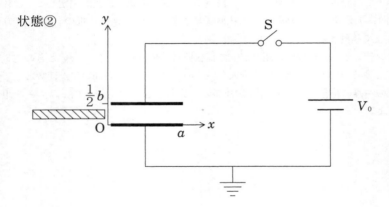

状態③

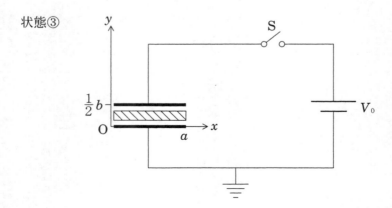

〔A〕 スイッチSを閉じてコンデンサーを充電させた後，このスイッチを閉じたまま状態①から②，そして更に状態②から③へ変化させる。
(a) ①から②への途中でのコンデンサーの電気容量 C_{12} を求めよ。
(b) ②から③への途中でのコンデンサーの電気容量 C_{23} を求めよ。
(c) ①から②への途中においてコンデンサーにたくわえられている静電エネルギー U_{12}，②から③への途中においてコンデンサーにたくわえられている静電エネルギー U_{23} をそれぞれ求め解答欄に書け。そして，それらを解答欄の例にならって横軸の始点と終点とその中間点の座標およびそれらに対応する縦軸の座標を明示してグラフで示せ。方向を示すためにグラフに矢印もつけよ。

〔解答欄〕

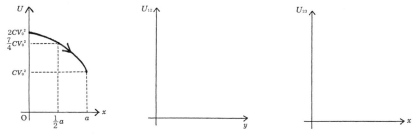

(d) 極板や導体板を十分ゆっくりと移動させるために加える外力の方向と極板や導体板の移動の方向が同じ場合は外力が正の仕事をなしたと呼ぶ。方向が反対な場合は外力が負の仕事をなしたと呼ぶ。①から②への変化，および②から③への変化のそれぞれについて，次のア，イ，ウ，エの中から当てはまるものを1つ選べ：
ア：外力がなした仕事は正で，コンデンサーの静電エネルギーは増加した。
イ：外力がなした仕事は正で，コンデンサーの静電エネルギーは減少した。
ウ：外力がなした仕事は負で，コンデンサーの静電エネルギーは増加した。
エ：外力がなした仕事は負で，コンデンサーの静電エネルギーは減少した。
(e) ①から②へ変化した際に電池がなした仕事 W_{12}，および②から③へ変化した際に電池がなした仕事 W_{23} を求めよ。

338 第4章 電磁気

〔B〕 上の〔A〕の状態①のようにコンデンサーを充電させた後，スイッチSを開き，
状態①から②へ，そして更に状態②から③へ変化させる。

(f) ①と②の途中でのコンデンサーの静電エネルギー U'_{12}，および②と③の途
中でのコンデンサーの静電エネルギー U'_{23} を求めよ。

(g) ①から②へ変化したときに外力がなした仕事 Z_{12}，および②から③へ変化し
たときに外力がなした仕事 Z_{23} を求めよ。

解 答

〔A〕(a) $C_{12} = \dfrac{b}{y} C$ (b) $C_{23} = \dfrac{2(a+x)}{a} C$

(c) $U_{12} = \dfrac{b}{2y} CV_0{}^2$ $U_{23} = \dfrac{a+x}{a} CV_0{}^2$

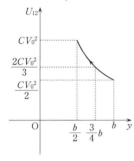
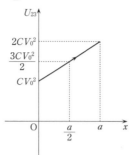

U_{12} のグラフ　　　　　U_{23} のグラフ

(d) ①から②への変化：**ウ**　　②から③への変化：**ウ**

(e) 状態①から②への移行で，コンデンサーの電気容量は C から $2C$ に変化しているので，蓄えられた電気量の増加分は

$$2CV_0 - CV_0 = CV_0$$

となり，電池がなした仕事は

$$W_{12} = CV_0{}^2 \quad \cdots\cdots(答)$$

状態②から③への移行で，コンデンサーの電気容量は $2C$ から $4C$ に変化しているので，蓄えられた電気量の増加分は

$$4CV_0 - 2CV_0 = 2CV_0$$

となり，電池がなした仕事は

$$W_{23} = 2CV_0{}^2 \quad \cdots\cdots(答)$$

〔B〕(f) $U'_{12} = \dfrac{y}{2b} CV_0{}^2$ $U'_{23} = \dfrac{a}{4(a+x)} CV_0{}^2$

(g) $Z_{12} = -\dfrac{CV_0{}^2}{4}$ $Z_{23} = -\dfrac{CV_0{}^2}{8}$

解 説

極板間隔を変えることと，導体板を挿入することによって，コンデンサーの容量がどのように変化するかを考えさせ，あわせてコンデンサーの静電エネルギーと仕事の関係を問う問題である。電池との接続が保たれている場合と接続を切断された場合の違いをしっかりと理解できているかが，ポイントとなる。

〔A〕▶(a) コンデンサーの電気容量は極板面積に比例し，極板間隔に反比例する。式で表すと，極板面積が a^2，極板間隔が b なので，真空の誘電率を ε_0 として，電気容量 C は

$$C = \varepsilon_0 \frac{a^2}{b} \quad \cdots\cdots(1)$$

と表せる。ここでは上側の極板の位置が y のとき，極板間隔は $\frac{y}{b}$ 倍になるので，電気容量 C_{12} は C の $\frac{b}{y}$ 倍となる。よって

$$C_{12} = \frac{b}{y} C$$

▶(b) 状態②から状態③においては，図のように導体板が入っている部分と入っていない部分が並列につながれていると考えられる。導体板が入っている部分についてはその導体板の厚さの分だけ極板間隔が狭くなったと考えることができるので，この部分の電気容量を C_{23A} とすると，(1)式を用いて

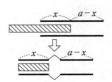

$$C_{23A} = \varepsilon_0 \frac{ax}{\frac{1}{4}b} = \frac{4x}{a} C$$

となる。また，導体板の入っていない部分の電気容量を C_{23B} とすると，(1)式を用いて

$$C_{23B} = \varepsilon_0 \frac{a(a-x)}{\frac{1}{2}b} = \frac{2(a-x)}{a} C$$

となるので，並列に接続された電気容量 C_{23} は

$$C_{23} = C_{23A} + C_{23B} = \frac{2(a+x)}{a} C$$

参考 導体板が入ったコンデンサーの電気容量について考えてみよう。導体板を入れると静電誘導により，導体板の表面に誘導電荷があらわれ，図aのように電荷が分布する。これは図bのように，導体板の上面と下面がコンデンサーの極板の役割をするとみなせるので，2つのコンデンサーが直列に接続されたと考えることができる。この2つのコンデンサーの合成容量を求めると，導体板が挿入されたコンデンサーはその導体板の厚さの分だけ間隔が狭くなったコンデンサーの容量に等しいことがわかる。

▶(c) 電気容量が C，加わる電圧が V のコンデンサーの静電エネルギー U は，$U = \frac{1}{2}CV^2$ で与えられるので，(a)・(b)で求めた C_{12}，C_{23} を用いて

$$U_{12} = \frac{1}{2} C_{12} V_0{}^2 = \frac{1}{2} \cdot \frac{b}{y} C \cdot V_0{}^2 = \frac{b}{2y} C V_0{}^2$$

$$U_{23} = \frac{1}{2} C_{23} V_0{}^2 = \frac{1}{2} \cdot \frac{2(a+x)}{a} C \cdot V_0{}^2 = \frac{a+x}{a} C V_0{}^2$$

と表される。以上の式より，U_{12} は y に反比例するので反比例の曲線，U_{23} は x の 1 次式で表されるのでグラフは直線となる。

①から②の過程のグラフで，$y = b$，$y = \dfrac{b}{2}$ およびその中間点の $y = \dfrac{3b}{4}$ の値を求めると，それぞれ $U_{12} = \dfrac{1}{2} C V_0{}^2$，$U_{12} = C V_0{}^2$，$U_{12} = \dfrac{2}{3} C V_0{}^2$ となり，〔解答〕のようなグラフになる。

同様に，②から③の過程のグラフにおいて，$x = 0$，$x = \dfrac{a}{2}$，$x = a$ の値を求めると，それぞれ $U_{23} = C V_0{}^2$，$U_{23} = \dfrac{3}{2} C V_0{}^2$，$U_{23} = 2 C V_0{}^2$ となる。

▶(d)　①から②への変化について考える。(c)のグラフからもわかるとおり，静電エネルギーは増加している。また，2 枚の極板にはそれぞれ反対符号の電荷が蓄えられているので，極板間には引力がはたらいていることがわかる。これとつり合う外力を加えながら極板間隔を狭くしていくのだから，外力の向きと極板の移動の向きは反対になり，外力がした仕事は負になる。よって，正解はウとなる。

②から③への変化については，(c)のグラフから静電エネルギーが増加していることがわかる。また，導体板が極板間に入っていくと，導体の表面には静電誘導により極板の電荷とは反対符号の電荷が誘起され，その結果，導体板にはコンデンサーの中に引き込む方向に電気力がはたらく。これとつり合うように外力を加えて導体板をコンデンサー内に入れていくのだから，外力と導体板の移動方向とは逆向きとなり，よって，外力の仕事は負となる。したがって正解はウとなる。

▶(e)　電池は常にその電圧で電荷を送り出している。電池の電圧を V，送り出した電気量を ΔQ とすると，電池がした仕事 W は，$W = \Delta Q V$ で与えられる。ただし，電池に逆向きに電流が流れた場合は電池がした仕事は負となる。

〔B〕▶(f)　スイッチ S を開くので，コンデンサーに蓄えられた電気量 $C V_0$ は変化しない。

$$U'_{12} = \frac{(C V_0)^2}{2 C_{12}} = \frac{(C V_0)^2}{2 \cdot \dfrac{b}{y} C} = \frac{y}{2b} C V_0{}^2 \quad \cdots\cdots(2)$$

②と③の途中においても同様に

$$U'_{23} = \frac{(C V_0)^2}{2 C_{23}} = \frac{(C V_0)^2}{2 \cdot \dfrac{2(a+x)}{a} C} = \frac{a}{4(a+x)} C V_0{}^2 \quad \cdots\cdots(3)$$

342　第4章　電磁気

▶(g)　①，②，③の状態におけるコンデンサーの静電エネルギーをそれぞれ U'_1，U'_2，U'_3 とすると，(2)式において $y=b$ としたときの値が U'_1 であり，$y=\dfrac{b}{2}$ を代入したときの値が U'_2 である。また，(3)式において，$x=a$ としたときの値が U'_3 であるから

$$U'_1 = \frac{CV_0{}^2}{2}, \quad U'_2 = \frac{CV_0{}^2}{4}, \quad U'_3 = \frac{CV_0{}^2}{8}$$

この過程においては電池は回路から切り離されているので電池は仕事をしない。よって，外力がなした仕事の分だけ静電エネルギーが増加するから

$$Z_{12} = U'_2 - U'_1 = -\frac{CV_0{}^2}{4}, \quad Z_{23} = U'_3 - U'_2 = -\frac{CV_0{}^2}{8}$$

テーマ

　電池とコンデンサーが接続されている回路において，スイッチの開閉と保存する物理量についてまとめておく。

　充電後スイッチが開かれると，回路には電流が流れない（電荷の移動がない）ので極板上の電気量は保存される。そのため，極板間の電場（E とする）も一定に保たれる。さらに，極板の間隔を Δd 広げても電荷は補充されないので，極板間の電場は一定であるが，極板間の電位差は $E\Delta d$ だけ大きくなる。

　一方，スイッチが閉じられているときは，極板間の電位差が常に一定になるように極板上の電荷は増減する。始状態の極板間の電位差を V とする。そのときの電場 E，極板間隔 x との関係は $V=Ex=$ 一定 である。よって，極板間隔 x が増加すると電場は弱くなる。電場と電気量は常に比例関係にあるので，極板上の電気量は減少する。

　以上のことより，コンデンサーが蓄える静電エネルギー U は，スイッチが開かれているときは，電気量 Q と静電容量 C を用いて表すと見通しが良く，スイッチが閉じられているときは，電位差 V と静電容量 C を用いて表すと見通しが良い。

$$U = \frac{Q^2}{2C} = \frac{1}{2}CV^2$$

　回路のエネルギー保存則についてまとめる。

　コンデンサーの極板間隔を変化させたり，コンデンサー間に導体，誘電体を挿入する操作をするとき，外力による仕事を伴うならば，系の静電エネルギーは変化する。しかし，力学的なエネルギー（仕事）と電気エネルギーを合わせたエネルギーは保存する。つまり，始状態，終状態の静電エネルギーをそれぞれ U_0，U，電池による仕事を W_E，外力による力学的仕事を W とすると

$$U_0 + W_E + W = U$$

という関係が成立する。

　また，仕事を加えている間，外力 F が一定ならば，$W = F\Delta x$（Δx：変位）と表せ

$$W = F\Delta x = U - U_0 - W_E$$

となる。この式より，外力 F を求めたり，外力とつり合う静電気力（極板，導体，誘電体にはたらく力）を求めることができる。

2 直流回路

48 ピストンを用いたコンデンサー
(2014年度 第2問)

〔A〕 図1のように，断面積 S の円筒型容器があり，その左端に金属板（極板）A が固定されている。容器内には極板Aと平行に置かれた極板Bがある。極板Bにより容器内部は空間1と空間2に分離されており，空間1には理想気体が密封されている。空間2は栓1を介してポンプと，栓2を介して容器外部と接続されている。容器外部には一定の圧力 P_0 および一定の温度の気体がある。2つの極板には導線が接続されており，容器外部のスイッチと電圧 V_0 の直流電源からなる回路に接続されている。極板Bは極板Aと平行を保ったまま，左右になめらかに移動させることができる。なお，導線は極板Bの動きを妨げない。また，極板の直径は極板AB間の距離に比べて十分に大きく，極板ABは平行板コンデンサーとみなすことができる。極板AB間の距離を x とする。容器と極板の間の電荷のやり取りはないとし，導線および極板の電気抵抗は無視することができる。また，空間1内の気体の誘電率は ε である。容器内の気体は容器外部と自由に熱をやり取りでき，様々な操作を行ってもその温度は変化しないものとする。

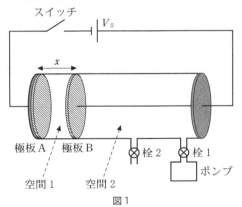

図1

(a) はじめ，空間1と空間2内の気体の圧力が P_0，極板間距離が $x=L_0$ であった。スイッチは開いており，極板ABには電荷が存在しなかった。極板Bを固定して，栓2を閉じ，栓1を開けて，ポンプにより空間2の圧力を低下させた。栓1を閉じた後，極板Bの固定をはずし，気体の温度を一定に保ちながら，極

板Bをゆっくりと移動させた。すると，$x=L_1$の位置で極板Bにはたらく力がつりあい，その位置に静止した。このときの空間2の圧力はP_1であった。極板間距離L_1，および極板ABからなるコンデンサーの極板B移動後の電気容量をε, L_0, P_0, P_1, Sのうち必要な記号を用いて表せ。

(b) 問(a)の操作の後，栓2を開けて空間2の圧力をP_0に戻し，極板Bを$x=L_0$の位置まで移動させ固定した後，スイッチを閉じて極板ABからなるコンデンサーを電圧V_0で充電した。コンデンサーに蓄えられる電荷と静電エネルギーをε, L_0, S, V_0のうち必要な記号を用いて表せ。

(c) 問(b)の操作の後，スイッチを開き，極板Bの固定をはずし，極板Bをゆっくりと移動させた。すると，$x=L_2$の位置で極板Bにはたらく力がつりあい，その位置に静止した。極板Bの移動による静電エネルギーの変化量と極板Bにはたらく静電気力をε, L_0, L_2, S, V_0のうち必要な記号を用いて表せ。ただし，この静電エネルギーの変化量は，極板Bにはたらく静電気力による仕事と等しく，極板Bにはたらく静電気力は移動の間一定であるとしてよい。また，極板AからBへの向きを力の正の向きとする。

(d) 問(c)におけるL_2をε, L_0, P_0, V_0のうち必要な記号を用いて表せ。

[B] 図2のように，角周波数ωの交流電源，抵抗値R_1およびR_2の抵抗，電気容量C_1のコンデンサー，電気容量を変化させることができる可変コンデンサーおよび検流計からなる回路がある。可変コンデンサーの電気容量をyとする。

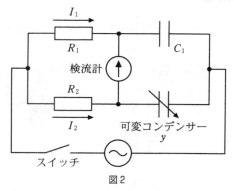

図2

(e) スイッチを閉じ，可変コンデンサーの電気容量yをある値C_2に調節したところ，検流計に流れる電流が常に0になった。電気容量C_1のコンデンサーの右端に対する左端の電位が$V_1 \sin \omega t$のとき，抵抗値R_1の抵抗を流れる電流I_1および抵抗値R_2の抵抗を流れる電流I_2を，R_1およびR_2を用いずに表せ。ただし，微小時間Δtの間の$\sin \omega t$の変化量を示す以下の関係式

$$\frac{\Delta \sin \omega t}{\Delta t} = \omega \cos \omega t$$

を用いてよい。また，図2における矢印の向きを電流の正の向きとする。

(f) 問(e)における電気容量 C_2 を C_1, R_1, R_2 のうち必要な記号を用いて表せ。

〔C〕 図3のように，図2の電気容量 C_1 のコンデンサーを，設問〔A〕で考えた極板 AB からなるコンデンサーにおきかえた回路を考える。はじめ，空間1と空間2の圧力が P_0，極板間距離が $x=L_0$ であった。スイッチは開いており，極板 AB および可変コンデンサーには電荷が存在しなかった。極板Bを固定して，栓2を閉じ，栓1を開けて，ポンプにより空間2の圧力を低下させた。栓1を閉じた後，極板Bの固定をはずし，気体の温度を一定に保ちながら，極板Bをゆっくりと移動させた。すると，ある位置で極板Bにはたらく力がつりあい，その位置に静止した。このときの空間2の圧力は P_2 であった。その後，極板Bを動かないように固定し，スイッチを閉じた後，可変コンデンサーの電気容量 y を検流計の値が常に0になるように調整した。このときの y の値は C_3 であった。

(g) 圧力 P_2 を ε, C_3, L_0, P_0, R_1, R_2, S のうち必要な記号を用いて表せ。

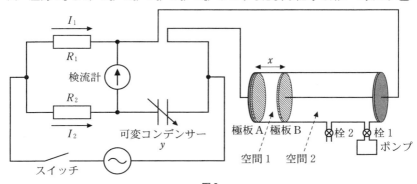

図3

346　第4章　電磁気

解　答

〔A〕(a)　気体の温度は変化しないから，空間1内の気体に対するボイルの法則より

$$P_0 SL_0 = P_1 SL_1 \quad \therefore \quad L_1 = \frac{P_0}{P_1}L_0 \quad \cdots\cdots(答)$$

極板ABからなるコンデンサーの極板B移動後の電気容量は

$$\varepsilon\frac{S}{L_1} = \varepsilon\frac{P_1 S}{P_0 L_0} \quad \cdots\cdots(答)$$

(b)　電荷：$\varepsilon\dfrac{S}{L_0}V_0$　　静電エネルギー：$\dfrac{1}{2}\varepsilon\dfrac{S}{L_0}V_0{}^2$

(c)　極板ABからなるコンデンサーの電気容量は $\varepsilon\dfrac{S}{L_0}$ から $\varepsilon\dfrac{S}{L_2}$ へと変化するが，コンデンサーに蓄えられる電荷は変化しない。静電エネルギーの変化量は

$$\frac{\left(\varepsilon\dfrac{SV_0}{L_0}\right)^2}{2\cdot\varepsilon\dfrac{S}{L_2}} - \frac{1}{2}\varepsilon\frac{S}{L_0}V_0{}^2 = \varepsilon\frac{SV_0{}^2}{2L_0{}^2}(L_2 - L_0) \quad \cdots\cdots(答)$$

極板Bにはたらく静電気力を F とする。静電エネルギーの変化量は，静電気力に抗する外力を加え，ゆっくりと極板を移動したときの外力による仕事と等しいので

$$\varepsilon\frac{SV_0{}^2}{2L_0{}^2}(L_2 - L_0) = -F(L_2 - L_0) \quad \therefore \quad F = -\varepsilon\frac{SV_0{}^2}{2L_0{}^2} \quad \cdots\cdots(答)$$

(d)　空間1の圧力を P' とすると，ボイルの法則より

$$P_0 SL_0 = P'SL_2 \quad \therefore \quad P' = \frac{L_0}{L_2}P_0$$

極板Bの力のつりあいより

$$0 = F + P'S - P_0 S$$

上式と(c)の結果より

$$0 = -\varepsilon\frac{SV_0{}^2}{2L_0{}^2} + \frac{L_0}{L_2}P_0 S - P_0 S$$

$$\therefore \quad L_2 = \frac{P_0 L_0}{P_0 + \varepsilon\dfrac{V_0{}^2}{2L_0{}^2}} = \frac{2P_0 L_0{}^3}{2P_0 L_0{}^2 + \varepsilon V_0{}^2} \quad \cdots\cdots(答)$$

〔B〕(e)　検流計に流れる電流が0なので，I_1 と I_2 はそれぞれ電気容量 C_1 のコンデンサーと可変コンデンサーに左から流れ込む電流に等しい。また，電気容量 C_1 のコンデンサーに加わる電圧が $V_1 \sin\omega t$ なので，電気容量 C_1 のコンデンサーの左側極板に蓄えられる電荷を Q_1 とすると

$$Q_1 = C_1 V_1 \sin\omega t$$

であり，微小時間 Δt の間の電荷 Q_1 の変化量を ΔQ_1 と表すと，電気容量 C_1 のコンデ

ンサーに流れる電流 I_1 は

$$I_1 = \frac{\Delta Q_1}{\Delta t} = \frac{\Delta\,(C_1 V_1 \sin\omega t)}{\Delta t} = C_1 V_1 \frac{\Delta \sin\omega t}{\Delta t}$$

$$= \omega C_1 V_1 \cos\omega t \quad \cdots\cdots\text{(答)}$$

検流計に流れる電流が 0 なので，可変コンデンサーに加わる電圧は，電気容量 C_1 のコンデンサーに加わる電圧と同じであり，同様に考えると

$$I_2 = \omega C_2 V_1 \cos\omega t \quad \cdots\cdots\text{(答)}$$

(f)　2 つの抵抗に加わる電圧は等しいので

$$R_1 I_1 = R_2 I_2$$

であり，(e)の結果を用いると

$$R_1 \cdot \omega C_1 V_1 \cos\omega t = R_2 \cdot \omega C_2 V_1 \cos\omega t \qquad \therefore \quad C_2 = \frac{R_1}{R_2} C_1 \quad \cdots\cdots\text{(答)}$$

〔C〕(g)　極板 AB からなるコンデンサーの電気容量を C' とすると，(f)より

$$C_3 = \frac{R_1}{R_2} C'$$

(a)と同様に

$$C' = \varepsilon \frac{P_2 S}{P_0 L_0}$$

以上より

$$C_3 = \frac{R_1}{R_2} \cdot \varepsilon \frac{P_2 S}{P_0 L_0} \qquad \therefore \quad P_2 = \frac{C_3 L_0 R_2}{\varepsilon S R_1} P_0 \quad \cdots\cdots\text{(答)}$$

解　説

　ピストンを用いた熱力学と，平行板コンデンサーの融合問題である。ピストンに対する力のつりあいでは，ピストンの両側にかかる気体による圧力と，ピストンにかかる静電気力を考える。

〔A〕▶(a)　ボイルの法則を用いて，極板間距離を求める。

▶(b)　コンデンサーの電気容量は $\varepsilon \dfrac{S}{L_0}$ である。このコンデンサーに電圧 V_0 を加えるので，蓄えられる電荷 q は

$$q = \varepsilon \frac{S}{L_0} V_0$$

また，静電エネルギー U は

$$U = \frac{1}{2} q V_0 = \frac{1}{2} \varepsilon \frac{S}{L_0} V_0{}^2$$

▶(c)　極板 A，B には，それぞれ負，正の電荷が蓄えられるので，極板 B は極板 A の向きへ静電気力を受ける。極板間距離が縮まると極板 B にはたらく静電気力が気体に

よる圧力とつりあう．このとき，静電気力は極板Bに対して正の仕事をするが，これは，静電エネルギーの減少量に等しくなる．
▶(d) 静電気力を含めて，極板Bについて力のつりあいを考える．
〔B〕▶(e) 検流計に流れる電流が0なので，I_1は電気容量C_1のコンデンサーに左から流れ込む電流に等しい．この電流は電気容量C_1のコンデンサーの左側極板に蓄えられる電荷の単位時間当たりの変化量として求められる．
▶(f) 検流計に流れる電流が0なので，検流計の両端の電位は等しい．よって，向かい合う抵抗に加わる電圧は等しくなる．
〔C〕▶(g) まず(f)の結果を用いて極板ABからなるコンデンサーの電気容量を求め，次に(a)の結果を用いて空間2の圧力を求めればよい．

テーマ

交流電源に，コンデンサー，コイルを接続したときの電流と電圧の位相の関係，リアクタンスは簡単な計算で求めることができるので，その方法をまとめておく．

図のように，電気容量Cのコンデンサーに加わる電圧vが，$v = V_0 \sin \omega t$であるとき，コンデンサーの上側極板の電気量をqとすると，$q = Cv$と表される．このとき，コンデンサーの上側極板に流れ込む電流iは

$$i = \frac{dq}{dt} = \frac{dCv}{dt} = \frac{dCV_0 \sin \omega t}{dt} = \omega C V_0 \cos \omega t$$
$$= \omega C V_0 \sin\left(\omega t + \frac{\pi}{2}\right)$$

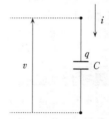

よって，電流の位相は電圧の位相より$\frac{\pi}{2}$進むことがわかる．また，電流の最大値は$\omega C V_0$であり，電圧の最大値はV_0なので，容量リアクタンスX_Cは，$X_C = \frac{1}{\omega C}$となる．

図のように，自己インダクタンスLのコイルに流れる電流iが，$i = I_0 \sin \omega t$であるとき，コイルに生じる誘導起電力vは，$v = L\frac{di}{dt}$となる．

$$v = L\frac{di}{dt} = L\frac{dI_0 \sin \omega t}{dt} = \omega L I_0 \cos \omega t$$
$$= \omega L I_0 \sin\left(\omega t + \frac{\pi}{2}\right)$$

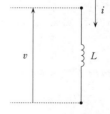

よって，電圧の位相は電流の位相より$\frac{\pi}{2}$進むことがわかる．また，電流の最大値はI_0であり，電圧の最大値は$\omega L I_0$なので，誘導リアクタンスX_Lは，$X_L = \omega L$となる．

3 荷電粒子の運動

49 電磁場内の荷電粒子の運動

(2020 年度　第 2 問)

電磁場中における質量 m, 電荷 q の荷電粒子の運動を考察する。断りのない限り, q は正負いずれの値も取りうるものとする。磁束密度 $\vec{B}$ は, 時間的に変化することはないとする。また, 磁束密度 $\vec{B}$ の向きは, 図 1 のように紙面の裏から表の向きであり, この向きを z 軸の正の向きとし, 荷電粒子は xy 平面内を運動するものとする。なお, 荷電粒子は真空中を運動するものとし, また, 重力の影響は無視できるものとする。

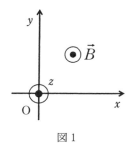

図 1

〔A〕　磁束密度の大きさ B_0 の一様な磁場中で, 荷電粒子が速さ v_0 で xy 平面上の等速円運動を行なっているとする。なお, 設問〔A〕では, 電場はかかっていないものとする。以下の問に答えよ。

(a)　円運動の半径 r_0 を, m, $|q|$, B_0, v_0 のうち必要なものを用いて表せ。

(b)　荷電粒子の速度の x, y 成分をそれぞれ v_x, v_y とし, 荷電粒子が受ける力の x, y 成分をそれぞれ F_x, F_y とする。F_x および F_y を, q, $|q|$, B_0, v_x, v_y のうち必要なものを用いてそれぞれ表せ。

〔B〕 次に，磁束密度の向きは z 軸の正の向きのまま，$y \geqq 0$ では磁束密度の大きさが B_0，$y < 0$ では磁束密度の大きさが $2B_0$ であるとする。なお，設問〔B〕でも，電場はかかっていないものとする。

時刻 $t = 0$ において，荷電粒子が原点 O を y 軸の正の向きに速さ v_1 で通過した。n を正の整数として，荷電粒子が $t > 0$ で n 回目に x 軸を横切る時刻（すなわち y 座標がゼロとなる時刻）を t_n，その時の x 座標を x_n と書くことにする。以下の問に答えよ。

(c) m，q，$|q|$，v_1，B_0 のうち必要なものを用いて，t_1，t_2，x_1 および x_2 を表せ。

(d) 荷電粒子の y 座標のとりうる最大値および最小値を，m，v_1，q，$|q|$，B_0 のうち必要なものを用いて表せ。さらに，解答欄のグラフに，$q > 0$ の場合の $0 \leqq t \leqq t_1$ の間の荷電粒子の軌跡（半円）が記されている。これにひきつづき，$t_1 < t \leqq t_5$ の間の荷電粒子の軌跡の概形を解答欄のグラフに描き加えよ。

〔解答欄〕

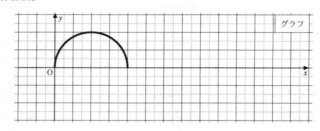

〔C〕 次に，z 軸の正の向きの磁場に加えて，電場もある場合を考える。設問〔C〕では，磁束密度は一様で大きさ B_0 とする。他方，電場は y 軸の正の向きを向いており，一様で大きさ E_0 とする。時刻 $t = 0$ において，荷電粒子は原点 O に静止しているとする。ここで，時刻 t における荷電粒子の速度の x，y 成分を，それぞれ v_x，v_y と表すこととする。以下の問に答えよ。

（e） 時刻 t において，荷電粒子が受ける力の x, y 成分をそれぞれ F'_x, F'_y とする。F'_x および F'_y を，q, $|q|$, v_x, v_y, E_0, B_0 のうち必要なものを用いてそれぞれ表せ。🖋

（f） ある速さ v_2 で x 軸の正の向きに等速度運動する観測者から見た場合には，荷電粒子の運動が等速円運動に見える。m, q, $|q|$, E_0 および B_0 のうち必要なものを用いて v_2 を表せ。🖋

（g） $q > 0$ の場合と $q < 0$ の場合のそれぞれにつき，時刻 $t = 0$ からしばらくの間の，静止した観測者から見た荷電粒子の軌跡の概形として，もっともふさわしいものを，図 2 の選択肢①～⑩からそれぞれ 1 つずつ選べ。

（h） $q > 0$ の場合を考える。荷電粒子の y 座標のとりうる最大値 $y_{\max}$ は，(f)で求めた v_2 を用いて下記のようになる。空欄 （ア） に当てはまる数式を m, q, E_0, B_0 のうち必要なものを用いて表せ。🖋

$$y_{\max} = \boxed{\quad \text{（ア）} \quad} \times v_2$$

また，静止した観測者から見た場合に，$t > 0$ において最初に $y = 0$ となるときの x 座標の絶対値 x_c は，下記のように $y_{\max}$ の定数倍となっている。空欄 （イ） を埋めよ。🖋

$$x_c = \boxed{\quad \text{（イ）} \quad} \times y_{\max}$$

352 第4章 電磁気

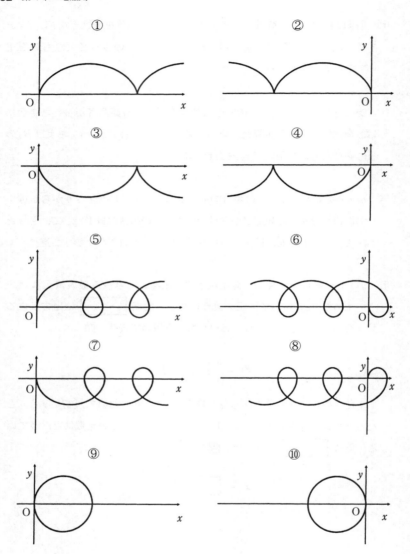

図2

(i) 引き続き $q > 0$ の場合を考える。静止した観測者から見た場合に，時刻 $t = 0$ からしばらくの間の荷電粒子の運動エネルギーの変化の様子としてもっともふさわしいものを，図3の選択肢①〜④から選べ。ただし，図3の横軸にある T_1 は，荷電粒子の y 座標が $t > 0$ で最初にゼロとなる時刻を表す。

さらに，図3に示した縦軸の運動エネルギー K_1 の値を m, q, E_0, $y_{\max}$ のうち必要なものを用いて表せ。なお，選択肢④では，運動エネルギーは充分長い時間の経過ののち，K_1 に達するものとする。

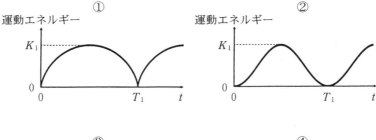

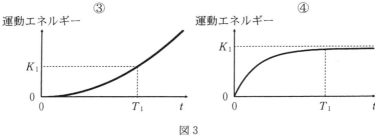

図3

解 答

〔A〕(a) 向心方向の運動方程式は

$$m\frac{v_0^2}{r_0} = |q|v_0 B_0 \quad \therefore \quad r_0 = \frac{mv_0}{|q|B_0} \quad \cdots\cdots(答)$$

(b) フレミングの左手の法則より

$$F_x = qv_y B_0 \quad \cdots\cdots(答)$$
$$F_y = -qv_x B_0 \quad \cdots\cdots(答)$$

〔B〕(c) 原点Oをy軸の正の向きに速さv_1で通過した後の軌跡は円となり，その半径r_1は(a)と同様に計算すると

$$r_1 = \frac{mv_1}{|q|B_0}$$

次にx軸を横切る時刻t_1は

$$t_1 = \frac{1}{2} \cdot \frac{2\pi r_1}{v_1} = \frac{\pi m}{|q|B_0} \quad \cdots\cdots(答)$$

そのときの座標は，$q>0$なら$(2r_1, 0)$，$q<0$なら$(-2r_1, 0)$となる。

よって $x_1 = \frac{2mv_1}{qB_0} \quad \cdots\cdots(答)$

$y<0$では磁束密度の大きさが$2B_0$なので，半円を描くときの半径r_2は

$$r_2 = \frac{mv_1}{|q|\cdot 2B_0} \left(=\frac{1}{2}r_1\right)$$

同様に考えると，次にx軸を横切る時刻t_2は

$$t_2 = t_1 + \frac{1}{2}\cdot\frac{2\pi r_2}{v_1} = \frac{3}{2}\cdot\frac{\pi m}{|q|B_0} \quad \cdots\cdots(答)$$

そのときの座標は，$q>0$なら$(2r_1-2r_2, 0)$，$q<0$なら$(-2r_1+2r_2, 0)$となる。

よって $x_2 = \frac{mv_1}{qB_0} \quad \cdots\cdots(答)$

(d) 最大値：$\frac{mv_1}{|q|B_0}$　最小値：$-\frac{mv_1}{2|q|B_0}$

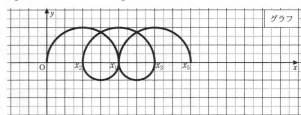

〔C〕(e) 磁場から受ける力は(b)と同様に求まり，電場から受ける力の成分は$(0, qE_0)$となる。よって

右上: 3 荷電粒子の運動 355

$$F_x' = qv_yB_0 \quad \cdots\cdots(\text{答})$$

$$F_y' = -qv_xB_0 + qE_0 \quad \cdots\cdots(\text{答})$$

(f) 荷電粒子が受ける力の y 成分 F_y' を

$$F_y' = -qv_xB_0 + qE_0 = -q\left(v_x - \frac{E_0}{B_0}\right)B_0$$

と変形する。ここで，$v_x - \dfrac{E_0}{B_0}$ が速さ v_2 で運動する観測者から見た荷電粒子の速度の x 成分なら，はたらく力はローレンツ力のみとみなすことができ，運動する観測者から見た荷電粒子の運動は円運動となる。

よって　　$v_2 = \dfrac{E_0}{B_0} \quad \cdots\cdots(\text{答})$

(g) $q>0$ の場合：① 　$q<0$ の場合：③

(h) $t=0$ のとき，速さ v_2 で運動する観測者から見た荷電粒子の相対速度は $(-v_2,\ 0)$ となる。その後，荷電粒子は等速円運動となるのでその速さは v_2 となり，円運動の半径を R とすると，向心方向の運動方程式は

$$m\frac{v_2{}^2}{R} = qv_2B_0 \qquad \therefore \quad R = \frac{mv_2}{qB_0}$$

円運動の中心の y 座標は $y=R$ となるので，y 座標のとりうる最大値 $y_{\max}$ は

$$y_{\max} = 2R = \frac{2m}{qB_0} \times v_2$$

よって　　(ア)$\dfrac{2m}{qB_0} \quad \cdots\cdots(\text{答})$

その円軌道を一周する時間を T' とすると

$$T' = \frac{2\pi R}{v_2} = 2\pi\frac{m}{qB_0}$$

$y=0$ となるときの x 座標の絶対値 x_c は

$$x_c = v_2T' = v_2\cdot2\pi\frac{m}{qB_0} = \pi\frac{2m}{qB_0}v_2 = \pi \times y_{\max}$$

よって　　(イ)$\pi \quad \cdots\cdots(\text{答})$

(i) 速さ v_2 で運動する観測者から見た荷電粒子の相対速度は，時刻を t，角速度を ω とすると

$$(-v_2\cos\omega t,\ v_2\sin\omega t)$$

よって，静止している観測者から見た荷電粒子の速度 $(v_x,\ v_y)$ は

$$(v_x,\ v_y) = (v_2 - v_2\cos\omega t,\ v_2\sin\omega t)$$

したがって，荷電粒子の運動エネルギー K は

$$K = \frac{1}{2}m\{v_2{}^2(1-\cos\omega t)^2 + (v_2\sin\omega t)^2\}$$

356 第4章 電磁気

$$= mv_2{}^2(1-\cos\omega t) = \frac{1}{2}qB_0 y_{max} v_2 (1-\cos\omega t)$$

$$= \frac{1}{2}qE_0 y_{max}(1-\cos\omega t)$$

図3の選択肢は　　②　……（答）

$K_1 = \boldsymbol{q E_0 y_{max}}$　……（答）

解　説

　電磁場内の荷電粒子の運動に関する問題である。〔A〕，〔B〕は基本問題であり必ず正答したい。

　〔A〕は，一様磁場内を運動する荷電粒子に関する基本問題である。ローレンツ力の成分を求めるとき，符号に注意が必要である。〔B〕は，異なる強さをもつ磁場内を運動する荷電粒子に関する問題である。〔C〕は，電場と磁場が同時に加わるときの荷電粒子の運動に関する問題である。初めて解くにはやや難しい。問題文の中に書かれているように，円運動と等速度運動の合成である。

〔A〕▶(a)　向心方向のローレンツ力の大きさは，$|q|v_0 B_0$ となる。

▶(b)　q が正の場合を考える。磁束密度が z 軸の正の向き，速度が x 軸の正の向きのとき，力は y 軸の負の向きに $F_y = -qv_x B_0$ となる。また，速度が y 軸の正の向きのとき，力は x 軸の正の向きに $F_x = qv_y B_0$ となる。さらに，速度の向きが負の向きのときは，力の向きは正のときと逆向きになる。また，q が負の場合もそれぞれ力の向きが逆になるので，同じ式で表すことができる。

〔B〕▶(c)　ローレンツ力を受ける荷電粒子の運動は，力の向きと速度の向きが常に垂直となるので円運動となる。$t=0$ において，荷電粒子が原点 O を y 軸の正の向きに通過するので，円運動の中心は x 軸上となる。よって，次に x 軸を横切るのは半円を描いたときである。また，その次の円運動においても同様に中心が x 軸上にあり，半円を描くごとに x 軸を横切ることとなる。

▶(d)　円運動の半径は，磁束密度の大きさに反比例するので，$y>0$ を回るときと $y<0$ を回るときで，2：1 の比となる。

〔C〕▶(e)　荷電粒子は磁場から受ける力（ローレンツ力）に加えて電場からも力を受ける。その力の向きは $q>0$ なら電場と同じ向きであり，$q<0$ なら電場と逆向きとなる。

▶(f)　x 軸方向に速度 v_2 で運動する観測者から見た荷電粒子の相対速度の x 成分を $v_x{}'$（$= v_x - v_2$）とする。
この観測者から見たローレンツ力が，(b)と同様に

$$(qv_y B_0, \quad -qv_x{}' B_0)$$

となるとき，荷電粒子は円運動とみなすことができる。

y 軸方向の力は
$$-qv_xB_0+qE_0 = -qv_x'B_0 = -q(v_x-v_2)B_0 \quad \therefore \quad v_2=\frac{E_0}{B_0}$$
この値は q の正負によらない。

▶(g) $t=0$ のとき，荷電粒子は座標 $(0, 0)$ にあり，その速度は $(0, 0)$ である。よって，x 軸の正の向きに等速度 v_2 で運動する観測者から見た相対速度は $(-v_2, 0)$ となる。そのとき $q>0$ ならローレンツ力は y 軸の正を向くので，$t=0$ のときの円運動の中心座標は，半径を R とすると $(0, R)$ となる。ただし，その円運動の中心は静止している観測者から見て x 軸の正の向きに等速度 v_2 で移動する。また，運動する観測者から見て初速度の向きが x 軸の負を向いているので，円運動は時計回りとなる。一方，$q<0$ の場合は正電荷のときと逆向きのローレンツ力がはたらくので，円運動は反時計回りとなる。

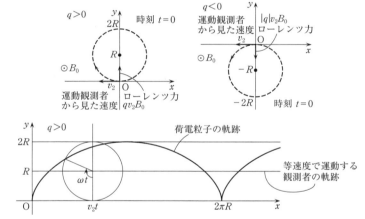

等速度で運動する観測者から見た荷電粒子の運動が円運動となるが，それは水平面上を転がる円の円周上のある1点を円の中心から見る場合と同様である。そのときの水平面から見たある点の軌跡はサイクロイド曲線になるので，本問の荷電粒子の運動もサイクロイド曲線となる。

> **参考** x-y 座標系に対して一定の速度 $(v_2, 0)$ で運動する座標系を x'-y' とする。その x'-y' 座標系での観測者の時刻 $t=0$ における位置を $(0, R)$ とし，運動する観測者から見た円運動の角速度を ω とすると，運動する観測者から見た時刻 t の荷電粒子の位置 (x', y') は
> $$(x', y') = (-R\sin\omega t, \ R-R\cos\omega t)$$
> 静止している観測者から見た時刻 t における荷電粒子の位置 (x, y) は
> $$(x, y) = (v_2t-R\sin\omega t, \ R-R\cos\omega t) \quad \cdots\cdots(*)$$

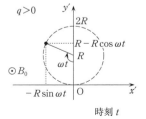

時刻 t

358 第4章 電磁気

さらに $v_2 = R\omega$ となるので

$$(x, \ y) = (R\omega t - R\sin\omega t, \ R - R\cos\omega t)$$

この軌跡はサイクロイド曲線となる。

▶(h) (ア) 速さ v_2 で運動する観測者から見た円運動の中心座標は $x-y$ 座標系で $(v_2 t, \ R)$ である。よって，y_{max} は円運動の直径となる。

(イ) 再び $y = 0$ に戻るまでの時間は，円運動の周期に等しくなる。

▶(i) 円の中心の速度と中心から見た荷電粒子の速度を合成することにより，静止している観測者から見た速度が求まる。また，(g)〔**参考**〕の軌跡の式（＊の式）より，速度を求めることもできる。具体的には

$$v_x = \frac{d}{dt}(v_2 t - R\sin\omega t) = v_2 - R\omega\cos\omega t = v_2 - v_2\cos\omega t$$

$$v_y = \frac{d}{dt}(R - R\cos\omega t) = (-R) \times (-\omega\sin\omega t) = v_2\sin\omega t$$

静止している人から見た速度が 0 となるのは，$t = 0$ と $t = \dfrac{2\pi}{\omega}$ のときである。また，速度が最大となるのは，$t = \dfrac{\pi}{\omega}$ のときであり，y が最大値をとるときである。そのとき静止している人から見た円運動の中心の速度と円運動の中心から見た荷電粒子の速度が等しく，その和は $(2v_2, \ 0)$ であり，速さが最大となる。

また，途中の変形において $y_{max} = \dfrac{2mv_2}{qB_0}$ および $v_2 = \dfrac{E_0}{B_0}$ を用いた。

テーマ

〔荷電粒子が電場・磁場から受ける力〕

荷電粒子の電気量を q, 荷電粒子の速度を $\vec{v}$ とする。また，電場を $\vec{E}$, 磁束密度を $\vec{B}$ とする。電場から受ける力 $\vec{f}$ は

$$\vec{f} = q\vec{E}$$

となる。よって $q > 0$ なら $\vec{f}$ と $\vec{E}$ は同じ向きとなり，$q < 0$ なら $\vec{f}$ と $\vec{E}$ は逆向きとなる。よって，正電荷と負電荷では受ける力の向きは逆となる。

磁場から受ける力 $\vec{f}$ は

$$\vec{f} = q\vec{v} \times \vec{B} \quad \text{〔付録3 ベクトルの積〕参照}$$

となる。上式より，正電荷と負電荷では受ける力の向きは逆となり，下図のように左手を用いて向きを求めることができる。

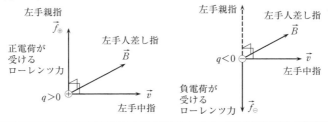

50 電磁場中の振り子の運動

(2014年度 第1問)

　図1のように，点Oに一端が固定された長さ ℓ の糸の他端に質量 m，電荷 q（>0）をもつ小球を取りつけ，この小球を鉛直面内で運動させる。ここで，鉛直上向きを z 軸の正の向きに，鉛直面に垂直な向き（紙面表面から裏面の向き）を y 軸の正の向きにとる。また，小球が運動する鉛直面の水平方向に x 軸をとる。糸がたるんでいないとき，糸が点Oを通る鉛直線となす角度を θ とし，図中の矢印の向きを正の向きにとる。$\theta = \dfrac{\pi}{3}$，$-\dfrac{\pi}{3}$ のときの小球の位置をそれぞれP，Qとする。小球の大きさ，糸の質量と空気抵抗は無視できるものとする。重力加速度の大きさを g とし，以下の問に答えよ。

〔A〕 小球をPから静かにはなしたところ，糸がたるむことなく小球は鉛直面（zx 平面）内を円軌道に沿って運動し，Qに到達した。

　(a) 角度 θ の位置における小球の速さ v を求めよ。また，PからQへの運動における小球の速さの最大値 v_0 を求めよ。🖊

〔B〕 x 軸の正の向きに一様な電場を加えたときの小球の運動について考える。ここで，電場の大きさを E とする。小球をPから静かにはなしたところ，糸がたるむことなく小球は円軌道に沿って運動し，角度 $\theta = -\dfrac{\pi}{6}$ の位置に到達した後，逆向きに運動し始めた。

　(b) このとき，加えた電場の大きさ E を求めよ。🖊

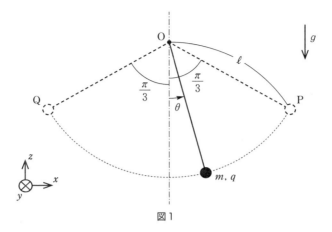

図1

〔C〕 図2のように，y軸の正の向きに一様な磁場を加えたときの小球の運動について考える。ここで，磁束密度の大きさをBとする。小球をPから静かにはなしたところ，糸がたるむことなく小球は円軌道に沿ってQの向きに運動し始めた。

(c) 小球がPからQの向きに運動するとき，角度θの位置における小球の速さvは，磁束密度の大きさBを変えても変化しない。その理由を簡潔に述べよ。

(d) 小球がPからQの向きに運動するとき，角度θの位置において小球にはたらく向心力を，糸の張力Tとm, g, θ, q, v, Bのうち必要な記号を用いて表せ。

糸がたるむことなく小球は円軌道に沿って運動し，Qに到達した後，逆向きに運動し始めた。

(e) 小球が円軌道に沿ってQからPの向きに運動するとき，角度θの位置における張力Tをm, g, ℓ, q, v, Bのうち必要な記号を用いて表せ。

(f) 加えた磁束密度の大きさがある値B_1より小さいとき，糸がたるむことなく小球は円軌道に沿ってQからPまで運動する。一方，磁束密度の大きさがB_1より大きいとき，ある位置で糸がたるみ，小球は円軌道から離れる。このような状況が生じる磁束密度の大きさB_1をm, g, ℓ, qのうち必要な記号を用いて表せ。

(g) 加えた磁束密度の大きさが$\dfrac{2}{\sqrt{3}}B_1$のとき，小球は角度φの位置において円軌道から離れた。このとき$\cos\varphi$の値を求めよ。

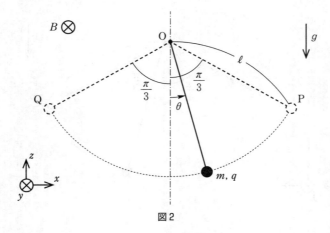

図2

3 荷電粒子の運動　363

解　答

〔A〕(a)　重力による位置エネルギーの基準を小球の運動の最下点にとる。力学的エネルギー保存則より

$$mg\ell\left(1-\cos\frac{\pi}{3}\right)=\frac{1}{2}mv^2+mg\ell\left(1-\cos\theta\right)$$

$$v=\sqrt{2g\ell\left(\cos\theta-\cos\frac{\pi}{3}\right)}$$

$$=\sqrt{g\ell\left(2\cos\theta-1\right)}\quad\cdots\cdots(\text{答})$$

θ は $-\dfrac{\pi}{3}\leqq\theta\leqq\dfrac{\pi}{3}$ の範囲で動くので，v が最大値をとるのは $\theta=0$ のときであり

$$v_0=\sqrt{g\ell\left(2\cos 0-1\right)}=\sqrt{g\ell}\quad\cdots\cdots(\text{答})$$

〔B〕(b)　電場から受ける力による位置エネルギーの基準を点Oを通る鉛直線（すなわち $x=0$）にとる。力学的エネルギー保存則より

$$mg\ell\left(1-\cos\frac{\pi}{3}\right)-qE\ell\sin\frac{\pi}{3}=mg\ell\left\{1-\cos\left(-\frac{\pi}{6}\right)\right\}-qE\ell\sin\left(-\frac{\pi}{6}\right)$$

$$E=\frac{\sqrt{3}-1}{\sqrt{3}+1}\frac{mg}{q}=(2-\sqrt{3})\frac{mg}{q}\quad\cdots\cdots(\text{答})$$

別解　振動中心における力のつり合いから求めることもできる。小球は $\theta=\dfrac{\pi}{3}$ と

$\theta=-\dfrac{\pi}{6}$ を両端に運動するので，振動中心における θ の値を θ_0 とおくと

$$\theta_0=\frac{\dfrac{\pi}{3}+\left(-\dfrac{\pi}{6}\right)}{2}=\frac{\pi}{12}$$

電場から受ける力と重力の合力を見かけの重力と考えると，見かけの重力の向きに振動中心がくるので

$$\tan\theta_0=\frac{qE}{mg}$$

$$E=\frac{mg}{q}\tan\theta_0$$

半角の公式を用いると，$0<\theta_0<\dfrac{\pi}{2}$ より $\sin\theta_0>0$，$\cos\theta_0>0$ なので

$$\tan\theta_0=\frac{\sin\theta_0}{\cos\theta_0}=\sqrt{\frac{\dfrac{1-\cos 2\theta_0}{2}}{\dfrac{1+\cos 2\theta_0}{2}}}=\sqrt{\frac{1-\dfrac{\sqrt{3}}{2}}{1+\dfrac{\sqrt{3}}{2}}}=2-\sqrt{3}$$

したがって　　$E=(2-\sqrt{3})\dfrac{mg}{q}$

364　第4章　電磁気

〔C〕(c)　小球が磁場から受けるローレンツ力の向きは運動の向きと直交しており，ローレンツ力は仕事をしないから。

(d)　$T - mg\cos\theta - qvB$

(e)　角度 θ の位置における速さ v は，磁束密度の大きさによらないので，(a)より

$$v = \sqrt{g\ell(2\cos\theta - 1)}$$

$$\therefore\quad \cos\theta = \frac{v^2}{2g\ell} + \frac{1}{2}$$

小球の中心方向の運動方程式は

$$m\frac{v^2}{\ell} = T - mg\cos\theta + qvB$$

以上2式より，$\cos\theta$ を消去すると

$$T = m\frac{v^2}{\ell} + mg\left(\frac{v^2}{2g\ell} + \frac{1}{2}\right) - qvB$$

$$= \frac{3}{2}m\frac{v^2}{\ell} + \frac{1}{2}mg - qvB \quad \cdots\cdots(答)$$

(f)　(e)の結果より，v について整理すると

$$T = \frac{3}{2}\frac{m}{\ell}v^2 - qBv + \frac{1}{2}mg \quad \cdots\cdots(*)$$

$$= \frac{3m}{2\ell}\left(v - \frac{\ell qB}{3m}\right)^2 + \frac{1}{2}mg - \frac{\ell q^2 B^2}{6m}$$

任意の v に対して $T \geqq 0$ となる条件は

$$\frac{1}{2}mg - \frac{\ell q^2 B^2}{6m} \geqq 0$$

$$\therefore\quad B \leqq \frac{m}{q}\sqrt{\frac{3g}{\ell}}$$

$B = \dfrac{m}{q}\sqrt{\dfrac{3g}{\ell}}$ のとき，T が0となる v の値は

$$v = \frac{\ell qB}{3m} = \frac{\ell q}{3m}\cdot\frac{m}{q}\sqrt{\frac{3g}{\ell}}$$

$$= \frac{1}{\sqrt{3}}\sqrt{g\ell}$$

これは v の最大値 $v_0 = \sqrt{g\ell}$ よりも小さいので，小球がQからPへ運動する途中に，対応する点が存在する。よって，$B > \dfrac{m}{q}\sqrt{\dfrac{3g}{\ell}}$ のとき，小球がQからPへ運動する途中で糸がたるむので

$$B_1 = \frac{m}{q}\sqrt{\frac{3g}{\ell}} \quad \cdots\cdots(答)$$

(g) (f)の結果より
$$B = \frac{2}{\sqrt{3}} B_1 = \frac{2m}{q}\sqrt{\frac{g}{\ell}}$$

$T=0$ となるのは，(＊)式より
$$\frac{3}{2}\frac{m}{\ell}v^2 - q\cdot\frac{2m}{q}\sqrt{\frac{g}{\ell}}\,v + \frac{1}{2}mg = 0$$

v について整理すると
$$(3v - \sqrt{g\ell})(v - \sqrt{g\ell}) = 0$$

$$\therefore \quad v = \frac{\sqrt{g\ell}}{3},\ \sqrt{g\ell}$$

小球がQからPに向かって運動するとき，速さ v は0から増加していくので，角度 φ の位置における速さは $v = \dfrac{\sqrt{g\ell}}{3}$ である。(a)より

$$\frac{\sqrt{g\ell}}{3} = \sqrt{g\ell(2\cos\varphi - 1)}$$

$$\therefore \quad \cos\varphi = \frac{5}{9} \quad \cdots\cdots (答)$$

解説

電磁場中に置かれた荷電粒子をおもりとする振り子の運動に関する問題である。電場を加える場合は，電場から受ける力と重力の合力を見かけの重力と考えることができる。磁場を加える場合は，小球が磁場から受ける力は張力と同じ方向であり，磁場の大きさが小さいとき，見かけ上，磁場を加えない場合と小球の運動は変わらない。磁場が大きくなると，張力が0となり，糸がたるむので，小球の運動は円軌道から離れることになる。

〔A〕▶(a) 重力による位置エネルギーと運動エネルギーについて力学的エネルギー保存則を考える。

〔B〕▶(b) 重力による位置エネルギーと電場による位置エネルギーについて力学的エネルギー保存則を考える。角度 θ の位置における電場から受ける力の位置エネルギーは $qE(-\ell\sin\theta)$ である。また，〔別解〕のように，重力と電場から受ける力の合力を見かけの重力として考えることもできる。このとき，$\tan\dfrac{\pi}{12}$ の計算は，〔別解〕で記したように半角の公式を用いて計算したり，加法定理を用いて $\tan\dfrac{\pi}{12} = \tan\left(\dfrac{\pi}{3} - \dfrac{\pi}{4}\right)$ から計算したりすることができる。

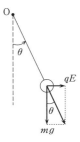

〔C〕▶(d) 糸の張力，重力の中心方向の成分，磁場から受ける力の合力が向心力とな

366 第4章 電磁気

る。小球がPからQの向きに運動するとき，フレミングの左手の法則より，磁場から受ける力は中心方向外向きとなる。よって，磁場があると張力は増加する。

▶(e)　小球がQからPの向きに運動するとき，磁場から受ける力は中心方向内向きとなる。よって，磁場があると張力は減少する。

▶(f)　磁場がある程度大きくなると，ある位置で張力が0となり，糸はたるむ。張力が0となる条件を考えることにより，磁束密度の大きさに対する条件を求める。

▶(g)　(＊)式に張力が0となるときの磁束密度Bの式を代入して，そのときの小球の速さを求める。小球がQから移動するとき，最初は，張力は正で，小球の速さは0であるが，徐々に張力は減少し，速さは増加する。そして，$\theta = \varphi$となったとき，張力が0となるので，φは小球の速さに関する2次方程式の解の中で小さい方の解に対応する。

3 荷電粒子の運動 367

51 サイクロトロンの原理を用いた質量分析器

(2008 年度　第 3 問)

　図のような荷電粒子の質量を測定する装置を考える。荷電粒子は正の電荷 q を持ち，線分 OC と直交するように速さ v_0 でスリット X に入射する（図の☆印）。灰色の領域には紙面垂直上向きに大きさ B の磁束密度をもつ一様磁界がかけられている。また領域 Y（白抜きの狭い領域）には，粒子が横切ると加速または減速されるような交流電圧 $V = V_0 \cos(2\pi ft)$ がかけられている（f は交流周波数）。図に示すように，この装置の中で粒子は平面内を 2 周し，再び X 付近に戻ってくる。この間 Y を 2 回通過するが，1 回目と 2 回目の加速・減速（あるいは減速・加速）のつり合いをうまくとれば 2 周後にスリット X を再び通過させることができ，そこで粒子検出の信号が発生するようになっている。

　以下の設問では，粒子は，磁界の領域からはみ出ることなく真空中を運動し，障害物に衝突することはないものとする。また，スリット X の厚みは無視できるものとする。さらに，Y の電極間の幅は円運動の半径に比べて無視でき，粒子は，線分 OD を横切る際，瞬時に加速（または減速）されるものとする。

　まず，設問〔A〕〔B〕においては X のスリットの幅 d の大きさを無視する。

〔A〕 (a)　スリット X を通過し最初に Y に入射するまでの粒子の回転半径 r_0 と角速度 ω_0 を，粒子の質量 m および q，B，v_0 の中から必要な記号を用いて表せ。🈩

　　　(b)　粒子が 1 回目に Y を通過したときに，電位差 V_1 で加速された。1 回目に Y を通過してから 2 回目に Y に入射するまでの粒子の回転半径 r_1 と角速度 ω_1 を，粒子の質量 m および V_1，q，B，v_0 の中から必要な記号を用いて表せ。🈩

　　　(c)　1 回目に Y を通過してから 2 回目に Y に入射するまでの時間 T を，粒子の質量 m および V_1，q，B，v_0 の中から必要な記号を用いて表せ。（以後 T を周回時間と呼ぶ。）🈩

368 第4章 電磁気

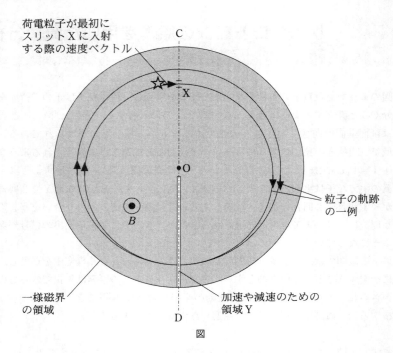

荷電粒子が最初に
スリットXに入射
する際の速度ベクトル

粒子の軌跡
の一例

一様磁界
の領域

加速や減速のための
領域Y

図

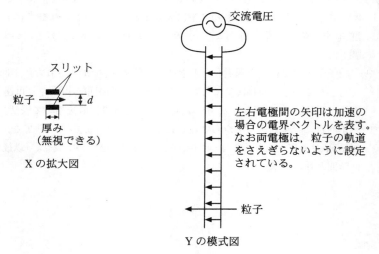

スリット
粒子
厚み
（無視できる）

Xの拡大図

交流電圧

左右電極間の矢印は加速の
場合の電界ベクトルを表す。
なお両電極は、粒子の軌道
をさえぎらないように設定
されている。

粒子

Yの模式図

3 荷電粒子の運動 369

〔B〕 実際には，粒子は交流電圧の初期時刻 $t=0$ とは関係なく不規則に次々と入射する。粒子が入射時刻によらず2周後にスリットXを必ず通過するように周波数 f の値を調整する。このような周波数はいくつも存在するが，これらを低い順に並べ $f_0, f_1, \cdots, f_n, \cdots$ と表す（ただし n は整数）。

(d) 周回時間 T を，f_n および n を用いて表せ。 🈟

(e) 質量 m を，f_n, q, B, n を用いて表せ。 🈟

〔C〕 設問〔B〕の結果が示すように，粒子の質量 m や周回時間 T を求めるには，スリットXに2周後に戻ってくるような周波数 f_n を見つければよいことがわかる。実際にはスリットXには幅 d があり，スリット中心から外側または内側にそれぞれ $\dfrac{d}{2}$ の範囲で位置がずれたとしても粒子検出の信号が発生する。したがって，この方法で質量を測定する際には誤差が生じる。以下では，1個の粒子に着目し誤差の大きさを評価する。簡単のため，粒子は最初スリットXの中心に正確に入射したものとし，2周後にXを通過する際のスリット幅のみ誤差の原因になるものとして問いに答えよ。

(f) 周波数が f_n から少しずれていたために，2回目にYを通過する時刻における電圧が，加速・減速のつり合いがとれる電圧より ΔV だけずれた。このため粒子は，スリットXを，その中心より $\dfrac{d}{2}$ だけ外側にずれて通過した。d を $|\Delta V|, q, B, v_0$ の中から必要な記号を用いて表せ。ここで電圧のずれによるエネルギーの変化は粒子の運動エネルギーに比べて十分小さく，$\sqrt{1+x}$ $=1+\dfrac{1}{2}x$（$|x|$ が1に比べて十分小さいとき）としてよい。 🈟

(g) ずれた周波数に基づいて求めた周回時間と，真の周回時間 T との差を ΔT とする。そのとき，前問における $|\Delta V|$ は良い近似で $|\Delta V|=b|\Delta T|$ の関係式が成り立つものとする（ただし $b>0$ とする）。スリットの幅に起因する質量の誤差の最大値 $|\Delta m|$ を q, B, v_0, b, d の中から必要な記号を用いて表せ。 🈟

370 第4章　電磁気

解　答

[A](a)　粒子は磁場からローレンツ力を受けて等速円運動をする。
中心方向の運動方程式は

$$m\frac{v_0{}^2}{r_0} = qv_0B$$

$$\therefore \quad r_0 = \frac{mv_0}{qB} \quad \cdots\cdots(\text{答})$$

また，角速度 ω_0 は

$$\omega_0 = \frac{v_0}{r_0} = \frac{v_0}{\dfrac{mv_0}{qB}} = \frac{qB}{m} \quad \cdots\cdots(\text{答})$$

(b)　1回目にYを通過してから2回目にYを通過するまでの間の粒子の速さを v_1 とする。仕事とエネルギーの関係より

$$\frac{1}{2}mv_1{}^2 - \frac{1}{2}mv_0{}^2 = qV_1 \quad \therefore \quad v_1 = \sqrt{v_0{}^2 + \frac{2qV_1}{m}}$$

また，中心方向の運動方程式より

$$m\frac{v_1{}^2}{r_1} = qv_1B \quad \therefore \quad r_1 = \frac{mv_1}{qB} = \frac{m}{qB}\sqrt{v_0{}^2 + \frac{2qV_1}{m}} \quad \cdots\cdots(\text{答})$$

よって，角速度 ω_1 は

$$\omega_1 = \frac{v_1}{r_1} = \frac{qB}{m} \quad \cdots\cdots(\text{答})$$

(c)　周期と角速度の関係より

$$T = \frac{2\pi}{\omega_1} = \frac{2\pi m}{qB} \quad \cdots\cdots(\text{答})$$

[B](d)　時間 T の間に，電圧が V から $-V$ へと逆位相になれば回転半径が r_0 にもどり，スリットXを通過できる。
よって，任意の時刻 t に対して

$$V_0\cos(2\pi ft) = -V_0\cos\{2\pi f(t+T)\}$$

$$2\pi fT = \pi + 2\pi\cdot n \quad (n = 0,\ 1,\ \cdots)$$

$$\therefore \quad f = \frac{2n+1}{2T}$$

これらを低い順に並べ f_n と表すので

$$f_n = \frac{2n+1}{2T} \quad \therefore \quad T = \frac{2n+1}{2f_n} \quad \cdots\cdots(\text{答})$$

(e)　(c)と(d)の結果より

$$\frac{2\pi m}{qB} = \frac{2n+1}{2f_n} \qquad \therefore \quad m = \frac{(2n+1)\,qB}{4\pi f_n} \quad \cdots\cdots (\text{答})$$

〔C〕(f) 2回目にYを通過した後の粒子の速さを v_2 とする。仕事とエネルギーの関係より

$$\frac{1}{2}mv_2{}^2 - \frac{1}{2}mv_0{}^2 = q\,|\,\varDelta V|$$

$$v_2 = \sqrt{v_0{}^2 + \frac{2q\,|\,\varDelta V|}{m}}$$

$$= v_0\sqrt{1 + \frac{q\,|\,\varDelta V|}{\dfrac{1}{2}mv_0{}^2}}$$

エネルギーの変化 $q\,|\,\varDelta V|$ は粒子の運動エネルギー $\dfrac{1}{2}mv_0{}^2$ に比べて十分に小さいので

$\dfrac{q\,|\,\varDelta V|}{\dfrac{1}{2}mv_0{}^2} \ll 1$ である。近似式を使って上の式を書き換えると

$$v_2 \fallingdotseq v_0\left(1 + \frac{1}{2}\cdot\frac{q\,|\,\varDelta V|}{\dfrac{1}{2}mv_0{}^2}\right) = v_0 + \frac{q\,|\,\varDelta V|}{mv_0}$$

このときの半径を r_2 とすると

$$r_2 = \frac{mv_2}{qB} = \frac{m}{qB}\left(v_0 + \frac{q\,|\,\varDelta V|}{mv_0}\right)$$

スリットの中心からのずれ $\dfrac{d}{2}$ を r_0, r_2 で表すと

$$\frac{d}{2} = 2r_2 - 2r_0$$

であるから

$$\frac{d}{2} = 2\frac{m}{qB}\left(v_0 + \frac{q\,|\,\varDelta V|}{mv_0} - v_0\right)$$

$$\therefore \quad d = \frac{4\,|\,\varDelta V|}{v_0 B} \quad \cdots\cdots (\text{答})$$

(g) (f)の結果に $|\,\varDelta V| = b\,|\,\varDelta T|$ を代入すると

$$d = \frac{4b\,|\,\varDelta T|}{v_0 B} \qquad \therefore \quad |\,\varDelta T| = \frac{v_0 B d}{4b} \quad \cdots\cdots ①$$

(c)より

$$|\,\varDelta m| = \frac{qB}{2\pi}|\,\varDelta T|$$

上式に①式を代入すると

$$|\Delta m| = \frac{qB^2v_0d}{8\pi b} \quad \cdots\cdots (答)$$

解 説

　一様な磁場の中で，磁場の方向に垂直な面内で荷電粒子に速度を与えると，等速円運動をする。接線方向に電圧を加えて加速すると回転半径は大きくなるが，回転の周期は変わらない。回転の周期と加速電圧の周期を同期させて粒子を加速するのがサイクロトロン加速器である。ここでは加速と減速を交互に行い，交流電圧の周波数から粒子の質量を求めている。〔C〕では，スリットの幅が質量の測定にどの程度の誤差を与えるかを，近似式を用いて考えている。

〔A〕▶(a)　荷電粒子が一様な磁場から力を受けながら磁場に垂直な平面内を運動するときは，粒子は等速円運動をする。ローレンツ力は粒子の運動方向に対して垂直にはたらくので，ローレンツ力は粒子に対して仕事をせず，粒子の運動エネルギーは変化しない。したがって，粒子の速さも変わらず，ローレンツ力を向心力とする等速円運動をすることになる。なお，粒子の速度が磁場に平行

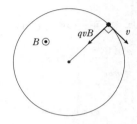

な方向の成分をもつときは，粒子は磁場に垂直な成分については等速円運動をしながら，磁場の方向には等速で運動する。よって，粒子はらせん状の運動をすることになる。

▶(b)・(c)　電圧 V の電極間の電場が電気量 q の荷電粒子にする仕事は，qV で与えられる。この仕事の分だけ運動エネルギーが増加し，粒子は加速される。このときの回転半径は粒子の速度に比例するが，回転の周期は速さが変わっても常に一定の値になる。

〔B〕▶(d)　2周目にスリットXを通過するには，1周目に加速（減速）した電圧と同じ大きさで逆符号の電圧で減速（加速）する必要がある。粒子は不規則に入射することから，任意の t に対して条件を満たさなければならないので，時間 T の間に電圧の位相が逆位相となることがわかる。

〔C〕▶(f)　1周目の電圧を V_1，2周目の電圧を $-(V_1+\Delta V)$ とすると，仕事とエネルギーの関係から

$$\frac{1}{2}mv_1^2 - \frac{1}{2}mv_0^2 = qV_1, \quad \frac{1}{2}mv_2^2 - \frac{1}{2}mv_1^2 = -q(V_1+\Delta V)$$

2式の辺々を加えると

$$\frac{1}{2}mv_2^2 - \frac{1}{2}mv_0^2 = -q\Delta V$$

問題文に2周目にスリットXを外側にずれて通過したという記述があるので，$v_2 > v_1$

であることがわかる。よって

$$\frac{1}{2}mv_2{}^2 - \frac{1}{2}mv_0{}^2 = q|\Delta V|$$

近似式を用いるときは条件「$|x|$ が1に比べて十分小さい」を確認しておくこと。

4　電流と磁界・電磁誘導

52　磁束密度が鉛直座標に比例する磁場内を落下するコイル，自己誘導による影響の考察 (2018年度　第2問)

図1（左）のように長方形型コイル ABCD の上辺の中点を糸につなぎ，辺 AB および CD が水平方向，辺 AD および BC が鉛直方向となるように天井から静かにつるした。鉛直下向きに x 軸をとり，このときの辺 AB の位置を $x=0$ とする。また，$x \geqq 0$ の領域において紙面を裏から表へ垂直に貫く磁場がかかっており，位置 x における磁束密度の大きさは $B=bx$ であり水平方向の位置にはよらない。ただし，b は正の定数であり，辺 AB および CD の長さを l，辺 AD および BC の長さを h，コイルの質量を m，コイルの電気抵抗を R，重力加速度を g とする。

時刻 $t=0$ において糸を静かに切ってコイルを落下させた。糸の質量や空気抵抗は無視でき，運動の過程でコイルが傾いたり，回転や変形をすることはないものとする。

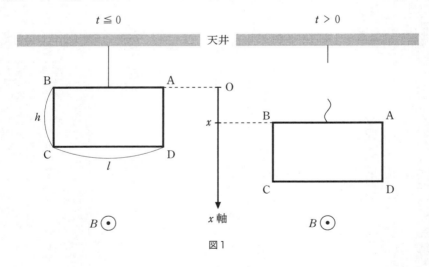

図1

〔A〕　コイル ABCD の運動を理解するために，まずコイルの自己インダクタンスが無視できると理想化して考える。図1（右）のように時刻 t $(t>0)$ における辺 AB の位置を x，コイルの速度を v（鉛直下向きを正）として，以下の問に答えよ。断りがない限り，解答には，b, l, h, m, R, g, x, v のうち必要なものを用いよ。

(a)　コイルには磁場による誘導起電力が生じた結果，電流が流れる。落下開始から

時刻 t までの間にコイルで発生したジュール熱の総量を求めよ。

(b) 時刻 t において, コイルを流れる電流の大きさ I を求め, その向きを「正」, 「負」から選んで答えよ。ただし, 反時計回りを正, 時計回りを負とする。

(c) 磁場がコイルの辺 AD および BC に及ぼす力の大きさをそれぞれ求め, それらの向きを「上」,「下」,「左」,「右」から選んで答えよ。ただし, 力が働かない場合には, 向きは「なし」と答えよ。本問では, コイルを流れる電流の大きさを I として解答に用いてよい。

(d) 磁場がコイルの辺 AB および CD に及ぼす力の大きさをそれぞれ求め, それらの向きを「上」,「下」,「左」,「右」から選んで答えよ。ただし, 力が働かない場合には, 向きは「なし」と答えよ。本問では, コイルを流れる電流の大きさを I として解答に用いてよい。

(e) コイルの加速度を a(鉛直下向きを正)として, 鉛直方向に関する運動方程式を答えよ。本問では a を解答に用いてよい。

(f) 糸を切ってから十分に時間が経過すると, コイルは一定速度で落下し続ける。このときの落下速度の大きさを求めよ。本問では v を解答に用いないこと。

(g) (f)のとき, コイルで発生する単位時間あたりのジュール熱を求めよ。本問では v を解答に用いないこと。

〔B〕 次にコイル ABCD の自己インダクタンスを L として自己誘導を考慮すると, コイルには前問〔A〕で考えたような磁場による誘導起電力に加えて, 自己誘導による誘導起電力が生じる。その結果, コイル ABCD を流れる電流は, 図2の仮想的な回路を流れる電流と同じとなる。ただし, 図中の電源は, 磁場による誘導起電力を模式的に表したものである。この考え方を参考にして以下の問に答えよ。

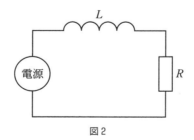

図2

(h) 時刻 t におけるコイルの速度を v'(鉛直下向きを正), コイルを流れる電流を I' とする。磁場による誘導起電力, 自己誘導による誘導起電力, 電気抵抗による電圧降下の間に成り立つ関係式から, 時間 Δt の間に電流が $\Delta I'$ だけ変化したときの割合 $\dfrac{\Delta I'}{\Delta t}$ を求めよ。ただし, 電流が反時計回りに流れるときには正, 時

376 第4章 電磁気

計回りに流れるときには負となるように I' の符号を定めるものとする。解答には，b, l, h, m, R, g, L, v', I' のうち必要なものを用いよ。🈡

(i) L が無視できると理想化した場合と比較して，コイル ABCD の運動がどのようになるかを考える。以下の文章中の(ア)から(オ)までの枠内に当てはまる適切な語句を選択肢①，②，③から選び，番号で答えよ。

選択肢：① 大きくなる ② 同じである ③ 小さくなる

糸を切ってからわずかな時間が経過した時点において，コイルを流れる電流ならびにコイルの落下速度は，L を無視した場合とは異なる。このときの電流の大きさは，L を無視した場合と同じ時刻で比較して ア 。また，このときの落下速度の大きさは，L を無視した場合と同じ時刻で比較して イ 。

糸を切ってから十分に時間が経過すると，コイルを流れる電流ならびにコイルの落下速度は一定となる。このときの電流の大きさは，L を無視した場合と比較して ウ 。また，このときの落下速度の大きさは，L を無視した場合と比較して エ 。このとき，コイルで発生したジュール熱の総量は，L を無視した場合と同じ位置で比較して オ 。

4 電流と磁界・電磁誘導　**377**

解 答

〔A〕(a)　コイルの落下運動においてエネルギー保存則が成立する。コイルで発生した
ジュール熱を Q とすると

$$mgx = \frac{1}{2}mv^2 + Q \qquad \therefore \quad Q = mgx - \frac{1}{2}mv^2 \quad \cdots\cdots(答)$$

(b)　辺 AB に生じる誘導起電力の大きさは $v(bx)\,l$ であり，向きはAからBである。
また，辺 CD に生じる誘導起電力の大きさは $v\{b(x+h)\}l$ であり，向きはDからCで
ある。辺 CD に生じる起電力の方が大きいので，電流の向きは時計回りとなり，「**負**」
$\cdots\cdots(答)$

また，コイルを流れる電流の大きさ I は

$$I = \frac{v\{b(x+h)\}l - v(bx)\,l}{R} = \frac{vbhl}{R} \quad \cdots\cdots(答)$$

(c)　回路には時計回りの電流が流れるので，辺 AD ではAからDへと流れ，辺 BC で
はCからBへと流れる。フレミングの左手の法則より，磁場が辺 AD に及ぼす力の
向きは，「**左**」 $\cdots\cdots(答)$
また，磁場が辺 BC に及ぼす力の向きは，「**右**」 $\cdots\cdots(答)$
辺 AD にはたらく力の大きさは，磁束密度の平均値を用いて

$$I\frac{bx + b(x+h)}{2}h = Ib\left(x + \frac{h}{2}\right)h \quad \cdots\cdots(答)$$

同様に，辺 BC にはたらく力の大きさは，磁束密度の平均値を用いて

$$I\frac{bx + b(x+h)}{2}h = Ib\left(x + \frac{h}{2}\right)h \quad \cdots\cdots(答)$$

(d)　回路には時計回りの電流が流れるので，辺 AB ではBからAへと流れ，辺 CD で
はDからCへと流れる。フレミングの左手の法則より，磁場が辺 AB に及ぼす力の向
きは，「**下**」 $\cdots\cdots(答)$
また，磁場が辺 CD に及ぼす力の向きは，「**上**」 $\cdots\cdots(答)$
辺 AB にはたらく力の大きさは　　**$Ibxl$** $\cdots\cdots(答)$
同様に，辺 CD にはたらく力の大きさは　　**$Ib(x+h)\,l$** $\cdots\cdots(答)$

(e)　コイルには，重力，磁場がコイルに及ぼす力がはたらく。よって，x 軸方向のコ
イルの運動方程式は

$$ma = mg + Ibxl + \{-Ib(x+h)\,l\}$$

(b)の答を用いて

$$ma = mg - \frac{vbhl}{R}bhl$$

よって　　**$ma = mg - \dfrac{(bhl)^2}{R}v$** $\cdots\cdots(答)$

378 第4章 電磁気

(f) コイルは一定速度になるので，加速度は0となる。そのときの速さをv_∞として

$$m \cdot 0 = mg - \frac{(bhl)^2}{R}v_\infty \qquad \therefore \quad v_\infty = \frac{mgR}{(bhl)^2} \quad \cdots\cdots (答)$$

(g) (a)と同様に考えると，等速で落下するので運動エネルギーの変化量は0である。また，単位時間あたりの重力による仕事はmgv_∞となるので，単位時間あたりに発生するジュール熱をJとし，エネルギー保存則を考えると

$$mgv_\infty = J$$

$$\therefore \quad J = mg\frac{mgR}{(bhl)^2} = R\left(\frac{mg}{bhl}\right)^2 \quad \cdots\cdots (答)$$

別解 十分時間が経過した後の電流I_∞の大きさは，(b)の答より

$$I_\infty = \frac{v_\infty bhl}{R} = \frac{mgR}{(bhl)^2} \cdot \frac{bhl}{R} = \frac{mg}{bhl}$$

よって，単位時間あたりのジュール熱は

$$RI_\infty^2 = R\left(\frac{mg}{bhl}\right)^2$$

[B](h) 電流が反時計回りに流れるときが正なので，その向きでキルヒホッフの法則を用いると

$$-RI' + \left(-L\frac{\Delta I'}{\Delta t}\right) + (-v'bhl) = 0$$

$$\therefore \quad \frac{\Delta I'}{\Delta t} = -\frac{v'bhl + RI'}{L} \quad \cdots\cdots (答)$$

(i) (ア)—③ (イ)—① (ウ)—② (エ)—② (オ)—③

解 説

一様でない磁場内を落下するコイルの問題である。[A]では，コイルの自己誘導を考えない。エネルギー保存則，コイルの運動方程式などを用いて誘導電流，コイルにはたらく力，コイルの終端速度，発生するジュール熱などを問う典型的な設問である。確実に正答したい。ただし，(a)はエネルギー保存則を用いることに気付くかがポイントである。また，(a)はジュール熱の総量を求めるが，(g)では単位時間あたりのジュール熱であることにも注意が必要である。[B]は，コイルの自己インダクタンスまで考慮した問題である。図2の仮想回路では，電流や起電力の向き，I'が負であることに注意しなければならない。符号のミスが出やすい問題設定である。(i)では，自己誘導による影響を考えさせる思考力を問う問題になっている。選択式の問題であるが安易に考えてはいけない。難易度は高いといえる。

[A]▶(a) コイルに作用する重力から受けた仕事により，コイルの運動エネルギーが増加し，抵抗ではジュール熱が発生する。

▶(b) 磁束を垂直に横切るように移動する導体には誘導起電力が生じる。その起電力

の大きさは磁束密度の強さ B, 導体の速さ v, 導体の長さ l を用いて vBl となる。ただし，磁束密度の強さ B は，導体棒の x 座標に比例し $B = bx$ である。

▶(c) 辺 AD を長さ Δy の微小部分に区分する。微小部分の磁束密度は一定とみなせるので，点 A から y 離れた微小部分 Δy にはたらく力の大きさは $Ib(x+y)\Delta y$ となる。これは，以下の図（右）の微小の幅 Δy の長方形の面積となる。よって，点 A から点 D までの区分された微小部分が受ける力の総和は，下図の網かけ部分の面積として求めることができる。台形の面積より $Ib\left(x+\dfrac{h}{2}\right)h$ となる。

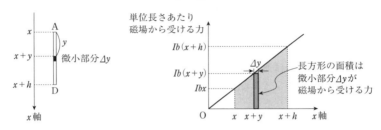

発展1 点 A が x を通過するときの力の和を考えるので，積分するときは，点 A の x 座標を定数とし，$y=0$ から $y=h$ までの微小部分についての総和を考えることになる。したがって y についての積分となり

$$\int_0^h Ib(x+y)\,dy = Ibxh + \frac{1}{2}Ibh^2 = Ib\left(x+\frac{h}{2}\right)h$$

上式において $b\left(x+\dfrac{h}{2}\right)$ は，点 A から点 D までの平均の磁束密度の大きさであるが，辺 AD の中点の磁束密度の大きさと考えることもできる。

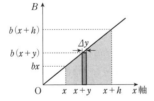
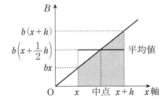

発展2 x から $x+h$ までの磁束密度の大きさ B の平均値は

$$B \text{ の平均値} = \frac{1}{h}\int_0^h b(x+y)\,dy = \frac{1}{h}b\left(xh+\frac{1}{2}h^2\right) = b\left(x+\frac{1}{2}h\right)$$

よって，辺 AD にはたらく力は，辺 AD の中点の磁束密度を用いて表すことができる。

参考 ある値が変数の 1 次関数で表されているとき，その平均値は，中間値と等しくなる。

▶(d) 辺 AB の位置の磁束密度と辺 CD の位置の磁束密度が異なることに注意。また，電流が流れる向きも辺 AB と辺 CD では逆向きになるので，力の向きも逆向きとなる。

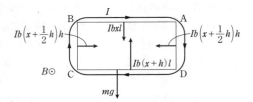

▶(e) 辺 AD が受ける力と辺 BC が受ける力の和は 0 となる。しかし，辺 AB が受ける力と辺 CD が受ける力の和は 0 にはならず，$I = \dfrac{vbhl}{R}$ を用いると，$-\dfrac{(bhl)^2}{R}v$ となる。この式より，磁場から受ける力は座標 x によらず，コイルの速度 v に比例し，また，速度の向きと逆向きになっている。よって，この力は速度に比例する抵抗力であり，コイルの速度はやがて一定となる。そのときの速度と時間のグラフは右図のようになる。

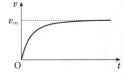

▶(f) 速度に比例する抵抗力の大きさは，加速度が 0 になるまで増加する。

〔注〕 抵抗力の大きさは，重力の大きさを超えることはない。よって，加速度が負になることはない。このことは，運動方程式（微分方程式）を解くことから得られる（付録1を参照）。

▶(g) このときもエネルギー保存則は成立する。(a)の設問のときは，重力のした仕事によりコイルの運動エネルギーは増加し，抵抗でジュール熱が発生したが，終端速度に達してからは運動エネルギーは変化しないので，単位時間あたりの重力の仕事 mgv_∞ は，単位時間あたりに発生するジュール熱 J に等しくなる。

参考 見方を変えれば，「単位時間あたりのコイルの位置エネルギーの減少量とジュール熱の発生量が等しい」とみなすこともできる。そのときは
$$0 = (-mgv_\infty) + J$$

〔B〕▶(h) 本問では，コイルを流れる電流が反時計回りのとき，I' を正としている。誘導起電力による電流の向きは時計回りなので $I' < 0$ である。〔解答〕のようにそのままキルヒホッフの法則を表す式を考えてもよいが，時計回りに流れる電流を $|I'|$ として，キルヒホッフの法則を表す式を考えてもよい。自己誘導起電力は，電流の増加を妨げる向きに生じるので
$$v'bhl + \left(-L\dfrac{|\Delta I'|}{\Delta t}\right) = R|I'|$$
ここで $I' < 0$，$\Delta I' < 0$ に注意すると，$|I'| = -I'$，$|\Delta I'| = -\Delta I'$ となる。
$$v'bhl + L\dfrac{\Delta I'}{\Delta t} = -RI' \iff v'bhl + L\dfrac{\Delta I'}{\Delta t} + RI' = 0$$

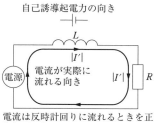

▶(i) ㋐自己誘導による起電力は，コイルが磁界内を落下することによって生じる起電力の変化を妨げるはたらきがある。そのため電流の増加の割合は小さくなり，同時刻における電流の値は小さくなる。
㋑電流の値が小さいとき，コイルに生じる速度に比例する抵抗力は小さくなる。よって，落下速度の大きさは大きくなる。
㋒・㋓十分に時間が経過し，電流 $|I'|$ が一定となるとき，回路の方程式（キルヒホッフの法則を表す式）と運動方程式は L を無視した場合の式と同じになる。
㋔等速状態になるまでの重力の仕事は，コイルの運動エネルギーと自己インダクタンス L のコイルのエネルギーとジュール熱の総量になる。L を無視しないときは，自己インダクタンス L のコイルのエネルギーの分だけジュール熱の総量は小さくなる。

$$\begin{pmatrix}重力に \\ よる仕事\end{pmatrix} = \begin{pmatrix}コイルの運動 \\ エネルギー\end{pmatrix} + \begin{pmatrix}自己インダクタンス L の \\ コイルのエネルギー\end{pmatrix} + \begin{pmatrix}発生した \\ ジュール熱の総量\end{pmatrix}$$

テーマ

コイルに生じる起電力の向きについて確認しておく。コイルの自己インダクタンスを L とする。

右図のコイルの場合，コイルを流れる電流 I が増加する（$\Delta I>0$）とコイルを右向きに貫く磁束が増加する。ファラデーの電磁誘導の法則より，その磁束の増加を妨げるように（電流を減少させるように）コイルには誘導起電力が生じる。その起電力の向きを電池の記号を用いて表すと図のようになり，点 a に対する点 b の（電流の正の向きで見た）電位 V_{ab} と点 b に対する点 a の（電流の正の向きとは逆向きで見た）電位 V_{ba} は

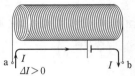

$$V_{ab}=-L\frac{dI}{dt}\ (<0)\ \cdots\cdots\text{①}, \quad V_{ba}=L\frac{dI}{dt}\ \cdots\cdots\text{②}$$

一方，電流 I が減少する（$\Delta I<0$）とコイルを右向きに貫く磁束が減少する。ファラデーの電磁誘導の法則より，その磁束の減少を妨げるように（電流を増加させるように）コイルには誘導起電力が生じる。その起電力の向きを電池の記号を用いて表すと右図のようになり，点 a に対する点 b の（電流の正の向きで見た）電位 V_{ab} と点 b に対する点 a の（電流の正の向きとは逆向きで見た）電位 V_{ba} は

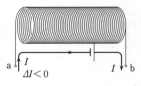

$$V_{ab}=-L\frac{dI}{dt}\ (>0)\ \cdots\cdots\text{③}, \quad V_{ba}=L\frac{dI}{dt}\ \cdots\cdots\text{④}$$

電流が増加するときでも減少するときでも，電位は同じ式（①と③式が同じ，②と④式が同じ）で表すことができる。

点 a に対する点 b の電位 V_{ab} と点 b に対する点 a の電位 V_{ba} の区別にも注意が必要である。

53 一様磁場内で斜めに設置されたレールの上をすべる導体棒

(2017年度 第2問)

　図1のように，2本の平行なレールと，そのレール上に置かれた抵抗値をもつ棒よりなる装置がある。棒はレールの上を滑らかに動くことができる。2本のレールは導体でできており，間隔 l で配置され，水平な面から角度 θ だけ傾けて固定されている。棒は質量が m で，レール間の棒の抵抗値は R である。2本のレール間には電圧 E の電源，抵抗値 R の電気抵抗 a, b, スイッチ S_A, S_B からなる電気回路が接続されている。また，この装置には鉛直上向きに磁束密度の大きさ B の一様な磁場がかけられている。

　棒および電気抵抗 b に流れる電流値をそれぞれ I_1 および I_2 とし，レールに沿った方向の棒の速度を v とする。ここで，電流 I_1, I_2 と速度 v は図1中にあるそれぞれの矢印の向きを正とする。棒は水平で，レールに対して常に垂直に保たれる。レールは十分に長く，棒が端に達することはない。重力加速度の大きさを g とする。レールと棒の太さ，摩擦や空気抵抗，棒と電気抵抗 a, b 以外の抵抗値，回路を流れる電流により発生する磁場，レール間の電気容量は無視する。

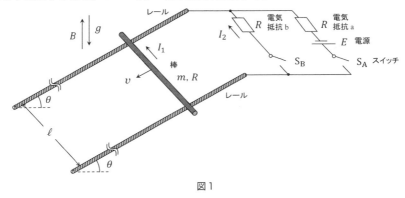

図1

〔A〕 以下の問に答えよ。ただし，解答には
　　　m, g, θ, R, B, l
のみを用いること。問(b)〜(d)においては，電源電圧 E は問(a)の結果を代入して整理せよ。

(a) まず，スイッチ S_A を閉じ，スイッチ S_B を開いた状態で電源電圧 E を調整したところ，棒は静止した。棒の抵抗値にも注意して，このときの電源電圧 E を

384 第4章 電磁気

求めよ。📓

(b) そのあと，スイッチ S_A を閉じたままスイッチ S_B を閉じると，棒はレールに沿って下向き（**図1**中の v の向き）に動き始めた。S_B を閉じた直後の棒に加わる力の合力のレールに沿った成分 F_1 を求めよ。ただし，**図1**中の v の矢印の向きを力の正の向きとする。📓

(c) 時間が十分に経過したあと，棒の速度は v_1 で変化しなくなった。このとき，電気抵抗 b に流れる電流 I_2 および速度 v_1 を求めよ。📓

(d) そのあと，スイッチ S_B を閉じたままスイッチ S_A を開いた。S_A を開いた直後の棒に加わる力の合力のレールに沿った成分 F_2 を求めよ。ただし，**図1**中の v の矢印の向きを力の正の向きとする。📓

(e) 時間が十分に経過したあと，棒の速度は v_2 で変化しなくなった。このとき，電気抵抗 b に流れる電流 I_2 および速度 v_2 を求めよ。📓

〔B〕 設問〔A〕において，問(a)で棒が静止した時刻を t_0，問(b)でスイッチ S_B を閉じた時刻を t_1，問(d)でスイッチ S_A を開いた時刻を t_2 として，棒の速度 v，棒に流れる電流 I_1，電気抵抗 b に流れる電流 I_2 の時間変化を考える。

(f) v の時間変化のグラフとして最も適当なものを**図2**の(ア)〜(タ)から選べ。ただし，縦軸の $v=0$ の点は任意とする。

(g) I_1 の時間変化のグラフとして最も適当なものを**図2**の(ア)〜(タ)から選べ。ただし，縦軸の $I_1=0$ の点は任意とする。

(h) I_2 の時間変化のグラフとして最も適当なものを**図2**の(ア)〜(タ)から選べ。ただし，縦軸の $I_2=0$ の点は任意とする。

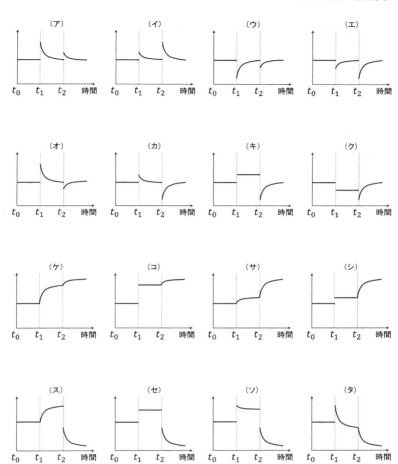

図2

386　第4章　電磁気

解 答

[A](a)　棒のレールに沿う方向の力のつり合いは

$$0 = mg\sin\theta - I_1 Bl\cos\theta \qquad \therefore \quad I_1 = \frac{mg\sin\theta}{Bl\cos\theta} = \frac{mg}{Bl}\tan\theta$$

一方，キルヒホッフの法則より

$$E = RI_1 + RI_1 = 2RI_1$$

以上2式より

$$E = \frac{2mgR}{Bl}\tan\theta \quad \cdots\cdots(\text{答})$$

(b)　スイッチ S_B を閉じた直後に対して，キルヒホッフの法則を適用すると

$$E = R(I_1 + I_2) + RI_1$$

また，棒には誘導起電力が生じていないので $I_1 = I_2$ である。よって

$$I_1 = \frac{E}{3R} = \frac{1}{3R}\cdot\frac{2mgR}{Bl}\tan\theta = \frac{2mg}{3Bl}\tan\theta$$

このとき F_1 は

$$F_1 = mg\sin\theta - I_1 Bl\cos\theta = mg\sin\theta - \frac{2mg}{3Bl}\tan\theta\cdot Bl\cos\theta$$

$$= \frac{1}{3}mg\sin\theta \quad \cdots\cdots(\text{答})$$

(c)　時間が十分に経過すると，棒は等速度となるので，棒にはたらく力はつり合う。

$$0 = mg\sin\theta - I_1 Bl\cos\theta \qquad \therefore \quad I_1 = \frac{mg\sin\theta}{Bl\cos\theta} = \frac{mg}{Bl}\tan\theta$$

電源と電気抵抗a，bで構成される閉回路に対して，キルヒホッフの法則を適用すると

$$E = RI_2 + R(I_1 + I_2)$$

$$\therefore \quad I_2 = \frac{E - RI_1}{2R} = \frac{\dfrac{2mgR}{Bl}\tan\theta - R\dfrac{mg}{Bl}\tan\theta}{2R}$$

$$= \frac{mg}{2Bl}\tan\theta \quad \cdots\cdots(\text{答})$$

また，棒に生じる誘導起電力の大きさは $v_1 Bl\cos\theta$ であり，棒と電気抵抗bで構成される閉回路に対して，キルヒホッフの法則を適用すると

$$v_1 Bl\cos\theta = RI_1 - RI_2$$

$$\therefore \quad v_1 = \frac{R(I_1 - I_2)}{Bl\cos\theta} = \frac{R}{Bl\cos\theta}\times\frac{mg}{2Bl}\tan\theta = \frac{mgR}{2(Bl)^2\cos\theta}\tan\theta$$

$$= \frac{mgR\sin\theta}{2(Bl\cos\theta)^2} \quad \cdots\cdots(\text{答})$$

(d) スイッチS_Aを開いた直後，キルヒホッフの第1法則より，$I_2 = -I_1$となる。キルヒホッフの第2法則より

$$v_1 Bl\cos\theta = RI_1 - R(-I_1)$$

$$\therefore\ I_1 = v_1 \cdot \frac{Bl\cos\theta}{2R} = \frac{mgR}{2(Bl)^2\cos\theta}\tan\theta \cdot \frac{Bl\cos\theta}{2R} = \frac{mg}{4Bl}\tan\theta$$

合力のレールに沿った成分 F_2 は

$$F_2 = mg\sin\theta - I_1 Bl\cos\theta = mg\sin\theta - \frac{mg}{4Bl}\tan\theta \cdot Bl\cos\theta$$

$$= \frac{3}{4}mg\sin\theta\quad \cdots\cdots(答)$$

(e) 時間が十分に経過した後，棒にはたらく力はつり合うので

$$0 = mg\sin\theta - I_1 Bl\cos\theta \quad \therefore\ I_1 = \frac{mg}{Bl}\tan\theta$$

また，キルヒホッフの第1法則より

$$I_2 = -I_1 = -\frac{mg}{Bl}\tan\theta\quad \cdots\cdots(答)$$

であり，キルヒホッフの第2法則より

$$v_2 Bl\cos\theta = RI_1 - R(-I_1)$$

$$\therefore\ v_2 = \frac{2RI_1}{Bl\cos\theta} = \frac{2R}{Bl\cos\theta} \times \frac{mg}{Bl}\tan\theta = \frac{2mgR\sin\theta}{(Bl\cos\theta)^2}\quad \cdots\cdots(答)$$

〔B〕(f)—(サ)　(g)—(エ)　(h)—(ソ)

解説

本題において，I_1とI_2はそれぞれ棒，電気抵抗bに流れる電流を表し，一定ではない。そこで，棒がつり合いのときに棒に流れる電流をI_0（定数）とする。

〔A〕棒に生じる誘導起電力は，単純に$vBl\cos\theta$であるが，スイッチの切り替えにより様々な状況が生じる。その時々に対してキルヒホッフの法則を適用し，電流，棒の速さを求めていく問題である。

〔B〕は，〔A〕における速度の時間変化，電流の時間変化のグラフを選択する過渡現象に関する問題である。

〔A〕▶(a)　棒に電流I_1が流れるとき，磁場から受ける力の大きさは$I_1 Bl$となり，その向きはフレミングの左手の法則より，右図のようになる。このとき棒に流れる電流I_1をI_0とすると

$$I_0 = \frac{mg}{Bl}\tan\theta$$

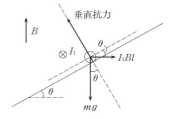

▶(b) スイッチS_Bを閉じた直後の棒の速度は0であり，棒には誘導起電力はまだ生じていない。よって，棒に流れる電流I_1と電気抵抗bに流れる電流I_2は等しい。また，キルヒホッフの法則を用いることにより$I_1=I_2=\frac{2}{3}I_0$である。そのため棒に加わる磁場からの力は(a)のときより小さくなり，棒は斜面を下る。

▶(c) 棒が単位時間当たりに横切る磁束は，右図より$v_1B\cos\theta$である。また，レールの間隔がlなので，棒に生じる誘導起電力は$v_1Bl\cos\theta$となる。

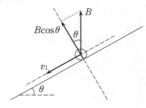

棒が等速度となるとき，棒にはたらく力はつり合っている。つまり，(a)と同じつり合いの式が成立する。このことは棒に流れる電流I_1が$\frac{2}{3}I_0$からI_0に戻ったことを示している。このとき$I_1=I_0$，$I_2=\frac{1}{2}I_0$である。

▶(d) スイッチS_Aを開いた直後，棒の速度はまだv_1のままである。そのため誘導起電力の大きさはv_1Blである。また，キルヒホッフの法則を適用することより，$I_1=\frac{1}{4}I_0$と求まる。このとき$I_2=-I_1=-\frac{1}{4}I_0$である。

▶(e) 時間が十分に経過し，棒が等速度となったときには再び$I_1=I_0$となる。また，$I_2=-I_1=-I_0$である。

〔B〕▶(f) スイッチS_Bを閉じた後，棒は斜面を静かに下りはじめ，時間が十分に経過した後に速度はv_1（＝一定）となる。さらに，スイッチS_Aを開いたとき棒の速度はv_1であり，そのとき$F_2>0$なので，棒は斜面を下る向きにさらに加速し，時間が十分に経過した後v_2（＝$4v_1$）になる。

▶(g) スイッチS_Bを閉じたとき，棒を流れる電流I_1は，I_0から$\frac{2}{3}I_0$に減少する。その後，棒は斜面を静かに下りはじめ，電流が増加する向きに，速度に比例した誘導起電力が生じる。そのため電流は増加し，時間が十分に経過したときには，つり合いのときと同じ電流のI_0が流れる。また，スイッチS_Aを開いたとき，棒を流れる電流I_1は，I_0から$\frac{1}{4}I_0$に減少する。その後，棒は斜面をさらに下り，電流が増加する向きに誘導起電力が生じる。そのため電流は増加し，時間が十分に経過したときには，再びつり合いのときと同じ電流のI_0が流れる。

	t_1直前	t_1直後	十分経過後	t_2直後	十分経過後
I_1	I_0	$\frac{2}{3}I_0$ →	I_0	$\frac{1}{4}I_0$ →	I_0
I_2	0	$\frac{2}{3}I_0$ →	$\frac{1}{2}I_0$	$-\frac{1}{4}I_0$ →	$-I_0$

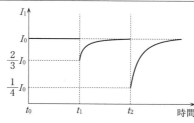

▶(h) スイッチS_Bを閉じるまでは,電流は流れない。スイッチを閉じたとき,電気抵抗bに流れる電流I_2は,$\frac{2}{3}I_0$となり,その後$\frac{1}{2}I_0$となる。

スイッチS_Aを開いてからは,キルヒホッフの第1法則より,$I_2 = -I_1$となる電流が流れる。

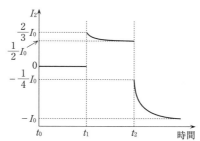

テーマ

棒が速さvでレールを下るとき,棒の運動方程式は

$$m\frac{dv}{dt} = mg\sin\theta - I_1Bl\cos\theta$$

となる。このとき,棒に生じる誘導起電力は,棒の速さvに比例し,キルヒホッフの法則より,I_1はvに比例することになる。よって,棒には大きさ一定の力以外にvに比例する抵抗力が生じるが,このときの棒の速度は,指数関数を用いて表されることが知られている(導出には微分方程式の知識が必要)。初速度が0のときの速度と時間のグラフは右図のようになる。

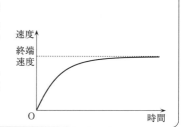

54 磁場内を等速で回転するコの字型回路に生じる力と並列共振

(2016 年度　第 2 問)

　図1のように，半径 a の円形導線が水平面上に固定されている。円形導線の中心を通る鉛直軸の周りに，コの字型部分を含む導線 OPQQ'P'O' が回転する機構がある。以降，この導線 OPQQ'P'O' を回転子と呼ぶ。4つの点 O，P，P'，O' は回転軸上にあり，PQQ'P' は長方形をなす。辺 PQ の長さを a，QQ' の長さを b とする。導線 QQ' は円形導線と滑らかに接触しており，また回転子は接点 O，O' を介して右の回路と滑らかに接触している。また点 P において，長さ d の絶縁体棒が導線 PO に対して垂直に取りつけられている。棒の先端 A に，円周方向の力（大きさ F）をかけることによって，回転子を回転させることができる。点 Q，P，A は同一直線上にある。
　右の回路には，抵抗値 R の抵抗が2つ，電気容量 C のコンデンサーが1つ，そして，電圧 V_0 の電池が1つ接続されている。接点 O の電位をゼロとし，はじめコンデンサーには電荷がなかったものとする。S1～S5 はスイッチを表し，回路を構成している導線や接点の抵抗は無視できるものとする。円形導線および回転子のインダクタンスは無視できるものとして，以下の各問に答えよ。

〔A〕　磁束密度 B の一様な磁場が鉛直上向きにかかっている。以下の問(a)～(d)に答えよ。ただし問(a)～(d)において，スイッチ S1 は常に開いているものとする。

(a)　すべてのスイッチが開いた状態で，点 A を上から見て反時計回りに一定の速さ v で回転させた。点 Q における電位を符号も含めて答えよ。

(b)　スイッチ S3 と S4 のみを閉じた状態で，点 A を上から見て反時計回りに一定の速さ v で回転させた。時刻 $t=0$ においてスイッチ S2 を閉じたが，加える力の大きさ F を調整することで，点 A をそのまま一定の速さ v で回転させることができた。スイッチ S2 を閉じる直前の力の大きさ F_0，閉じた直後の力の大きさ F_1，および閉じてから十分に時間 t が経過した後の力の大きさ F_2 を求めよ。

(c)　問(b)において，点 A に加える力の大きさが F_0，F_1，F_2 と変わっていく様子を答案用紙のグラフに描け。縦軸に F_0，F_1，F_2 を記入すること。なお，縦軸の原点は，縦軸と横軸の交差する点とする。

〔解答欄〕

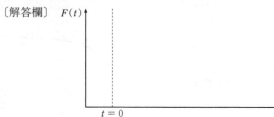

(d) スイッチ S2 と S5 のみを閉じた状態で，回転子が静止した状態を保つためには，点 A にどれだけの力を加える必要があるか。その大きさを求めよ。

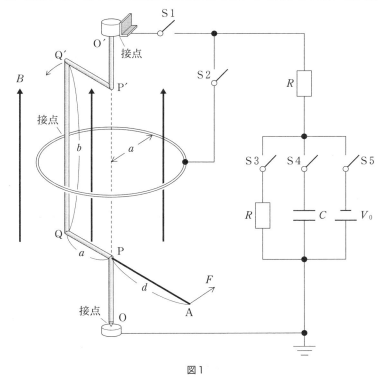

図 1

〔B〕 今度は図 2 のように，磁束密度 B の一様な磁場を水平方向にかけた場合を考える。図 1 の電池をはずし，代わりに自己インダクタンス L のコイルをつなぐ。はじめコンデンサーに電荷はなかったものとする。以下の問(e)〜(h)に答えよ。ただし問(e)〜(h)では，スイッチ S1，S4，S5 は常に閉じていて，S2 と S3 は常に開いているものとする。

(e) 点 A を上から見て反時計回りに一定の速さ v_e で回転させたところ，接点 O′ の電位が時間と共に周期的に変化した。その電位の振幅はいくらか。

(f) 問(e)において，コンデンサーとコイルに流れる電流を，それぞれ $I_C(t)$，$I_L(t)$ とする。$I_L(t)$ の振幅 I_{L0} と $I_C(t)$ の振幅 I_{C0} の比 $\dfrac{I_{L0}}{I_{C0}}$ の値を求めよ。

(g) ここで，$I_C(t)$ が図 3 のグラフに示すような変化をしたとき，$I_L(t)$ はどのようになるか。その概形を答案用紙のグラフに描け。ただし，図 2 において，コン

デンサーとコイルのそばに示した矢印の向きを電流の正の向きにとる。

〔解答欄〕

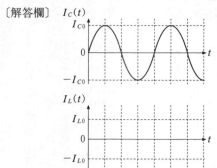

(h) 点Aを上から見て反時計回りに，ある一定の速さ v_h で回転させたところ，点Aに加える力の大きさ F が常にゼロとなった。このときの $I_C(t)$ と $I_L(t)$ の関係を求めよ。また v_h を求めよ。

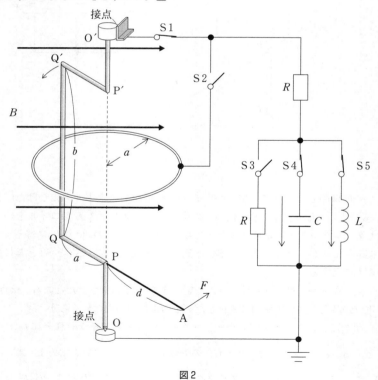

図2

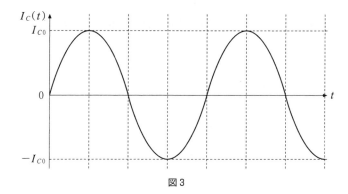

図3

394 第4章 電磁気

解 答

〔A〕(a) 棒の先端Aが速さvで回転するとき，点Qが回転する速さは$\dfrac{a}{d}v$である。導線PQに生じる誘導起電力の大きさは，導線PQが単位時間当たりに切る磁束に等しいことより

$$(\text{起電力の大きさ}) = \frac{1}{2} \cdot \frac{a}{d} vBa$$

点Pの電位が0であり，このとき点Qの電位が点Pより高いので

$$(\text{点Qの電位}) = +\frac{vBa^2}{2d} \quad \cdots\cdots(\text{答})$$

(b) スイッチS2を閉じる直前は，回路に電流が流れないので，棒の先端Aに加える力F_0は

$$F_0 = 0 \quad \cdots\cdots(\text{答})$$

スイッチS2を閉じた瞬間に回路に流れる電流をI_1とすると

$$\frac{vBa^2}{2d} = RI_1 \qquad \therefore \quad I_1 = \frac{vBa^2}{2Rd}$$

一定の角速度で回転する回転子にはたらく力のモーメントの和は0となる。点Pを中心とした力のモーメントのつり合いより

$$0 = d \times F_1 - \frac{a}{2} \times \frac{vBa^2}{2Rd} Ba$$

$$\therefore \quad F_1 = \frac{vB^2a^4}{4Rd^2} \quad \cdots\cdots(\text{答})$$

十分に時間が経過した後に回路に流れる電流をI_2とすると

$$\frac{vBa^2}{2d} = RI_2 + RI_2 \qquad \therefore \quad I_2 = \frac{vBa^2}{4Rd}$$

点Pを中心とした力のモーメントのつり合いより

$$0 = d \times F_2 - \frac{a}{2} \times \frac{vBa^2}{4Rd} Ba$$

$$\therefore \quad F_2 = \frac{vB^2a^4}{8Rd^2} \quad \cdots\cdots(\text{答})$$

別解 力Fの仕事率は抵抗で消費される電力に等しい。

直後は $\quad F_1 \times v = R\left(\dfrac{vBa^2}{2Rd}\right)^2$

$$\therefore \quad F_1 = \frac{vB^2a^4}{4Rd^2}$$

十分に時間が経過した後は

$$F_2 \times v = 2R\left(\frac{vBa^2}{4Rd}\right)^2$$

$$\therefore \quad F_2 = \frac{vB^2a^4}{8Rd^2}$$

(c)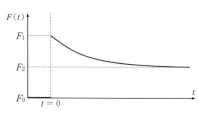

(d) スイッチ S2 と S5 を閉じたときに回路に流れる電流 I は，$I = \frac{V_0}{R}$ である。点 P を中心とした力のモーメントのつり合いより求める力の大きさを F とすると

$$0 = d \times F - \frac{a}{2} \times \frac{V_0}{R} Ba$$

$$\therefore \quad F = \frac{V_0 Ba^2}{2Rd} \quad \cdots\cdots (答)$$

〔B〕(e) 点 A を速さ v_e で回転させたとき，導線 QQ′ の速さは $\frac{a}{d} v_e$ となり，単位時間当たりに切る磁束の最大値は $\quad \frac{a}{d} v_e Bb$

よって，電位の振幅は $\quad \dfrac{v_e Bab}{d} \quad \cdots\cdots (答)$

(f) 並列接続されたコンデンサーとコイルに加わる電圧の振幅を V_{LC}，回路に流れる交流の角周波数を $\omega \left(= \dfrac{v_e}{d} \right)$ とする。コンデンサーのリアクタンスは $\dfrac{1}{\omega C}$ なので

$$I_{C0} = \frac{V_{LC}}{\dfrac{1}{\omega C}} = \omega C V_{LC}$$

コイルのリアクタンスは ωL なので

$$I_{L0} = \frac{V_{LC}}{\omega L}$$

よって

$$\frac{I_{L0}}{I_{C0}} = \frac{\dfrac{V_{LC}}{\omega L}}{\omega C V_{LC}} = \frac{1}{\omega^2 LC} = \frac{d^2}{v_e^2 LC} \quad \cdots\cdots (答)$$

(g)
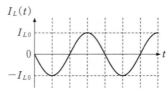

(h) 関係：$I_C(t) + I_L(t) = 0$ ……（答）

点Aに加える力 F が 0 のとき，回路に流れる電流は 0 である。

このとき $\dfrac{I_{L0}}{I_{C0}} = 1$ となるので

$$\dfrac{d^2}{v_\mathrm{h}^2 LC} = 1$$

$\therefore\ v_\mathrm{h} = \dfrac{d}{\sqrt{LC}}$ ……（答）

解説

磁場内にある回転子に外力を加えて回転させる電磁誘導の問題である。〔A〕では一定起電力を，〔B〕では振動する起電力を発生させる。

〔A〕では，一般的には，回転の角速度が与えられるが，本題では力を加える点の速さが与えられているのが特徴的である。そのため，回路が磁場から受ける力と回転子を回転させるために加える力とを等しいとすることができず，力のモーメントのつり合いから，加える力の大きさを求めなければならない。

〔B〕の交流に関しては，典型的な並列共振に関する問題である。

〔A〕▶(a) 棒の先端Aを速さ v で回転させたとき，棒の角速度は $\dfrac{v}{d}$（ω_0 とする）である。その速さで棒を時間 $\varDelta t$ のあいだ回転させると，そのとき導線PQが描く扇形の面積は $\dfrac{1}{2}a(a\omega_0\varDelta t)$ となり，導線PQが切る磁束 $\varDelta\varPhi$ は，$\varDelta\varPhi = B\cdot\dfrac{1}{2}a^2\omega_0\varDelta t$ となる。よって，導線PQに生じる誘導起電力の大きさ V_PQ は

$$V_\mathrm{PQ} = \left|-\dfrac{\varDelta\varPhi}{\varDelta t}\right| = \dfrac{1}{2}Ba^2\omega_0 = \dfrac{vBa^2}{2d}$$

〔注〕 棒PAと導線PQの角速度は同じであるが，点Aの速さと点Qの速さは異なる。

回転子が回転すると，導線PQ内の自由電子が点Qから点Pの向きにローレンツ力を受け，導線PQ内には点Qから点P向きの電場が発生する。そのため点Qの電位が高くなる。

▶(b)・(c) スイッチ S2 を閉じた瞬間は，S3 側の抵抗には電流は流れずコンデンサーに電流が流れる。コンデンサーに電荷がたまるにつれ，S3 側の抵抗にも電流が流れるようになる。そして，十分に時間が経過すると，コンデンサーには一切電流は流れ

なくなる。ただし，S3 側を流れる電流が増加するにつれ，回路を流れる電流は減少する。

導線 PQ が磁場から受ける力の作用点は導線 PQ の中点となるが，棒に作用する外力 F の作用点は点 P から d 離れた点である。

| 〔注〕 　一定の角速度で回転する剛体にはたらく力のモーメントは 0 である。

〔B〕▶(e)　任意の時刻における電位を考える。棒の点 A の速さが v_e のとき，棒の角速度は $\dfrac{v_e}{d}$（ω とする）となる。導線 PQ が磁場の向きと一致するときを時刻 $t=0$ とし，時刻 t のとき面 PQQ'P' を貫く磁束を $\Phi(t)$ とすると

$$\Phi(t) = abB\sin\omega t$$

となり，そのときの点 O' の電位 $V_{O'}$ は

$$V_{O'} = -\frac{d\Phi(t)}{dt} = -ab\omega B\cos\omega t$$

となる。$\omega = \dfrac{v_e}{d}$ なので，電位の振幅は $\dfrac{v_e Bab}{d}$ となる。

▶(f)・(g)　コイル，コンデンサーに流れる電流の最大値は，$\dfrac{(\text{電圧の最大値})}{(\text{リアクタンス})}$ となる。また，並列に接続されたコイルとコンデンサーに加わる電圧は等しく，コンデンサーの電流は加わる電圧に比べて位相が $\dfrac{\pi}{2}$ 進み，コイルの電流は加わる電圧に比べて位相が $\dfrac{\pi}{2}$ 遅れる。よって，両者の電流は位相が π ずれており，電流のグラフは t 軸に関して折り返したものとなる。また，電流の比は時間に依存しないことになる。

(f)のためには瞬間値の関係を求める必要はないが，(h)で必要になるので，具体的に計算してみる。

コンデンサーに流れる電流が図 3 で表される場合は

$$I_C(t) = I_{C0}\sin\omega t \quad \left(\text{ただし，} \omega = \frac{v_e}{d}\right)$$

と表される。このときコンデンサーに加わる電圧 $V_C(t)$ は，電流より位相が $\dfrac{\pi}{2}$ 遅れるので

$$V_C(t) = \frac{1}{\omega C}I_{C0}\sin\left(\omega t - \frac{\pi}{2}\right) = -\frac{I_{C0}}{\omega C}\cos\omega t$$

となる。コイルにもコンデンサーと同じ電圧が加わるので，コイルを流れる電流 $I_L(t)$ は，電圧より位相が $\dfrac{\pi}{2}$ 遅れることに注意して

$$I_L(t) = -\frac{\dfrac{I_{C0}}{\omega C}}{\omega L}\cos\left(\omega t - \frac{\pi}{2}\right) = -\frac{I_{C0}}{\omega^2 LC}\sin\omega t$$

上式より，電流の最大値 I_{L0} は

$$I_{L0} = \frac{I_{C0}}{\omega^2 LC}$$

$$\therefore \quad \frac{I_{L0}}{I_{C0}} = \frac{1}{\omega^2 LC} = \frac{d^2}{v_e^2 LC}$$

▶(h) 導線 PQ を流れる電流は

$$I_C(t) + I_L(t) = I_{C0}\sin\omega t - \frac{I_{C0}}{\omega^2 LC}\sin\omega t$$

$$= \left(1 - \frac{1}{\omega^2 LC}\right) I_{C0}\sin\omega t$$

$$= \left(1 - \frac{d^2}{v_e^2 LC}\right) I_{C0}\sin\omega t$$

時刻によらず，電流が 0 となるのは

$$1 - \frac{d^2}{v_e^2 LC} = 0$$

となるときである。

テーマ

並列に接続されたコイルとコンデンサーには，常に同じ電圧が加わる。このとき，$I_C(t)$ と $I_L(t)$ の位相は π ずれているので，コンデンサーを B→A（A→B）へ電流が流れるとき，コイルを A→B（B→A）へ電流は流れる。つまり，常に逆向きの電流となる。$I_{C0} = I_{L0}$ $\left(\text{または } \omega = \dfrac{1}{\sqrt{LC}}\right)$ のとき，$I_C(t) + I_L(t) = 0$ となるので，抵抗を流れる電流は 0 となり，コイルとコンデンサーだけで振動電流が流れる。これが共振である。このとき AB 間には，振動する電圧が生じている。

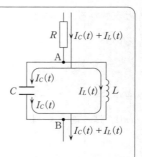

55 電磁場中に置かれたコンデンサー
(2015年度 第2問)

　間隔を変えることのできる平板コンデンサーが組み込まれた図1の装置を用いて実験を行う。平板コンデンサーは水平に配置され，下側の極板（下極板）は土台に固定されている。上側の極板（上極板）は質量の無視できる糸によって巻き上げ機につながれ，その高さを変えることができる。上極板は前後左右に揺れることがないよう両側から支えられており，常に水平を保ちながら摩擦なく上下に動く。それぞれの極板の面積を A，上極板の質量を m とする。極板の大きさに比べて極板の間隔は十分に小さく，コンデンサーの端での電場の乱れは無視できるものとする。また，極板内の電荷は常に水平方向に一様に分布するものとする。

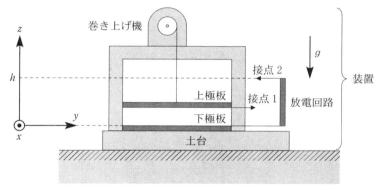

図1

　紙面手前を x 軸の正の向き，紙面右方を y 軸の正の向きとし，上方を z 軸の正の向きにとる。下極板の上面を $z=0$ とし，上極板の位置はその下面の z 座標によって表す。極板の表面には厚さの無視できる絶縁膜が貼られており，上極板の位置が $z=0$ であっても二枚の極板が接して電荷が移動することはない。

　上極板が $z=h$ まで上昇すると，上極板とともに移動する接点1が接点2と接触し，コの字型をした放電回路にコンデンサーが接続されるようになっている。放電回路は $z=0$ および $z=h$ の高さに水平に置かれた導線と，鉛直に置かれた0でない抵抗を持つ長さ h の細い棒よりなる。接点1および接点1と上極板をつなぐ導線は上極板の下面の高さに取り付けられており，それらの質量は無視できるものとする。

　装置の内外は真空であり，真空の誘電率を ε_0，重力加速度の大きさを g とする。重力の向きは z 軸の負の向きである。なお，極板，接点，導線，放電回路以外の部分は絶縁体であり，電荷がもれることはないものとする。

〔A〕 まず,装置の土台を動かないように固定して実験を行う。はじめ,上極板は $z=0$ の位置に静止しており,上極板に $+Q$,下極板に $-Q$ ($Q>0$) の電荷が与えられている。その後巻き上げ機により上極板を上昇させ,$z=h$ の位置で上極板が放電回路に接続されたところで静止させる。上極板の上昇中に糸がたるむことのないよう,加速,減速はゆっくり行うものとする。以下の問(a)から(d)に答えよ。解答には ε_0,A,Q,m,g,z,h のうち必要なものを用いよ。

(a) 上極板の位置が z (ただし $0<z<h$) のとき,極板間の電場の強さ E と下極板を基準とした上極板の電位 V を求めよ。

(b) 上極板の位置が z (ただし $0<z<h$) のとき,コンデンサーに蓄えられている静電エネルギーを求めよ。

(c) 上極板が一定の速度で上昇しているときの糸の張力を求めよ。

(d) 上極板が $z=h$ に達し上昇が止まると同時に,上極板は接点を通して放電回路に接続される。そしてコンデンサーが完全に放電する。この放電によって発生するジュール熱を求めよ。

〔B〕 次に,装置をなめらかで水平な床の上に置き,摩擦なく自由に動けるようにした。装置全体の質量は M である。さらに装置を含む空間全体に磁束密度 $\vec{B}=(B,\ 0,\ 0)$ の一様磁場を x 方向にかけた。

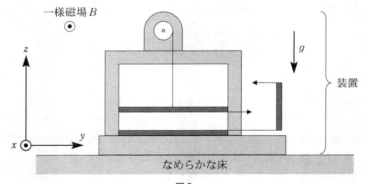

図2

はじめ,装置全体は静止している。上極板は $z=0$ の位置に静止しており,上極板に $+Q$,下極板に $-Q$ ($Q>0$) の電荷が与えられている。その後巻き上げ機により上極板を上昇させ,$z=h$ の位置で上極板が放電回路に接続されたところで静止させる。上極板の上昇中に糸がたるむことのないよう,加速,減速はゆっくり行うものとする。

今度は磁場中を電荷が移動することによって生じるローレンツ力のため,装置

全体が y 軸にそった方向に運動する。このローレンツ力の効果は非常に小さく，通常の実験においては無視しても差し支えない。しかしここではこの効果を無視せずに評価し，装置の運動がどの程度になるかを見てみよう。装置の向きは変化しないものとする。

(e)，(f)，(g)には ε_0，A，B，Q，M，m，g，z，h のうち必要なものを用いて答えよ。(h)には数値で答えよ。

(e) 以下の空欄に当てはまる適切な数式を答えよ。解答欄には答のみを書くこと。

　　上極板の上昇中，微小時間 Δt の間に，上極板の高さ z が Δz 変化し，装置全体の y 方向の速度 v が Δv 変化した。上極板の上昇速度は $\dfrac{\Delta z}{\Delta t}$，装置の y 方向の加速度は $\dfrac{\Delta v}{\Delta t}$ であり，それらの比は $\dfrac{\Delta v}{\Delta z}=$ $\boxed{\text{ア}}$ である。これが定数であることと，$z=0$ において $v=0$ であることを用いると，速度 v は z の関数として $v=$ $\boxed{\text{イ}}$ と与えられる。

(f) 上極板が高さ z の位置を一定の速度で上昇しているときの糸の張力は，(c)で求めた磁場が無い場合の値に比べてどれだけ変化するか答えよ。ただし，増加する場合を正とする。🈁

(g) 以下の空欄に当てはまる適切な数式を答えよ。解答欄には答のみを書くこと。

　　上極板が $z=h$ に達し上極板の上昇が止まると同時に，放電回路を通して放電が始まる。放電中のある微小時間 Δt の間の上極板の電荷の変化を ΔQ（増加する場合を正），装置の y 方向の速度 v の変化を Δv とすると，その間に放電回路を流れる電流は上向きを正として $\dfrac{\Delta Q}{\Delta t}$ である。このことから，比 $\dfrac{\Delta v}{\Delta Q}=$ $\boxed{\text{ウ}}$ は定数である。また，放電が始まった瞬間には装置の y 方向の速度と電荷の比は $\dfrac{v}{Q}=$ $\boxed{\text{エ}}$ である。これらのことから，コンデンサーが完全に放電したときの装置の y 方向の速度は $v=$ $\boxed{\text{オ}}$ であることがわかる。

(h) 前に述べたように，磁場の影響による装置全体の運動は非常に小さい。このことを具体的に数値を計算して確認しよう。以下の数値を用いて，上極板が $z=h$ に到達した瞬間の，装置の y 方向の速度を有効数字3桁で求めよ。単位は m/s で答えること。

　　$A=1.00\,\text{m}^2$，$h=2.00\,\text{cm}$，$M=1.00\,\text{kg}$，$m=100\,\text{g}$，
　　$V_h=1.00\,\text{kV}$，$B=1.00\,\text{T}$，
　　$\varepsilon_0=8.85\times10^{-12}\,\text{F/m}$，$g=9.81\,\text{m/s}^2$

402　第4章　電磁気

ただし V_h は上極板が $z = h$ に到達した瞬間のコンデンサ一両極板間の電位差である。🈡

4 電流と磁界・電磁誘導 403

解 答

〔A〕(a)　$+Q$ と $-Q$ が帯電した極板間の電場の強さ E は

$$E = \frac{\dfrac{Q}{\varepsilon_0}}{A} = \frac{Q}{\varepsilon_0 A} \quad \cdots\cdots(答)$$

下極板を基準とした上極板の電位 V は，極板間隔が z，一様電場の強さが E なので

$$V = Ez = \frac{Q}{\varepsilon_0 A}z \quad \cdots\cdots(答)$$

別解　極板面積が A，間隔が z のコンデンサーの容量 C は，$C = \varepsilon_0 \dfrac{A}{z}$ である。そのコンデンサーに電気量 Q が蓄えられているので，極板間の電位差 $|V|$ は

$$|V| = \frac{Q}{C} = \frac{Q}{\varepsilon_0 \dfrac{A}{z}} = \frac{Q}{\varepsilon_0 A}z$$

また，電位が高いのは，正電荷が蓄えられている上極板であるから，下極板を基準とした上極板の電位は

$$|V| = \frac{Q}{\varepsilon_0 A}z$$

このとき電場の強さ E は

$$E = \frac{|V|}{z} = \frac{Q}{\varepsilon_0 A}$$

(b)　コンデンサーに蓄えられる静電エネルギー U は

$$U = \frac{1}{2}QV = \frac{1}{2}\frac{Q^2}{\varepsilon_0 A}z = \frac{Q^2}{2\varepsilon_0 A}z \quad \cdots\cdots(答)$$

(c)　上極板が電場から受ける力は z 軸の負の向きに $\dfrac{1}{2}QE$ である。また，上極板には z 軸の負の向きに重力 mg もはたらくので，張力を T とすると

$$T = \frac{1}{2}QE + mg = \frac{1}{2}\frac{Q^2}{\varepsilon_0 A} + mg = \frac{Q^2}{2\varepsilon_0 A} + mg \quad \cdots\cdots(答)$$

(d)　接触直前の $z = h$ のときに，コンデンサーに蓄えられていた静電エネルギーが，接触後の放電によってジュール熱 J となる。

$$J = \frac{1}{2}\frac{Q^2}{\varepsilon_0 A}h = \frac{Q^2}{2\varepsilon_0 A}h \quad \cdots\cdots(答)$$

〔B〕(e)　(ア) $\dfrac{QB}{M}$　　(イ) $\dfrac{QB}{M}z$

(f)　上極板が y 方向に速度 v で移動するので，上極板には z 方向に $-QvB$ の力が生じる。よって，張力を T' とすると，上極板の z 方向のつり合いの式は

404　第4章　電磁気

$$0 = T' - \frac{1}{2}\frac{Q^2}{\varepsilon_0 A} - mg - QvB$$

$$\therefore \quad T' - T = QvB = \frac{Q^2 B^2}{M}z \quad \cdots\cdots(\text{答})$$

(g)　(ウ)$\dfrac{Bh}{M}$　　(エ)$\dfrac{Bh}{M}$　　(オ)0

(h)　装置の y 方向の速度 v は，(e)(イ)の式より $v = \dfrac{Bh}{M}Q$ となる。また，コンデンサー

が蓄える電気量 Q は，(a)の式より $Q = \varepsilon_0 \dfrac{A}{h} V_h$ である。以上2式より

$$v = \frac{Bh}{M}Q = \frac{Bh}{M}\varepsilon_0 \frac{A}{h} V_h = \varepsilon_0 \frac{AB}{M} V_h$$

$$= (8.85 \times 10^{-12}) \times \frac{1.00 \times 1.00}{1.00} \times (1.00 \times 10^3)$$

$$= 8.85 \times 10^{-9}\,[\text{m/s}] \quad \cdots\cdots(\text{答})$$

解　説

　　前半は，電荷を蓄える極板間の電場と電位の関係，コンデンサーが蓄える静電エネルギー，極板間引力など，コンデンサーに関する基本量を求める問題である。後半は，磁場中にコンデンサーを置いたとき，磁場による影響を見積もる問題である。帯電極板が磁場内で間隔が広げられるときに生じるローレンツ力から，装置の運動方程式を立てることができ，その式から蓄える電気量と装置の速度の関係が得られる。さらに，放電するときも同様の計算をすることができる。

[A]▶(a)　コンデンサー間に生じた一様電場の強さは，電気力線と電場の関係から求まる。正電荷 $+Q$ からは $\dfrac{Q}{\varepsilon_0}$ 本の電気力線が出て，負電荷 $-Q$ には $\dfrac{Q}{\varepsilon_0}$ 本が入る。つまり，極板間には $\dfrac{Q}{\varepsilon_0}$ 本の電気力線が通っている。また，単位面積を貫く電気力線の本数が電場の強さとなるので，$E = \dfrac{Q}{\varepsilon_0 A}$ となる。

負電荷側の電位は低く，正電荷側の電位は高い。そこで，下極板を基準としたときの上極板の電位 V は，電場が一様なので，$V = Ez = \dfrac{Q}{\varepsilon_0 A}z$ となる。

▶(c)　極板間にはたらく力は，$\dfrac{1}{2}QE\left(=\dfrac{1}{2}\dfrac{Q^2}{\varepsilon_0 A}\right)$ と表せ，QE ではないことに注意すること。また，蓄える電気量 Q が変化しないならば，極板間隔が広がっても極板間引力は一定となる。

▶(d)　(b)で得た式より，極板間隔の増加とともに，コンデンサーが蓄える静電エネル

ギーは増加し，上極板が接点に接触する直前の $z=h$ では，静電エネルギーは $\dfrac{1}{2}\dfrac{Q^2}{\varepsilon_0 A}h$ となる。接点1と接点2が接触した後は，放電回路を通じて電荷が移動し，やがてコンデンサーが蓄える電気量は0となる。このときコンデンサーに蓄えられていた静電エネルギーが，放電回路でジュール熱となる。

〔B〕▶(e) (ア)上極板上の電荷にはたらくローレンツ力の大きさは $Q\dfrac{\Delta z}{\Delta t}B$ となる。よって，装置の y 方向の運動方程式は

$$M\frac{\Delta v}{\Delta t}=Q\frac{\Delta z}{\Delta t}B \qquad \therefore \quad \frac{\Delta v}{\Delta z}=\frac{QB}{M}$$

(イ)このとき，$\dfrac{QB}{M}$ は一定であり，$z=0$ のとき $v=0$ なので

$$\frac{v-0}{z-0}=\frac{QB}{M} \qquad \therefore \quad v=\frac{QB}{M}z$$

▶(f) 上極板が y 方向に移動することより，z 軸の負の向きにローレンツ力が生じる。

▶(g) (ウ)放電回路に電流 $\dfrac{\Delta Q}{\Delta t}$ が流れるので，装置には y 方向に $\dfrac{\Delta Q}{\Delta t}Bh$ の力がはたらく。よって，装置の y 方向の運動方程式は

$$M\frac{\Delta v}{\Delta t}=\frac{\Delta Q}{\Delta t}Bh \qquad \therefore \quad \frac{\Delta v}{\Delta Q}=\frac{Bh}{M}$$

(エ) (イ)より $z=h$ を代入すると，$\dfrac{v}{Q}=\dfrac{Bh}{M}$ となる。

(オ) (ウ)，(エ)より，$v=\dfrac{Bh}{M}Q$ となるので，$Q=0$ のとき $v=0$ となる。

56 磁場中にあるレール上を動く2本の導体棒

(2013年度 第2問)

図1のように，水平な xy 平面上に固定された2本の平行なレール甲，乙と，そのレール上に置かれた電気抵抗をもつ2本の棒1，2よりなる装置がある。2本のレールは導体でできており，x 軸に平行になるように間隔 ℓ で配置されている。レール間にはスイッチを介して静電容量 C のコンデンサーが接続されており，レール甲は接地されている。2本の棒は y 軸に平行になるようにレール上に置かれ，向きを保ったままレール上を x 軸の向きになめらかに動くことができる。棒1と棒2の質量をそれぞれ m_1 と m_2 とする。また，棒1と棒2をレール間に渡したときの電気抵抗はそれぞれ R_1，R_2 である。$x \geq 0$ の部分には鉛直上向きに磁束密度の大きさ B の一様な磁場がかけられている。$x < 0$ の部分の磁束密度の大きさは0である。

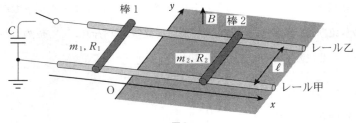

図1

レールと棒の太さは無視できるとする。レールは十分に長く，実験中に棒が端に達することはない。また，棒1と棒2は十分離れており，実験中互いに接触しないものとする。レールと棒の摩擦や空気抵抗，棒以外の電気抵抗，回路を流れる電流により発生する磁場，レール間の静電容量は無視できる。

以下では，棒を流れる電流は y 軸正方向を正とし，棒の速度，運動量，棒にはたらく力は x 軸正方向を正とする。解答には，小問中で指定されたもの以外に

 m_1, m_2, R_1, R_2, ℓ, B, C

を用いてよい。

〔A〕 まず，図2のようにスイッチを開いた状態で実験を行う。棒2を $x>0$ の部分に速度が0になるようにそっと置き，棒1を $x<0$ の部分から初速度 v_0 (>0) で滑らせる。

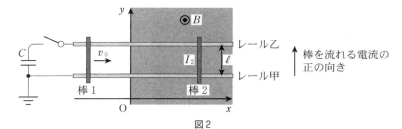

図2

(a) 棒1が $x=0$ を通過した直後に棒1に流れる電流 I_0 を初速度 v_0 を用いて表せ。

(b) 以下の空欄に入る適切な数式を答えよ。解答欄には答えのみを書くこと。

　棒1が $x=0$ を通過したあとのある時刻において，棒2を流れる電流を I_2 とする。棒2にはたらくローレンツ力 f は I_2 を用いて $f=$ ［ (ア) ］ と与えられる。微小時間 Δt あたりの棒2の速度の変化は $\Delta v_2 = \dfrac{f}{m_2} \Delta t$ である。このとき棒1には電流 $-I_2$ が流れるから棒1にはたらくローレンツ力は $-f$ であり，棒1の速度の変化は $\Delta v_1 = -\dfrac{f}{m_1} \Delta t$ である。従って，棒1と棒2の運動量の和の変化は $m_1 \Delta v_1 + m_2 \Delta v_2 = 0$ であり，運動量の和 $m_1 v_1 + m_2 v_2$ は時間とともに変化しない。

　時間が十分経過したあと，それぞれの棒の速度が変化しなくなった。このとき，それぞれの棒にはたらくローレンツ力は0であるから，棒に電流は流れていないはずである。従って，十分時間が経過したあとの棒1の速度 $v_{1\infty}$ と棒2の速度 $v_{2\infty}$ の間に，運動量保存の式とは別に，関係 ［ (イ) ］ が成り立つ。このことから，時間が十分経過したあとの棒1の速度 $v_{1\infty}$ とレール乙の電位 V_∞ は v_0 を用いて $v_{1\infty} =$ ［ (ウ) ］，$V_\infty =$ ［ (エ) ］ と表すことができる。

(c) 棒1に初速度を与えてから最終的にそれぞれの棒の速度が変化しなくなるまでに，棒1で発生したジュール熱 Q_1 を v_0 を用いて表せ。

［B］ 今度は，図3のようにスイッチを閉じた状態で同様の実験を行う。棒2を $x>0$ の部分に速度が0になるようにそっと置き，棒1を $x<0$ の部分から初速度 v_0（>0）で滑らせる。はじめコンデンサーは充電されていないものとする。

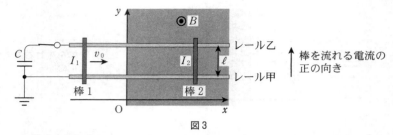

図3

(d) 以下の空欄に入る適切な数式を答えよ。解答欄には答えのみを書くこと。

棒1が$x=0$を通過したあとのある時刻において，レール乙の電位をV，棒1と棒2を流れる電流をそれぞれI_1，I_2とし，微小時間Δtあたりの棒1と棒2の速度の変化をそれぞれΔv_1，Δv_2とする。Δtあたりの棒1と棒2の運動量の変化の合計をI_1とI_2を用いて表すと$m_1\Delta v_1+m_2\Delta v_2=$ オ Δtとなる。また，Δtあたりのレール乙の電位の変化ΔVをI_1とI_2を用いて表すと$\Delta V=$ カ Δtとなる。これら2つの式より
$$m_1\Delta v_1+m_2\Delta v_2+\boxed{キ}\Delta V=0$$
が成り立つので，
$$m_1 v_1+m_2 v_2+\boxed{キ}V$$
は時間とともに変化しない。

(e) 十分時間が経過したあと，それぞれの棒の速度が変化しなくなった。このときの棒1の速度$v_{1\infty}$とレール乙の電位V_∞をv_0を用いて表せ。

(f) 棒1に初速度を与えてから最終的にそれぞれの棒の速度が変化しなくなるまでに，棒1と棒2で発生したジュール熱の合計Qを，棒1の初速度v_0，棒1の最終的な速度$v_{1\infty}$および最終的なレール乙の電位V_∞を用いて表せ。

4 電流と磁界・電磁誘導　409

解 答

〔A〕(a)　棒 1 には $v_0B\ell$ の大きさの誘導起電力が y 軸負の向きに生じる。また，棒 1，レール甲，棒 2，レール乙で閉じた回路の合成抵抗は R_1+R_2 である。よって，棒 1 に流れる電流は

$$I_0 = -\frac{v_0B\ell}{R_1+R_2}　\cdots\cdots(答)$$

(b)　(ア) $I_2B\ell$　　(イ) $v_{1\infty}=v_{2\infty}$　　(ウ) $\dfrac{m_1}{m_1+m_2}v_0$　　(エ) $-\dfrac{m_1}{m_1+m_2}v_0B\ell$

(c)　力学的エネルギーの減少分がジュール熱となる。棒 1，棒 2 で発生したジュール熱をそれぞれ Q_1，Q_2 とすると

$$\begin{aligned}
Q_1+Q_2 &= \frac{1}{2}m_1v_0^2 - \left(\frac{1}{2}m_1v_{1\infty}^2 + \frac{1}{2}m_2v_{2\infty}^2\right)\\
&= \frac{1}{2}m_1v_0^2 - \frac{1}{2}(m_1+m_2)v_{1\infty}^2\\
&= \frac{1}{2}m_1v_0^2 - \frac{1}{2}(m_1+m_2)\left(\frac{m_1}{m_1+m_2}v_0\right)^2\\
&= \frac{1}{2}\frac{m_1m_2}{m_1+m_2}v_0^2　\cdots\cdots①
\end{aligned}$$

ある瞬間に回路に流れる電流の大きさが I であったとき，微小時間 Δt 当たりに棒 1，棒 2 で発生するジュール熱をそれぞれ ΔQ_1，ΔQ_2 とすると

$$\Delta Q_1 = R_1 I^2 \Delta t,\quad \Delta Q_2 = R_2 I^2 \Delta t$$

よって，$\Delta Q_1:\Delta Q_2 = R_1:R_2$ の関係が常に成り立つので

$$Q_1:Q_2 = R_1:R_2$$

①式より

$$\begin{aligned}
Q_1 &= \frac{Q_1}{Q_1+Q_2}\cdot(Q_1+Q_2)\\
&= \frac{R_1}{R_1+R_2}\cdot\frac{1}{2}\frac{m_1m_2}{m_1+m_2}v_0^2　\cdots\cdots(答)
\end{aligned}$$

〔B〕(d)　(オ) $(I_1+I_2)B\ell$　　(カ) $\dfrac{I_1+I_2}{C}$　　(キ) $(-B\ell C)$

(e)　棒の速度が変化しなくなったことから，棒にはたらくローレンツ力が 0 になり，棒には電流が流れていないことがわかる。すると，棒 1，棒 2 に生じる誘導起電力の大きさが等しいことがわかるので，棒 1，棒 2 の速度をそれぞれ $v_{1\infty}$，$v_{2\infty}$ とすると

$$v_{1\infty}B\ell = v_{2\infty}B\ell$$

$$\therefore\quad v_{1\infty} = v_{2\infty}$$

このときの誘導起電力の大きさ $|V_\infty|$ は $v_{1\infty}B\ell$ となるので

410 第4章　電磁気

$$V_\infty = -v_{1\infty}B\ell$$

(d)で求めた保存量を用いると

$$m_1 v_0 + m_2 \cdot 0 - B\ell C \cdot 0 = m_1 v_{1\infty} + m_2 v_{2\infty} - B\ell C V_\infty$$

$$\therefore \quad v_{1\infty} = \frac{m_1}{m_1 + m_2 + (B\ell)^2 C} v_0 \quad \cdots\cdots(答)$$

よって，レール乙の電位は

$$V_\infty = -v_{1\infty}B\ell = -\frac{m_1}{m_1 + m_2 + (B\ell)^2 C} v_0 B\ell \quad \cdots\cdots(答)$$

(f)　力学的エネルギーと静電エネルギーの合計の減少分がジュール熱となるので

$$Q = \frac{1}{2}m_1 v_0{}^2 - \left(\frac{1}{2}m_1 v_{1\infty}{}^2 + \frac{1}{2}m_2 v_{2\infty}{}^2 + \frac{1}{2}C V_\infty{}^2\right)$$

$$= \frac{1}{2}m_1 v_0{}^2 - \frac{1}{2}(m_1 + m_2)v_{1\infty}{}^2 - \frac{1}{2}C V_\infty{}^2 \quad \cdots\cdots(答)$$

解　説

　磁場中にある平行な2本のレールの上を2本の導体棒が平行に運動する問題である。片方の導体棒に一定の運動エネルギーを与えると，運動エネルギーの一部が電気エネルギーを介して，もう一方の導体棒の運動エネルギーに変換され，2本の導体棒は同じ速度で運動するようになる。このときのエネルギーの変換の様子を考察するのが本問のテーマである。回路にコンデンサーが含まれない場合は，運動量保存則が成り立つが，力学的エネルギーは保存しない。相対運動の運動エネルギーはジュール熱に変換される。一方で，回路にコンデンサーが含まれると，運動量保存則は破れてしまうが，コンデンサーに関わる項を加えた保存量を考えることができる。

〔A〕▶(a)　誘導起電力の大きさは単位時間当たりに導体棒が横切る磁束と等しく，誘導起電力の向きはレンツの法則より求まる。

▶(b)　この問題では，電流が磁場から受ける力のことをローレンツ力と表現している。
(ア)ローレンツ力は電流が正の向きに流れるとき，フレミングの左手の法則より右向きにはたらく。
(イ)棒1，棒2に電流が流れないことから，棒1，棒2に生じる誘導起電力の大きさが等しいことがわかる。ただし，その向きはともにy軸の負の向きである。

$$v_{1\infty}B\ell = v_{2\infty}B\ell$$

$$\therefore \quad v_{1\infty} = v_{2\infty}$$

(ウ)運動量の和が変化しないことと，(イ)の関係より

$$m_1 v_0 + m_2 \cdot 0 = m_1 v_{1\infty} + m_2 v_{2\infty} = (m_1 + m_2)v_{1\infty}$$

$$\therefore \quad v_{1\infty} = \frac{m_1}{m_1 + m_2} v_0$$

（エ）棒1に生じている誘導起電力はy軸の負の向きなので，電位はレール甲の方がレール乙より高いことに注意すると

$$V_\infty = -v_{1\infty}B\ell = -\frac{m_1}{m_1+m_2}v_0 B\ell$$

▶(c)　棒1の運動エネルギーの一部が電気エネルギーを経て棒2の運動エネルギーへと変換される。その過程で電気エネルギーの一部がジュール熱として熱エネルギーとなり逃げていく。ジュール熱として逃げたエネルギー量は力学的エネルギーの減少量から計算することができる。棒1，棒2の運動量の和は変化しないことから，棒1，棒2の間の相対運動の運動エネルギーがジュール熱として逃げていくことがわかる。十分時間が経ち棒1，棒2の速度が等しくなり変化しなくなると，相対運動のエネルギーは0となるので，相対運動のエネルギーがすべてジュール熱となったことがわかる。また，棒1と棒2には常に同じ大きさの電流が流れるため，発生するジュール熱の比は，それぞれの抵抗の比と等しくなる。

〔B〕▶(d)　（オ）(b)と同様に考える。棒1，棒2にはたらくローレンツ力をそれぞれf_1，f_2とすると

$$f_1 = I_1 B\ell, \quad f_2 = I_2 B\ell$$

それぞれの速度の変化は

$$\Delta v_1 = \frac{f_1}{m_1}\Delta t = \frac{I_1 B\ell}{m_1}\Delta t, \quad \Delta v_2 = \frac{f_2}{m_2}\Delta t = \frac{I_2 B\ell}{m_2}\Delta t$$

よって，棒1と棒2の運動量の変化の合計は

$$m_1 \Delta v_1 + m_2 \Delta v_2 = m_1 \cdot \frac{I_1 B\ell}{m_1}\Delta t + m_2 \cdot \frac{I_2 B\ell}{m_2}\Delta t$$
$$= (I_1 + I_2)B\ell \Delta t$$

（カ）レール乙の電位Vに対して，コンデンサーのレール乙に接続する側に蓄えられる電荷をqとすると

$$q = CV$$

電位がΔV変化することによる電荷の変化をΔqとすると

$$\Delta q = C\Delta V$$

ここで，微小時間Δtの間にコンデンサーのレール乙の側に流れ込む電荷は

$$\Delta q = (I_1 + I_2)\Delta t$$

よって

$$C\Delta V = (I_1 + I_2)\Delta t$$

$$\therefore \quad \Delta V = \frac{I_1 + I_2}{C}\Delta t$$

（キ）（オ）の結果に（カ）の結果を代入すると

$$m_1 \Delta v_1 + m_2 \Delta v_2 = (I_1 + I_2)B\ell \Delta t = B\ell C\Delta V$$

412　第4章　電磁気

$$m_1\Delta v_1 + m_2\Delta v_2 - B\ell C\Delta V = 0$$

▶(e)　(b)と同様に考えると，棒1，棒2の速度は等しいことがわかる。コンデンサーが回路に加えられたことで運動量保存則は成り立たなくなったが，(d)で求めた修正版の運動量保存則を使えばよい。

▶(f)　棒1の運動エネルギーの一部が電気エネルギーを経て棒2の運動エネルギーへと変換される。その過程で電気エネルギーの一部がジュール熱として熱エネルギーとなり逃げ，また一部がコンデンサーに静電エネルギーとして蓄えられる。ジュール熱として逃げたエネルギー量は力学的エネルギーと静電エネルギーの合計の減少量から計算することができる。

テーマ

　スイッチを開いているときのエネルギー保存について考察をする。

　まず，棒2に電流 I_2 が流れるとき，棒2の速度を v_2，棒1の速度を v_1 とする。キルヒホッフの第2法則を表す，回路の方程式は

$$v_1 B\ell - v_2 B\ell = R_1 I_2 + R_2 I_2$$

である。この式に電流 I_2 をかけると

$$(v_1 - v_2) I_2 B\ell = (R_1 + R_2) I_2{}^2 \quad \cdots\cdots①$$

となる。この式の右辺は単位時間当たりに抵抗で発生するジュール熱を表している。では，そのジュール熱に相当するエネルギーはどこから得られたのであろうか。

　そこで，今度は棒1と棒2の運動方程式を考える。

$$m_1 \frac{dv_1}{dt} = -I_2 B\ell \quad \cdots\cdots②$$

$$m_2 \frac{dv_2}{dt} = I_2 B\ell \quad \cdots\cdots③$$

ここで，これら2式の和をとると

$$m_1 \frac{dv_1}{dt} + m_2 \frac{dv_2}{dt} = 0 \implies \frac{d(m_1 v_1 + m_2 v_2)}{dt} = 0$$

$$\therefore \quad m_1 v_1 + m_2 v_2 = 一定$$

となり，運動量の和が保存していることが導かれる。

　一方，運動方程式の左辺 $m_1 \dfrac{dv_1}{dt}$ に速度 v_1 をかけると

$$m_1 v_1 \frac{dv_1}{dt} = \frac{d}{dt}\left(\frac{1}{2} m_1 v_1{}^2\right)$$

と変形することができ，この式は単位時間当たりの運動エネルギーの変化量を表している。

　このことを念頭において運動方程式②式に v_1 をかけると

$$\frac{d}{dt}\left(\frac{1}{2} m_1 v_1{}^2\right) = -I_2 v_1 B\ell$$

となるが，この式の右辺は棒にはたらく力の単位時間当たりの仕事（仕事率）を表している。つまり，棒1にはたらく力の仕事により運動エネルギーが失われていることが表されている。

　同様に③式に v_2 をかけると

$$\frac{d}{dt}\left(\frac{1}{2} m_2 v_2{}^2\right) = I_2 v_2 B\ell$$

となり，棒2にはたらく力の仕事により棒2の運動エネルギーが増加していることがわかる。

　さらに両式の和をとると

$$\frac{d}{dt}\left(\frac{1}{2} m_1 v_1{}^2 + \frac{1}{2} m_2 v_2{}^2\right) = I_2 v_2 B\ell - I_2 v_1 B\ell = -(v_1 - v_2) I_2 B\ell \quad \cdots\cdots④$$

ここで，①式の左辺と④式の右辺の符号に注意し，まとめると

$$\frac{d}{dt}\left(\frac{1}{2} m_1 v_1{}^2 + \frac{1}{2} m_2 v_2{}^2\right) + (R_1 + R_2) I_2{}^2 = 0$$

414 第4章 電磁気

$$(R_1 + R_2) I_2{}^2 = -\frac{d}{dt}\left(\frac{1}{2} m_1 v_1{}^2 + \frac{1}{2} m_2 v_2{}^2\right)$$

となり，単位時間当たりの運動エネルギーの変化量と抵抗で発生するジュール熱の和は一定，または，単位時間当たりに抵抗で発生するジュール熱は，運動エネルギーの減少量に等しいことが表された。つまり，全エネルギーが保存していることが導かれた。

なお，2物体の運動エネルギーの和は，2物体の重心の運動エネルギーと相対運動の運動エネルギーに分けて表すことができる。つまり

$$\frac{1}{2} m_1 v_1{}^2 + \frac{1}{2} m_2 v_2{}^2 = \frac{1}{2}(m_1 + m_2)\left(\frac{m_1 v_1 + m_2 v_2}{m_1 + m_2}\right)^2 + \frac{1}{2}\frac{m_1 m_2}{m_1 + m_2}(v_1 - v_2)^2$$

と変形することができる。上式における $\dfrac{m_1 v_1 + m_2 v_2}{m_1 + m_2}$ は重心の速度であり，右辺第1項が重心の運動エネルギーである。また，第2項は相対運動の運動エネルギーである。

運動量が保存するときは，重心の運動エネルギーが保存するので，今回の変化において失われるエネルギーは相対運動の運動エネルギーの分である。

57 電磁誘導とコイル

(2011年度 第2問)

単位長さあたりの抵抗が R で太さが無視できる針金を使って，図1(i)のような回路を作る。図1(i)の回路は半径 a の円と長さ $2a$ の線分からなっていて，円の中心をO，直径の両端をP，Qとする。点Oを座標の原点，また回路を含む平面を xy 平面とし，それに垂直な向きを z 軸とする。ここで，磁束密度 $\vec{B}=(0, 0, B)$ $(B>0)$ の外部磁場を $y \leqq 0$ の領域のみに加える。回路は xy 平面内で点Oを中心に自由に回転できるとする。以下では回路自身の自己インダクタンスは無視する。次の問に答えよ。

〔A〕
(a) 図1(ii)のように時刻 $t=0$ では回路上の点Pが座標 $(a, 0, 0)$ にあったとして，時刻 $t=0$ からこの回路を反時計回りに角速度 ω で回転させる。時刻 $t\left(0<t<\dfrac{\pi}{\omega}\right)$ に OQ 間に発生する誘導起電力の大きさ E を求めよ。ただし針金の抵抗による電圧降下は E には含めないこと。

以下の(b)—(f)の解答では，B を用いずに，(a)で求めた E を用いよ。

(b) 時刻 $t\left(0<t<\dfrac{\pi}{\omega}\right)$ に，回路を角速度 ω で回転させ続けるのには外から仕事をする必要がある。その仕事は単位時間あたりいくらか。E, R, a, ω のうち必要なものを用いて答えよ。

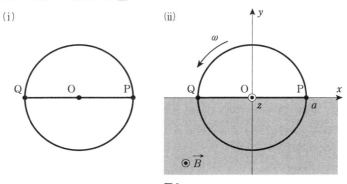

図1

〔B〕 次に図2のように，この回路の直径PQと直交する方向の直径にも長さ $2a$ の同じ針金を渡して，点Oおよび両端で回路と接続する。この針金の端点を図2の

ようにR，Sと名づける。

(c) 図2のように時刻 $t=0$ では回路上の点Pが座標 $(a, 0, 0)$ にあったとして，時刻 $t=0$ からこの回路を反時計回りに角速度 ω で回転させる。点P，Q，R，S，Oでの電位をそれぞれ V_P，V_Q，V_R，V_S，V_O とおく。時刻 t が $0<t<\dfrac{\pi}{2\omega}$ の範囲のとき，これらの電位を大きい順に並べ，大小関係が分かるように >，= を用いて書け。

(解答例：$V_P>V_Q=V_R=V_S>V_O$ など。)

(d) 時刻 $0<t<\dfrac{\pi}{2\omega}$ に針金OQを O→Q の向きに流れる電流 I_{OQ} はいくらか。E，R，a，ω のうち必要なものを用いて答えよ。

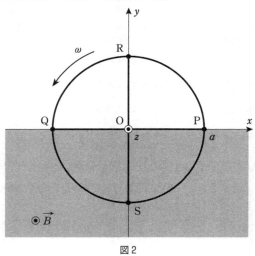

図2

〔C〕 今度は図1(i)の回路で，図3(i)のようにこの回路の中心Oに小さなコイルを挿入する。コイルを挿入する前後で，直径PQ間の抵抗は変化していないものとする。また，コイルと図1の回路全体の相互インダクタンスも無視する。外部磁場中でコイルが運動することによる電磁誘導は無視できるものとする。

次の問に答えよ。

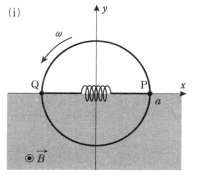
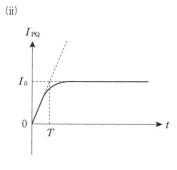

図3

(e) 図3(i)のように時刻 $t=0$ では回路が静止していて点Pが座標 $(a, 0, 0)$ にあったとして，時刻 $t=0$ からこの回路を反時計回りに角速度 ω で回転させる。すると，コイルを P→Q の向きに流れる電流 I_{PQ} は図3(ii)のように変化して，一定値 I_0 に近づく。$t=0$ でのグラフの接線が，$I_{PQ}=I_0$ と交わる点での t の値を T とおく。このときコイルの自己インダクタンス L を E, R, a, ω, T のうち必要なものを用いて答えよ。

(f) (e)でほぼ一定値 I_0 になった後しばらくすると，電流 I_{PQ} の符号が変化した。この変化のグラフとして最も適切なものを図4(ア)—(エ)の中から一つ選び，図中の時刻 t_1 および t_2 を E, R, a, ω, T のうち必要なものを用いて答えよ。なお図4(イ)—(エ)では，グラフの接線も点線で図中にかきこまれており，(イ)では $t=t_1$，(エ)では $t=t_2$，(ウ)では $I_{PQ}=0$ となる時刻における接線である。またこのグラフは模式図であり，横軸のスケールは正確ではない。

418 第4章 電磁気

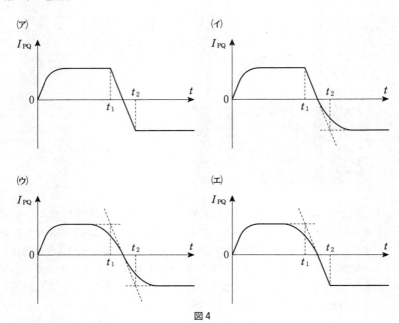

図4

4 電流と磁界・電磁誘導　419

解　答

〔A〕(a)　針金 OQ 間に発生する誘導起電力の大きさは，単位時間当たりに針金 OQ が横切る磁束の大きさに等しいので

$$E = B \cdot \frac{1}{2} a^2 \omega = \frac{Ba^2\omega}{2} \quad \cdots\cdots(答)$$

(b)　直線 POQ の抵抗は $2aR$，2 つの半円周 PQ の抵抗はそれぞれ πaR である。OQ 間を流れる電流の大きさを I とおくと，2 つの半円周 PQ に流れる電流の大きさは $\dfrac{I}{2}$ となるので，半円周の回路を考えると，回路の方程式は

$$E = 2aR \cdot I + \pi aR \cdot \frac{I}{2}$$

$$\therefore \quad I = \frac{2E}{(4+\pi)aR}$$

すると，誘導起電力の電力は

$$EI = \frac{2E^2}{(4+\pi)aR}$$

エネルギー保存則より，回路に対して外からする単位時間当たりの仕事は，誘導起電力が単位時間当たりにする仕事である電力に等しい。よって，回路に対して外からする単位時間当たりの仕事は

$$EI = \frac{2E^2}{(4+\pi)aR} \quad \cdots\cdots(答)$$

〔B〕(c)　誘導起電力は針金 OQ 間と針金 OS 間に同じ大きさで外向きに生じ，その他の部分には生じない。よって，回路の対称性から，針金 PR 間と針金 QS 間には電流が流れず，回路 OQR と回路 OSP には同じ大きさの電流が，それぞれ，O→Q→R→O，O→S→P→O の向きに流れる。以上より，電位の大小関係は

$$V_Q = V_S > V_P = V_R > V_O \quad \cdots\cdots(答)$$

(d)　回路 OQR を考えると，回路の方程式は

$$E = \left(aR + a\frac{\pi}{2}R + aR\right) I_{OQ}$$

$$\therefore \quad I_{OQ} = \frac{2E}{(4+\pi)aR} \quad \cdots\cdots(答)$$

〔C〕(e)　$0 < t < \dfrac{\pi}{\omega}$ において，半円周の回路を考えると

$$E = 2aR \cdot I_{PQ}(t) + \pi aR \cdot \frac{I_{PQ}(t)}{2} + L\frac{dI_{PQ}(t)}{dt}$$

$I_{PQ}(0) = 0$ なので

420 第4章 電磁気

$$\frac{dI_{PQ}(0)}{dt} = \frac{E}{L}$$

また，図3(ii)より

$$\frac{dI_{PQ}(0)}{dt} = \frac{I_0}{T}$$

よって

$$\frac{E}{L} = \frac{I_0}{T} \qquad \therefore \quad L = \frac{ET}{I_0} \quad \cdots\cdots①$$

十分時間が経った後では$\dfrac{dI_{PQ}}{dt} = 0$ となるため，$I_{PQ} = I_0$ は(b)の I と等しくなるから

$$I_0 = \frac{2E}{(4+\pi)aR} \quad \cdots\cdots②$$

①式に②式を代入すると

$$L = \frac{ET}{\dfrac{2E}{(4+\pi)aR}} = \frac{(4+\pi)aRT}{2} \quad \cdots\cdots(\text{答})$$

(f) 回路が半周だけ回転すると，PQ 間にはたらく誘導起電力の向きが逆転する。よって，電流 I_{PQ} は時刻 $t = \dfrac{\pi}{\omega}$ から変化し始め，$0 < t < \dfrac{\pi}{\omega}$ と同様の変化を経て，十分時間が経つと，一定値 $-I_0$ になる。よって，グラフは(イ)となり，$t_1 = \dfrac{\pi}{\omega}$ である。

$\dfrac{\pi}{\omega} < t < \dfrac{2\pi}{\omega}$ において，半円周の回路を考えると，回路の方程式は

$$-E = 2aR \cdot I_{PQ}(t) + \pi aR \cdot \frac{I_{PQ}(t)}{2} + L\frac{dI_{PQ}(t)}{dt}$$

$I_{PQ}(t_1) = I_0$ なので

$$\frac{dI_{PQ}(t_1)}{dt} = -\frac{E + \left(2aR + \dfrac{\pi}{2}aR\right)I_0}{L}$$

これに②式を代入し，①式を用いると

$$\frac{dI_{PQ}(t_1)}{dt} = -\frac{2E}{L} = -\frac{2I_0}{T}$$

図4(イ)と比較すると

$$\frac{dI_{PQ}(t_1)}{dt} = \frac{(-I_0) - I_0}{t_2 - t_1}$$

よって $\quad t_2 - t_1 = T$

以上より $\quad$ グラフは(イ)，$t_1 = \dfrac{\pi}{\omega}$，$t_2 = \dfrac{\pi}{\omega} + T \quad \cdots\cdots(\text{答})$

4 電流と磁界・電磁誘導 **421**

解　説

　磁場中に置かれた回路を回転させることで，電磁誘導が生じることを扱った問題である。誘導起電力は導体棒が単位時間当たりに横切る磁束の大きさとして求められる。(b)では，外からする仕事は，電磁誘導により，電力へ変換され，最終的に抵抗でジュール熱となる。エネルギー保存則より，それらは等しくなるので，誘導起電力の電力から求めても，抵抗の発するジュール熱から求めてもよい。

　後半の，コイルを用いた回路では，コイルは，流れている電流を変化させないように起電力を発生させることに注意する。よって，一瞬で電圧が変化しても電流は一瞬では変化せず，一定の変化率で変化し始め，コイルがない場合の電流の値へ漸近する。電流が変化するのに要する時間は，電流や電圧によらず，回路の抵抗と自己インダクタンスのみで決まることにも注意する。

〔A〕▶(a)　針金 OQ が単位時間当たりに横切る磁束の大きさを求める。この値は

$$E = \frac{a\omega}{2} Ba$$

と変形できるが，$\dfrac{a\omega}{2}$ は，針金の速さの平均値とみなすことができ

　　（起電力の大きさ）＝（速さ）×（磁束密度の強さ）×（針金の長さ）

の関係を満たしている。

〔テーマ〕のように，針金を微小区間に分割し，微小区間ごとの値を積分することで求めることもできる

▶(b)　エネルギー保存則より，回路に対して外からする単位時間当たりの仕事は，誘導起電力の電力に等しくなる。

> **参考1**　針金に対して外からする仕事を，針金に加える力から求めることもできる。
> 　　針金に電流 I が流れるので，磁場から受ける力の大きさは IBa と表せる。よって，等速で回転させるためには，針金の中心（重心）に IBa と同じ大きさの外力を加えればよい。その外力による仕事率（単位時間当たりの仕事）は，針金の中心の速さが $\dfrac{a}{2}\omega$ なので
>
> $$W = IBa \cdot \frac{a}{2}\omega = \frac{IBa^2\omega}{2}$$
>
> ここで，(a)の E の式と(b)の〔解答〕にある I の式を用いると
>
> $$W = EI = \frac{2E^2}{(4+\pi)aR}$$

> 〔注〕　上記計算では，中心にはたらく力が等しいとしたが，正確には，電流が磁場から受ける力と外力の力のモーメントの和がゼロであるとき，針金は等速で回転する。

> **参考2**　〔解答〕では針金の中心に外力を加えたが，針金の先端に外力 F' を加えたとして

422　第4章　電磁気

仕事率を求めてみる。

　まず，点Oを回転中心として力のモーメントを考える。

$$0 = aF' - \frac{a}{2}IBa \qquad \therefore \quad F' = \frac{1}{2}IBa$$

外力 F' による仕事率（単位時間当たりの仕事）は，針金の先端の速さが $a\omega$ なので

$$W = \frac{1}{2}IBa \cdot a\omega = \frac{IBa^2\omega}{2}$$

となり，同じ結論となる。

▶〔B〕　回路の対称性を用いる。

〔C〕▶(e)　回路が動き始めた瞬間は，コイルによって電流が流れるのが抑えられるため，一定の変化率で電流が流れる。電流は，コイルがない場合と同じ値に漸近する。

▶(f)　$\dfrac{\pi}{\omega} < t < \dfrac{2\pi}{\omega}$ では，電流は(e)と同様の変化を経て $-I_0$ に漸近する。回路の全抵抗を R_0 とおくと，$T = \dfrac{LI_0}{E} = \dfrac{L}{R_0}$ となり，T は電流や電圧の値によらない。この値を RL 回路の時定数と呼ぶ。(f)での $t_2 - t_1$ が(e)の T と等しくなるのは，時定数が電流や電圧によらないことからも理解できる。

テーマ

　磁場内を回転する導体棒に生じる誘導起電力を，導体棒を微小区間に分割し，各微小区間に生じる誘導起電力の和をとる（積分する）ことから，求めてみる。

　針金 OQ 上で原点Oからの距離が x から $x + \varDelta x$ までの微小区間は，磁場内を角速度 ω で回転しているので，その速さは $x\omega$ である。磁場内を磁場に対して垂直に運動する導体に生じる誘導起電力 $\varDelta E(x)$ は

$$\varDelta E(x) = (x\omega)B\varDelta x$$

となる。よって，OQ 間に発生する誘導起電力の大きさ E は，各微小区間の和となるので

$$E = \int_0^a \frac{dE}{dx}dx = \int_0^a \frac{\varDelta E(x)}{\varDelta x}dx = \int_0^a B\omega x\,dx = \left[\frac{B\omega x^2}{2}\right]_0^a = \frac{Ba^2\omega}{2}$$

針金に対して外からする仕事を，針金の各区間に加える力の和から求めることもできる。針金 OQ 上で原点Oからの距離が x から $x + \varDelta x$ までの微小区間に磁場が及ぼす力 $\varDelta F(x)$ は，OQ 間を流れる電流の大きさ I を用いて

$$\varDelta F(x) = BI\varDelta x$$

この微小区間に対して磁場が及ぼす力につり合うように外から力を及ぼすため，この微小区間に対して外からする単位時間当たりの仕事 $\varDelta W(x)$ は

$$\varDelta W(x) = \varDelta F(x) \cdot x\omega = BIx\omega\varDelta x$$

よって，針金 OQ に外からする単位時間当たりの仕事 W は

$$W = \int_0^a \frac{dW}{dx}dx = \int_0^a \frac{\varDelta W(x)}{\varDelta x}dx$$

$$= \int_0^a BI\omega x\,dx = \left[\frac{BI\omega x^2}{2}\right]_0^a = \frac{BI\omega a^2}{2}$$

58 等速円運動をする座標系から見た電磁場
(2010 年度　第 2 問)

真空中に半径 R の絶縁体球があり，この球内に単位体積あたり $-\rho$（$\rho>0$）の負電荷が一様に分布している。図 1 に示すように，この球の中心を含む平面に沿って狭い隙間を開ける。平面状の隙間を含む平面を xy 平面とし，球の中心を座標の原点 O とする。隙間の幅は無視できるとする。この隙間内で原点 O より距離 r（$\leq R$）の点における，絶縁体球全体の電荷による電場は，原点 O を中心とする半径 r の球内に存在する全電荷が原点 O に集中していると考えたときに，この電荷が作る電場と等しいことが知られている。

この隙間内で，正電荷 q をもち，質量 m で大きさの無視できる荷電粒子が摩擦なく運動する。以下の問いに答えよ。ただし，重力の影響を無視し，この荷電粒子は絶縁体球と絶縁されており，この荷電粒子の運動に伴う絶縁体球内の電荷分布の変化はないとする。

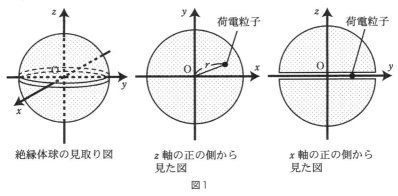

絶縁体球の見取り図　　z 軸の正の側から見た図　　x 軸の正の側から見た図

図 1

〔A〕
(a) 原点 O から距離 r（$\leq R$）にこの荷電粒子があるとき，この荷電粒子の受ける力は原点 O に向かう向きであり，大きさは $F(r)=Cr$ と書ける。C を求めよ。ただし，真空中のクーロンの法則の比例定数を k_0 とする。
以下の問いでは，答に C が含まれるときには，問(a)で得られた C の値は代入せずに C を用いよ。

(b) $F(r)=Cr$ が r に比例する形であることに着目して，原点 O から距離 r（$\leq R$）にこの荷電粒子があるときの静電気力による位置エネルギー $U(r)$ を答えよ。ただし，原点 O を位置エネルギーの基準点にとることとする。

(c) 原点Oにあるこの荷電粒子にx軸の正の向きに速さv_0を与える。この荷電粒子が絶縁体球の表面（$r=R$）まで到達するためのv_0の最小値を求めよ。

〔B〕 つぎに，z軸の正の向きに磁束密度の大きさがBの一様磁場を加える。

(d) 問(c)と同様に，原点Oにあるこの荷電粒子にx軸の正の向きに速さv_1を与えたところ，図2に示す曲線に沿ってこの荷電粒子は運動し，絶縁体球の表面に到達した。球の表面に到達したときのこの荷電粒子の速さvを求めよ。

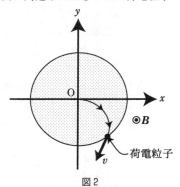

図2

(e) 原点Oから距離r（$<R$）にあるこの荷電粒子に適当な速度を与えると，この荷電粒子が隙間内で原点Oを中心とする半径rの等速円運動を行う。図3に示すように，円運動がxy面内で(i)時計回りのとき，(ii)反時計回りのとき，それぞれについて円運動の角速度の大きさを求めよ。

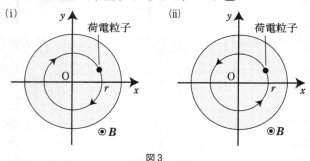

図3

(f) 以下の空欄に入る適切な数式を答えよ。

問(e)では，この荷電粒子の円運動が(i)時計回りのときと(ii)反時計回りのときとで角速度の大きさが異なっている。もし，この荷電粒子の運動を，原点Oを中心として，角速度$\Omega =$ ① でxy面内を時計回りに回転運動している観測者Kから見ると，(i)時計回りのときと(ii)反時計回りのときとでこの荷電粒子の

円運動の角速度の大きさは等しく，ともに $\omega' = \boxed{}$ と観測される。

　これは物理的には次のように解釈できる。観測者Kから見たときの電場や磁場の観測値は，静止している観測者Sから見たときとは異なる。観測者Kから観測すると，この隙間内の磁場はなく，電場は原点Oに向かう向きとなっている。このために，観測者Kから見たときのこの荷電粒子の円運動の角速度の大きさが，(i)時計回りのときと(ii)反時計回りのときとで等しくなっている。また，観測者Kから見たときの電場からこの荷電粒子が受ける力の大きさは $F(r) = C'r$（C' は定数）と書ける。ここで $C' = \boxed{}$ であり，この値は C とは異なっていて，確かに電場の観測値は，観測者Kと観測者Sとで異なっていることが分かる。

426　第4章　電磁気

解　答

〔A〕(a)　$F(r) = k_0 \dfrac{q \cdot \dfrac{4}{3}\pi r^3 \rho}{r^2} = \dfrac{4}{3}\pi k_0 q \rho r$

よって　　$C = \dfrac{4}{3}\pi k_0 q \rho$　……(答)

(b)　$U(r) = \dfrac{1}{2}Cr^2$

(c)　表面における速さを V とすると，力学的エネルギー保存則より

$$\frac{1}{2}mv_0{}^2 = \frac{1}{2}CR^2 + \frac{1}{2}mV^2$$

荷電粒子が表面に到達するので，$\dfrac{1}{2}mV^2 \geqq 0$ である。つまり

$$\frac{1}{2}mV^2 = \frac{1}{2}mv_0{}^2 - \frac{1}{2}CR^2 \geqq 0 \qquad \therefore \quad v_0 \geqq \sqrt{\frac{C}{m}}R$$

よって，v_0 の最小値は　　$\sqrt{\dfrac{C}{m}}R$　……(答)

〔B〕(d)　ローレンツ力は常に粒子の進行方向と垂直にはたらき，仕事をしない。エネルギー保存則より

$$\frac{1}{2}mv_1{}^2 = \frac{1}{2}CR^2 + \frac{1}{2}mv^2$$

$$\therefore \quad v = \sqrt{v_1{}^2 - \frac{C}{m}R^2}\quad ……(答)$$

(e)　反時計回りの方向の角速度を ω（>0）とすると，中心方向の運動方程式は

$$mr\omega^2 = Cr - q \cdot r\omega \cdot B$$

時計回りのときはローレンツ力は逆向きとなるので，$\omega < 0$ と考えればよい。上式を ω について解くと

$$\omega = \frac{-qB \pm \sqrt{q^2B^2 + 4mC}}{2m} = -\frac{qB}{2m} \pm \sqrt{\left(\frac{qB}{2m}\right)^2 + \frac{C}{m}}$$

ここで，$\omega_+ = -\dfrac{qB}{2m} + \sqrt{\left(\dfrac{qB}{2m}\right)^2 + \dfrac{C}{m}}$（$>0$），$\omega_- = -\dfrac{qB}{2m} - \sqrt{\left(\dfrac{qB}{2m}\right)^2 + \dfrac{C}{m}}$（$<0$）とする。

(i)時計回りのときの角速度の大きさは

$$|\omega_-| = \frac{qB}{2m} + \sqrt{\left(\frac{qB}{2m}\right)^2 + \frac{C}{m}}\quad ……(答)$$

(ii)反時計回りのときの角速度の大きさは

$$\omega_+ = -\frac{qB}{2m} + \sqrt{\left(\frac{qB}{2m}\right)^2 + \frac{C}{m}}\quad ……(答)$$

（f）①時計回りに角速度 Ω で回転している観測者Kから見た，(i)時計回りのときと
(ii)反時計回りのときの荷電粒子の角速度の大きさが等しいので

$$\omega_+ - (-\Omega) = ||\omega_-| - \Omega| \quad \therefore \quad \omega_+ + \Omega = |\omega_-| - \Omega$$

（e）の結果を用いると

$$\Omega = \frac{|\omega_-| - \omega_+}{2} = \frac{qB}{2m} \quad \cdots\cdots（答）$$

② $$\omega' = \omega_+ + \Omega = \sqrt{\left(\frac{qB}{2m}\right)^2 + \frac{C}{m}} \quad \cdots\cdots（答）$$

③等速円運動をしている観測者Kから見た中心方向の運動方程式は

$$mr\omega'^2 = C'r - mr\Omega^2$$

$$\therefore \quad C' = m(\omega'^2 + \Omega^2) = m\left\{\left(\frac{qB}{2m}\right)^2 + \frac{C}{m} + \left(\frac{qB}{2m}\right)^2\right\} = C + \frac{(qB)^2}{2m} \quad \cdots\cdots（答）$$

解　説

　電場と磁場は密接な関係をもっており，あわせて電磁場と呼ばれる。本問では，回転座標系から電磁場を見ることで，電場と磁場が互いに混ざり合うことを確認する。回転座標系においては，見かけの力である遠心力とコリオリ力がはたらく。コリオリ力は回転座標系で運動している物体にはたらく力であり，座標系の回転方向と逆向きに物体が運動するようにはたらく。つまり，座標系が右回りに回転するとき，回転座標系から見た物体は左回りに運動するように，進行方向に対して左向きにコリオリ力がはたらく。コリオリ力と磁場による力はともに，進行方向に対して垂直の方向にはたらき，その大きさは速度に比例することから，数学的には似ている力である。そこで，コリオリ力と磁場による力がうまく打ち消し合うような回転座標系を選ぶことができるのである。

〔A〕▶(b)　$F(r) = Cr$ で書かれる力による位置エネルギー $U(r)$ は，ばねと同じく
$U(r) = \dfrac{1}{2}Cr^2$ となる。積分を用いて求めると

$$U(r) = \int_0^r F(\tilde{r})\,d\tilde{r} = \int_0^r C\tilde{r}\,d\tilde{r} = \left[\frac{1}{2}C\tilde{r}^2\right]_0^r = \frac{1}{2}Cr^2$$

〔B〕▶(d)　磁場から受けるローレンツ力は進行方向に対して垂直にはたらくので，仕事をしない。よって，力学的エネルギー保存則が成り立つ。

▶(e)　フレミングの左手の法則を用いて，ローレンツ力の向きを求める。角速度 ω の符号に従って，ローレンツ力の向きも逆になるので，時計回りと反時計回りの2つの運動方程式を立てる必要はない。ただし，どちら向きを正にとるかを明確にして，混乱しないようにしなければならない。

▶(f)　③等速円運動をしている観測者Kには，物体に見かけの力である遠心力とコリ

428 第4章 電磁気

オリ力がはたらくように見える。回転座標系の角速度 Ω，回転座標系における物体の速度 v を用いて，遠心力は半径方向外向きに $mr\Omega^2$ の大きさの力，コリオリ力は進行方向に対して垂直で座標系の回転方向と逆向きに $2mv\Omega$ の大きさの力がはたらく。実際に，コリオリ力と磁場による力が打ち消し合うことを確認すると

$$2mv\Omega = 2mv\frac{qB}{2m} = qvB$$

コリオリ力の大きさを知らなくても定性的に理解していれば解答できる。

発展 慣性系に対して回転する回転座標系から見た，見かけの力である遠心力とコリオリ力の一般的導出は高校の範囲を超えるが，問題と同じく等速円運動をする物体という簡単な場合について導出してみよう。

　質量 m の物体が原点方向に力 F を受けて半径 r，反時計回りの向きに角速度 ω で等速円運動をしている状況を考える。慣性系に対して反時計回りの向きに角速度 Ω で回転する回転座標系を考え，この回転座標系から見た物体の反時計回りの向きの角速度を ω' とすると，角速度の関係式は

$$\omega' = \omega - \Omega$$

慣性系から見た物体の運動方程式は

$$mr\omega^2 = F$$

ここに角速度の関係式を代入して，式変形を行うと

$$mr(\omega' + \Omega)^2 = F$$
$$mr\omega'^2 = F - 2mr\omega'\Omega - mr\Omega^2$$

これは，回転座標系から見た運動方程式となっている。左辺は回転座標系から見た向心力，右辺第1項は物体が実際に受ける力，第2項はコリオリ力，第3項は遠心力である。回転座標系から見た物体の速度を v とすると，$v = r\omega'$ なので，コリオリ力の項は $-2mv\Omega$ となる。

参考 コリオリ力は $2mv\Omega$ と表されるのに対して，磁場による力は qvB と表されるので，遠心力が無視できるほど小さければ，磁束密度の大きさが B の一様な磁場が運動する平面に垂直にかかるのと，$\Omega = \dfrac{qB}{2m}$ の大きさで回転する回転座標系から運動を見ているのを区別することができない。このことをラーモアの定理と呼ぶ。

回転座標系での電場の観測値は慣性系での観測値と異なっているが，これは，電磁場を回転座標系から見ると電場と磁場の成分が混ざり合って変換することを示している。しかし，電磁場から受ける力は慣性系でも回転座標系でも変化しない。このことを確認するために，反時計回りの向きに慣性系から見た物体の角速度を ω，回転座標系の角速度を Ω，回転座標系から見た物体の角速度を ω' とし，慣性系での電磁場による力を変形すると，$\omega' = \omega - \Omega$ より

$$Cr - qr\omega B = Cr - qr(\omega' + \Omega)B$$
$$= (C - q\Omega B)r - qr\omega' B$$

ここで，右辺の第1項が回転座標系での電場による力，第2項が磁場による力となっている。Ω が負であることに注意して，第1項のカッコの中を式変形すると

$$C - q\Omega B = C + q\frac{qB}{2m}B = C + \frac{q^2B^2}{2m}$$

これは，〔解答〕の C' と一致していることがわかる。

> **テーマ**
>
> 図のように，磁束密度 B の一様な磁場の中で，長さ l の導体棒 PQ が磁場と垂直な方向に速さ v で動かされるとき，導体棒 PQ には誘導起電力 vBl が生じることはよく知られている。また，その起電力を，ファラデーの電磁誘導の法則から求めるだけでなく，導線内の電子が磁場から受けるローレンツ力から導出する説明も教科書に書かれている。
>
>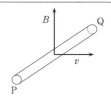
>
> さて，もしその電子の運動を導体棒 PQ と同じ速度で動いている観測者から見ると，どのような運動になるのであろうか。棒と同じ速度で運動している観測者からは，棒内の自由電子は静止しており，ローレンツ力は生じないはずである。
>
> 〔解説〕でも記したように，電磁場の観測値（電場，磁場の観測値）は観測者が静止しているときと運動しているときで異なり，この場合はQからP向きの電場があらわれ，ローレンツ力の代わりにこの電場からの力で電子がQ側に移動することになる。
>
> つまり，電磁場の中の物体の運動を考えるときは，十分に観測者の運動に注意しないと思わぬ盲点をつかれることになるので要注意である。

59 電流が磁界から受ける力と電流計
(2005年度 第2問)

図1のように磁束密度 $B=0.8$ [Wb/m^2] の一様な磁界中に，長さ $\ell=50$ [cm] の金属棒 MN が，ばね定数 $k=0.4$ [N/m] のばねで吊り下げられている。金属棒の両端には2本の平行な導体棒がついている。2本の導体棒は，固定された台に取り付けられた円筒状の金属端子PおよびQの中を，端子と電気的に接触を保ちながら摩擦なく鉛直方向に上下する。外部からの導線は固定された端子PとQに接続する。この装置の内部抵抗は $R_m=45$ [Ω] である。

磁界は金属棒と導体棒がつくる面に垂直である。金属棒は常に水平を保って動く。金属棒の下向きの変位を x [cm] で表し，電流を流さないときを $x=0$ とする。

〔A〕 図1の装置を電流計として使うことを考えよう。
 (a) 金属棒に電流を流したところ，金属棒の変位が $x=4$ [cm] となって静止した。流した電流の向き（MからNの向きか，NからのM向きか）と大きさを求めよ。
 (b) ばねを壊さないために，金属棒に流す電流が $I_{max}=100$ [mA] を超えると，それ以上金属棒が下がらないようになっている。金属棒の変位の最大値 x_{max} [cm] を求めよ。変位 x が電流 I に対応するように，解答用紙の目盛Aに0から I_{max} まで20mAおきに目盛を記せ。
 (c) 図1の電流計と抵抗 R_1 [Ω] を用いて測定可能な最大電流を1Aとしたい。図2の(ア)と(イ)のどちらがふさわしい回路であるかを選び，必要な抵抗 R_1 [Ω] の値を求めよ。

〔B〕 図1の電流計を使って図3の回路を組み，未知抵抗 R [Ω] を測定することを考えよう。電池の起電力は $E=15$ [V] であり，内部抵抗は無視できるとする。スイッチSは初め開いている。測定する抵抗 R が 0 Ω のときに電流計に流れる電流が $I_{max}=100$ [mA] になるように抵抗 R_a を設定した。
 (d) 抵抗 R_a [Ω] の値はいくらか。

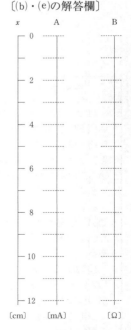

〔(b)・(e)の解答欄〕

(e) 次に未知抵抗 R を測定した。このとき電流計の読みから R の値が読み取れるように，解答用紙の目盛Bに 0 から 200 Ω まで 50 Ω おきに目盛を記せ。

(f) 図3の回路のスイッチSを閉じて未知抵抗 R を測定した。$R_b = (R_a + R_m)/9$ のとき，問い(e)で作った目盛Bから読み取った値を何倍すれば R の真の値が得られるか。

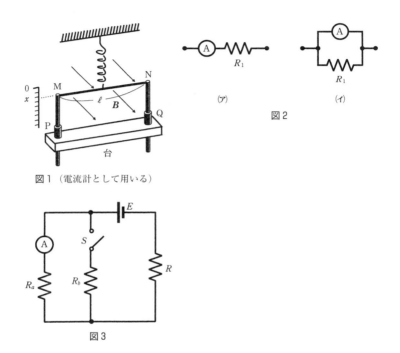

図1（電流計として用いる）

図2

図3

解 答

〔A〕(a) 金属棒と導体棒の質量の和を m〔kg〕，電流を流さないときのばねの自然の長さからの伸びを X〔m〕，重力加速度を g〔m/s²〕とする。このときの力のつり合いの式は

$\qquad 0 = kX - mg$ ……①

$x = 0.04$〔m〕のときの電流値を I〔A〕とすると，金属棒は磁界から $IB\ell$ の力を下向きに受けるので，つり合いの式は

$\qquad 0 = k(X + 0.04) - mg - IB\ell$

上式と①式を用い，与えられた数値を代入すると

$\qquad 0.4 \times 0.04 = I \times 0.8 \times 0.5 \quad \therefore \quad I = 0.04$〔A〕$= \mathbf{40}$〔**mA**〕 ……(答)

また，電流 I の向きはフレミングの左手の法則より

$\qquad$ **M から N の向き** ……(答)

である。

(b) (a)と同様に力のつり合いの式は

$\qquad 0 = k(X + x_{\max}) - mg - I_{\max}B\ell$ ……②

上式と①式を用い，与えられた数値を代入すると

$\qquad 0.4 x_{\max} = 0.1 \times 0.8 \times 0.5$

$\qquad \therefore \quad x_{\max} = 0.1$〔m〕$= \mathbf{10}$〔**cm**〕 ……(答)

②式の $I_{\max}$ の代わりに，0.02，0.04，0.06，0.08〔A〕の値を代入して x の値を求めると，それぞれ 0.02，0.04，0.06，0.08〔m〕となり，目盛は右図のようになる。

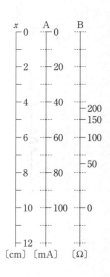

(c) 1 A の電流が流れたときに，電流計の部分に流れる電流が 100 mA になるように，抵抗 R_1〔Ω〕を電流計に並列に接続する。よって，回路は**(イ)** ……(答)

R_1 を流れる電流は $1000 - 100 = 900$〔mA〕で，電流計の内部抵抗は $R_m = 45$〔Ω〕だから

$\qquad 45 \times 0.1 = R_1 \times 0.9 \quad \therefore \quad R_1 = \mathbf{5}$〔**Ω**〕 ……(答)

〔B〕(d) 回路の合成抵抗は $R_a + R_m$〔Ω〕であるから，オームの法則より

$\qquad 15 = (R_a + R_m) I_{\max}$

となるので，与えられた数値を代入して

$\qquad 15 = (R_a + 45) \times 0.1 \quad \therefore \quad R_a = \mathbf{105}$〔**Ω**〕 ……(答)

(e) 回路の合成抵抗は $R_a + R_m + R = 150 + R$ であるから，オームの法則より

$\qquad 15 = (150 + R) I \quad \therefore \quad I = \dfrac{15}{150 + R}$ ……③

これに，$R = 0$，50，100，150，200〔Ω〕を代入すると，I の値はそれぞれ

$I = 0.1, \ 0.075, \ 0.060, \ 0.050, \ 0.043 \text{[A]}$

これを目盛Bに記すと前の図のようになる。

(f) 電流計部分を流れる電流をI[A], R_b[Ω]の抵抗を流れる電流をi[A]とすると, キルヒホッフの法則より

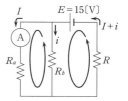

$$15 = (R_a + R_m)I + R(I+i)$$
$$(R_a + R_m)I - R_b i = 0$$

が成り立つ。これら2式からiを消去し, $R_b = \dfrac{R_a + R_m}{9}$,

$R_a + R_m = 150$ を代入すると

$$R = \frac{1}{10}\left(\frac{15}{I} - 150\right) \quad \cdots\cdots ④$$

また, (e)でスイッチSを開いたときの未知抵抗をあらたにR_r[Ω]とすれば, ③式より

$$R_r = \frac{15}{I} - 150 \quad \cdots\cdots ⑤$$

となるので, ④, ⑤式より $\quad R = \dfrac{1}{10} R_r$

よって, (e)でつくった目盛を$\dfrac{1}{10}$にした値が真の値となる。

ゆえに $\quad \dfrac{1}{10}$倍 ……(答)

解 説

磁界から受ける力とばねから受ける力のつり合いによる電流計を使った回路の問題である。〔A〕では, 電流が流れていないとき, 金属棒にかかる重力とつり合いの位置までの伸びによるばねの力が相殺され, 金属棒の変位と流れる電流が比例することになる。〔B〕は電流計の測定範囲を変える方法についての設問である。(f)はキルヒホッフの法則を用いて回路の方程式をつくる。

〔A〕▶(a) 電流Iが流れている長さℓの導線が磁束密度の強さBの磁界から受ける力の大きさFは

$$F = IB\ell \sin\theta$$

で与えられる。ここで, θは電流の方向と磁界の方向のなす角度であり, $\theta = 90°$のときは$F = IB\ell$となる。

▶(c) 電流計には最大100 mAまでしか電流を流せないので, 1 Aまで測定できるようにするには$1000 - 100 = 900$[mA]の電流を流すバイパスをつくる必要がある。そのためには別の抵抗を電流計に並列に接続しなければならない。抵抗値R_1[Ω]は, 電流計を流れる電流による電圧降下とR_1[Ω]の抵抗を流れる電流による電圧降下が

434 第4章 電磁気

等しくなることから求めることができる。このように，電流計の測定範囲を変えるために電流計と並列に取りつけられた抵抗のことを分流器という。

〔B〕▶(f)　ここでは R_b〔Ω〕の抵抗が分流器の役割をして，電流計に流す電流を $\dfrac{1}{10}$ にしている。したがって，R〔Ω〕の未知抵抗を流れる電流は電流計を流れる電流の 10 倍になり，スイッチを切った状態で目盛をつけた場合と比べ，未知抵抗の真の値は $\dfrac{1}{10}$ となる。

4 電流と磁界・電磁誘導　435

60 三角形のコイルに生じる誘導起電力
(2003 年度　第 2 問)

　図のように，+z 方向を向いている磁界の磁束密度の大きさ B が，xy 平面内で $0 \leq x \leq a$ では $B = B_0$（定数），それ以外では $B = 0$ となっている空間がある。この空間に底辺の長さが $2a$，高さが a であるような直角二等辺三角形 DEF（頂点 D が直角）の 1 回巻きコイル L を，そのコイル面が xy 平面と一致するように置く。そして図のように線分 EF の中点から頂点 D に向かう方向が x 軸と一致するようにして，+x 方向に一定の速さ v で移動させる。なお，コイルの抵抗を R とし，導線の太さは無視する。設問 (a)～(d) では，コイルの自己インダクタンスは無視するものとする。また，時刻 $t = 0$ では頂点 D が $x = 0$ にある。

(a) 下記の枠内に入る式を答えよ。

　コイル L を貫く磁束 Φ は，+z 方向を正として $0 < t \leq \dfrac{a}{v}$ では $\Phi_1(t) =$ ① となり，$\dfrac{a}{v} < t \leq 2\dfrac{a}{v}$ では $\Phi_2(t) =$ ② となる。$0 < t \leq \dfrac{a}{v}$ では，時刻が t から微小時間 Δt だけ経過して $t + \Delta t$ になったときの磁束 Φ_1 の変化量 $\Delta \Phi_1$ は，$\Delta \Phi_1 =$ ③ となる。このとき Δt の項に比較して $(\Delta t)^2$ の項が小さいとして無視すれば，コイルに誘起される誘導起電力 $V_1(t)$ は，D→E→F→D に沿って発生する起電力を正として $V_1(t) =$ ④ と表すことができる。同様にして，$\dfrac{a}{v} < t \leq 2\dfrac{a}{v}$ での誘導起電力は $V_2(t) =$ ⑤ となる。

(b) $0 < t \leq 2\dfrac{a}{v}$ でコイル L に流れる電流 I の時間変化を解答欄のグラフに示せ。この間での電流 I の大きさの最大値 I_m を求めよ。ただし，D→E→F→D に沿って流れる電流の向きを正とせよ。

〔解答欄〕

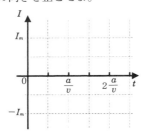

(c) $0 < t \leq \dfrac{a}{v}$ でコイル L がジュール熱として消費している電力 P を，時刻 t の関数と

して表せ。

(d) コイル L を一定の速さ v で移動させるために外から加えている力 F を，$0<t\leq\dfrac{a}{v}$ で時刻 t の関数として求めよ。ただし $+x$ 方向に加えている力を正とする。また $0<t\leq 2\dfrac{a}{v}$ でコイル L に加えている力 F を，$+x$ 方向を正として解答欄のグラフにおおよその形を示せ。

〔解答欄〕

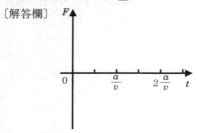

(e) つぎに，コイル L の自己インダクタンスが無視できない場合を考える。$0<t\leq\dfrac{a}{v}$ のときの電流の大きさは，同じ時刻 t で比較した場合，上記(b)で調べた電流の大きさよりも大きくなるか，小さくなるか，あるいは変わらないかを答えよ。またそのように考えた理由を 50 字以内で記せ。

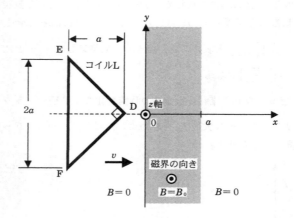

◉ は紙面の裏より表に向かう方向を表す

解 答

(a) ① $0 < t \leq \dfrac{a}{v}$ のとき，時刻 t における磁界のある領域の面積は $(vt)^2$ だから，コイル L を貫く磁束 $\Phi_1(t)$ は

$$\Phi_1(t) = B_0 v^2 t^2 \quad \cdots\cdots(\text{答})$$

② $\dfrac{a}{v} < t \leq 2\dfrac{a}{v}$ のとき，時刻 t においては，磁界のない領域の面積は $(vt-a)^2$ だから，コイル L を貫く磁束 $\Phi_2(t)$ は

$$\Phi_2(t) = B_0\{a^2 - (vt-a)^2\} = B_0 v(2at - vt^2) \quad \cdots\cdots(\text{答})$$

③ 磁束 Φ_1 の変化量 $\Delta\Phi_1$ は

$$\begin{aligned}\Delta\Phi_1 &= \Phi_1(t+\Delta t) - \Phi_1(t) \\ &= B_0 v^2 (t+\Delta t)^2 - B_0 v^2 t^2 \\ &= B_0 v^2 \{2t\Delta t + (\Delta t)^2\} \quad \cdots\cdots(\text{答})\end{aligned}$$

④ $(\Delta t)^2$ の項を無視すると

$$\Delta\Phi_1 = 2B_0 v^2 t \Delta t$$

ファラデーの電磁誘導の法則より

$$V_1(t) = -\dfrac{\Delta\Phi_1}{\Delta t} = -2B_0 v^2 t \quad \cdots\cdots(\text{答})$$

⑤ 同様にして

$$\begin{aligned}\Delta\Phi_2 &= \Phi_2(t+\Delta t) - \Phi_2(t) \\ &= B_0 v\{2a(t+\Delta t) - v(t+\Delta t)^2\} - B_0 v(2at - vt^2) \\ &= 2B_0 v a \Delta t - 2B_0 v^2 t \Delta t - B_0 v^2 (\Delta t)^2\end{aligned}$$

$(\Delta t)^2$ の項を無視して $V_2(t)$ を求めると

$$V_2(t) = -\dfrac{\Delta\Phi_2}{\Delta t} = 2B_0 v(vt - a) \quad \cdots\cdots(\text{答})$$

(b) 電流 I の時間変化：

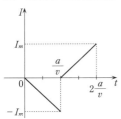

電流の最大値：$I_m = \dfrac{2B_0 va}{R}$

(c) 消費電力 P は

$$P = \frac{\{V_1(t)\}^2}{R} = \frac{4B_0{}^2v^4t^2}{R} \quad \cdots\cdots(答)$$

(d) $0 < t \leq \dfrac{a}{v}$ での力 F：外力のした仕事率 Fv がコイルで消費されている電力 P に等しいので

$$Fv = \frac{4B_0{}^2v^4t^2}{R} \quad \therefore \quad F = \frac{4B_0{}^2v^3t^2}{R} \quad \cdots\cdots(答)$$

$0 < t \leq 2\dfrac{a}{v}$ での力 F の変化：

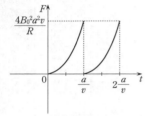

(e) （電流の大きさは(b)の場合に比べて，）**小さくなる**
理由：自己誘導起電力が電流が増加するのを妨げる向きに発生するので，電流の大きさは小さくなる。(50字以内)

解　説

　磁界中で四角形のコイルを移動させる問題はよく見かけるが，ここでは三角形のコイルを移動させる設定になっている点が新しい。(d)は力学的な仕事率が消費電力に等しいと気がつけば簡単であるが，電流が磁界から受ける力から直接求めることもできる。

▶(a)　三角形のコイルに生じる誘導起電力を，磁束の変化量から求める。磁束が時刻 t の2次式になっているので，起電力は，時刻 t の1次式となる。

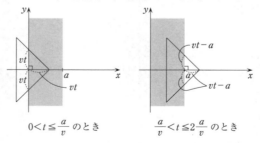

▶(b)　$0 < t \leq \dfrac{a}{v}$ においては，流れる電流 I はオームの法則より

$$I = \frac{V_1(t)}{R} = -\frac{2B_0 v^2 t}{R} \quad \cdots\cdots ①$$

$\frac{a}{v} < t \leq 2\frac{a}{v}$ においては

$$I = \frac{V_2(t)}{R} = \frac{2B_0 v(vt-a)}{R}$$

これをもとにグラフを描くと〔解答〕に示したようになる。また最大値 I_m は①式において $t = \frac{a}{v}$ とすると

$$I_m = \left| -\frac{2B_0 v^2}{R} \frac{a}{v} \right| = \frac{2B_0 va}{R}$$

▶(d) 〔解答〕では力学的な仕事率と消費電力の関係から力 F を求めたが,磁界から電流が受ける力を用いて,F を求めることもできる。$0 < t \leq \frac{a}{v}$ の時刻 t において,辺 DE の磁界中にある部分の長さは $\sqrt{2} vt$ で与えられる。この部分が磁界から受ける力の大きさを F_0 とすると

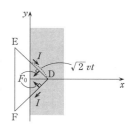

$$F_0 = |I| B_0 \times \sqrt{2} vt = \frac{2B_0 v^2 t}{R} B_0 \times \sqrt{2} vt = \frac{2\sqrt{2} B_0^2 v^3 t^2}{R}$$

辺 DF にも同じ大きさの力がはたらくが,F_0 の y 成分は互いに打ち消し合うので,F_0 の x 成分だけが残る。よって,コイルを等速運動させるためには外から加える力 F をこれとつり合うようにすればよいので

$$F = 2F_0 \cos 45° = 2 \times \frac{2\sqrt{2} B_0^2 v^3 t^2}{R} \times \frac{1}{\sqrt{2}} = \frac{4B_0^2 v^3 t^2}{R} \quad \cdots\cdots ②$$

となり,同じ結果が得られる。$0 < t \leq \frac{a}{v}$ におけるグラフは②式をそのまま描けばよい。

また,$\frac{a}{v} < t \leq 2\frac{a}{v}$ における F も仕事率と消費電力の関係を用いて

$$Fv = \frac{\{V_2(t)\}^2}{R} = \frac{\{2B_0 v(vt-a)\}^2}{R}$$

$$\therefore \quad F = \frac{4B_0^2 v^3}{R} \left(t - \frac{a}{v} \right)^2$$

これは②式のグラフを $\frac{a}{v}$ だけ右方向に平行移動したグラフになる。

テーマ

　回路を貫く磁束が変化している間，回路に起電力が生じるという現象は，ファラデーにより発見され，電磁誘導と呼ばれる。その起電力は常に磁束の変化を少なくするような電流を流す方向に生じ，その大きさは回路を貫く磁束の減少速度に比例する。

　このファラデーの電磁誘導の法則を利用するためには，面を貫く磁束を求める必要があるが，そのとき回路の正の向きと面を貫く正の向きを，右ねじの法則を用いて右図のように定めておくとよい。

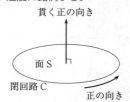

　簡単化のため，磁束密度 $\vec{B}$ を一定とする。閉回路Cをふちとする面S（面積をSとする）に垂直な $\vec{B}$ の成分を $B_\perp$ と表すと，面Sを貫く磁束 Φ は，$\Phi = B_\perp S$ と書くことができる。

　このとき回路に生じる起電力 V は，厳密には

$$V = \lim_{\Delta t \to 0}\left(-\frac{\Delta \Phi}{\Delta t}\right) = -\frac{d\Phi}{dt}$$

と書ける。起電力 V が負になるときは，閉回路Cの正の向きと逆向きの起電力が生じることを表している。

　また，この法則は閉回路について成り立つだけでなく，空間内の任意の閉曲線とそれをふちとする曲面について成り立つ。

第5章 原 子

442 第5章 原 子

第5章 原 子

節	番号	内　　　容	年　　度
原　子	61	コンプトン効果とブラッグ反射	2005 年度〔3〕
原子核	62	万有引力と中性子星上でのX線放射	2004 年度〔3〕

✎ 対策　①出題項目

　1990 年度から 1999 年度の期間では，原子模型とスペクトル，熱中性子の減速，光電効果が出題されている。2000 年度から 2005 年度までの期間では，原子の分野からはコンプトン効果とブラッグ反射が出題され，原子核の分野からは結合エネルギーに関する問題が出題されたのみである。

　出題範囲であったときも，原子分野からの出題はさほど多くはなかったが，2015 年度の入試以降は，再び原子・原子核の分野も出題範囲に戻ったので，対策は必要である。

□　コンプトン効果とブラッグ反射

　X線と電子との衝突におけるエネルギーと運動量の保存が出題された。典型的な問題では，それらの式を用いて，X線の波長の変化と散乱角の関係を表す式を求めることまで要求されることが多い。後半のブラッグ反射に関する設問も比較的易しく，複雑な計算も見られなかったが，100 字程度の論述が最後にあった。

□　原子核反応

　中性子星に降り積もる水素原子によるX線放射と核融合によるX線バーストのエネルギーを考えさせる問題である。見たこともないような問題ではあるが，問題をよく読んで理解すれば，エネルギー保存則から求められることがわかるはずである。

✎ 対策　②注意の必要な項目

　原子・原子核の分野で重要な項目は，光電効果，原子模型とスペクトル，物質波，原子核反応，原子核崩壊と半減期などがある。

□　光の粒子性

　光の粒子性に関する問題として，光電効果の問題がある。その実験装置の概略，実験結果から得られる物理的内容など，学ぶべき点は多いだろう。X線の粒子性に関するコンプトン効果の問題は，2005 年度にX線の波動性に関する問題とともに出題さ

れている。

□　原子模型

　原子核の周りを電子が静電気力を受けて円運動をしているとしただけでは，原子から出る光のスペクトルは説明がつかなかった。そこでボーアが量子条件，振動数条件を付けることで，エネルギー準位やスペクトル系列の説明をすることが可能になった。これらのことがこのテーマのポイントである。

□　原子核反応，崩壊と半減期

　このテーマの重要事項は，質量とエネルギーの等価性である。質量欠損を Δm，光速度を c としたとき，Δmc^2 がエネルギーとなる。このことを用いて，結合エネルギー，原子核反応によって生じる反応熱などを求める。

444　第5章　原 子

1　原　子

61　コンプトン効果とブラッグ反射

(2005 年度　第 3 問)

　以下の文章中の①から⑦の＿＿＿にあてはまる適当な式または数値を記せ。また，問いに答えよ。ただし，プランク定数を h〔J·s〕，光速を c〔m/s〕，電気素量を e〔C〕とする。数値を求めるときには $h=6.63\times10^{-34}$〔J·s〕，$c=3.00\times10^{8}$〔m/s〕，$e=1.60\times10^{-19}$〔C〕を用いよ。数値は有効数字 3 桁で示せ。

〔A〕　X線は光より波長の短い電磁波であり，波動性と粒子性の2重性をもつ。粒子と考えたとき，波長 λ のX線の粒子（光子）のエネルギーと運動量はそれぞれ　①　および　②　と表される。たとえば，波長 1.00×10^{-10}m の光子1個がもつエネルギーは　③　eV である。

　X線の粒子性はコンプトン効果に現れる。コンプトン効果ではX線を光子と考え，静止している自由電子と光子との衝突のモデルからX線の波長変化が説明される。図1のように衝突前の光子の波長を λ，衝突後の波長を λ' とする。衝突後，光子は入射方向に対し角度 ϕ の方向に散乱され，質量 m の電子は角度 α の方向に速さ v ではね飛ばされる。この衝突の前後におけるエネルギー保存則を式で表すと

$$\frac{\boxed{④}}{\lambda}=\frac{\boxed{④}}{\lambda'}+\frac{1}{2}mv^2$$

と書ける。また，衝突の前後における運動量保存則を，入射方向とそれに垂直な方向の成分に分けて書くと，

入射方向成分：$\dfrac{\boxed{⑤}}{\lambda}=\dfrac{\boxed{⑥}}{\lambda'}+mv\cos\alpha$

垂直方向成分：$0=-\dfrac{\boxed{⑦}}{\lambda'}+mv\sin\alpha$

となる。これらの式から衝突によるX線の波長変化 $\Delta\lambda$ は，$\Delta\lambda\ll\lambda$，λ' と近似して

$$\Delta\lambda=\lambda'-\lambda\fallingdotseq\frac{h}{mc}(1-\cos\phi)=\lambda_c(1-\cos\phi)$$

と表される。ここで，λ_c は電子のコンプトン波長で $\lambda_c=2.43\times10^{-12}$〔m〕である。

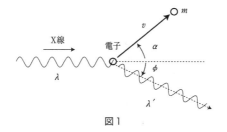

図1

〔B〕 コンプトン効果は，図2に示すように単色X線を石墨に入射させ，X線分光器を用いて散乱X線のスペクトルを測定することで確認される。X線分光器ではX線をスリットを通して結晶表面に入射させ，反射したX線の強度を検出器で測定する。このとき結晶をX線の入射方向に対して回転角 θ だけ回転すると，結晶の回転に連動して散乱角 2θ の方向に検出器が移動するように設定されている。この設定により回転角を変えていくことで，さまざまな波長のX線に対し結晶表面に平行な格子面によるブラッグ反射が起こる。その反射強度を測定することで，入射X線のスペクトルを得ることができる。この測定により，石墨からの散乱X線の中に入射X線と同じ波長のX線の他に，コンプトン効果によりわずかに波長の異なるX線が含まれているのが観測される。

(a) 波長 λ の単色X線をX線分光器に入射させ，結晶を 0 rad から徐々に回転していくと，ある角度 θ のところで最初の散乱強度のピークが現れた。表面に平行な格子面の面間隔を d として，$\lambda,\ \theta,\ d$ の間の関係を式で表せ。

(b) 入射X線の中に λ よりわずかに長い波長 $\lambda + \Delta\lambda$ のX線が含まれている場合，この波長のX線が検出器で検出されるときの結晶の回転角を $\theta + \Delta\theta$ とする。$\Delta\theta$ が θ や 1 に比べ十分小さいとして，$\theta,\ d,\ \Delta\lambda$ を用いて $\Delta\theta$ を表す近似式を求めよ。ただし，x が小さいとき $\sin x \doteqdot x,\ \cos x \doteqdot 1$ と近似してよい。

(c) 波長 λ の単色X線を石墨に入射し，散乱角 $\phi = \pi/2\,\mathrm{rad}$ の方向に散乱されたX線のスペクトルをX線分光器で測定した。散乱X線の中で波長変化の無いX線が結晶の回転角 θ のところで検出されたとすると，コンプトン効果により波長の変化したX線は θ からどれだけの角度離れた回転角のところで検出されるか。$\theta,\ \lambda,\ \lambda_c$ を用いて表せ。

(d) 結晶はX線に対し回折格子の役割をしている。コンプトン効果が光の領域で回折格子を用いた測定では見つからず，X線領域で発見された理由を，(c)の答えを参考にして100字程度で説明せよ。

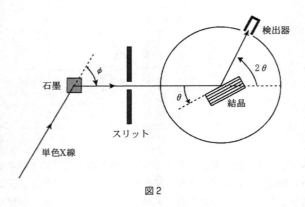

図2

解 答

〔A〕 ① $\dfrac{hc}{\lambda}$ ② $\dfrac{h}{\lambda}$ ③ 1.24×10^4 ④ hc ⑤ h ⑥ $h\cos\phi$ ⑦ $h\sin\phi$

〔B〕(a) ブラッグの反射条件より n を自然数として

$$2d\sin\theta = n\lambda$$

が成り立つ。θ を増加させながら最初に強め合うのは $n=1$ のときだから

$$2d\sin\theta = \lambda \quad \cdots\cdots(答)$$

(b) ブラッグの反射条件より

$$2d\sin(\theta + \Delta\theta) = \lambda + \Delta\lambda$$

が成り立つ。加法定理を用いて左辺を変形すると

$$2d(\sin\theta\cos\Delta\theta + \cos\theta\sin\Delta\theta) = \lambda + \Delta\lambda$$

$\sin\Delta\theta \fallingdotseq \Delta\theta$, $\cos\Delta\theta \fallingdotseq 1$ を代入して，(a)の結果を用いると

$$2d\Delta\theta\cos\theta = \Delta\lambda \qquad \therefore \quad \Delta\theta = \dfrac{\Delta\lambda}{2d\cos\theta} \quad \cdots\cdots(答)$$

(c) $\phi = \dfrac{\pi}{2}$ のときの $\Delta\lambda$ は，〔A〕の結果より

$$\Delta\lambda = \lambda_c\left(1 - \cos\dfrac{\pi}{2}\right) = \lambda_c$$

(b)の結果より

$$\Delta\theta = \dfrac{\lambda_c}{2d\cos\theta}$$

となるから，これに(a)の結果を用いて $2d$ を消去すると

$$\Delta\theta = \dfrac{\lambda_c}{\dfrac{\lambda}{\sin\theta}\cos\theta} = \dfrac{\lambda_c}{\lambda}\tan\theta \quad \cdots\cdots(答)$$

(d) $\Delta\theta$ は $\dfrac{\lambda_c}{\lambda}$ に比例する。λ_c は，10^{-12} m，光の領域の波長 λ は 10^{-7} m，X線領域の波長 λ は 10^{-10} m 程度であるから，光の領域では $\dfrac{\lambda_c}{\lambda} = 10^{-5}$，X線領域では $\dfrac{\lambda_c}{\lambda} = 10^{-2}$ となり，$\Delta\theta$ は光の領域では小さすぎて観測が困難であったが，X線領域では観測可能となったから。(100字程度)

解 説

　X線の粒子性を示すコンプトン効果と，それを検出するための結晶によるブラッグ反射を扱った問題である。〔A〕では，光子のエネルギーと運動量が波長を用いてどのように表されるか，およびエネルギー保存則と運動量保存則をどのように式で表す

448　第5章　原 子

かが問われている。〔B〕では，ブラッグの反射条件と微小角の扱いがポイントになる。(d)は光（可視光）とX線の波長がどの程度かを知らなければ答えにくいであろう。

▶〔A〕　光の振動数を ν とすると，光子のエネルギー E と運動量 p は

$$E = h\nu, \quad p = \frac{h\nu}{c}$$

と表される。また，波長 λ，振動数 ν，光速 c の間には $c = \nu\lambda$ の関係があるので

$$E = \frac{hc}{\lambda}, \quad p = \frac{h}{\lambda}$$

と表される。電子との衝突の前後でエネルギーが保存されるので

$$\frac{hc}{\lambda} = \frac{hc}{\lambda'} + \frac{1}{2}mv^2 \quad \cdots\cdots(1)$$

が成り立つ。また，運動量については入射方向成分とそれに垂直な方向の成分についてそれぞれ運動量保存則が成り立ち

入射方向成分：$\dfrac{h}{\lambda} = \dfrac{h}{\lambda'}\cos\phi + mv\cos\alpha$　$\cdots\cdots(2)$

垂直方向成分：$0 = -\dfrac{h}{\lambda'}\sin\phi + mv\sin\alpha$　$\cdots\cdots(3)$

となる。

参考　(1)～(3)式を用いて $\Delta\lambda = \lambda' - \lambda$ を与える式を近似的に導いてみよう。

まず，(2)，(3)式を用いて α を消去すると

$$(mv\cos\alpha)^2 + (mv\sin\alpha)^2 = \left(\frac{h}{\lambda} - \frac{h}{\lambda'}\cos\phi\right)^2 + \left(\frac{h}{\lambda'}\sin\phi\right)^2$$

$$\therefore \quad (mv)^2 = \left(\frac{h}{\lambda}\right)^2 - \frac{2h^2\cos\phi}{\lambda\lambda'} + \left(\frac{h}{\lambda'}\right)^2$$

(1)式より

$$(mv)^2 = 2mhc\left(\frac{1}{\lambda} - \frac{1}{\lambda'}\right) = \frac{2mhc}{\lambda\lambda'}(\lambda' - \lambda)$$

となるので，以上2式より

$$\frac{2mhc}{\lambda\lambda'}(\lambda' - \lambda) = \left(\frac{h}{\lambda}\right)^2 + \left(\frac{h}{\lambda'}\right)^2 - \frac{2h^2\cos\phi}{\lambda\lambda'}$$

$$\therefore \quad \Delta\lambda = \lambda' - \lambda = \frac{h\lambda\lambda'}{2mc}\left(\frac{\lambda^2 + \lambda'^2}{\lambda^2\lambda'^2} - \frac{2\cos\phi}{\lambda\lambda'}\right)$$

$$= \frac{h}{2mc}\left(\frac{\lambda^2 + \lambda'^2}{\lambda\lambda'} - 2\cos\phi\right)$$

ここで，$\lambda' \fallingdotseq \lambda$ なる近似を用いると，$\dfrac{\lambda^2 + \lambda'^2}{\lambda\lambda'} \fallingdotseq 2$ となる。よって

$$\Delta\lambda \fallingdotseq \frac{h}{mc}(1 - \cos\phi)$$

〔B〕▶(a)　ブラッグの反射条件は次のように導かれる。

右図のように，結晶のある格子面で反射されたX線
と次の格子面で反射されたX線の行路差は $2d\sin\theta$
で表されるから，これがX線の波長の整数倍であれ
ば反射X線は強め合う。よって

$$2d\sin\theta = n\lambda$$

を満足するとき，反射X線は強めあうことがわかる。

▶(d)　可視光の波長は紫色がおよそ 380nm，赤色がおよそ 770nm である。ただし，
1nm（ナノメーター）$= 10^{-9}$m である。

テーマ

　本問はX線の粒子性（コンプトン効果）と波動性（干渉）に関する問題であった。
　このような**粒子と波動の二重性**はX線だけでなく電子などでも発見された。質量 m，
速さ v の粒子は，運動量 $p = mv$ をもち，その物質波の波長 λ は

$$p = mv = \frac{h}{\lambda} \qquad \therefore \quad \lambda = \frac{h}{mv} \quad （h：プランク定数）$$

で対応づけられる。ただし，エネルギーでは対応づけられないことに注意すること。
　一般的に，粒子のエネルギー E は，静止質量エネルギーも含まれ

$$E = \sqrt{(mc^2)^2 + (pc)^2} \quad （c：光速）$$

と表される。X線などの光子は質量が0なので

$$E = pc \Longleftarrow E = \frac{hc}{\lambda}, \quad p = \frac{h}{\lambda}$$

という関係がある。

450　第5章　原子

2　原子核

62　万有引力と中性子星上でのX線放射

(2004年度　第3問)

　太陽とほぼ同じ質量をもちながら半径は 10 km ほどしかない高密度の星（中性子星）には，普通の恒星（伴星とよぶ）と万有引力で引き合いながら極めて近い距離で周回運動するものがある。伴星からこの中性子星に降り積もった水素やヘリウムが核融合反応を起こして爆発することがある。この現象を考察する。

(a)　伴星から流れ出した物質が中性子星に落下する。水素原子が無限遠から中性子星に落下すると考えて，表面に達したときの運動エネルギーを求めよ。ただし，水素原子は無限遠では静止していたとする。また，中性子星の半径を R，中性子星の質量を M，水素原子の質量を m_H，万有引力定数を G とする。

(b)　中性子星の表面にたまった水素はX線を放射して運動エネルギーを失う。その水素が核融合反応を起こして爆発した。燃料の水素原子 1 個あたりどれだけのエネルギーが発生するか。実際の反応は複雑だが，ここではたまった水素の原子核（${}^{1}_{1}\text{H}$）はすべて

$$56\,{}^{1}_{1}\text{H} \longrightarrow {}^{56}_{26}\text{Fe} + 30\,{}^{0}_{1}\text{e}^{+}（陽電子）$$

という核反応で鉄の原子核に変わり，生成される陽電子はすべて電子と衝突してエネルギーに変わるものとする。水素原子の質量を m_H，鉄原子の質量を m_{Fe}，光速を c とする。

(c)　上の設問(b)において，生成された鉄は単原子の気体になり，爆発で発生したエネルギーは熱となって，生成されたすべての鉄原子に等しく分配されると仮定する。この鉄原子が到達できる中性子星表面からの高さの上限を求めよ。🖊

(d)　核融合によって水素が鉄になって発生したエネルギーは鉄原子の熱運動から電磁波の放射に変換され，爆発的なX線放射（X線バースト）として地球周辺の人工衛星から観測される。また，設問(a)で求めた伴星から水素が降り積もることによって発生するエネルギーは定常的なX線放射として観測される（図1参照）。核融合爆発によって放射されたエネルギー E_1 と前の爆発からこの爆発までの間に定常的に放射されたエネルギー E_2 との比 $\dfrac{E_1}{E_2}$ を有効数字 1 桁で求めよ。ただし中性子星の質量 M を $3.0 \times 10^{30}\,\text{kg}$，中性子星の半径 R を $1.0 \times 10^{4}\,\text{m}$ とする。必要に応じて原子核の結合エネルギーのグラフ（図2）および以下の物理定数値を用いよ。🖊

電気素量	$e = 1.6 \times 10^{-19}$ C
万有引力定数	$G = 6.7 \times 10^{-11}$ N·m^2/kg^2
光速	$c = 3.0 \times 10^8$ m/s
水素原子の質量	$m_H = 1.7 \times 10^{-27}$ kg
電子の質量	$m_e = 9.1 \times 10^{-31}$ kg
中性子と陽子の質量の差	$m_n - m_p = 2.3 \times 10^{-30}$ kg

(e) 太陽とほぼ同じ質量を持ちながら地球とほぼ同じ半径をもつ高密度の恒星（白色わい星）の表面でも，伴星から降り積もった水素ガスが突然に核融合反応を起こして，大爆発が起きることがある。このとき，遠方に向かって物質が放出されることが観測されている。しかし中性子星上の爆発では物質の放出現象はほとんど観測されない。この違いが生じる理由を簡潔に説明せよ。

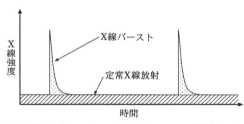

図1　核融合爆発を起こしている中性子星からのX線放射の時間的変化

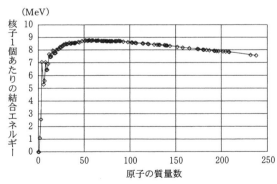

図2　原子核の結合エネルギー

452　第5章　原子

解　答

(a)　$\dfrac{GMm_{\mathrm{H}}}{R}$

(b)　$\left(m_{\mathrm{H}} - \dfrac{m_{\mathrm{Fe}}}{56}\right)c^2$

(c)　鉄原子1個が爆発によって得たエネルギーは(b)で求めた値の56倍であるから

$$\left(m_{\mathrm{H}} - \dfrac{m_{\mathrm{Fe}}}{56}\right)c^2 \times 56 = (56m_{\mathrm{H}} - m_{\mathrm{Fe}})\,c^2$$

となる。鉄原子が到達できる中性子星表面からの高さを h とし，中性子星表面と最高点に対して力学的エネルギー保存則を適用すると

$$(56\,m_{\mathrm{H}} - m_{\mathrm{Fe}})\,c^2 - \dfrac{GMm_{\mathrm{Fe}}}{R} = -\dfrac{GMm_{\mathrm{Fe}}}{R+h}$$

となる。これより h を求めると

$$h = \dfrac{(56m_{\mathrm{H}} - m_{\mathrm{Fe}})\,c^2 R^2}{GMm_{\mathrm{Fe}} - (56m_{\mathrm{H}} - m_{\mathrm{Fe}})\,c^2 R} \quad \cdots\cdots（答）$$

(d)　鉄原子1個が生じる間に水素原子56個の降り積もりによって発生するエネルギーを U_2 とすると，U_2 は(a)より

$$U_2 = 56 \times \dfrac{GMm_{\mathrm{H}}}{R} = 1.9 \times 10^{-9}\,〔\mathrm{J}〕$$

となる。鉄原子1個が生じる間に核融合によって発生するエネルギーを U_1 とすると，U_1 は(b)を用いて

$$U_1 = 56\left(m_{\mathrm{H}} - \dfrac{m_{\mathrm{Fe}}}{56}\right)c^2 = (56m_{\mathrm{H}} - m_{\mathrm{Fe}})\,c^2$$

となる。ここで，鉄の原子核の核子1個あたりの結合エネルギーを ε とすると

$$\begin{cases} m_{\mathrm{Fe}}c^2 + 56\varepsilon = (26m_{\mathrm{p}} + 30m_{\mathrm{n}} + 26m_{\mathrm{e}})\,c^2 \\ m_{\mathrm{H}}c^2 = (m_{\mathrm{p}} + m_{\mathrm{e}})\,c^2 \end{cases}$$

となるので，図2から読み取った $\varepsilon = 8.8〔\mathrm{MeV}〕 = 8.8 \times 10^6 \times 1.6 \times 10^{-19}〔\mathrm{J}〕$ を用いて

$$\begin{aligned} U_1 &= (56m_{\mathrm{H}} - m_{\mathrm{Fe}})\,c^2 \\ &= 56\,(m_{\mathrm{p}} + m_{\mathrm{e}})\,c^2 - \{(26m_{\mathrm{p}} + 30m_{\mathrm{n}} + 26m_{\mathrm{e}})\,c^2 - 56\varepsilon\} \\ &= 56\varepsilon - 30\,(m_{\mathrm{n}} - m_{\mathrm{p}})\,c^2 + 30m_{\mathrm{e}}c^2 = 7.5 \times 10^{-11}〔\mathrm{J}〕 \end{aligned}$$

となる。よって，求めるエネルギーの比は

$$\dfrac{E_1}{E_2} = \dfrac{U_1}{U_2} = 3.94 \times 10^{-2} \fallingdotseq 4 \times 10^{-2} \quad \cdots\cdots（答）$$

(e)　同じ質量でも半径の小さい中性子星の表面での万有引力は白色矮星に比べて大き

2 原子核　453

く，中性子星から物質が放出されるためにはより大きなエネルギーが必要とされるから。

解　説

　中性子星への水素原子の降り積もりと核融合によるX線バーストのエネルギーを考えさせる問題。(a)・(c)は純粋な力学の問題で，万有引力による力学的エネルギー保存則の用い方がポイント。(b)では発生したエネルギーに陽電子と電子の対消滅によるエネルギーが含まれるので，水素と鉄の原子の質量の差だけで求められる。(d)は鉄原子の質量を求めるのに結合エネルギーをどのように利用するかがポイントになる。

▶(a)　表面に達したときの運動エネルギーを K として，力学的エネルギー保存則を用いると，水素原子は無限遠方では静止しているので，このときの運動エネルギーも位置エネルギーも0であり，中性子星の表面での位置エネルギーは $-\dfrac{GMm_{\mathrm{H}}}{R}$ だから

$$K - \frac{GMm_{\mathrm{H}}}{R} = 0 \qquad \therefore \quad K = \frac{GMm_{\mathrm{H}}}{R}$$

▶(b)　質量 m の物体が消滅してすべてエネルギーに変換されるときに発生するエネルギー E は

$$E = mc^2 \quad \cdots\cdots\text{①}$$

水素の原子核の質量は $m_{\mathrm{H}} - m_{\mathrm{e}}$，鉄の原子核の質量は $m_{\mathrm{Fe}} - 26m_{\mathrm{e}}$ と表せるので，問題文の核反応式による質量の減少分 Δm は

$$\Delta m = 56\,(m_{\mathrm{H}} - m_{\mathrm{e}}) - \{(m_{\mathrm{Fe}} - 26m_{\mathrm{e}}) + 30m_{\mathrm{e}}\}$$
$$= 56m_{\mathrm{H}} - m_{\mathrm{Fe}} - (30m_{\mathrm{e}} + 30m_{\mathrm{e}})$$

となり，この核反応で発生するエネルギー E_{m} は①式より

$$E_{\mathrm{m}} = \Delta mc^2 = (56m_{\mathrm{H}} - m_{\mathrm{Fe}})\,c^2 - (30m_{\mathrm{e}} + 30m_{\mathrm{e}})\,c^2$$

となる。ここで右辺の第2項のカッコ内は，電子と陽電子の対消滅によるエネルギーを表している。鉄の原子核1個が生成するときに発生するエネルギー（これは(d)の U_1 に等しい）はこの対消滅によって生じるエネルギーを E_{m} に加えた値に等しい。よって

$$U_1 = E_{\mathrm{m}} + (30m_{\mathrm{e}} + 30m_{\mathrm{e}})\,c^2 = (56m_{\mathrm{H}} - m_{\mathrm{Fe}})\,c^2$$

となり，水素原子1個あたりのエネルギーは

$$\frac{1}{56}U_1 = \left(m_{\mathrm{H}} - \frac{1}{56}m_{\mathrm{Fe}}\right)c^2$$

▶(d)　$^{56}_{26}\mathrm{Fe}$ の左下の数字は原子番号を表し，左上の数字は質量数を表す。原子番号は原子核の中に含まれる陽子の数に等しく，質量数とは原子核中の陽子と中性子の数の和であるから，この鉄の原子核に含まれる陽子の数は 26 個，中性子の数は $56 - 26 = 30$ 個であることがわかる。また，陽電子とは電子と同じ質量で，$+e$ の電荷

454 第5章 原 子

をもつ素粒子である。結合エネルギーとは，原子核をその構成要素の陽子と中性子
（これらを核子という）にバラバラにするのに必要なエネルギーをいう。結合エネル
ギーを核子の数で割った値が核子1個あたりの結合エネルギーであり，これが大きい
ほど安定な原子核といえる。

付　録

付録1　物理でよく登場する（変数分離型）微分方程式とその解

（例1） 大きさ一定の力と速度に比例した抵抗力を受けて運動する物体

物体の質量を m，速度を v，はたらく力を F（＝一定），速度に比例した抵抗力の比例定数を k とする。その物体の運動方程式は

$$m\frac{dv}{dt} = F + (-kv) \quad \cdots\cdots ① \qquad \therefore \quad \frac{dv}{dt} = -\frac{k}{m}\left(v - \frac{F}{k}\right)$$

となり，上式を v を含む項と含まない項に分けるように変形し，t で積分すると

$$\int \frac{1}{v - \frac{F}{k}}\frac{dv}{dt}dt = \int \left(-\frac{k}{m}\right)dt \qquad \therefore \quad \int \frac{1}{v - \frac{F}{k}}dv = -\frac{k}{m}\int dt$$

この計算を実行すると

$$\log\left|v - \frac{F}{k}\right| = -\frac{k}{m}t + C \quad (C：積分定数)$$

さらに，v について解くと

$$v - \frac{F}{k} = \pm e^{-\frac{k}{m}t + C} \qquad \therefore \quad v = \frac{F}{k} + C'e^{-\frac{k}{m}t} \quad (C'：定数) \quad \cdots\cdots ②$$

ここで，初期条件から定数 C' を定める。$t=0$ のとき，速度が0なら

$$0 = \frac{F}{k} + C'e^{-\frac{k}{m}\cdot 0} \qquad \therefore \quad C' = -\frac{F}{k}$$

これを②式へ代入することより

$$v = \frac{F}{k}\left(1 - e^{-\frac{k}{m}t}\right)$$

となり，時刻 t の速度 v が求まる。t が十分に大きくなる（$t \to \infty$）と $e^{-\frac{k}{m}t} \to 0$ となるので，終端速度 v_∞ は

$$v_\infty = \frac{F}{k}$$

となる。これは，①式で，加速度 $\dfrac{dv}{dt}$ を0とおいたときの速度と同じ値である。

（例2） 抵抗値 R の抵抗，電気容量 C のコンデンサー，起電力 V の電池が直列に接続された回路

回路を流れる電流を i，コンデンサーが蓄える電気量を q とすると，回路の方程式は

$$V = Ri + \frac{q}{C} \quad \cdots\cdots ③$$

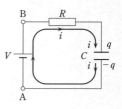

また，コンデンサーに流れ込む電流 i とコンデンサーが蓄える電気量 q の関係は

$$i = \frac{dq}{dt} \quad \cdots\cdots ④$$

となり，③，④式をまとめると

$$R\frac{dq}{dt} = V - \frac{1}{C}q$$

という方程式が得られる。この式と①式を比較し

（定数）$m \Longleftrightarrow R$, $k \Longleftrightarrow \frac{1}{C}$, $F \Longleftrightarrow V$　　（変数）$v \Longleftrightarrow q$

が対応しているとみなすと，同じ型の方程式となる。
よって，その方程式の解である，時刻 t における電気量 q は，$t=0$ のとき $q=0$ なら

$$q = CV\left(1 - e^{-\frac{1}{RC}t}\right)$$

となり，t が十分大きくなる（$t \to \infty$）と，$q = CV$
となり，電気量 q は一定となる。

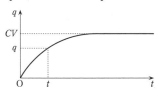

（例3） 抵抗値 R の抵抗，自己インダクタンス L のコイル，起電力 V の電池が直列に接続された回路

回路を流れる電流を i とすると，回路の方程式は

$$V = Ri + L\frac{di}{dt} \quad \cdots\cdots ⑤$$

となり，この式を変形すると

$$L\frac{di}{dt} = V - Ri$$

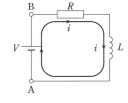

という方程式が得られる。この式と①式を比較し

（定数）$m \Longleftrightarrow L$, $k \Longleftrightarrow R$, $F \Longleftrightarrow V$　　（変数）$v \Longleftrightarrow i$

が対応しているとみなすと，同じ型の方程式となる。
よって，その方程式の解である，時刻 t における電流 i は，$t=0$ のとき $i=0$ なら

$$i = \frac{V}{R}\left(1 - e^{-\frac{R}{L}t}\right)$$

となり，t が十分大きくなる（$t \to \infty$）と，$i = \frac{V}{R}$ となり，電流 i は一定となる。

458 付　録

付録2　物理でよく登場する微分公式とその応用

〔振動を表す三角関数の微分（合成関数の微分）〕

〔公式1〕　ω, θ は定数とする。

$$\frac{d}{dt}\sin(\omega t+\theta)=\frac{d(\omega t+\theta)}{dt}\cdot\frac{d\sin(\omega t+\theta)}{d(\omega t+\theta)}$$

$$=\omega\cos(\omega t+\theta)=\omega\sin\left(\omega t+\theta+\frac{\pi}{2}\right)$$

〔公式2〕　ω, θ は定数とする。

$$\frac{d}{dt}\cos(\omega t+\theta)=\frac{d(\omega t+\theta)}{dt}\cdot\frac{d\cos(\omega t+\theta)}{d(\omega t+\theta)}$$

$$=-\omega\sin(\omega t+\theta)=\omega\cos\left(\omega t+\theta+\frac{\pi}{2}\right)$$

このことより，sin，cos を微分すると ω 倍され，位相が $\dfrac{\pi}{2}$ 進むことがわかる。

（具体例1）　振動中心を x_0 とし，時刻 $t=0$ の位相が θ，振幅が A，角振動数が ω となる単振動をしている物体の位置 x は

$$x=x_0+A\sin(\omega t+\theta)$$

となる。この物体の速度 v と加速度 a は，速度，加速度の定義の式より

$$v=\frac{dx}{dt}=\frac{d}{dt}\{x_0+A\sin(\omega t+\theta)\}$$

$$=\frac{dx_0}{dt}+A\frac{d}{dt}\sin(\omega t+\theta)$$

$$=\omega A\cos(\omega t+\theta)\quad（よって，v の最大値は ωA）$$

$$a=\frac{dv}{dt}=\omega A\frac{d}{dt}\sin(\omega t+\theta)$$

$$=-\omega^2 A\sin(\omega t+\theta)=-\omega^2(x-x_0)$$

（具体例2）　コイルを流れる電流 i が

$$i=I_0\sin\omega t\quad（I_0 は電流の振幅，ω は角周波数）$$

のように表せるとき，自己インダクタンス L のコイルに加わる電圧 v は

$$v=L\frac{di}{dt}=L\frac{d}{dt}I_0\sin\omega t$$

$$= \omega L I_0 \cos \omega t = \omega L I_0 \sin \left(\omega t + \frac{\pi}{2} \right)$$

よって，リアクタンスは ωL となる。また電位の位相は電流の位相より $\frac{\pi}{2}$ 進むことが導かれた。

〔積で表される関数 $f(x)\,g(x)$ の微分〕
〔公式3〕
$$\frac{d}{dx}\{f(x)\,g(x)\} = \frac{df(x)}{dx}g(x) + f(x)\frac{dg(x)}{dx} \quad \cdots\cdots ⑥$$

〔関数 $\{f(x)\}^2$ の微分〕
〔公式4〕 ⑥式の公式を用いると
$$\frac{d}{dx}\{f(x)\}^2 = 2f(x)\frac{df(x)}{dx} \quad \Longleftrightarrow \quad f(x)\frac{df(x)}{dx} = \frac{1}{2}\frac{d}{dx}\{f(x)\}^2 \quad \cdots\cdots ⑦$$

（具体例1） 速度 $\vec{v}$ は時刻 t の関数とする。そこで，〔**公式4**〕（⑦式）を用いると
$$\vec{v} \cdot \frac{d\vec{v}}{dt} = \frac{d}{dt}\left(\frac{1}{2}|\vec{v}|^2 \right)$$

よって $\quad \vec{v} \cdot m\frac{d\vec{v}}{dt} = \frac{d}{dt}\left(\frac{1}{2}m|\vec{v}|^2 \right) \quad \cdots\cdots ⑧$

質量 m の物体に力 $\vec{F}$ が作用するときの運動方程式は
$$m\frac{d\vec{v}}{dt} = \vec{F}$$

この式に対して速度 $\vec{v}$ の内積をとり，⑧式を用いると
$$\vec{v} \cdot m\frac{d\vec{v}}{dt} = \vec{F} \cdot \vec{v} \qquad \therefore \quad \frac{d}{dt}\left(\frac{1}{2}m|\vec{v}|^2 \right) = \vec{F} \cdot \vec{v}$$

となり，**運動エネルギーの変化率と物体に作用する力による仕事率が等しい**という重要な関係が導かれた。

（具体例2） RC 回路のエネルギー保存則
③式に電流 i をかけると
$$Vi = Ri^2 + i \cdot \frac{q}{C}$$
$$= Ri^2 + \frac{q}{C}\frac{dq}{dt} \quad （④式の関係を用いた）$$

460 付 録

$$= Ri^2 + \frac{d}{dt}\left(\frac{q^2}{2C}\right) \quad (\text{〔公式 4〕を右辺の第 2 項に対して用いた})$$

この式は，電池がする単位時間あたりの仕事 Vi が，抵抗での消費電力 Ri^2 と，コンデンサーの静電エネルギー $\dfrac{q^2}{2C}$ の時間に対する変化率になっていることを表す式，つまり，エネルギー保存則を表す式である。

（具体例 3） RL 回路のエネルギー保存則

⑤式に電流 i をかけると

$$Vi = Ri^2 + i \cdot L\frac{di}{dt}$$

$$= Ri^2 + \frac{d}{dt}\left(\frac{1}{2}Li^2\right) \quad (\text{〔公式 4〕を右辺の第 2 項に対して用いた})$$

この式は，電池が供給する電力（電池がする単位時間あたりの仕事）Vi が，抵抗での消費電力 Ri^2 と，コイルのエネルギー $\dfrac{1}{2}Li^2$ の時間に対する変化率になっていることを表す式，つまり，エネルギー保存則を表す式である。

付録3　ベクトルの積

〔ベクトルの積〕
　ベクトルの積に関して，内積と外積が定義されている。

●**内積（スカラー積）**：2ベクトルの積がスカラー量となるので，スカラー積とも呼ばれる。演算を表す記号は・である。

　〔定義〕$\vec{a} \cdot \vec{b} = |\vec{a}||\vec{b}|\cos\theta$　（θは$\vec{a}$と$\vec{b}$のなす角）

　定義の式より，内積は，$\vec{a}$を$\vec{b}$へ射影した成分$|\vec{a}|\cos\theta$（同じ向きなら正，逆向きなら負）と$\vec{b}$の大きさ$|\vec{b}|$との積と考えることもできる。逆に，$\vec{b}$を$\vec{a}$へ射影した成分$|\vec{b}|\cos\theta$と$\vec{a}$の大きさ$|\vec{a}|$との積と考えることもできる。よって，2ベクトルが直交していると内積は0となる。

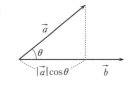

(**具体例1**)　仕事Wは，移動方向の力成分と変位との積なので，力を$\vec{F}$，変位を$\vec{\Delta r}$とすると

$$W = (|\vec{F}|\cos\theta)|\vec{\Delta r}|$$
$$= \vec{F} \cdot \vec{\Delta r}$$

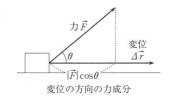

(**具体例2**)　仕事率Pは，単位時間あたりの仕事なので，力を$\vec{F}$，速度を$\vec{v}$，経過時間をΔtとして

$$P = \frac{W}{\Delta t} = \frac{\vec{F} \cdot \vec{\Delta r}}{\Delta t} = \vec{F} \cdot \vec{v}$$

よって，力と速度が直交するなら，仕事率は0となる。

●**外積（ベクトル積）**：2ベクトルの積がベクトル量となるので，ベクトル積とも呼ばれる。演算を表す記号は×である。

　〔定義〕$\vec{a} \times \vec{b}$
　　その大きさは
　　　$|\vec{a}||\vec{b}|\sin\theta$　（θは$\vec{a}$と$\vec{b}$のなす角）
その向きは$\vec{a}$と$\vec{b}$に垂直で右図のようになる。つまり，$\vec{a}$を左手の中指の向き，$\vec{b}$を左手の人差し指の向きとし

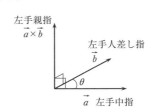

たとき，$\vec{a}\times\vec{b}$ は左手の親指の向きとなる。つまり $\vec{a}\times\vec{b}$ は $\vec{a}$ と $\vec{b}$ に垂直である。

定義の式より，$\vec{a}\times\vec{b}$ の大きさは，$\vec{b}$ に対して垂直な方向の $\vec{a}$ の成分の大きさ $|\vec{a}|\sin\theta$ と $\vec{b}$ の大きさ $|\vec{b}|$ との積と考えることもできる。逆に，$\vec{a}$ に対して垂直な方向の $\vec{b}$ の成分の大きさ $|\vec{b}|\sin\theta$ と $\vec{a}$ の大きさ $|\vec{a}|$ との積と考えることもできる。よって，2ベクトルが同一方向であるならば外積は0となる。

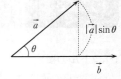

(具体例1) ローレンツ力 $\vec{f}$ は，粒子の電荷を q，速度を $\vec{v}$，磁束密度を $\vec{B}$ とすると
$$\vec{f}=q\vec{v}\times\vec{B}$$
と表すことができる。

(具体例2) 電流が磁場から受ける力 $\vec{F}$ は，電流が流れる方向を向き，大きさが電流の強さを表すベクトルを $\vec{I}$，磁束密度を $\vec{B}$，導線の長さを l として
$$\vec{F}=\vec{I}\times\vec{B}l$$
と表すことができる。

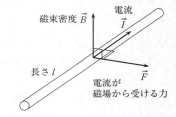

年度別出題リスト

年度		問題番号	章		節		ページ
2021 年度	第 1 問	4	第 1 章	力 学	2	力積と運動量	39
	第 2 問	42	第 4 章	電磁気	1	コンデンサー	296
	第 3 問	23	第 2 章	熱力学	3	気体の状態変化	162
2020 年度	第 1 問	1	第 1 章	力 学	1	仕事とエネルギー	15
	第 2 問	49	第 4 章	電磁気	3	荷電粒子の運動	349
	第 3 問	24	第 2 章	熱力学	3	気体の状態変化	168
2019 年度	第 1 問	12	第 1 章	力 学	5	円運動・万有引力	87
	第 2 問	43	第 4 章	電磁気	1	コンデンサー	307
	第 3 問	25	第 2 章	熱力学	3	気体の状態変化	175
2018 年度	第 1 問	13	第 1 章	力 学	5	円運動・万有引力	96
	第 2 問	52	第 4 章	電磁気	4	電流と磁界・電磁誘導	374
	第 3 問	35	第 3 章	波 動	2	波の干渉・光波	239
2017 年度	第 1 問	2	第 1 章	力 学	1	仕事とエネルギー	24
	第 2 問	53	第 4 章	電磁気	4	電流と磁界・電磁誘導	383
	第 3 問 A	20	第 2 章	熱力学	1	気体の分子運動論	147
	第 3 問 B	26	第 2 章	熱力学	3	気体の状態変化	181
2016 年度	第 1 問	14	第 1 章	力 学	5	円運動・万有引力	103
	第 2 問	54	第 4 章	電磁気	4	電流と磁界・電磁誘導	390
	第 3 問	27	第 2 章	熱力学	3	気体の状態変化	185
2015 年度	第 1 問	15	第 1 章	力 学	5	円運動・万有引力	111
	第 2 問	55	第 4 章	電磁気	4	電流と磁界・電磁誘導	399
	第 3 問	36	第 3 章	波 動	2	波の干渉・光波	250
2014 年度	第 1 問	50	第 4 章	電磁気	3	荷電粒子の運動	360
	第 2 問	48	第 4 章	電磁気	2	直流回路	343
	第 3 問	33	第 3 章	波 動	1	音波	224
2013 年度	第 1 問	5	第 1 章	力 学	2	力積と運動量	47
	第 2 問	56	第 4 章	電磁気	4	電流と磁界・電磁誘導	406
	第 3 問	37	第 3 章	波 動	2	波の干渉・光波	259
2012 年度	第 1 問	16	第 1 章	力 学	5	円運動・万有引力	119
	第 2 問	44	第 4 章	電磁気	1	コンデンサー	317
	第 3 問	34	第 3 章	波 動	1	音波	232
2011 年度	第 1 問	6	第 1 章	力 学	3	衝突	55
	第 2 問	57	第 4 章	電磁気	4	電流と磁界・電磁誘導	415
	第 3 問	38	第 3 章	波 動	2	波の干渉・光波	267
2010 年度	第 1 問	7	第 1 章	力 学	3	衝突	60
	第 2 問	58	第 4 章	電磁気	4	電流と磁界・電磁誘導	423
	第 3 問	28	第 2 章	熱力学	3	気体の状態変化	194
2009 年度	第 1 問	8	第 1 章	力 学	4	単振動	66
	第 2 問	45	第 4 章	電磁気	1	コンデンサー	323
	第 3 問	21	第 2 章	熱力学	2	浮力	152

464　年度別出題リスト

年度		問題番号	章	節	ページ
2008 年度	第 1 問	39	第 3 章　波　動	2　波の干渉・光波	273
	第 2 問	29	第 2 章　熱力学	3　気体の状態変化	199
	第 3 問	51	第 4 章　電磁気	3　荷電粒子の運動	367
	第 4 問	3	第 1 章　力　学	1　仕事とエネルギー	32
2007 年度	第 1 問	9	第 1 章　力　学	4　単振動	71
	第 2 問	30	第 2 章　熱力学	3　気体の状態変化	203
	第 3 問	40	第 3 章　波　動	2　波の干渉・光波	278
2006 年度	第 1 問	41	第 3 章　波　動	2　波の干渉・光波	285
	第 2 問	31	第 2 章　熱力学	3　気体の状態変化	209
	第 3 問	17	第 1 章　力　学	5　円運動・万有引力	126
2005 年度	第 1 問	18	第 1 章　力　学	5　円運動・万有引力	131
	第 2 問	59	第 4 章　電磁気	4　電流と磁界・電磁誘導	430
	第 3 問	61	第 5 章　原　子	1　原子	444
2004 年度	第 1 問	19	第 1 章　力　学	5　円運動・万有引力	137
	第 2 問	46	第 4 章　電磁気	1　コンデンサー	330
	第 3 問	62	第 5 章　原　子	2　原子核	450
2003 年度	第 1 問	10	第 1 章　力　学	4　単振動	77
	第 2 問	60	第 4 章　電磁気	4　電流と磁界・電磁誘導	435
	第 3 問	32	第 2 章　熱力学	3　気体の状態変化	216
2002 年度	第 1 問	47	第 4 章　電磁気	1　コンデンサー	335
	第 2 問	22	第 2 章　熱力学	2　浮力	158
	第 3 問	11	第 1 章　力　学	4　単振動	82